高等职业教育"十四五"规划教材
辽宁省职业教育"十四五"规划教材
辽宁省高水平特色专业群建设项目成果教材

园林规划设计

郭　玲　李艳妮　主编

U0218810

中国农业大学出版社
·北京·

内 容 简 介

园林规划设计课程是高等职业教育园林技术专业的核心课程,根据高等职业教育学生学习的特点与人才培养方案的目标要求,本教材在体例上按照"学之起点—厚积薄发—基础筑牢""学之提高—知技并举—能力形成""学之终选—道技合———实践训练"三个进程,编写学习导言、学习目标、学习内容、自我检测等课程内容。本教材系统阐述园林规划设计的基本理论、方法、程序,以及各类园林绿地的规划设计。在编写上注意体现学生的认知规律,由浅到深、由低到高、由外到内、由单一到综合,使学生筑牢基础、重视技能、讲究应用、追求卓越,做到知技并举、知行合一。

本教材是高等职业教育风景园林专业、园林技术专业、园林工程技术专业、园艺技术专业、林业技术专业、环境景观设计专业的教材,可作为其他专业、园林爱好者参考用书,也可作为园林、园艺成人教育、函授的学习材料。

图书在版编目(CIP)数据

园林规划设计 / 郭玲,李艳妮主编. —北京:中国农业大学出版社,2021.8(2025.2 重印)
ISBN 978-7-5655-2607-7

Ⅰ.①园… Ⅱ.①郭… ②李… Ⅲ.①园林-规划-高等职业教育-教材 ②园林设计-高等职业教育-教材
Ⅳ.①TU986

中国版本图书馆 CIP 数据核字(2021)第 171046 号

书　　名	园林规划设计
作　　者	郭　玲　李艳妮　主编

策划编辑	张　玉　张　蕊	责任编辑	张　玉
封面设计	中通世奥图文设计中心		
出版发行	中国农业大学出版社		
社　　址	北京市海淀区圆明园西路 2 号	邮政编码	100193
电　　话	发行部 010-62733489,1190	读者服务部	010-62732336
	编辑部 010-62732617,2618	出　版　部	010-62733440
网　　址	http://www.caupress.cn	E-mail	cbsszs@cau.edu.cn
经　　销	新华书店		
印　　刷	涿州市星河印刷有限公司		
版　　次	2021 年 8 月第 1 版　　2025 年 2 月第 3 次印刷		
规　　格	889×1194　　16 开本　　17.75 印张　　520 千字		
定　　价	59.00 元		

图书如有质量问题本社发行部负责调换

编审委员会

Editorial Committee

编写人员

主　　编：郭　玲（辽宁职业学院）

　　　　　李艳妮（辽宁东戴河新区住房和建设局）

副 主 编：杨　明（辽宁职业学院）

　　　　　陈振锋（朝阳工程技术学校）

编写人员：郭　玲（辽宁职业学院）

　　　　　李艳妮（辽宁东戴河新区住房和建设局）

　　　　　陈振锋（朝阳工程技术学校）

　　　　　杨　明（辽宁职业学院）

　　　　　李蒙杉（辽宁职业学院）

　　　　　史春晓（辽宁省铁岭市盛发园林景观工程有限公司）

　　　　　沙　喆（辽宁职业学院）

　　　　　付钟瑶（辽宁职业学院）

　　　　　王家华（辽宁职业学院）

　　　　　彭　翠（彰武县住房和城乡建设服务中心）

　　　　　马晓倩（辽宁职业学院）

总 序

　　《国家职业教育改革实施方案》指出,坚持以习近平新时代中国特色社会主义思想为指导,把职业教育摆在教育改革创新和经济社会发展中更加突出的位置。把发展高等职业教育作为优化高等教育结构和培养大国工匠、能工巧匠的重要方式。以学习者的职业道德、技术技能水平和就业质量,以及产教融合、校企合作水平为核心,建立职业教育质量评价体系。促进产教融合校企"双元"育人,坚持知行合一、工学结合。《职业教育提质培优行动计划(2020—2023年)》进一步指出,努力构建职业教育"三全育人"新格局,将思政教育全面融入人才培养方案和专业课程。大力加强职业教育教材建设,对接主流生产技术,注重吸收行业发展的新知识、新技术、新工艺、新方法,校企合作开发专业课教材。根据职业院校学生特点创新教材形态,推行科学严谨、深入浅出、图文并茂、形式多样的活页式、工作手册式、融媒体教材。引导地方建设国家规划教材领域以外的区域特色教材,在国家和省级规划教材不能满足的情况下,鼓励职业学校编写反映自身特色的校本专业教材。

　　辽宁职业学院园艺学院在共享国家骨干校建设成果的基础上,突出园艺技术辽宁省职业教育高水平特色专业群项目建设优势,以协同创新、协同育人为引领,深化产教融合,创新实施"双创引领,双线并行,双元共育,德技双馨"人才培养模式,构建了"人文素养与职业素质课程、专业核心课程、专业拓展课程"一体化课程体系;以岗位素质要求为引领,与行业、企业共建共享在线开放课程,培育"名师引领、素质优良、结构合理、专兼结合"特色鲜明的教学团队,从专业、课程、教师、学生不同层面建立完整且相对独立的质量保证机制。通过传统文化树人工程、专业文化育人工程、工匠精神培育工程、创客精英孵化工程,实现立德树人、全员育人、全过程育人、全方位育人。辽宁职业学院园艺学院经过数十年的持续探索和努力,在国家和辽宁省的大力支持下,在高等职业教育发展方面积累了一些经验、培养了一批人才、取得了一批成果。为在新的起点上,进一步深化教育教学改革,为提高人才培养质量奠定更好基础,发挥教材在人才培养和推广教改成果上的基础作用,我们组织开展了辽宁职业学院园艺技术高水平特色专业群建设成果系列教材建设工作。

"辽宁省高水平特色专业群建设项目成果教材"以习近平新时代中国特色社会主义思想为指导,以全面推动习近平新时代中国特色社会主义思想进教材进课堂进头脑为宗旨,全面贯彻党的教育方针,落实立德树人根本任务,积极培育和践行社会主义核心价值观,体现中华优秀传统文化和社会主义先进文化,弘扬劳动光荣、技能宝贵、创造伟大的时代风尚。突出职业教育类型特点,全面体现统筹推进"三教"改革和产教融合教育成果。在此基础上,本系列教材还具有以下4个方面的特点:

1. 强化价值引领。将工匠精神、创新精神、质量意识、环境意识等有机融入具体教学项目,努力体现"课程思政"与专业教学的有机融合,突出人才培养的思想性和价值引领,为乡村振兴、区域经济社会发展蓄积高素质人才资源。

2. 校企双元合作。教材建设实行校企双元合作的方式,企业参与人员根据生产实际需求提出人才培养有关具体要求,学校编写人员根据企业提出的具体要求,按照教学规律对技术内容进行转化和合理编排,努力实现人才供需双方在人才培养目标和培养方式上的高度契合。

3. 体现学生本位。系统梳理岗位任务,通过任务单元的设计和工作任务的布置强化学生的问题意识、责任意识和质量意识;通过方案的设计与实施强化学生对技术知识的理解和工作过程的体验;通过对工作结果的检查和评价强化学生运用知识分析问题和解决问题的能力,促进学生实现知识和技能的有效迁移,体现以学生为中心的培养理念。

4. 创新教材形态。教学资源实现线上线下有机衔接,通过二维码将纸质教材、精品在线课程网站线上线下教学资源有机衔接,有效弥补纸质教材难于承载的内容,实现教学内容的及时更新,助力教学教改,方便学生学习和个性化教学的推进。

系列教材凝聚了校企双方参与编写工作人员的智慧与心血,也体现了出版人的辛勤付出,希望系列教材的出版能够进一步推进辽宁职业学院教育教学改革和发展,促进辽宁职业学院国家骨干校示范引领和辐射作用的发挥,为推动高等职业教育高质量发展做出贡献。

高冷

2020 年 5 月

前言

党的二十大报告中提出，必须牢固树立和践行绿水青山就是金山银山的理念，站在人与自然和谐共生的高度谋划发展。园林绿化建设属于生态文明建设中不可或缺的重要组成部分，对于改善人居环境以及提升人民群众幸福指数具有重要意义。

《园林规划设计》教材根据《国家职业教育改革实施方案》提出的"三教"改革任务，以培养适应行业企业需求的复合型、创新型高素质技术技能人才，提升学生的综合职业能力为目的，并且从产教融合的角度找准突破口，为人人可出彩、人人可成才搭建平台，统筹规划教材编写。

本教材以"各种环境景观规划设计"为主线，在介绍园林规划设计相关基础理论知识的基础上，将园林史、园林艺术原理、园林绿地系统、园林构成要素纳入教材，围绕"适应美丽中国生态文明建设战略需要"这一中心任务，设计了道路绿地、广场绿地、居住区绿地、单位附属绿地、屋顶花园绿地、公园绿地等诸多内容，主要体现以下特色：

1.教材秉持生态环保发展理念，倡导规划设计从美化环境开始，实施科学设计，通过艺术手段提升设计品质。倡导绿色永恒理念，提升学习者环境保护意识。强化价值引领，教学目标突出思想性和目的性。

2.教材项目任务来源于真实设计项目，坚持目标导向、问题导向、任务导向，注重解决实际问题的可教性，检验质量的可评价性与便于组织运行的可操作性，从而全面提升学生职业素养。

3.教材将园林绿地规划设计相关行业、职业、岗位的标准与要求融入教材，保持教学内容与行业企业的紧密性与同步性。

4.教材配套数字化教学资源，提供丰富的学习内容，为适应学习方式转变、拓展学习领域,实现学习内容可选择性、便捷性、多样性提供保障。本教材编写团队在智慧职教平台建设有省级在线精品课程。

本教材分为"学之起点——厚积薄发——基础筑牢""学之提高——知技并举——能力形成""学之终选——道技合一——实践训练"三篇,由12个项目、47个任务、22个实训组成。

本教材由辽宁职业学院郭玲任第一主编,辽宁东戴河新区住房和建设局李艳妮任第二主编,辽宁职业学院杨明任第一副主编,朝阳工程技术学校陈振锋任第二副主编,李蒙杉等参编。具体编写分工如下:

郭玲:编写第一篇中项目五"园林构成要素规划设计"任务一至任务六、第二篇项目七"城市道路绿地规划设计"中任务一至任务四。

李艳妮:编写第二篇项目十二"公园规划设计"中的任务九至任务十,第三篇中所有实训项目及参考文献的汇总。

杨明:编写第一篇项目一"园林规划设计的认知"及项目二"城市园林绿地系统认知"中的任务一至任务四。

陈振锋:编写第一篇中项目四"园林规划设计基本原理的运用"中任务一至任务三。

李蒙杉:编写第一篇项目六"园林规划设计程序的安排",第二篇项目八"城市广场规划设计",第二篇项目十二"公园规划设计"中任务一至任务八,附录。

史春晓:第二篇项目七"城市道路绿地规划设计"中任务五。

沙喆:编写第二篇项目九"居住区绿地规划设计"中任务一至任务三。

付钟瑶:编写第一篇中项目四"园林规划设计基本原理的运用"中任务四至任务五。

王家华:编写第一篇项目三"园林史简介"中的任务一、任务二。

彭翠:编写第一篇项目二"城市园林绿地系统认知"中的任务五及任务六。

马晓倩:编写第二篇项目十"单位附属绿地规划设计"中的任务一至任务三与项目十一"屋顶花园规划设计"中的任务一、任务二。

全书由主编郭玲统稿。在编写过程中得到辽宁省铁岭市盛发园林景观工程有限公司、辽宁东戴河新区住房和建设局等单位的大力支持,参阅了大量的有关著作、论文、教材等图文资料,在此一并表示感谢。

由于编者水平有限,加之编写时间仓促,如有错误和遗漏,敬请各位同行和广大读者批评指正。

编 者
2023年8月

目 录
Contents

第二篇　学之提高—知技并举—能力形成

第三篇　学之终选—道技合——实践训练

附　　录

参考文献

第一篇

学之起点—厚积薄发—基础筑牢

项目一　园林规划设计的认知

【学习导言】

　　园林规划设计是城市总体规划的重要组成部分,是园林绿地建设的前提和指导,是园林绿化工程施工和维护管理的依据。园林规划设计的任务就是运用植物、建筑、地形、山石、水体等园林造景物质要素,以一定的自然、经济和艺术规律为指导,充分发挥综合功能,因地、因时制宜地规划设计各类园林绿地。

【学习目标】

　　知识目标:掌握园林规划设计的含义,了解园林规划设计的作用与对象,明确园林规划设计的依据与原则,能够初步预测未来园林规划设计的发展。

　　能力目标:结合实际,能够按照园林规划设计的依据、园林规划设计的原则合理进行规划设计,完成各种设计图。

　　素质目标:勇于实践,敢于创新,多观察、积累素材,提高分析和想象能力;多动脑,勤思考,提高设计构思能力;勤动手,多画图,提高设计表现能力。

【学习内容】

一、园林规划设计的含义

园林规划设计包含园林绿地规划和园林绿地设计两个方面。

(一)园林绿地规划

1. 园林绿地规划的宏观含义

园林绿地规划的宏观含义是指对未来园林绿地发展方向的设想安排。

它具有以下的特点:

(1)这种规划是按照国民经济发展需要,提出园林绿地发展的战略目标、发展规模、速度和投资等。

(2)这种规划是由各级园林行政部门制定的。

(3)这种规划是园林绿地发展的设想,因此常制定出长期规划、中期规划和近期规划,用来指导园林绿地的建设。

(4)这种规划也叫作发展规划。

2. 园林绿地规划的微观含义

园林绿地规划的微观含义是指对某一个园林绿地(包括已建和拟建的园林绿地)所占用的土地进行安排和对园林要素即山水、植物、建筑等进行合理的布局与组合。

它具有以下的特点:

(1)这种规划是从时间与空间方面对园林绿地进行安排。

(2)这种规划符合生态、社会和经济的要求。

(3)这种规划能保证园林各要素之间取得有机联系。

（4）这种规划能满足园林艺术要求。

（5）这种规划是园林设计部门完成的。

（二）园林绿地设计

园林绿地设计是为了满足一定的目的和用途，在规划的原则下，围绕园林地形，利用植物、山水、建筑等园林要素创造出具有独立风格，有生机、有力度、有内涵的园林环境。或者说，园林绿地设计就是对园林空间进行组合，创造出一种新的园林环境。

1. 园林绿地设计的特点

（1）这个环境是立体的画面、无声的诗。

（2）这个环境使人愉快、欢乐，并能产生联想。

2. 园林绿地设计的主要内容

园林绿地设计主要内容有地形设计、建筑设计、园路设计、种植设计、园林小品设计等。

（三）园林规划设计的最终成果

园林规划设计的最终成果是园林设计图和说明书。它不同于林业规划设计，因为园林规划设计不仅要考虑经济、技术和生态问题，还要在艺术上考虑美的问题，要把自然美融于生态美之中。同时它还要借助建筑美、绘画美、文学美和人文美来增强自身的表现能力。园林绿地规划设计也不同于工程上单纯绘制平面图和立面图，更不同于绘画，因为园林绿地规划设计是以室外空间为主，是以园林地形、建筑、山水、植物为材料的一种空间艺术创作。

二、园林规划设计的作用与对象

（一）园林规划设计的作用

（1）规划设计可以使园林绿地在整个城市中占有一定的位置。

（2）规划设计可以使园林绿地在各类建筑中占有一定的比例。

（3）规划设计保证城市园林绿地的发展与巩固。

（4）规划设计为居民创造良好的工作、学习、生活的环境。

（5）规划设计是上级主管部门批准园林绿地建设费用和园林绿地施工的依据，是对园林绿地建设检查验收的依据。所以园林绿地没有进行规划设计，不能施工。

（二）园林规划设计的对象

我们用一个字概括是"地"，用两个字说明就是"绿地"。是什么样的绿地呢？当然是需要新建或改造的绿地。哪里的绿地呢？公园、植物园、动物园、街道等公共绿地，苗圃、花圃等生产绿地，道路、防风林等防护绿地，居住区、工厂、机关、学校等附属绿地，风景名胜区、水源保护区、湿地等其他绿地。

三、园林规划设计的依据

园林规划设计最终的目的是要创造出景色如画、环境优美、文明健康的游憩境域，所以规划设计必须要有所依据。

（一）科学依据

园林设计首要问题是要有科学依据。植物种植设计者需要懂得植物的生长要求、生物学特性、生态习性，然后进行合理配置，一旦违背植物生长的科学规律，必将导致植物设计的失败；设计者在进行地形、水体设计时也必须了解所设计地段的水文、地质、地貌、地下水位、土壤状况等，如没有翔实资料，必须补充勘察有关资料，为设计提供科学依据，避免产生土方塌陷等工程事故；园林建筑、工程设施更要有技术规范要求，离开科学，设计就是虚拟的幻影。

（二）社会需求

园林是反映社会意识形态的上层建筑范畴，它是为广大人民群众服务的，所以设计者要了解广大人民群众的心态、要求，面向大众、面向人民，创造出可游、可憩、可观、可赏的园林空间。

（三）功能要求

园林空间一定要富有诗情画意、绿草如茵、繁花似锦、鸟语花香，让人流连忘返，不同的功能分区要选用不同的设计手法，如儿童活动区要色彩鲜艳、空间开朗；老年活动区要安静、无障碍、舒适性强。

（四）生态需求

"绿水青山就是金山银山"，园林设计者要深明此理，运用"人靠自然界生活""生态兴则文明兴，生态衰则文明衰"的思想观点，正确看待和处理人与自然的关系，满足园林设计的生态需求。

（五）经济条件

经济条件是园林规划设计的重要依据，同样一块绿地、同一个设计方案，采用不同的建筑材料、不同规格的苗木、不同的施工标准需要不一样的投资。设计者应该在有限的投资条件下发挥最佳设计技能，节省开支，创造最理想的作品。

四、园林规划设计的原则

园林设计工作本身具有较强综合性，在设计的过程中，"适用、经济、美观"是必须遵循的设计原则。

（一）适用

所谓适用，一个意思是因地制宜，具有一定的科学性；另外一个意思是园林的功能适合于服务对象。适用的观点带有一定的永恒性和长久性。即使是"普天之下，莫非王土"的清代皇帝，在建造颐和园、圆明园时也要考虑因地制宜，具体问题具体分析。颐和园原先的瓮山瓮湖（又叫西湖）因为具备大山、大水的骨架，所以才仿照西湖，经过地形改造，建成了以万寿山、昆明湖的山水为骨架，以佛香阁为全园构图中心的自然山水园。与颐和园毗邻的圆明园，原先地貌自然喷泉遍布，河流纵横，根据圆明园的原有地形特点进行分期建设，建成了以福海为中心的集锦式自然山水园。两个园子由于因地制宜、符合服务对象，从而创造出了独具特色的园林佳作。

（二）经济

实际上，在考虑适用的前提下，正确选址、因地制宜、巧于因借，本身就节省了大量的投资。经济问题的实质就是花最少的钱、办最好的事，达到"事半功倍"的效果。

（三）美观

园林是一种造型艺术，它遵循对比调和、比例尺度、节奏韵律、均衡稳定等艺术法则，按照艺术构图规律，使园林空间在形式与内容、审美与功能、科学与艺术、自然与生活上达到高度统一，综合体现园林的美感。

五、园林规划设计的发展前景

中国古典园林博大精深，曾被誉为"世界园林之母"。在几千年的历史长河中留下了一大批古典园林，有些还被列为世界文化与自然遗产名录。

中国园林发展至今，走过了一条艰难而曲折的道路。真正的现代园林和城市绿化是在中华人民共和国成立以后才开始快速发展的。

（一）中国现代园林存在的问题

（1）由于工业的迅速发展、城镇人口的猛增，城镇环境越来越差，原有的绿地满足不了城镇化进程的需要。

（2）群众户外体育休闲空间极度匮乏。

（3）土地资源极度紧张，通过大幅度扩大绿地面积改善环境的途径难以实现。

（4）财力有限，高投入的城市园林绿化和环境治理工程难以实现。

（5）自然资源再生利用，生物多样性保护迫在眉睫。

（6）欧美文化的入侵，使得乡土文化受到前所未有的冲击。

（7）临时性景观、花坛摆放费用高，却应用越来越多。

（8）小农思想和落后的绿化行为与现代园林南辕北辙。

（二）思考与方向

（1）用良好的设计建成良好的人居环境。

（2）加强法制建设、健全法制道路。

（3）确立科学合理的园林功能评价标准。

（4）合理经济地利用现有的土地资源进行园林绿化。

（5）完善绿化法规，强化理论研究，改进教育体系。

（6）呼吁园林工作者把园林绿化建设工作纳入整个自然生态系统建设轨道上来，促进园林规划设计工作健康、快速、有效地发展下去。

【自我检测】

一、填空题

1. 园林规划设计的依据是 _____、_____、_____、_____、_____。

2. 园林规划设计包括 _____ 和 _____ 两个方面。

3. 园林规划设计必须遵循的原则是 _____、_____、_____。

二、选择题

1. 关于园林规划描述正确的有（   ）。
   - A. 从广义讲，园林规划就是发展规划，由园林行政部门制定
   - B. 从狭义讲，园林规划就是具体的绿地规划，由园林规划设计部门完成
   - C. 园林规划有长期规划、中期规划和近期规划之分
   - D. 狭义的园林规划就是园林绿地设计

2. 关于园林绿地设计含义理解正确的有（   ）。
   - A. 园林绿地设计是一个微观的概念
   - B. 园林绿地设计是以规划为指导
   - C. 园林绿地设计是园林设计者利用园林要素对园林空间进行组合，创造出一种新的园林环境
   - D. 园林设计的成果是设计图和说明书

项目二　城市园林绿地系统认知

城市园林绿地系统是建在城市中的一个绿色生态系统,渗透到各行各业、各个领域,创造优美环境,促进经济发展和人民的健康,为改革开放服务,为生产、生活、学习服务,具有全面的价值,其效益是综合的、广泛的、长期的、共享的和不可代替的。

任务一　城市园林绿地相关概念的掌握

【学习导言】
　　城市园林绿地系统是各类绿地相互联系、相互作用的绿色有机体,那么什么是园林、什么是绿地呢? 园林绿地系统涉及哪些相关的概念呢? 我们一起来学习。

【学习目标】
　　知识目标:掌握园林、绿地的含义,清楚两者之间的联系区别;熟悉景观的范围;明确园林绿地系统概念。
　　能力目标:能够运用所学知识进行专业术语的辨识,能够运用所学进行园林绿化设计。
　　素质目标:注重细处,时刻充实专业知识,培育园林专业情感。

【学习内容】
　　人是大自然创造的奇迹,人离不开自然。在人类的进化过程中经历了漫长的艰苦岁月,人在长期的利用、改造自然的过程中逐渐形成了建造家园——"造园"的能力,这是园林的雏形。

　　在古籍中,园林也称作园、囿、苑、庭园、园池、池馆、别业、山庄等;国外有的称之为 garden、park、landscape garden,它们的性质、规模虽不完全一样,但是它们都有一些共同的特点。那么到底什么是园林呢?

一、园林与绿地

　　概括来讲,园林是指在一定的地域内运用工程技术和艺术手段,通过因地制宜地改造地形、整治水系、栽种植物、营造建筑和布置园路等方法创作而成的优美的游憩境域。

　　我们讲园林绿地规划、园林绿地设计、园林规划设计的对象,这些都提到了绿地。既然是绿地我们为什么还要绿化呢? 带着这些疑问我们看看到底什么是绿地呢?

　　所谓绿地,《辞海》释义为"配合环境创造自然条件,适合种植乔木、灌木和草本植物而形成一定范围的绿化地面或区域"；或"凡是生长植物的土地，不论是自然植被或人工栽培的，包括农林牧生产用地及园林用地，均可称为绿地"。

由此可见绿地包括3层含义：

（1）由树木花草等植物生长所形成的绿色地块，如森林、花园、草地等。

（2）植物生长占主体的地块，如城市公园、自然风景保护区等。

（3）农业生产用地。

学习了园林、绿地的含义，你能辨别好它们的关系吗？那就让我们一起来看看它们的关系。

联系：

（1）园林与绿地属于同一范畴。

（2）所含组成要素基本相同。

（3）功能作用也基本相似。

区别：

（1）功能性　绿地功能是保护改善环境，园林的功能是使空气清新、卫生清洁、环境宜人，要达到鸟语花香、风景如画的境界。

（2）艺术性　园林比绿地具有较高的艺术水平，是经艺术创作而成的优美自然环境，具有丰富的文化内涵、供人们游憩和丰富活动的境域。

（3）广泛性　"绿地"比"园林"广泛，"园林"可供游憩，必属绿地，但"绿地"不一定都是"园林"，也不一定可供游憩。

二、园林绿化

我们经常说"园林绿化"，懂得了园林，那么什么是绿化呢？下面我们来说明一下。"绿化"一词源于苏联，是"城市居住区绿化"的简称，在中国大约有50年的历史。目前绿化的含义是广泛种植花草树木，使环境优美卫生，防止水土流失的一种活动，它包含了郊区的荒山植树和农田林网建设和城市植树等含义，是园林的基础，园林的一部分。

三、景观

在现实生活中我们经常会听到："哎，这里的景观可真好！"提到"景观"这个词汇，我们有必要

了解一下。在《辞海》中景观定义为地理学名词，泛指地表自然景色。景观有园林景观、林业景观、城市景观、文化遗产景观、建筑景观，甚至是国土性的景观。目前景观基本分成两大类：一类是软质的，如树木、水体、和风、细雨、阳光、天空，这一类通常是自然的；另一类是硬质的，如铺地、墙体、栏杆、景观构筑物，这类景观通常是人造的。

四、城市园林绿地系统

在了解以上单个的定义后，我们要学习一个综合性定义，那就是"城市园林绿地系统"。所谓"城市园林绿地系统"，顾名思义是城市中各种类型、各种规模的绿化用地组成的整体。这个整体是由一定质与量的各类绿地相互联系、相互作用而形成的绿色有机体，也就是城市中不同类型、性质、规模的各种绿地共同构成的一个稳定持久的城市绿色环境体系，是城市规划的重要组成部分。

【自我检测】

一、判断题

1. 城市绿地系统是由城市中各种类型和规模的绿化用地组成的整体。　　（　　）

2. 景观是地理学名词，泛指地表自然景色。　　（　　）

3. 绿化是园林的基础，是园林的一部分。　　（　　）

4. 园林比绿地具有较高的艺术水平，是经艺术创作而成的优美自然环境，具有丰富的文化内涵、供人们游憩和丰富活动的境域。　　（　　）

二、填空题

1. "绿地"比"园林"＿＿＿＿＿，"园林"可供＿＿＿＿＿，必属绿地，但"绿地"不一定都是"园林"，也不一定可供游憩。

2. 凡是生长植物的土地，不论是＿＿＿＿＿植被或＿＿＿＿＿栽培的，包括农林牧生产用地及园林用地，均可称为绿地。

任务二 城市园林绿地的分类

【学习导言】

　　园林绿地有很多种类型,目前世界各国对其尚无统一的分类方法,我国对城市园林绿地分类的研究起步较晚,为了便于工作必须对城市园林绿地进行分类。

【学习目标】

　　知识目标:清楚分类的重要性,掌握各种绿地的特点。

　　能力目标:能够辨别各种绿地,并能说出其主要特征。

　　素质目标:通过对各种绿地的学习,增强对专业的认识,激发对专业情感及专业文化内涵的理解。

【学习内容】

　　为什么要进行园林绿地的分类呢?我们绝大多数的人一定会说有利于园林绿地的规划与设计,没错,说得很好。那我们就看看园林绿地分类的重要性。

　　(1)为了满足城市规划工作的需要,城市绿地的分类方法与城市用地分类有相对应的关系,这样有利于城市总体规划与各专业规划配合。

　　(2)绿地的分类按照绿地的主要功能及使用对象区别,有利于绿地的详细规划与设计工作。

　　(3)绿地的分类与绿地建设的管理体制和投资来源一致,有利于业务部门的经营管理。

　　我国目前作为城市绿地系统规划及城市园林绿化工作的依据是《城市绿地分类标准》(CJJ—2002),绿地按照主要功能进行分类,并与城市用地分类相对应,绿地分类采用大类、中类、小类三个层次。

　　按照以上的分类方法,园林绿地主要分为公园绿地、生产绿地、防护绿地、附属绿地、其他绿地。

一、公园绿地

　　向公众开放,以游憩为主要功能,兼具有生态、美化、防灾等作用的绿地。公园绿地有综合性公园、社区公园、专类公园、带状公园、街旁绿地五类。

(一)综合性公园

　　综合性公园内容丰富,有相应的设施,适合于公众开展各类户外活动的规模较大的绿地。它又分为以下几类。

　　(1)全市性公园　为全市市民服务,活动内容丰富、设施完善。

　　(2)区域性公园　为市区内一定区域的居民服务,具有较丰富的活动内容与设施。

(二)社区公园

　　为一定居住用地范围内的居民服务。

　　(1)居住区公园　服务于一个居住小区的居民,为居住区配套建设的集中绿地,服务半径为0.5～1.0 km。

　　(2)小区游园　为一个居住小区的居民服务,服务半径为0.3～0.5 km。

(三)专类公园

　　(1)儿童公园　供儿童游戏及开展科普、文化活动,有完善安全设施的绿地。

　　(2)动物园　是指在人工饲养条件下,保护野生动物,供观赏、普及科学知识,进行科学研究和动物繁育,具有良好设施的绿地。

　　(3)植物园　是指进行植物科学研究和引种驯化,供观赏、游憩及开展科普活动的绿地。

　　(4)历史名园　是指历史悠久、知名度高,体现传统造园艺术并被审定为文物保护单位的园林。

（5）风景名胜公园　是指位于城市建设用地范围内，以文物古迹、风景名胜为主形成的具有城市公园功能的绿地。

（6）游乐公园　是指具有大型游乐设施，单独设置，生态环境较好的绿地。

（7）其他专类公园　是指除了以上各类公园外具有特定主题内容的绿地，如雕塑园、盆景园、体育公园、纪念性公园等。

（四）带状公园

是指沿城市道路、城墙、水滨等，具有一定游憩设施的狭长形绿地。

（五）街旁绿地

街旁绿地位于城市道路用地之外，相对独立成片的绿地，包括街道广场绿地、小型街旁绿化用地等，绿化占地比例为≥65％。

二、生产绿地

是指为城市绿化提供苗木、花草和种子的苗圃、花圃、草圃等圃地。

三、防护绿地

是指城市中具有卫生、隔离和安全防护功能的绿地。包括卫生隔离带、道路防护绿地、城市高压走廊绿带、防风林、城市组团隔离带等。

四、附属绿地

是指城市建设用地中除绿地之外各类用地中的附属绿化用地。包括居住用地、公共设施用地、工业用地、仓储用地、对外交通用地、道路广场用地、市政设施用地和特殊用地中的绿地。

（1）居住绿地　城市居住用地内社区公园以外的绿地，包括组团绿地、宅旁绿地、配套公建绿地、小区道路绿地等。

（2）公共设施绿地　公共设施用地内的绿地。

（3）工业绿地　工业用地内的绿地。

（4）仓储绿地　仓储用地内的绿地。

（5）对外交通绿地　对外交通用地内的绿地。

（6）道路绿地　道路广场用地内的绿地，包括行道树绿带、分车绿带、交通岛绿带、交通广场和停车场绿地等。

（7）市政设施绿地　市政公用设施用地内的绿地。

（8）特殊绿地　特殊用地内的绿地。

五、其他绿地

是指对城市生态环境质量、居民休闲生活、城市景观和生物多样性保护有直接影响的绿地。包括风景名胜区、水源保护区、郊野公园、森林公园、自然保护区、风景林地、城市绿化隔离带、野生动植物园、湿地、垃圾填埋场恢复绿地等。

【自我检测】

一、判断题

1. 历史名园是指历史悠久、知名度高，体现传统造园艺术并被审定为文物保护单位的绿地。
（　　）

2. 道路广场用地内的绿地，包括行道树绿带、分车绿带、交通岛绿带、交通广场和停车场绿地等。
（　　）

3. 居住区绿地是单位附属绿地。　（　　）

4. 某城市的体育公园属于专类公园。
（　　）

二、填空题

1. 综合性公园内容丰富，主要有_____、_____两类。

2. 风景名胜公园是指位于城市建设用地范围内，以_____、_____为主形成的具有城市公园功能的绿地。

任务三　城市园林绿地功能、规划目的与原则的运用

【学习导言】

　　城市园林绿化是全社会的一项环境建设工程,它是社会生产力发展的需要,也是人们生存的需要。城市园林绿化不是单为一代人,而是有益当代、造福子孙,不是一家一户的生活环境美,而是要改善整个城市、乡村,甚至整个国土的生态环境。

　　城市园林绿化的材料是有生命的绿色植物,具有自然属性;它又能满足人们的文化艺术享受,因此具有文化属性;它也具有社会再生产推动自然再生产、取得产出效益的经济属性。所以城市园林绿地具有生态、社会、经济功能。

【学习目标】

　　知识目标:掌握城市园林绿地的三大功能、规划原则,了解城市园林绿地系统规划的目的与任务。

　　能力目标:能够运用城市园林绿地规划原则进行城市绿地规划,创造出符合城市园林绿地系统功能要求的园林。

　　素质目标:培养学生热爱科学、勇于创新,为人类文明发展做好园林的志趣。

【学习内容】

一、城市园林绿地的功能

　　城市园林绿地被称为"城市的肺脏",它对改善城市环境、维护城市的生态平衡起着巨大的作用。

(一)生态功能

1. 植物是净化空气的秘密武器

　　(1)吸收二氧化碳、放出氧气　植物有微小的细胞器叶绿体,它能够吸收二氧化碳进行光合作用,产生氧气净化空气。据测定,地球60%的氧来自森林。1 km² 的园林绿地每天能吸收900 kg二氧化碳,释放600 kg氧气;1 km² 阔叶林日吸收二氧化碳 1 000 kg,释放氧气 750 kg;25 m² 的草地或 10 m² 树林就能把一个人呼出的二氧化碳吸收。园林绿地被称为"绿色呼吸器"。因此增加园林绿地面积能有效解决二氧化碳过量和氧气不足问题。

　　(2)吸收有害气体　有害气体的种类很多,如二氧化硫、氯气、氟化氢、氨等。其中以二氧化硫最为广泛。有些园林植物天生就是有害气体的克星,能够吸收有害气体,降低大气中有毒气体的浓度,如银杏、槐树对硫的同化能力就很强。1 km² 的柳杉日可吸收 60 kg 二氧化硫,夹竹桃、臭椿、龙柏、罗汉松等树种也可吸收二氧化硫。

　　(3)减少粉尘的污染　植物是天然的"净化器",见图 2-3-1。一方面,它能够降低风速,使灰尘下降;另一方面,植物叶片表面不平,多绒毛,且能分泌黏性油脂及汁液,所以能够吸附大量的飘尘。悬铃木、刺槐林可以使粉尘减少 23% ~ 52%。草坪可以防止尘埃再起。据测定:厂矿区直径 10 μm 以上的粉尘较公园绿地高 6 倍,直径 10 μm 以下的较绿区多 10% ~ 50%。因此园林绿地也被称为城市的"绿色过滤器"。

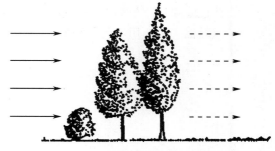

图 2-3-1　绿化树木有天然"净化器"的作用

（4）降低噪声污染　植物枝条、叶片，甚至是树干都可以消耗不规则反射噪声波，使噪声降低、减弱。40 m 宽的林带可降低噪声 10～15 dB，10 m 宽的林带可降低噪声 20%～30%。城市街道散植树木降低噪声能力低、效果不明显。

分枝低、树叶茂盛的乔木减噪效果较好，而叶茂的疏林减噪能力尤为显著，行道树、城市防声林作用见图 2-3-2。因此园林绿地又称为"绿色消音器"。

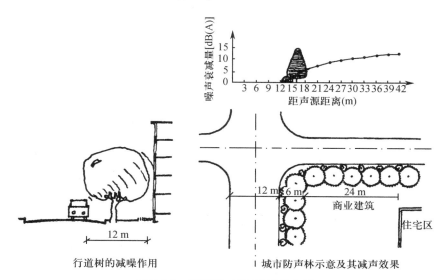

行道树的减噪作用　　　　城市防声林示意及其减声效果

图 2-3-2　行道树、城市防声林作用

（5）杀死病菌　许多的园林植物能够分泌出一种杀菌素，具有杀菌作用。你知道吗？1 hm² 柏树每天能够分泌 30 kg 的杀菌素，可以杀死白喉、肺结核、伤寒、痢疾等病菌。据美国测定，空气菌量——百货商店 400 万个/m³、林荫道为 58 万个/m³、公园中则降低到 0.1 万个/m³、而林区仅 55 个/m³，绿化环境的好坏直接影响到了环境卫生条件。因此园林植物被称为"绿色灭菌器"。

图 2-3-3　截断、过滤、遮挡太阳辐射

2. 调节温度

炎炎夏日，植物会阻挡阳光、消耗热量，为你带来一丝清凉，见图 2-3-3。据测定，夏季草地表面温度比裸地低 6～7℃，比沥青路面低 8～20.5℃。垂直绿化前后的墙体表面温度差为 5.5～14℃，林荫下气温比无林地带低 3～5℃，比建筑物区低 10℃左右。冬季草坪足球场表面温度比裸地平均高 3～5℃、林地气温比无林地气温高 0.1～0.5℃，效果见图 2-3-4。另外园林中的水体对改善气温也具有明显的作用。如杭州西湖、南京玄武湖、武汉东湖，其夏季气温要比市区低 2～4℃。因此园林绿地能有效地调节物体表面温度和气温，为人们创造一个冬暖夏凉的环境。

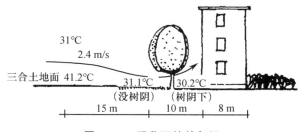

图 2-3-4　绿化环境的气温

城市热岛是城市气候中的一个显著特征，其成因在于人类对原有自然下垫面的人为改造。以砂石、混凝土、砖瓦、沥青为主的建筑所构成的城市，高楼林立，人口拥挤，交通繁忙，人为热的释放量大大增加，加上通风条件较差，热量扩散较慢，

且城市热岛强度随城市规模的扩大而加强。规模较大、布局合理的城市园林绿地系统,可以在高温的建筑组群之间交错形成连续的低温地带,将集中型热岛缓解为多中心型热岛,起到良好的降温作用,使人感到舒适,效果见图2-3-5。

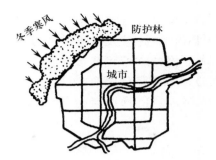

图2-3-6　冬季防风

图2-3-5　建筑与绿地环境气体循环示意图

3. 调节湿度

人类感觉舒适的相对湿度为30%～60%,植物的叶片蒸发时会散发大量的水分,提高空气湿度。据北京园林局测定:夏季1 hm² 阔叶林能蒸腾2 500 t水分,比相同面积的裸地高20倍,相当于同等面积水库的蒸发量;1 hm² 油松林日蒸腾量为43.6～50.2 t;1 hm² 加拿大杨日蒸腾量为57.2 t。另据测定:公园的湿度比其他绿化少的区域高27%,行道树也能提高相对湿度10%～20%;冬季绿地中风速小气流交换弱蒸发的水分不易扩散,其相对湿度也高10%～20%。由此可见,绿地中舒适、凉爽的气候环境与绿化植物的调节作用是分不开的。

4. 净化水体

植物可以吸收水中的溶解质,减少水中含菌数量。水生植物对城市污水具有一定的净化作用,芦苇可吸收酚,每平方米芦苇年可吸收6 kg污染物;水葱可吸收水体中的有机物,水葫芦能吸收水中的金、银、汞、铅等重金属,降低镉、酚、铬等物质的含量。

5. 净化土壤

植物根系能够吸收土壤中的有毒物质,还能分泌杀死大肠杆菌的物质,起到净化土壤、提高土壤肥力的作用。

6. 防风、通风

在冬季寒风的垂直方向种植防护林,可以大大降低风速,起到防风的作用,见图2-3-6;在夏季植物种植的方向与主导风向一致时,会加大通风力度,见图2-3-7。

图2-3-7　夏季通风

据测定,一个高9 m的复层树木屏障,在迎风面90 m、背风面270 m内,风速都有不同程度的减少,见图2-3-8。

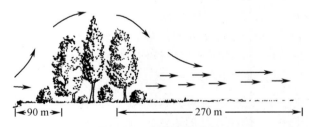

图2-3-8　园林绿化防风

(二)社会功能

城市园林绿化不仅可以改善城市环境,维护生态平衡,而且还能防灾避难,具有明显的社会效益。植物是城市的美容师,与建筑、山石、水体构成的景观又能给人以精神上的享受,园林绿地具有蓄水、保土、防止水土流失、防震、避战功能,是保护居民生命财产安全的重要屏障。

1. 创造城市景观

在城市中,大量的硬质楼房形成了轮廓挺直

的建筑群体,而园林绿化则为柔和的软质景观。若两者配合得当,便能丰富城市建筑群体的轮廓线,形成街景,成为美丽的城市景观。特别是城市的滨海和沿江的园林绿化带,能形成优美的城市轮廓骨架。城市中由于交通的需要,街道成网状分布,如形成优美的林荫道绿化带,既衬托了建筑,增加了艺术效果,也形成了园林街和绿色走廊,遮挡不利观瞻的建筑,使之形成绿色景观。因此生活在闹市中的居民行走时便能观赏街景,得到适当的休息。例如,青岛市的海滨绿化,形成了山林海滨城市的特色;上海市的外滩滨江绿化带,衬托了高耸的楼房,丰富了景观,增添了生机;杭州市的西湖风景园林,使杭州形成了风景旅游城市的特色;扬州市的瘦西湖风景区和运河绿化带,形成了内外两层绿色园林带,使扬州市具有风景园林城市的特色;日内瓦湖的风光,成为日内瓦景观的代表;塞纳河横贯巴黎,其沿河绿地丰富了巴黎城市面貌;澳大利亚的堪培拉,全市处于绿树花草丛中,便成为美丽的花园城市。

2. 休闲、保健场所

人类一切建设活动都是为了满足人类自身需要的,而人的需要是不断变化的。随着闲暇时间的增多,人们更加迫切地需要更多能提供休闲、保健的户外活动场所。

随着社会生产率的不断提高,人们的闲暇时间会不断增加,城市绿地(城市开放空间的重要组成部分)也会不断增加。

城市园林绿地,特别是公园、小游园及其他附属绿地,为人们提供了闲暇时间的休闲、保健场所。散步、晨练、观赏、静思、游戏、散步都是不同年龄段人们所喜爱的。同时园林绿地中还常设琴、棋、书、画、武术、划船、射击、攀缘、电子游艺等活动项目。人们可自由选择自己喜爱的活动内容,使紧张工作后的身心在此得到放松。

近年来人们还喜欢离开自己的居住地,到居住地以外的园林绿地空间进行游赏、休闲、保健活动。这种新的生活方式被越来越多的人所接受。

3. 文化教育园地

城市园林绿地是一个城市的宣传窗口,是进行文化宣传、科普教育的主要场所,经常开展多种形式的活动,使人们在游憩中受到教育,增长知识,提高文化素养。

园林绿地中的文化教育内容十分广泛,其形式多种多样,历史文化事件、人文古迹等方面的展示使人们在游览中得到熏陶和教育。如在杭州西湖景区中岳王墓景点,人们感受到民族英雄岳飞的爱国主义精神,从中深受教育,激发人们"精忠报国"的热情;古典园林、名胜古迹又增进了人们对历史的了解,对古典文学、建筑、园林等艺术的欣赏。再如画展、花展、影展、工艺品展对人们艺术修养的提高都有较好的作用;植物园、动物园、水族馆等,可使游人增长自然科学知识,了解和热爱大自然;此外还有对古代和现代科技成果的展示,可激发人们热爱科学和勇于创新的民族精神。

随着信息时代的到来,科学技术的进步与发展,知识文化产业在城市产业中占据越来越重要的地位,信息交换、科技交流、文化艺术已成为城市文化知识产业的主要活动领域。在城市开放空间系统中,园林绿地作为人类文化、文明在物质空间构成上的投影,它是反映现代文明、城市历史、传统和发展成就与特征的载体。

4. 社会交往空间

社会交往是园林绿地的重要功能之一,公共开放性园林绿地空间是游人进行各种社会交往的理想场所。从心理学角度看,交往是指人们在共同活动过程中相互交流兴趣、情感、意向和观念等。交往需要是人作为社会中一员的基本需求,也是社会生活的组成部分。每个人都有与他人交往的愿望。同时人们在交往中实现自我价值,在公众场合中,人们希望引人注目,得到他人的重视与尊敬,这属于人的高级精神需求。

城市园林绿地为人们的社会交往活动提供了不同类型的开放空间。园林绿地中,大型空间为公共性交往提供了场所;小型空间是社会性交往(指相互关联人们的交往)的理想选择;私密性空间给最熟识的朋友、亲属、恋人等提供了良好氛围。

5. 旅行游览

城市园林绿地、风景名胜区是国内外游人向往云集之地。如北京皇家园林、江南园林、东岳日出、南岳枫红、黄山云雾、庐山瀑布、西岳险峰都是人们希望亲眼一睹的理想之地。

6. 防灾避难

城市中发生水灾、火灾、地震等时,园林绿地是一个很好的避难场所,城市园林绿化具有避难、减灾功能和保护城市人民生命财产安全的作用。植物具有的盘根错节的根系能够紧固土壤、防止水土流失、降低风速、储存蒸发水分;城市周围的防护林带,在一定程度上可以防止台风和风沙的侵袭(北京地区的沙尘暴天气);稠密的林地在一定程度上可以降低核辐射及冲击波的杀伤力,过滤、吸收放射性物质、减轻放射危害。战时绿地又是很好的隐蔽场所,是理想的空袭疏散地,可阻止弹片飞散,掩饰重要建筑、军事设施、保密装置。二战期间欧洲一些城市遭到轰炸,但绿化区受损情况较轻。植物枝叶含有大量水分,可以阻止火灾蔓延,是地震、火灾发生时的避难场所。1923年日本关东发生地震,同时引起火灾,城市园林绿地成了避难场所,人们对绿地的这一功能有了认识。1976年北京受唐山地震的波及,400多 hm² 绿地疏散了 20 余万人员。有些植物可以对环境污染进行反应,如落叶松、马尾松、葡萄、李、杏、郁金香对二氧化硫、氯化氢有强烈的反应,被称为"指示植物"。

(三)经济功能

园林与旅游相结合产生最大的直接的经济效益,现代城市的发展、人民的身心健康、经济的繁荣、外商的投资离不开优美的环境,园林绿地的间接效益不言而喻。

1. 直接经济效益

指园林产品、门票和服务的直接收入。如结合生产获得的果品、药材、饲料等;提供餐饮、零售、摄影等生活文体娱乐服务,以及花卉盆景、书画等园艺产品和艺术品的生产和销售。

2. 间接经济效益

指园林绿化形成的良性生态环境效益和社会效益。如福建省推算出全省森林生态与社会效益的价值约为 7 431 亿元/年,而直接经济效益约为 15 亿元,其比例为 11.7∶1。美国一份资料显示,绿化间接效益是它本身价值的 18～20 倍。总之,城市园林绿化的间接效益比直接效益大得多。

二、城市园林绿地系统规划的目的和任务

1. 城市园林绿地系统规划的目的

创造优美自然、清洁卫生、安全舒适、科学文明的现代城市环境系统。具体表现在保护和改善城市自然环境、调节城市小气候、保持城市生态平衡、美化城市景观、强化审美功能,为城市和居民提供生产、生活、娱乐、健康所需的物质与精神方面的优越条件。调节人口与环境之间的关系,解决城市发展与环境恶化之间的矛盾,缓解环境质量逐年下降给城市生活造成的压力。

2. 城市园林绿地系统规划的任务

就是规划出切实可行的、适应现代城市发展的最佳绿地系统。

(1)根据实际条件和发展前景,确定该城市园林绿地系统规划的原则。

(2)在城市总体规划框架内选择用地、合理布局,确定城市各类园林绿地的位置、范围、面积和性质,并依据国民经济发展、生产和生活水平、发展规模、建成速度和水平,统计园林绿地的各类指标,拟订分期建设指标。

(3)在园林绿地系统规划编修阶段提出调整、充实、改造、提高的意见,划出控制、保留用地,修订分期建设及修建项目的实施计划。

(4)编制城市园林绿地系统规划的图纸文件。

(5)对重点公共绿地,提出示意图、规划方案及设计任务书。其内容包括绿地性质、位置、规模、环境、服务对象、游人数量估计、布局形成、艺术风格、主要设施项目、建设年限等,作为详细规划设计的依据。

三、城市园林绿地系统规划原则

城市园林绿地系统的规划,应该置于城市总体规划之中,按照国家和地方有关城市园林绿化的法规,贯彻为生产服务、为生活服务的总方针。

(一)从实际出发、综合规划

无论总体与局部规划,都要从实际出发,紧密结合当地的自然条件,以原有树木、绿地为基础,充分利用山丘、坡地、水旁、沟谷等处,尽可能少占良田,节约人力、物力;并与城市规模、性质、人口、工业、公

共建筑、居住区、道路、水系、农副业生产、地上地下设施等密切配合，全面合理地进行绿地规划。

（二）远近结合、创造特色

根据城市的经济能力、施工条件、项目的轻重缓急，定出长远目标，做出近期安排，使规划能逐步得到实施。一般城市应该掌握先普及绿化，扩大绿色覆盖面，再逐步提高绿化质量与艺术水平，向花园式城市发展。

各类城市的园林绿化应各具特色，才能显示出各自的不同风貌，发挥各自应有的功能。如北方城市的园林绿地规划以防风沙为主要目的，绿化就要根据防护功能进行建设；南方城市以通风、降温为主要目的，园林绿化就要有透、阔、秀的特色；工业城市应以防护、隔离为主要特色；风景疗养城市应以自然、清秀、优雅为主要特色；文化名城应以名胜古迹、传统文化相应的绿地配置为主要特色。

（三）功能多样、力求高效

规划时应将园林绿地的环保、防灾、娱乐与审美、体育、教育等多种功能综合设计，安排成有机联系的整体。各种绿地应均衡、协调地分布于全市，使服务半径合理，方便市民活动。

（四）网络分割、互联互通

各种公园绿地相互连接，构成网络，把以建筑为主的市区分割成小块，四周有绿地包围，整个城市外围也有绿地环绕，做好互联互通，发挥绿地功效。

（五）均匀分布、比例合理

规划时要考虑兼顾性质、规模、内容、投资等

各方面利弊，做到点（公园等公共绿地）、线（街道、滨水绿地、游憩绿地）、面（单位附属绿地）结合，大中小结合，集中与分散结合，重点与一般结合，使各类园林绿地占地比例合理、均衡分布、构成有机统一整体。

【自我检测】

一、判断题

1. 树木能减少粉尘的污染是因为它能降低风速。　　　　　　　　　　　（　　）

2. 城市周围的防护林带，在一定程度上可以防止台风和风沙的侵袭。　　　　　（　　）

3. 植物枝条、叶片，甚至是树干都可以消耗、不规则反射噪声波，使噪声降低、减弱。（　　）

4. 城市园林绿地规划时要考虑兼顾性质、规模、内容、投资等各方面利弊，做到点、线、面结合，大中小结合，集中与分散结合，重点与一般结合。　　　　　　　　（　　）

二、填空题

1. 城市园林绿地系统规划设计的原则有_____、_____、_____、_____、_____。

2. 城市园林绿地的功能有_____、_____、_____。

任务四　城市园林绿地定额指标的掌握

【学习导言】

城市园林绿地的定额指标是指城市中平均每个居民所占有的公共绿地面积、城市绿化覆盖率、城市绿地率等。城市园林绿地的定额指标反映一个城市的绿化数量和绿化质量、一个时期的城市经济发展和城市居民的生活福利、保健水平，也是评价城市环境质量的标准和城市居民精神文明的标志之一。

【学习目标】

知识目标:掌握城市园林绿地的定额指标含义及算法,了解影响城市园林绿地的定额指标的因素。

能力目标:会计算各种城市园林绿地的定额指标,并能结合国家规定进行评价。

素质目标:培养学生精细、严谨、求实的工作态度与敬业精神。

【学习内容】

我国城市规划建设用地结构中指出绿地占建设用地比例为8%～15%,城市规模不同,其绿地指标各不相同。大城市人口密集,每人应占10～12 m²;郊区自然环境好、卫生条件好、人口在5万人以上的城市,绿地面积可适当低些;建筑量大、工厂多、人口多的城市,风景旅游和休养性质的城市以及干旱地区的城市,其绿化面积都应适当增加,以利改善环境,美化环境,减少污染。

一、城市园林绿地指标

(一)城市绿地率

1. 含义

城市绿地率是指城市各类绿地(含公共绿地、居住区绿地、单位附属绿地、防护绿地、生产绿地、风景林绿地等六类)总面积占城市面积比率。

绿地率=城市园林绿地总面积/城市用地总面积×100%

2. 特点

(1)城市绿地率应不少于30%。

(2)城市绿地率表示全市绿地总面积的大小,是衡量城市规划的重要指标。疗养学认为,绿地面积达到50%以上才有舒适的休养环境。城乡建设环境保护部有关文件中规定:城乡新建区绿化用地应不低于总用面积的30%;旧城改建区绿化用地应不低于总用面积的25%;一般城市的绿地率40%～60%比较好。

(二)城市绿化覆盖率

1. 含义

城市绿化覆盖率是指城市绿地覆盖面积占城市面积比率。

城市绿化覆盖率=城市全部绿化种植垂直投影面积/城市总用地面积×100%

2. 特点

城市中各类绿地的绿色植物覆盖总面积占城市总用面积的百分比,是衡量一个城市绿化现状和生态环境效益的重要指标,它随着时间的推移、树冠的大小变化。乔木下的灌木投影面积、草坪面积不得计入在内,以免重复。城市绿化覆盖率应不少于35%。林学上认为,一个地区的绿色植物覆盖率应至少在30%以上,才能对改善气候发挥作用。城乡建设环境保护部指出:凡有条件城市,要把绿化覆盖率提高到30%,远期达到50%。

(三)人均公共绿地面积

1. 含义

人均公共绿地面积是指城市中每个居民平均占有公共绿地的面积。

人均公共绿地面积=市区公共绿地总面积(m²)/市区人口(人)

2. 特点

人均公共绿地面积指标根据城市人均建设用地指标而定,理想的人均绿地指标应大于9 m²。人均建设用地指标不足75 m²的城市,应不少于6 m²;人均用地建设指标75～105 m²的城市,应不少于7 m²;人均建设用地指标超过105 m²的城市,应不少于8 m²。

(四)道路绿化面积指标

城市道路根据实际情况搞好绿化,其中主干道绿带面积占道路总用地比率不少于20%,次干道绿带面积所占比率不少于15%。

(1)道路绿化面积　为平均单株行道树的树冠投影面积与分布于绿岛上的草地面积之和。

(2)道路绿化程度　道路绿化横断面长度与道路横断面总长度之比。

我国宽度在 40 m 以上的干道绿化程度为 27%，40 m 以下的绿化程度为 28%。

（五）生产绿地面积指标

苗圃容有量反映了一个城市园林绿化生产用地的多少，是城市园林绿化建设的物质基础，每个城市都要重视园林苗圃的建设，逐步做到苗木自给。生产绿地面积占城市建成区面积比率不低于 2%。

城市苗圃容有量（S）= 城市苗圃面积/建成区总面积

（六）防护林绿地面积指标

城市内河、海、湖等水边及铁路边的防护林带宽应大于 30 m。另外，工业企业的防护林带也有相应规定。国家住房和城乡建设部和国家卫生健康委员会共同颁发了"工业企业设计暂行标准"，规定卫生防护林带宽度为 1 000 m，500 m，300 m，100 m，50 m 5 类，见表 2-4-1。

表 2-4-1　城市卫生防护林绿地定额指标

工业企业等级	卫生防护带宽度/m	卫生防护带数目/条	林带宽度/m	林带间隔/m
I	1 000	3～4	20～50	200～400
II	500	2～3	10～30	150～300
III	300	1～2	10～30	150～300
IV	100	1～2	10～20	50
V	50	1	10～20	

（七）居住区绿地面积指标

居住区绿地占居住区总用地比率不低于 30%。

（八）单位附属绿地面积指标

单位附属绿地面积占单位总用地面积不低于 30%，其中工业企业、交通枢纽、仓储、商业中心等绿地率不低于 20%；产生有害气体及其他污染的工厂绿地率不低于 30%，并根据国家标准设立不少于 5 m 的防护林带；学校、医院、疗养院、机关团体、公共文化设施、部队等单位的绿地率不低于 35%。

因特殊情况不能按上述标准进行建设的单位，必须经城市园林绿化行政主管部门批准，并根据《城市绿化条例》第十七条规定，将所缺面积的建设资金交给城市园林绿化行政主管部门统一安排绿化建设作为补偿，补偿标准应根据所在城市所处地段绿地的综合价值具体规定。

二、影响园林绿地指标的因素

（1）国民经济发展水平　随着国民经济的发展，人们物质、文化生活水平的改善和提高，对园林绿地等环境的数量、质量的要求也会不断提高。这将促进我国园林事业向更高水平发展。

（2）城市性质　不同性质的城市对园林绿地的要求也不同。如风景游览区和休、疗为主的城市以及污染较重的钢铁、化工、煤炭等重工业城市、交通枢纽城市，从其主要功能对环境的要求方面考虑，园林面积宜大、指标宜高。

（3）城市规模　理论上讲，大中城市人口密度大，建筑密集，环境污染较重，小气候状况不良，市民远离郊野自然环境，市区应多建园林绿地，指标宜高；小城市则相反。但大中城市用地紧张，开辟绿地较为困难，需要与可能发生矛盾。

（4）城市自然条件　南方及沿海城市气候温暖湿润、土壤肥沃、水源充足、树种丰富，园林绿地指标高。而北方内陆城市气候寒冷、干旱多风、少雨，园林绿化有一定困难，绿化指标通常较低。

【自我检测】

一、填空题

1. 人均公共绿地面积是指城市中每个居民平均占有公共绿地的_____。

2. 学校、医院、疗养院、机关团体、公共文化设施、部队等单位的绿地率不低于_____。

3. 居住区绿地占居住区总用地比率不低于_____。

4. 我国城市规划建设用地结构中指出绿地占建设用地比例为_____。

二、判断题

1. 北方内陆城市气候寒冷、干旱多风、少雨，园林绿化有一定困难，绿化指标通常较低。

（　　）

2. 道路绿化程度是指道路绿化横断面长度与道路横断面总长度之比。　　　（　　）

任务五　城市园林绿地的布局

【学习导言】

城市园林绿地选定后，根据城市园林绿地总指标及有关指标进行规划布局。城市园林绿地规划的方法是以示图为主，结合说明书、数据图表、文字说明材料，充分利用计算机进行软件开发和利用，进行立体、平面等不同角度、方位形式的构思、设计。城市园林绿地规划要布局合理、指标先进合理、质量良好、改善环境。

【学习目标】

知识目标：掌握城市园林绿地布局的形式特点，熟悉园林绿地布局的手法。

能力目标：能够运用园林绿地布局的手法，对不同的园林绿地进行布局。

素质目标：培养学生服务意识，实事求是、创新的工作能力。

【学习内容】

城市园林绿地选定后，根据城市园林绿地总指标及有关指标进行规划布局。

一、城市园林绿地布局的形式

城市园林绿地的形式根据不同的具体条件，常有块状、环形、楔形、混合式、片状等几种，见图2-5-1。

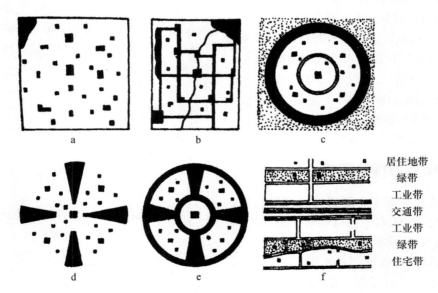

图 2-5-1　城市园林绿地布局的形式
a. 块状；b. 绿道；c. 环状式；d. 楔形；e. 混合式；f. 片状或带状

（一）块状绿地

在城市规划总图上,公园、花园、广场绿地呈块形、方形、不等边多角形均匀分布。这种形式方便居民使用,但因分散独立,不成一体,不能起到综合改善城市小气候的效能。

（二）环状绿地

围绕全市形成内外数个绿色环带,使公园、花园、林荫道等统一在环带中,全市在绿色环带包围之中。但在城市平面上,环与环之间联系不够,显得孤立,市民使用不便。

（三）楔形绿地

通过林荫道、广场绿地、公园绿地的联系,使城市郊区到市内形成放射状绿地。楔形绿地虽然把市区与郊区联系起来,绿地深入城市中心,但它把城市分割成放射状,不利于横向联系。

（四）混合式绿地

将前几种绿地系统配合,使全市绿地呈网状布置,与居住区接触面最大,方便居民散步、休息和进行各种文娱体育活动。还可以通过带状绿地与市郊联系,促进城市通风和输送新鲜空气。

（五）片状绿地

将市区内各地区绿地相对加以集中,形成片状,适于大城市。

每个城市具有各自的特点和具体条件,不可能有适应一切条件的布局形式,所以规划时要结合各市的具体情况,认真探讨各自的最合理的布局形式。

二、城市园林绿地布局的手法

（一）制定城市绿色空间系统建设总体目标

在调查研究的基础上,制定城市空间系统在不同发展时期的生态环境质量、绿化水平、社会服务、特色风貌等目标。借助"3S"现代信息技术,在定性基础上逐步高度定量化,使目标体系具有可操作性。

（二）研究和预测城市人群休闲行为

（1）价值观、心理要求、文化取向。

（2）人口规模、人口特征(年龄、职业、性别、消费等)。

（3）人群在城市绿色空间系统中流动、集散、停留时间等规律。

（4）休闲方式选择与休闲文化取向。

（三）规划绿色空间序列

对城市空间进行调整,形成"点型、带型、场型"相结合的空间系统。绿色空间包括公共绿地、城市滨水地带、运动场、游乐园、城市广场、主要街道、大型建筑庭院、居住区绿地、防护绿地、生产绿地等。规划要从用地规模、空间规模、空间序列组织、空间视线、环境效益等方面综合研究,做出定性、定量规划。

（四）规划绿色空间功能

绿色空间功能规划包括生态效益功能、活动利用型(游憩、娱乐、运动、集散、停留、展示、分隔、交通……)、人群交通和文化艺术表述等各项功能。规划要对城市各主要空间做出系统的主次功能认定。

（五）规划绿色空间系统特色风貌

在总体特色风貌目标控制下,充分考虑绿色主要空间,进行艺术风格、文化主题等方面规划。

（六）控制绿化指标

基于各空间功能、生态指标、建设条件确定各空间绿化指标时效要求。绿化指标包括绿化覆盖率、绿地率、绿视率、郁闭度、叶面积系数等,绿化规划要对各主要空间植被特征加以规划。

（七）规划空间环境

对城市主要绿色空间环境的人口容量进行测算,制订小生态环境目标(空气、湿度、温度、土壤、尘、噪声、风等)和环境保护治理措施。

（八）论述城市绿色空间系统与区域生态系统的关系

城市与郊区绿地系统的协调关系,区域空间调节关系,休闲旅游人口流动关系等。

【自我检测】

一、判断题

1.环状绿地主要特点是环与环之间联系紧密,方便市民使用。　　　　　　　　（　　）

2.制订城市绿色空间系统建设总体目标需要在调查研究的基础上,制定城市空间系统在不同发展时期的生态环境质量、绿化水平、社会服务、特色风貌等目标。　　　　　（　　）

二、填空题

1. 城市园林绿地布局的形式有_____、_____、

2. 人群在城市绿色空间系统中具有_____、_____、_____、_____。

2. 人群在城市绿色空间系统中具有_____、_____、停留时间等规律。

任务六　城市园林绿化树种的规划

【学习导言】

树种规划是城市园林绿地规划的一个重要组成部分,它关系到绿化质量的高低、绿化效应的优劣、绿化成效的快慢。树种规划合理,可以有效地改善城市绿化面貌,提高绿化速度。

【学习目标】

知识目标:掌握树种规划的原则,熟悉树种规划的程序。

能力目标:认识园林绿化常见树种并了解树种的习性,能够合理地进行树种规划。

素质目标:培养学生树木树人、至真至善的品质境界。

【学习内容】

树种规划一般由城市规划、园林、林业以及植物科学工作者共同制定。

一、树种规划原则

(一)因地制宜,符合自然规律

我国幅员辽阔,各地气候条件、土壤条件等各不相同,而树木种类繁多,生态特性差异较大,因此树种规划必须考虑该市或地区的各种自然因素,如气候、土壤、地理位置、自然和人工植被等。在分析自然因素与树种的关系时,应注意最适条件和极限条件,根据树种特性和不同的生态环境特点因地制宜地进行规划,并参照郊区野生植被的发展趋势,不仅重视当地分布树种,而且应积极发掘引用有把握的新物种,丰富园林绿化建设的形式和内容,展示本地区的树种资源。

(二)以乡土树种为主

树种规划应充分考虑植物的地域性分布规律及特点。乡土树种对土壤、气候的适应性强,具有地方性特色,应作为城市园林绿化的主要树种。同时,为了丰富城市绿化景观,还应有计划地引种一些本地缺少而又能适应当地环境的条件、经济价值高的树种,但必须经过引种驯化试验。实践

证明适宜树种才能推广应用。

(三)符合城市性质,表现地方特色

在城市建设规划中,首先应明确城市的性质,绿化树种的选择应体现不同性质的城市特点和要求。同时,应根据调查结果确定几种在当地生长良好而又为广大市民所喜爱的树种。地方特色的表现通常有两种方式:一种是以当地著名、为人民所喜爱的几种树种来表现;另一种是以某些树种的运用手法和方式来表现。

(四)选择抗性强的树种

抗性强的树种是指对城市中工业排出的"三废"适应性以及对土壤、气候、病虫害等不利因素适应性强的树种,这些树种能更好地按照设计的要求美化市容、改善环境。

(五)根据植物群落的特点选择

根据植物群落的特点和观赏要求,从乔、灌结合来说,以乔木为主,乔木、灌木、草本相结合形成多层次绿化;从速生与慢生来说,以慢生树为主,用速生树合理配合,既可以尽早取得绿化效果,又能保证绿化的长期稳定;从常绿树和落叶树来说,以常绿树为主,使园林绿地四季常青。

(六)考虑经济效益

在提高绿地质量和充分发挥各种功能的基础

上,注意选择经济价值较高的树种,以增加效益,减少城市在园林绿化中的投入。

（七）要有利于观赏和人体健康

要选择那些树形美观、色彩、风韵、季相变化上有特色的和卫生、抗性较强的树种,以更好地美化市容,改善环境,促进人民的身体健康。

二、树种规划的准备与规划程序

（一）调查研究

调查研究树种是树种规划的重要准备工作。调查的范围应以本城市中各类园林绿地为主,调查的重点是各种绿化植物的生长发育情况、生态习性、对环境污染物和病虫害的抗性以及在园林绿化中的作用等。具体内容有城市乡土树种调查;古树名木调查;外来树种调查;边缘树种调查;特色树种调查;抗性树种调查;临近的"自然保护区"树林植被调查;或附近城市郊区山地农村野生树种调查。

（二）树种选定

在调查研究的基础上,准确、稳妥、合理地选定1～4种基础树种,5～12种骨干树种作为重点树种。另外,根据本市区中不同生境类型分别提出各区域中的重点树种和主要树种。与此同时,还应进一步做好草坪、地被及各类攀缘植物的调查和选用,以便裸露地表的绿化和建筑物上垂直绿化。

（三）树种比例制定

由于各个城市所处的自然气候不同,土壤水文条件各异,各城市树种选择的树种比例应具有各自的特色。例如乔木、灌木、藤本、草本、地被物之间的比例;落叶树种与常绿树种的比例;阔叶树种与针叶树种的比例;常绿树在城市绿化面积中所占比例等。

（四）树种规划文字编制工作

主要体现在以下几个方面:
（1）前言。
（2）城市自然地理条件概述。
（3）城市绿化现状。
（4）城市园林绿化树种调查。
（5）城市园林绿化树种规划。

（五）附表

（1）古树名木调查表。
（2）树种调查统计表（乔木、灌木、藤本）。
（3）草坪地被植物调查统计表。

三、城市园林绿化常用树种选择

由于我国土地广阔,各个城市所处的气候带不同,各类树木生长的生态习性不同和表现的观赏价值不同,各类园林绿地绿化功能不同,因此,各城市选择树种也应不同。下面列举用树种以供参考。

（一）不同气候带的城市园林绿化常用树种（以北方为主）

（1）沈阳以南,山东辽东半岛,秦岭北坡,华北平原,黄土高原东南,河北北部等常用树种:油松、锦带花、云杉、天目琼花、灯台树、梨、冷杉、香荚蒾、苹果、太白红杉、金银木、华北忍冬、黄檗、花楸、白榆、臭椿、国槐、栾树、核桃楸、黑松、黄栌、侧柏、大叶朴、火炬树、锦鸡儿、圆柏、山楂、柽柳、五角枫、海棠果、糠椴、茶条槭、绣线菊、山荆子、复叶槭、榆叶梅、红瑞木、麻栎、丁香、槲栎、黄刺玫、水曲柳、毛白杨、连翘、鸡爪槭、水蜡、小叶杨、白蜡、白桦、箭杆杨、胡颓子、元宝枫、银白杨、旱柳等。

（2）沈阳以北松辽平原,东北东部,燕山、阴山山脉以北,北疆等常用树种:梓树、红松、榆叶梅、软枣猕猴桃、鱼鳞云杉、天女花、连翘、狗枣猕猴桃、红皮红杉、灯台树、暴马丁香、蔷薇、山葡萄、冷杉、元宝枫、黄花忍冬、绣线菊、北五味子、落叶杉、槲栎、小花溲疏、珍珠梅、刺苞南蛇藤、蒙古栎、花叶槭、山梨、刺楸、紫杉、辽东栎、东北山梅花、玫瑰、赤杨、紫椴、春榆、小檗、山杏、刺槐、糠椴、花楸、荚蒾、碧桃、银白杨、水曲柳、白桦、接骨木、新疆杨、水曲柳、山楂、黄檗、大青杨、锦带花、核桃楸、五角枫、云锦杜鹃、牛皮杜鹃等。

（3）大兴安岭山脉以北,小兴安岭北坡,黑龙江省等常用树种:红松、杜松、紫椴、丁香、绢毛绣线菊、兴安落叶松、兴安桧、香杨、赤杨、柳叶蓝靛果、红皮云杉、白桦、矮桦、榛子、黑桦、朝鲜柳、兴安杜鹃、糠椴、鱼鳞松、山杨、粉枝柳、蒙古栎、樟子松、胡桃楸、澡柳、兴安茶藨子、柳叶绣线菊、臭冷杉、光叶春榆、长果刺玫、北极悬钩子、偃松、黄檗等。

(二)不同生态习性树种

(1)喜光树种　红叶李、皂荚、连翘、海棠花、柽柳、油松、银白杨、垂丝海棠、黑松、钻天杨、梨、小叶杨、旱柳、杏、桃、垂柳、核桃、白桦、刺槐、白蜡、侧柏、槐树、糠椴、蒙椴、绣线菊、珍珠梅、榆树、香椿、灯台树、山楂、银桦、贴梗海棠、白蜡、三角枫、梓树、榆叶梅、银杏、苹果、栾树、毛白杨、无患子、紫穗槐、木绣球、毛樱桃、荚蒾、金银木、复叶槭、水曲柳、红瑞木、丁香、连翘、暴马丁香、紫丁香等。

(2)耐荫树种　冷杉、云杉、八仙花、天目琼花、小叶黄杨、鸡爪槭等。

(3)耐湿树种　垂柳、桑树、皂荚、旱柳、白蜡、紫穗槐、三角枫、水杉、水曲柳、接骨木、白桦、卫矛、栾树、白蜡、山楂等。

(4)耐瘠薄土壤的树种　银白杨、杜松、臭椿、椰榆、枣、火棘、柽柳、白榆、油松、刺槐、黑松、槐树、麻栎、黄杨、小青杨、元宝枫等。

(5)喜酸性土的树种　红松、银杏、白桦、金银木、冷杉、云杉、长白落叶松、槐树等。

(6)耐盐碱的树种　银杏、白蜡、旱柳、新疆杨、黑松、侧柏、元宝枫、白榆、皂荚、刺槐、柳树、槐树、臭椿、水曲柳等。

(7)耐钙质土的树种　侧柏、白蜡、锦鸡儿、金银木、卫矛、臭椿、山楂、刺槐、五角枫、栾树、三角枫、榆树等。

(三)不同观赏价值的树种

1. 观花树种

(1)春季　桃、杏、丁香、玫瑰、连翘、梨、杜鹃、迎春花、黄槐、木绣球、海棠等。

(2)夏季　锦带花、月季、广玉兰、合欢、木槿、紫薇等。

(3)秋季　栾树、桂花、月季、茉莉、金花茶、白千层、夹竹桃等。

(4)冬季　蜡梅、梅花、冬青、山茶花等。

2. 观果树

无患子、栾树、天目琼花、西府海棠、葡萄、杏、卫矛、毛樱桃、山楂、海棠花、山茱萸、四照花、荚

蒾等。

3. 观叶树种

杏、水蜡、红叶李、红枫、银杏、鸡爪槭、四照花、黄栌、地锦、火炬树、白蜡、鸡爪槭、三角枫、五角枫、丁香、元宝枫、卫矛等。

(四)不同绿化功能的树种

(1)行道树或庭荫树常用树种　垂柳、毛白杨、银杏、槐树、白榆、水曲柳、新疆杨、白蜡、银白杨、糠椴、黑松、栾树、元宝枫、垂柳、白桦、银桦、皂荚、刺槐等。

(2)抗风树种　黑松、银杏、加拿大杨、油松、箭杆杨、侧柏等。

(3)防火用树种　臭椿、槐树、柳树、白杨、银杏等。

【自我检测】

一、选择题

1. 如何根据植物群落的特点选择树木?（　　）

　A. 根据植物群落的特点和观赏要求，从乔、灌结合来说，以乔木为主，乔木、灌木、草本相结合形成多层次绿化

　B. 从速生与慢生来说，以慢生树为主，用速生树合理配合，既可以尽早取得绿化效果，又能保证绿化的长期稳定

　C. 从常绿树和落叶树来说，以常绿树为主，使园林绿地四季常青

2. 园林植物的选择原则应做到（　　）。

　A. 以乡土树种为主

　B. 适地适树

　C. 对原有树木和植被加以利用

　D. 速生与慢长相结合

二、判断题

1. 在调查研究的基础上，准确、稳妥、合理地选定1～4种基础树种，5～12种骨干树种作为重点树种。　　　　　　　　　　　　　（　　）

2. 抗性强的树种是指对城市中工业排出的"三废"适应性以及对土壤、气候、病虫害等不利因素适应性强的树种，这些树种能更好地按照设计的要求美化市容、改善环境。　　　　　（　　）

项目三　园林史简介

　　园林是人类社会发展到一定阶段的产物。世界园林有东方园林、西亚园林和希腊园林三大系统。由于文化传统的差异，东西方园林发展的进程也不相同。东方园林以中国园林为代表，中国园林已有数千年的发展历史，有优秀的造园艺术传统及造园文化精髓，被誉为"世界园林之母"。

西方古典园林以意大利台地园和法国园林为代表，两者把园林看成是建筑的附属和延伸，强调轴线、对称，发展成具有几何图案美的园林。到了近代，东西方文化交流增多，园林风格互相融合渗透。

任务一　中国园林史简介

【学习导言】
　　中国园林，从实际上来说分为中国古典园林和中国近现代园林，在中国园林发展过程中，中国古典园林占据了重要的位置，为中国园林的发展奠定了坚实的基础。

【学习目标】
　　知识目标：掌握中国古典园林经历的历史时期及每个时期的特点，熟悉中国古典园林的特点及流派，了解中国近现代园林历史，明确中国园林未来的发展。
　　能力目标：借鉴历史，把握机遇，确立未来专业发展方向。
　　素质目标：爱我中华博大精深的历史文化，坚持环境可持续发展的理念，担负起改变生态环境的历史使命。

【学习内容】

一、中国古典园林

　　中国古典园林历史悠久，大约从公元前11世纪的奴隶社会末期直到19世纪末封建社会解体为止，在3 000余年漫长的、不间断的发展过程中形成了世界上独树一帜的风景式园林体系——中国园林体系。这个园林体系并不像同一阶段的西方园林那样，呈现为各个时代迥然不同的形式、风格的此起彼落，而是在漫长的历史进程中自我完善，外来的影响甚微。因此，它的发展表现为极度缓慢、持续不断的演进过程。中国古典园林得以持续演进的契机便是经济、政治、意识形态三者之间的平衡和再平衡，它的逐渐完善的主要动力亦得益于此三者的自我调整而促成的物质文明和精神文明的进步。根据这个情况，我们可以把中国古典园林的全部发展历史分为以下几个时期。

(一)萌芽期

中国园林的兴建是从殷商时期开始的,当时商朝国势强大,经济发展也较快。文化上,甲骨文是商代巨大的成就,文字以象形字体为主。在甲骨文中就有了园、囿、圃等字,中国最早见之于文字记载的园林是《诗经·灵台》篇中记述的灵囿。灵囿是在植被茂盛、鸟兽孳繁的地段,掘沼筑台(灵沼、灵台),作为游憩、生活的境域。

春秋战国时期,百家争鸣,神仙思想最为流行,对园林的影响也比较大。此时开始了囿向苑的转变,其从囿向苑发展的建筑标志为"台苑"。

苑中筑囿,苑中造台,其中以楚国的章华台、荆台,吴国的姑苏台最为著名。

章华台被后世誉为离宫别苑之冠,它三面为水环抱,开中国古代园林开凿大型水体工程之先河。

(二)形成期

秦始皇统一中国后,开始以空前的规模兴建离宫别苑,如《阿房宫赋》中描述的"覆压三百余里,隔离天日……长桥卧波,未云何龙,复道行空,不霁何虹"。汉武帝时扩建上林苑。上林苑,掘长池引渭水,开创了我国人工推土纪录。它作为皇家禁苑,是专供皇帝游猎的场所。建章宫是上林苑中最重要的一个宫城,它在前殿西北开凿了一个名叫太液池的人工湖。池中有瀛洲、蓬莱、方丈三座仙山,以象征东海中的天仙胜境,见图 3-1-1 和图 3-1-2。

(三)发展、转折期

魏、晋、南北朝时期,小农经济受到豪族庄园经济的冲击,北方落后的少数民族南下入侵,帝国处于分裂状态。而在意识形态方面,则突破了儒学的正统地位,呈现为诸家争鸣、思想活跃的局面。豪门士族在一定程度上削弱了以皇权为首的官僚机构的统治,民间的私家园林异军突起。佛教和道教的流行,使得寺观园林也开始兴盛起来。由此形成造园活动从产生到全盛的转折,初步确立了园林美学思想,奠定了中国风景式园林发展的基础。

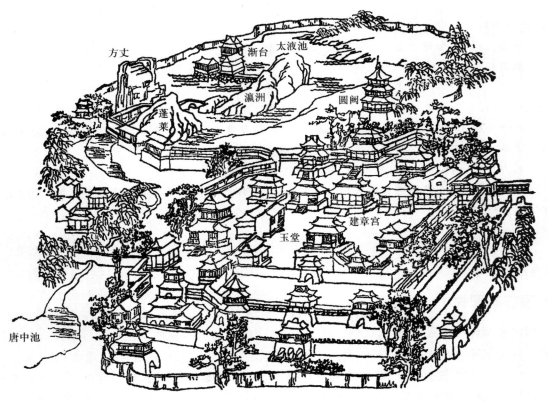

图 3-1-1　建章宫鸟瞰图

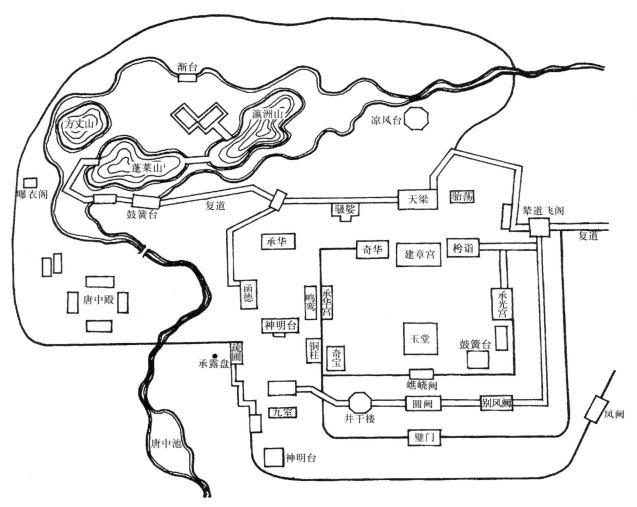

图 3-1-2　建章宫平面图

1. 南北朝自然山水园

魏、晋、南北朝长期动乱,是思想、文化、艺术上有重大变化的时代。这时期的筑山以仿真山为主,所以山必求其宏大,峰必求其高峻。西晋时已出现山水诗和游记,东晋则追求再现山水。当初,对自然景物的描绘,只是用山水形象来谈玄论道。

魏晋南北朝时期,园林受文学、美术上崇尚歌颂自然和田园生活思想主题的影响,例如当时陶渊明的《桃花源记》和其他的诗、词等以及画家顾恺之、宗炳等的山水画,对自然山河的描绘,自然景物的描绘亦是用来抒发内心的情感和志趣。反映在园林创作上,则追求再现山水、有若自然,也就产生了一种新的园林形式——自然山水园。这种自然山水园的发展转过来影响了建筑宫苑这一形式并促进其向自然山水园转变。同时,由于建筑艺术的进一步发达,宫苑和园林建筑的技巧也达到了一个高峰。这个时期的园林继承了古代"三山一池"的格式,变宫室建筑主体为山水主题,南北朝时期园林是山水、植物和建筑相互结合组成的山水园,这时期的园林可称作自然山水园或写实山水园。其中华林园最为有名,它是曹魏明帝在东汉旧苑基础上重新建造的。

2. 佛寺丛林和游览胜地

南北朝时佛教兴盛,广建佛寺。佛寺建筑可用宫殿形式,宏伟壮丽并附有庭园。不少贵族官僚舍宅为寺,原有宅园成为寺庙的园林部分。很多寺庙建于郊外,或选山水胜地营建。这些寺庙不仅是信徒朝拜进香的圣地而且逐渐成为风景游览胜地。此外,一些风景优美的名胜区,逐渐有了山居、别业、庄园和聚徒讲学的精舍。这样,自然风景中就渗入了人文景观,逐步发展成为今天具有中国特色的风景名胜区。

(四)成熟期

中国园林在隋、唐时期达到了成熟,这个时期的园林主要有隋代山水建筑宫苑、唐代宫苑和游乐地、唐代自然园林式别业山居以及唐、宋写意山水园和北宋山水宫苑。

1. 隋代山水建筑宫苑

隋炀帝杨广即位后,在东京洛阳大力营建宫殿苑囿,见图 3-1-3。别苑中以西苑最著名,西苑的风格明显受到南北朝自然山水园的影响,采取了以湖、渠水系为主体,将宫苑建筑融于山水之中。这是中国园林从建筑宫苑演变到山水建筑宫苑的转折点。

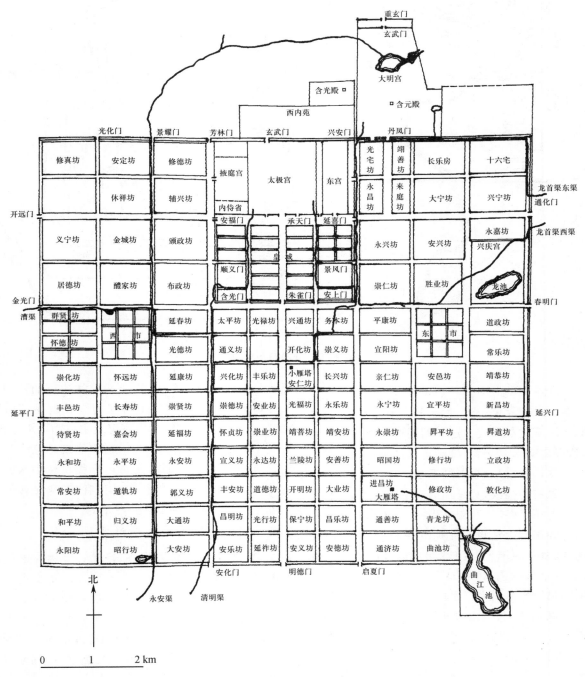

图 3-1-3　隋朝大兴城—唐长安复原平面图

2. 唐代宫苑和游乐地

唐朝国力强盛,长安城宫苑壮丽。大明宫北有太液池,池中蓬莱山独踞,池周建回廊400多间,见图3-1-4。幸庆宫以龙池为中心,围有多组院落。大内三苑以西苑最为优美,苑中有假山、有湖池,渠流连环。长安城东南隅有芙蓉园、曲江池,一定时间内向公众开放,实为古代一种公共游乐地。唐代的离宫别苑,比较著名的有麟游县天台山的九成宫,是避暑的夏宫;临潼区骊山北麓的华清宫,是避寒的冬宫,见图3-1-5。

1.丹凤门	17.昭训门	40.光顺门
2.含光殿	18.含耀殿	41.延英殿
3.门屏	19.崇明门	42.含象殿
4.齐德门	20.史馆	43.金銮殿
5.兴礼门	21.弘文馆	44.长安殿
6.宣政殿	22.门下省	45.仙居殿
7.紫宸殿	23.少阳院	46.兴安门
8.蓬莱殿	24.浴堂殿	47.西内苑
9.含谅殿	25.温室殿	48.含光殿
10.绫绮殿	26.宣徽殿	49.内侍别省
11.珠镜殿	27.明德寺	50.右银台门
12.承欢殿	28.左银台门	51.右藏库
13.还周殿	29.延政门	52.麟德殿
14.望仙门	30.东内苑	53.大福殿
15.左金吾仗院	31.建福门	54.三清殿
16.朝堂	32.右金吾仗院	55.大角观
	33.光范门	56.清思殿
	34.昭庆门	57.毬场
	35.中书省	58.太和殿
	36.命妇院	59.玄武门
	37.集贤院	60.银汉门
	38.殿中省	61.春霄门
	39.亲王院	62.重玄门

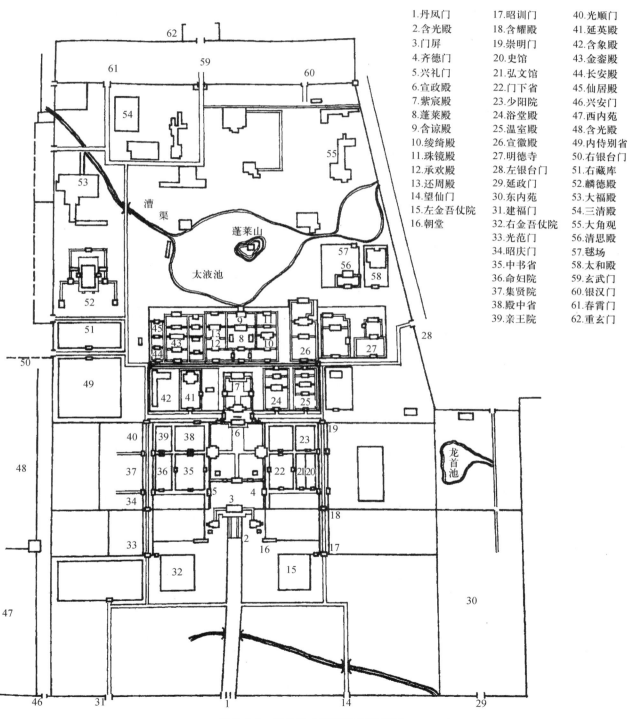

图3-1-4 唐长安大明宫复原平面图

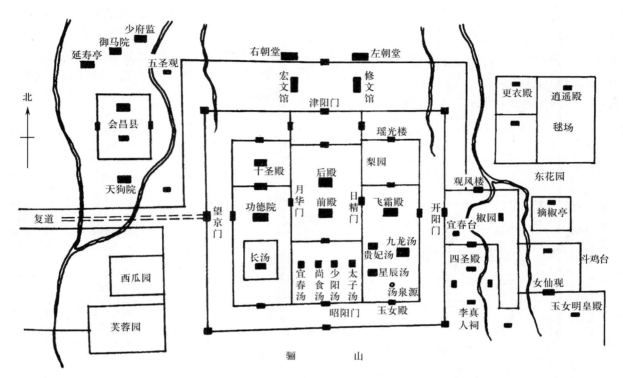

图 3-1-5　唐华清宫平面设想图

3. 唐代自然园林式别业山居

盛唐时期，中国山水画已有很大发展，出现了寄兴写情的画风。园林方面也开始有体现山水之情的创作。盛唐诗人、画家王维在蓝田县天然名胜区，利用自然景物，略施建筑点缀，经营了辋川别业，形成了既富有自然之趣、又有诗情画意的自然园林。中唐诗人白居易游庐山，见香炉峰下云山泉石胜绝，因置草堂，建筑朴素，不施朱漆。草堂旁，春有绣花谷（映山红），夏有石门云，秋有虎溪月，冬有炉峰雪，四时佳景，收之不尽。唐代文学家柳宗元在柳州城南门外沿江处，发现一块弃地，斫除荆丛，种植竹、松、杉、桂等树，临江配置亭堂。这些园林创作反映了唐代自然式别业山居，是在充分认识自然美的基础上，运用艺术和技术手段来造景、借景而构成优美的园林境域。

4. 唐宋写意山水园

到了唐宋，特别是唐代，我国独特的民族艺术达到了空前的繁荣和高度的成就，特别是山水画的发展，影响在园林创造上，以诗情画意写入园林，效法自然，高于自然，寓情于景，情景交融，把自然山水园向前推进了一步。这种新的园林，不只是反映自然本身的美，而且是用艺术的手法来加强它，用诗情画意来美化它，以景入画，以画设景，并且注重意境的表现，故称之为唐宋写意山水园（或称文人山水园）。

这种写意山水园也同样反映在宫苑的内容中，而有唐代和北宋山水宫苑的产生。唐代国力强盛，所建园林规模宏大，仍取宫苑结合、前宫后苑的形式，著名的有唐大内三苑（西内太极宫、东内大明宫、南内兴广宫）和骊山华清宫；北宋的宫苑以宋徽宗建的寿山艮岳为代表，见图 3-1-6，因赵佶好游山玩水、写字作画，此时的寿山艮岳已完全具有了我国山水建筑宫苑的特色。其他的园林如诗人、画家王维的辋川别业和著名诗人白居易的庐山草堂以及北宋李格非《洛阳名园记》所载的二十多个名园为代表。从《洛阳名园记》一书中可知唐宋大都是在面积不大的宅旁地里，因高就低、掇山理水表现山壑溪池之胜，点景起亭，揽胜筑台，茂林蔽天，繁花覆地，小桥流水，曲径通幽，巧得自然之趣。这些名园各具特色。这种根据造园者对山水的艺术认识和生活需求，因地制宜地表现山水真情和诗情画意的园，称之为写意山水园。

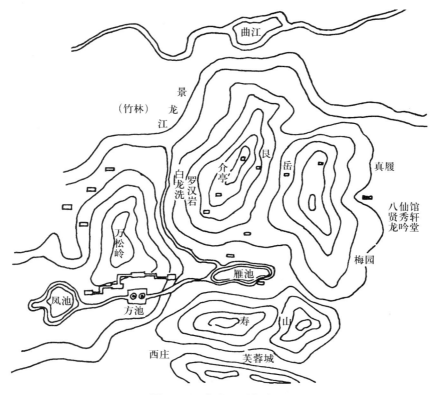

（曲江）

景龙江

（竹林）

白龙洗
罗汉岩
介亭
艮岳
真履

八仙馆
贤秀轩
龙吟堂

万松岭

梅园

雁池

凤池
方池

寿山

西庄
芙蓉城

图 3-1-6　寿山艮岳想象图

（五）高潮期

元、明、清三代建都北京，大力营造宫苑，园林建设取得长足发展，出现了许多著名园林，如西苑三海（北海、中海、南海）、畅春园、圆明园（图 3-1-7）、清漪园（今颐和园，内有万寿山，图 3-1-8）、静宜园（香山）、静明园（玉泉山）及承德避暑山庄等著名宫苑。

这些宫苑或以人工挖湖堆山（如三海、圆明园），或利用自然山水加以改造（如避暑山庄、颐和园）。宫苑中以山水、地形、植物来组景，因势因景点缀园林建筑。这些宫苑中仍可明显地看到"一池三山"传统的影响。清乾隆以后，宫苑中建筑的比重又大为增加。

这些宫苑是历代朝廷集中大量财力物力，并调集全国能工巧匠精心设计施工的，总结了几千年来中国传统的造园经验，融会了南北各地主要的园林风格流派，在艺术上达到了完美的境地，是中国园林的主要遗产。大型宫苑多采用集锦的方式，集全国名园之大成。承德避暑山庄的"芸径之堤"，仿自杭州西湖苏堤，烟雨楼仿自嘉兴南湖，金山仿自镇江，万树园模拟蒙古草原风光。圆明园的一百处景区中，有仿照杭州的"断桥残雪""柳浪闻莺""平湖秋月""雷峰夕照""三潭印月""曲院风荷"；有仿照宁波"天一阁"的"文源阁"，有仿照苏州"狮子林"的假山等。这种集锦式园林，成为中国园林艺术的一种传统。

这时期的宫苑还吸收了蒙、藏、维吾尔等少数民族的建筑风格，如北京颐和园后山建筑群，承德外八庙等。清代中国同国外的交往增多，西方建筑艺术传入中国，首次在宫苑中被采用。如圆明园中俗称"西洋楼"的一组西式建筑，包括远瀛观、海晏堂、方外观、观水法、线法山、谐奇趣等，以及石雕、喷泉、整形树木、绿丛植坛等园林形式，就是当时西方盛行的建筑风格，这些宫苑后来被帝国主义侵略者焚毁了。

明清时期，江浙一带经济繁荣，文化发达，南京、湖州、杭州、扬州、无锡、苏州、太仓、常熟等城市，宅园兴筑，盛极一时。这些园林是在唐宋写意山水园的基础上发展起来的，强调主观意兴与心绪表达，重视掇山、叠石、理水等技巧，突出山水之美，注重园林的文学趣味，称为文人山水园。

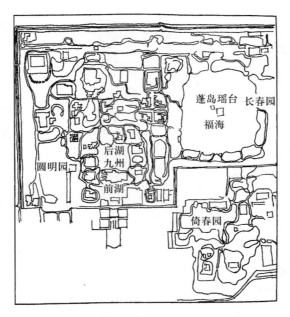

图 3-1-7　圆明园

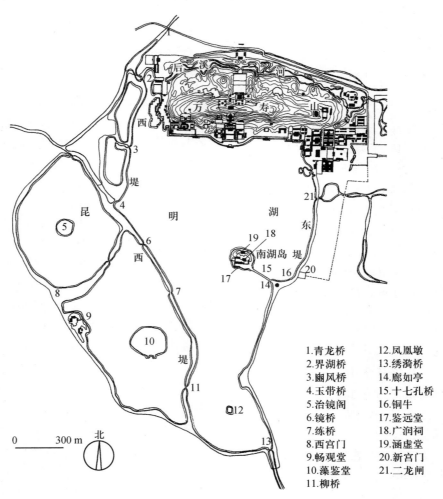

1. 青龙桥
2. 界湖桥
3. 豳风桥
4. 玉带桥
5. 治镜阁
6. 镜桥
7. 练桥
8. 西宫门
9. 畅观堂
10. 藻鉴堂
11. 柳桥

12. 凤凰墩
13. 绣漪桥
14. 廊如亭
15. 十七孔桥
16. 铜牛
17. 鉴远堂
18. 广润祠
19. 涵虚堂
20. 新宫门
21. 二龙闸

图 3-1-8　颐和园

元、明、清是我国园林艺术的集成时期，元、明、清园林继承了传统的造园手法并形成了具有地方风格的园林特色。

元、明、清时期造园理论也有了重大发展，其中比较系统的造园著作是明末计成的《园冶》，书中提到了"虽由人作，宛自天开""相地合宜，造园得体"等主张和造园手法，为我国造园艺术提供了珍贵的理论基础。

二、中国古典园林特点

（一）源于自然、高于自然

我国古典园林的自然风景是以山水为基础，以植被作装饰点，山、水和植被乃是构成自然风景的基本要素。但这个古典园林绝非简单地利用或模仿这些构景要素的原始状态，而是有意识地加以改造、调整、加工和剪裁，从而出现了一个精炼、概括的自然、典型化的自然。像圆明园那样大型的自然山水园林，才能够把具有典型性格的江南山水景观再现于北方。

宋朝画家郭熙说："千里之山不能尽奇，百里之水岂能皆秀……一概画之，版图何异？"我国江苏省有遗存的古典园林中的假山造景，并不是附近任何名山大川的具体模仿，而是集中了天下名山胜景，加以高度概括和提炼，力求达到"一峰则太华千寻，一勺则江湖万里"的神似境界，就像京剧舞台上所表现的"三两步行遍天下，六七人雄会万师"，意在力求神似。

（二）讲究诗情画意

诗情画意是中国古典园林的精髓，也是构造艺术所追求的最高境界。

中国园林名之为"文人园"，古园之筑出于文思和画意，古人诗文和山水画中的美妙境界，经常引为园林造景的题材。圆明园中的武陵春色一景，即是模拟陶渊明《桃花源记》的文意，把一千多年的世外桃源形象地再现人间。如果说，中国山水画是自然风景的升华，那么园林就是把升华了的自然山水风景，再现于人们眼前的现实。园寓诗文图画，再配以园记题咏等，所以每当游人进入园中，便有诗情画意之感。

山水园林比起水墨丹青的描绘，当然要复杂得多，因为造园毕竟要解决一系列的科学和技术问题。

诗文与绘画互为表里，园林景观能体现绘画意境，也能涵咏诗的情调，景、情、意三者交融，形成了我国古典园林特有的魅力，也是形成我国古典园林独特风格的又一个重要的原因。

（三）自然美与建筑美融揉

千百年来，人们在自然山水中不断建造苑囿、山庄、庙宇和祠观，人工建筑景观将山水点染得更富于中国民族特色和民族精神，具有锦上添花之妙。明人曾有"祠补旧青山"之句，这个"补"字十分恰当地说出中国建筑与自然山水的有机结合，人工景观与自然景观巧妙地融为一体。

中国园林建筑类型丰富，有殿、堂、厅、馆、轩、榭、亭、台、楼、阁、廊、桥等，以及各种组合形式，不论其性质、功能如何，都能与山水、树木有机结合，成为构图中心。正如《园冶》中所说："轩楹高爽，窗户虚邻，纳千顷之汪洋，收四时之烂漫"，自然美与建筑美的互相融揉，已达到了你中有我、我中有你的境界。

（四）讲究意境

意境属于美学范畴，被视为园林艺术的精髓，中国古典园林艺术最本质的特征。通过一座山峰就能看出太华千寻，一勺水能想象成江湖万里，这就是意境的效果。

意境虽不像一山、一石、一花、一草那么实在，它是言外之意、弦外之音，它既不完全在于客观，也不完全在于主观，而存在于主客观之间，既是主观想象，又是客观反映，即艺术作为意识形态是主客观的统一，两者不可偏废。意境具有景尽意在的特点，即意味无穷，留有回味，令人遐想，使人流连。

园林因其与诗画的综合性、三维空间的形象性，其意境内涵的显现比其他艺术更为清晰，也易于把握。

中国古典园林意境既深且广，表达方式多样多彩。游人不仅可以通过视觉感受或借助文字信号感受，还可以通过听觉、嗅觉感受，如十里荷花、丹桂飘香、雨打芭蕉、流水叮咚等，以味入景、以声入景引发意境的遐思。中国古典园林所达到的情景交融的境界，是其他园林所不及的。

三、中国古典园林的流派

中国园林历史悠久，风格独特，按照人文地理中国古典园林主要分为四大流派。

（一）北方园林

北方园林是以皇家园林为代表的,体现北方水土、人文地理。

特点是:无论在文化立意、规划格局、建筑特点上,都是以狂放、浑厚、写实的手法来体现北方的"大气""霸气"和"皇家气",非常注重外表和用材,对意境空间要求次之。

（二）岭南园林

以体现"富贵吉祥"为特点的岭南园林虽说历史不长,但由于人文历史、地理气候的特殊原因和经济的快速繁荣,使岭南富商们对中国哲学理念、可升华人的境界的"中国园林"有了极大兴趣,并在不算漫长的时间内形成了个性化特色。在立意上主要体现"富贵"和"吉祥",在用材方面和色彩方面受皇家园林的影响较深,常用皇家园林的黄色和琉璃瓦以写实的手法营造一个金碧辉煌的景象,处处体现"富贵"之气,对意境空间也很重视。

（三）江南私家园林

江南私家园林以体现江南山水的恬静、才子佳人的倜傥为特点,是明清盛世中国文人士大夫们文艺鼎盛时期的佳作,处处体现的是"文气",是私家园林的代表,其核心特点是用朴素的材料、淡雅的色调,营造出变化万千的意境空间,贵在以意境取胜,有别于堆金砌玉、金碧辉煌的写实手法。

（四）西南园林

西南园林注重体现巴山蜀水、仙山仙境,以潇洒浪漫、仙风道骨的四川园林为代表。四川园林以人文方式表现的是道家的"天人合一,顺应自然"的理念,以"清幽寒静"的方式来体现四川人仙风道骨的浪漫"仙气"和"文气"。

与江南园林的共同之处是,以写意为核心,同样以朴素的材料、淡雅的色调去营造意境,在空间上逊于江南园林,但在"自然""大气"上又胜于江南园林。西南园地与蜀地的山水画一样,在咫尺的空间里,"虚"出传神的意境力,表现出四川人豪气万丈的情怀。

四、中国近现代园林

1840年到1949年之间为园林的变革期。大家都知道中国的近代史是在半殖民地半封建的畸形演变中发展起来的,这一阶段的园林有3个重要、鲜明的标志性特征:①北京皇家园林1860年和1900年经历了两次罹难,以及慈禧用海军经费重建颐和园。②租借和洋务运动带来西方城市规划、建筑、园林的理论与实践同中国的嫁接、融合,出现了一大批西式的,特别是中西合璧的建筑和庭院园林,其平面布局、建筑风格和艺术特征都带有鲜明的民国味道。③城市公园开始批量的出现。

从1949年开始是中国园林的新兴期,即进入我国现代园林的发展进程,这一进程大致分5个阶段。

（一）中国近代公园

1840年鸦片战争后,特别是辛亥革命后,中国的园林历史进入一个新的阶段,主要标志是公园出现,西方造园艺术大量传入中国。从鸦片战争到中华人民共和国建立这个时期,中国园林发生的变化是空前的,园林为公众服务的思想,把园林作为一门科学的思想得到了发展。一些高等院校,如中央大学、浙江大学、金陵大学等,开设了造园课程,1928年曾成立中国造园学会。

1. 租界的公园

鸦片战争后,帝国主义国家利用不平等条约在中国建立租界。他们掠夺中国人民的财富,在租界建造公园,满足殖民者的需要,并长期不准中国人进入。这种公园比较著名的有上海的外滩公园(或称外滩花园,现黄浦公园,建于1868年),虹口公园(建于1900年)、法国公园(又名顾家宅公园,现复兴公园,建于1908年)、天津的英国公园(现解放公园,建于1887年)、法国公园(现中山公园,建于1917年)等。1926年,在五卅运动和北伐战争的影响下,上海的公共租界工部局才内定将公园对中国人开放,后于1928年付诸实施。

2. 中国自建的公园

随着资产阶级民主思想在中国的传播,清朝末年便出现了首批中国自建的公园。其中有齐齐哈尔的龙沙公园(建于1897年),无锡的城中公园(建于1906年),北京农事试验所附属公园(现北京动物园的一部分),南京玄武湖公园等。这些公园多为清朝地方当局所开辟,只有无锡城中公园为当地商人集资营建。许多城市(主要在沿海和长江流域)也陆续建立公园。有些是新建的,如广州的中央公园和重庆中央公园(建于 1926 年,现人民公园)、南京的中山陵(建于 1926—1929 年)。有些是将过去的衙署园林或孔庙开放,供公众游览,如四川新繁的东湖公园(1926 年开放)、上海的文庙公园(1927 年开放,现南市区文化馆)。到抗日战争前夕,全国已经建有数百座公园。抗日战争爆发直至 1949 年,各地的园林建设基本上处于停滞状态。

3. 西方造园艺术的传入

西方造园艺术传入中国,可上溯到清代乾隆时期的圆明园西洋楼,甚至明末清初东南沿海一带一些绅商的私人花园,但影响很小。租界建造的公园和宅园才使西方造园艺术为较多的人所认识。租界公园的风格,以当时盛行世界的英国式为主。小公园以英国维多利亚式较多,如上海的外滩公园和天津的英国公园;大公园如上海的虹口公园和兆风公园(现中山公园,建于 1914 年)多为英国风景式的。其他风格的造园手法,在租界的公园和当时的一些中国园林中也可以找到,例如上海的凡尔登公园(现国际俱乐部)和法国公园的沉床园,都具有法国勒诺特式风格;河南鸡公山的颐楼和无锡锡山南坡的水阶梯,显然具有意大利台地园风格;上海的汇山公园(现杨浦区劳动人民文化宫)局部风景区是荷兰式的风格。另外还有如天津的俄国式公园、德国式公园、日本式公园等。

(二)中国现代公园

中国现代公园主要是指 1949 年中华人民共和国建立以后营建、改建和整理的城市公园。

1. 基本情况

新中国成立以来,随着国民经济的迅速发展,城市园林绿化建设也取得了巨大的成绩。据 2021 年统计,我国共有公园超 2 万个,总面积 57.67 万 hm²,城市园林绿地面积总计已达 345.79 万 hm²。

中国城市公园,按服务半径和管理体制来分,有全市性公园和区域性公园两类;按公园性质来分,有综合性公园和专类公园两类。专类公园包括儿童公园、纪念性公园、动物园、植物园、花园、体育公园、游乐公园和森林公园等多种形式。

2. 发展过程

1949 年以来,中国现代公园的发展大致经历了 5 个阶段。

(1)恢复、建设时期(1949—1959)　新中国诞生后,不少城市人民政府把原来仅供少数人享乐的场所改造为供广大人民群众游览、休息的园地,很少新建公园。随着国民经济的恢复,我国于 1953 年开始实施第一个国民经济发展计划,城市园林绿化也由恢复到有计划、有步骤地建设阶段。许多城市开始新建公园,加强苗圃建设,进行街道绿化,并开展工厂、学校、机关等单位以及居住区的绿化,使城市面貌发生了较大变化。

(2)调整时期(1960—1965)　由于国民经济建设面临严重困难,转入"调整、巩固、充实、提高"的时期,在严重困难的形势下,园林绿化的资金大大压缩,建设工程被迫停了下来,片面强调"园林综合生产""以园养园",出现了公园农场化和林场化的倾向。

(3)损坏时期(1966—1976)　在"文革"中,园林绿化受到了破坏,城市中特别是居住区、单位庭院内的绿地大量被侵占,与此同时,城市园林绿化的管理机构、科研院校也受到影响。

(4)蓬勃发展时期(1977—1989)　党的十一届三中全会以后,开创了我国社会主义现代化建设的新局面,园林建设也重新起步,振兴发展,全国绿地面积不断增加,质量不断提高,建设速度加快,在风格上逐渐开始探索民族形式与现代化相结合的道路。

(5)巩固前进时期(1990 年至今)　随着我国市场经济体制改革的展开与深化、人民生活水平提高,旅游业作为一个新的经济增长点,带动了园林绿化建设的发展,促进了小城镇建设,并取得了一定成效。进入 21 世纪,经济的发展对我国各行各业提出了更高的要求。

3. 主要特点

中国现代公园在园景创作手法上,以继承传统为基础逐步有所创新,努力实现社会主义的现代游憩生活内容与民族文化的园林艺术形式相统一。

中国各地公园在长期的发展中逐步形成了一

些地方风格。例如,广州公园的地方风格,主要表现在:植物造景上情调热烈,形成四季花潮;园林建筑布局上自由明朗;山水结构上注重水景的自然式布置;擅长运用塑石工艺和"园中园"形式等。哈尔滨公园的地方风格,体现在:采取有轴线的规整形式平面布局;园林建筑受俄罗斯建筑风格的影响;大量运用雕塑和五色草花坛作为公园绿地的点景;以夏季野游为主的游憩环境;冬季利用冰雕、雪塑造景等。

(三)中国园林的未来发展

社会发展与变革不断为园林专业的发展提出挑战,同时也提供机遇。农业时代、工业时代和后工业时代都为园林专业的领域的扩展、理论体系的形成和评价指标的变革提供了动力,使不同时代的园林各有其鲜明特色。

1. 我国园林专业所面临的城市与环境问题

由于中国历史发展的特殊性,中国目前处在一个工业化与后工业化过程并存的社会阶段。不必讳言,20世纪50—60年代发生在美国和其他发达国家的城市与环境问题不幸地在中国大地上重演了,而且更为严重。中国园林专业所面临的城市与环境问题归结起来包括以下几个方面。

(1)城市人口急速膨胀,居民的基本生存环境受到严重威胁。

(2)户外体育休闲空间极度缺乏,广大劳动者的身心再生需求不能满足。

(3)土地资源极度紧张,因此通过大幅扩大绿地面积来改善环境的途径较难实现,通过郊区化改善居民环境的道路在中国难以行得通。

(4)财力有限,难以实现高投入的城市园林绿化和环境维护工程。

(5)自然资源有限,生物多样性保护迫在眉睫,整体自然生态系统十分脆弱。

(6)欧美文化侵入,乡土文化受到前所未有的冲击。

2. 环境可持续发展思想的本质

面对中国的现实环境问题,园林专业有必要对一些由来已久的园林绿地评价指标进行补充,决不应局限于一些表面的指标,如绿地率、绿化覆盖率、人均绿地指标,更应防止以小农式园林的评价指标来衡量现代园林绿地,具体地讲应对一些体现环境可持续性思想的园林本质属性进行衡量。

(1)功能原则 必须把维护居民身心健康,维护自然生态过程作为园林的主要功能来评价。

(2)经济与高效原则 强调用最少的(人工及资金)投入来健全自然生态过程,满足人类身心再生需求,强调有效地利用有限的土地资源来实现上述功能。用大量的化肥,花坛植物,进行人工或化学除草都是违背这一原则的。

(3)循环与再生原则 强调利用生态系统的循环和再生功能,构建城市园林绿地系统,如养分和水的循环利用,从而避免对不可再生资源的滥用。

(4)乡土与生物多样性原则 强调城市园林绿地系统是乡土植物和乡土生物多样性保护的最后堡垒之一,应节制引用外来物种,保护和发展乡土物种。

(5)地方与地方精神原则 强调每一个地方都有其自然和文化的历史过程,两者相适应而形成了地方特色及地方含义。在城市发展过程中,园林绿地是地方精神的难得的保存地,对地方精神的表达绝不仅仅是形式而是一种体验。

(6)整体与连续性原则 园林绿地不是一个独立的游赏空间,而是城市与大地综合体的有机部分,应作为人类生活空间和自然过程的连续体来设计和管理。

3. 园林专业人员在改善人类生态系统过程中的任务

贯彻上述原则和克服中国园林目前发展之不足,园林专业人员必须在更大的空间中承担起改变整体人类生态系统的重任。具体地讲,在目前中国园林活动的范围基础上,园林专业人员应勇敢地承担以下几个领域的工作。

(1)居住社区的规划设计 包括从总体布局、道路组织到绿地系统的布局和设计。国际经验证明,只有风景园林师才最有资格设计良好的人居环境。风景园林师应领导组织建筑和市政工程的设计。

(2)城市设计 这是园林与建筑交叉的一个领域。美国有专门的城市设计专业(硕士学位),分别在风景园林专业和建筑学专业基础上发展。中国这一领域是空白,是建筑专业、园林专业、城市规划专业之间的一个真空地带,要解决中国的城市环境问题,园林专业应成为城市设计的中坚。

（3）城乡与区域景观及生态规划　在区域尺度上研究景观综合体之间的相互关系,这在中国仍是一块空白,要填补它非园林专业莫属。

（4）自然与文化保护地规划设计　只有园林专业才最有能力实现保护地的宗旨,体现自然与文化精神。

（5）旅游地规划　正如国际旅游学者所说,在所有设计学专业中,唯有园林专业最能胜任此工作。除此之外,中国的高速公路系统,新开发区的规划等,都有不可替代的园林专业重要岗位。

中国快速的城市化进程,给中国的园林专业提出了严峻的挑战,同时也带来难得的发展机会。中国园林专业应以环境与社会现实的需求为出发点,把握专业发展的历史机遇,确立未来园林专业的主攻方向,强化理论研究,改进教育体系,特别是应放弃小农式园林包袱,勇敢承担起整体人类生态系统设计的重任。在现有专业领域基础上,努力在居住社区的总体规划和设计、自然保护地的规划、城乡整体景观和生态规划、国土规划、城市设计、旅游地规划设计等方面发挥主导作用,成为维护自然生态过程,协调人与自然关系的中坚力量。

【自我检测】

一、填空题

1. 三山五园指的是_____山、_____山、_____山;_____园、_____园、_____园、_____园、_____园。

2. 中国园林从_____开始,经历代发展,不论是_____还是私家宅院,均以自然山水为源流,保存至今的皇家园林如承德避暑山庄,苏州拙政园等都是自然山水园的代表作品。

3. 我国古典园林常见的形式有皇家园林、_____、_____。

二、判断题

1. 中国山水画是自然风景的升华,园林就是把升华了的自然山水风景,再现于人们眼前的现实。（　　）

2. 北方园林不讲究意境。（　　）

3. 我国最早的园林雏形是商周的"囿"。（　　）

4. 寿山艮岳是山水宫苑的范例。（　　）

任务二　外国园林史简介

【学习导言】
　　园林有东方、西亚、欧洲三大系统。东方系园林以中国园林为代表,影响日本。西亚园林古代以阿拉伯地区的叙利亚、伊拉克及波斯为代表,主要特色是花园与教堂园。欧洲系园林古代以意大利、法国、英国及俄罗斯为代表,各有特色。此外,介于三大系统之间的还有古埃及、古印度园林。

【学习目标】
　　知识目标:了解国外园林发展概况及其造园的特点。
　　能力目标:借鉴外国园林发展过程中积累的宝贵经验,提升设计能力。
　　素质目标:拓宽国际视野,用发展的观念塑造完美的园林景观。

【学习内容】

一、日本古代园林

日本早期园林是为防御、防灾或实用而建的宫苑,具有崇尚自然的朴素园林特色。

（一）早期园林

3—11 世纪,日本古代宫苑。

在3—4世纪时,孝照天皇建有掖上池心宫,崇神天皇建有矶城瑞篱宫,乐仁天皇建有缠向珠城宫,及正天皇建有紫篱宫,武烈天皇建有泊濑列城宫,这些宫苑外围开壕沟或筑土城环绕周边,只留可供进出的桥或门。内中有列植的灌木和用植物材料编制的墙篱,宫苑里都开有泉池,以作游赏和养殖。

6世纪中叶,佛教东渡到日本,钦明天皇的宫苑中开始筑有须弥山,以应佛国仙境之说,池中架设吴桥以仿中国苑园的特点。6世纪末,推古天皇更受佛教的启发,在宫苑的河边池畔或寺院之间,除了起筑须弥山外,还广布石造,一时山石成为造园的主件。这种模仿中国汉代以来"一池三山"的做法,从皇家宫苑遍及到各个贵族私宅庭园之中。

日本古代的宫苑庭园全面地接受了中国汉唐以来的宫苑风格,多在水上做文章,掘池以象征海洋,起岛以象征仙境,布石植篱瀑布细流以点化自然,并将亭阁、滨台(钓殿)置于湖畔绿荫之下以享人间美景。奈良时代的后期即天平时代圣武天皇的平城宫内南苑、西池宫、松林苑、鸟池塘等苑园都具有这个特点。

公元8世纪末(794年),恒武天皇迁都平安京。皇家园林充分利用本地的天然池塘、涌泉、丘陵、山川、树木及石材等优良条件,进行广泛的造园活动,建筑物仿唐制,苑园以汉代上林苑为楷模,建神泉苑,另外还建有嵯峨院(大觉寺)。平安时代近400年期间,日本把"一池三山"的格局进一步发展成为具有自己特点的"水石庭",池和岛的主题表现已经形成,见图3-2-1,而且总结了前代造园经验,写出日本第一部造庭法秘传书《前庭秘抄》。

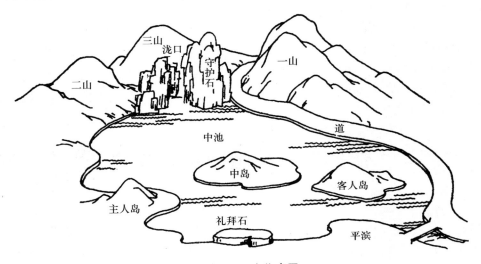

图3-2-1 日本作庭图

(二)中期园林

12世纪以后,日本从武士政权、幕府政权到群藩割据,经历数百年的战乱和锁国状态。12—13世纪武士执政期间,对贵族豪华虚荣的生活方式取轻视态度,而对朴素的实用生活方式则十分推崇。武家建室则和实际生活紧密相关,在庭园中爱惜树木,不作玩乐设施,一切从朴素或实用出发,造庭趋于简朴。幕府时期(1338—1573)是将军执政,特别重视佛教的作用,佛教推行净土真宗、宿命轮回和精神境界,深受幕府和御人家崇敬。此时从中国宋朝传入的禅宗思想更受欢迎,所以大兴寺院庭造之风,盛极一时。14—15世纪的日本,幕府御人家花园和禅宗寺院庭园比照前代又有新的演变。中国宋代饮茶风气传入日本以后,在日本形成茶道。封建上层人家以茶道仪式为清高之举,茶道和禅宗净土结合之后更带有一种神秘色彩,根据茶道净土的环境要求,造庭形式出现了茶庭的创作。

随着幕府、禅宗和茶道的发展,造庭又一度形成高峰,适应这种形势的需要,造庭师和造庭书籍不断涌现,并且在造庭式样上也有所创新。日本造园史里最著名的梦窗国师创造了许多名园,例如西方寺、临川寺、天龙寺等庭园都经他手创作。梦窗国师是枯山水式庭园的先驱，他所做的庭园具有广大的水池，曲折多变的池岸，池面呈"心"字形。从置单石发展迭组石，还进一步叠成假山设在泷石，植树远近大小与山水建筑相配合，利用夸张和缩写的手法创造出残山剩水形式的枯山水风格。枯山水式庭园以京都龙安寺方丈南庭，大仙院方丈北东庭最为著名，寺园内以白沙和拳石象征海洋波涛和岛屿。

室町时代（1338—1573）到桃山时代（1573—1600），日本茶庭逐渐遍及各地，成为一种新式园林，同时也产生了许多流派。此时又出一本《嵯峨流庭古法秘传》，书中有"地割法""庭坪地形取图"等内容，对水池、山岛等都确定了位置和比例，并标明水池居中而呈心字形，池后为守护石及泷，守护石前右为主人岛，前左为客人岛，池中心为中岛，池前为礼拜石和平滨。室町时代后期由于贸易发达、财政富裕，足利氏期间产生出"金阁""银阁"式庭园，特别是鹿苑寺金阁和慈照寺银阁最为出名。

（三）日本后期的茶庭及离宫书院式庭园

室町末期至桃山初期，日本国内处于群雄割据的乱世局面，豪强诸侯争雄夺势各踞一方，建造高大而坚固的城堡以作防御，建造宏伟华丽的宅邸庭园以作享受。因此武士家的书院式庭园竞相兴盛，比较突出的有二条城、安土城、聚乐第、大阪城、伏见城等，其中主题仍以蓬莱山水为主流。石组多用大块石料，借以形成宏大凝重的气派。树木多为整形修剪式，还把成片的植物修剪成自由起伏的不规则状态，使总体构成大书院、大石组、大修剪的宏观特点。

茶庭形式到了桃山时代则更加勃兴起来，茶道仪式从上层社会人家已普及到一般民间，成为社会生活中的流行风尚。权臣富户有大的宅园，一般富户有小的庭院。宅园庭院以居室和茶室相属相分，与茶室相对的庭园是茶园。茶庭是自然式的宅园，截取自然美景的一个片段再现茶庭之中，以供人们举行茶道仪式时在茶室里边向外欣赏，更有利于凝思默想以助雅兴。茶道往往把茶、画和庭三者合起来品赏，辅有石灯笼、洗手钵和飞石敷石的陈设增加了幽静的气息，甚至阶苔生露、翠草洗尘，有如禅宗净土的妙境，这些都成为桃山江户时代茶庭园的特点。此期茶庭造园家首推小堀远州，由他建立的这一流派后来称为远州派。

江户时代开始兴盛起来的离宫书院式庭园也是独具民族风格的一种形式，这种形式的代表作品是桂离宫庭园，见图 3-2-2 与图 3-2-3。桂离宫庭园的中心有个大的水池，池心有三岛，并且有桥相连。园中道路曲折回环联系各处。池岸曲绕，山岛有亭，水边有桥，轩阁庭院有树木掩映，石灯笼、蹲配石组布置其间，花草树木极其丰富多彩。桂离宫廷园内的主要建筑是古书院、中书院和新书院等三大组建筑群，排列自然，错落有致。修学院离宫与桂离宫齐名，且文人趣味浓厚，类似桂离宫的还有蓬莱园、小石川后乐园、纪洲公西园（赤坂离宫）、大久保忠朝的乐寿园（旧芝离宫）、浜御殿等。

图 3-2-2　桂离宫庭园局部透视图

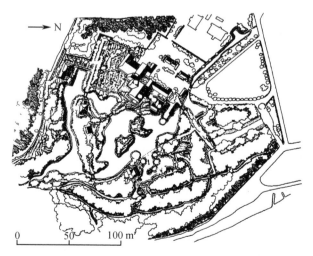

图 3-2-3　桂离宫庭园平面图

总之，日本庭园受中国苑园的启发，形成东方系的自然山水园，而日本庭园的发展变化又根据本国的地理环境、社会历史和民族感情创造出了独特的日本风格。日本庭园的传统风格具有悠久的历史，后来逐渐规范化。日本庭园对世界造园活动也产生了很大的影响,直到明治维新以后才随着西方文化的输入,开始有了新的转折,增添了西式造园形式和技艺。

二、古埃及与西亚园林

埃及与西亚邻近,埃及的尼罗河流域与西亚的幼发拉底河、底格里斯河流域同为人类文明的两个发源地,园林出现也很早。

(一)古埃及墓园、园圃

埃及早在公元前 4000 年就跨入了奴隶制社会,到公元前 28 至前 23 世纪,形成法老政体的中央集权制。法老(即埃及国王)死后都兴建金字塔作王陵,并建墓园。金字塔浩大、宏伟、壮观,反映出当时埃及科学与工程技术已很发达。金字塔四周布置规则对称的林木,中轴为笔直的祭道,控制两侧均衡,塔前留有广场,与正门对应,造成庄严、肃穆的气氛。

古埃及奴隶主们为了坐享奴隶们创造的劳动果实,一味追求荒诞的享乐方式,大肆营造私园也是其一。尼罗河谷的园艺一向是很发达的,树木园、葡萄园、蔬菜园等遍布谷地,到公元前 16 世纪时已演变成为祭司重臣等所建的具有审美价值的私园。这些私园周围有垣,其中除种植有果树、蔬菜之外,还有各种观赏树木和花草,甚至还养殖动物。这种私园形式和内容已超出了实用价值,具有观赏和游憩的性质。奴隶主的私园把绿荫和湿润的小气候作为追求的主要目标,把树木和水池作为主要内容。他们在园中栽植许多树木或藤本棚架植物,搭配鲜花美草,又在园中挖有池塘渠道,还特别利用机械工具进行人工灌溉。这种私园大部分设在奴隶主私宅的附近或者就在私宅的周围,其面积延伸很大,私宅附近还有特意进行艺术加工的庭园,见图 3-2-4。

(二)西亚地区的花园

位于亚洲西端的叙利亚和伊拉克也是人类文明发祥地之一,幼发拉底河和底格里斯河流贯境内向南注入波斯湾,两河流域形成美索不达米亚大平原。美索不达米亚在公元前 3500 年时,已经出现了高度发展的古代文明,形成了许多城市国家,实行奴隶制。奴隶主为了追求物质和精神的享受,在私宅附近建造各式花园,作为游憩观赏的

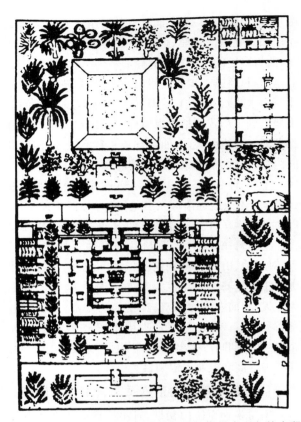

图 3-2-4 埃及特鲁埃尔·阿马尔那的高僧麦利尔的府邸

乐园。奴隶主的私宅和花园,一般都建在幼发拉底河沿岸的谷地平原上,引水注园,花园内筑有水池或水渠,道路纵横方直,花草树木充满其间,布置非常整齐美观。基督教圣经中记载的伊甸园被称为"天国乐园",可能在叙利亚首都大马士革城的附近。在公元前 2000 年的巴比伦、亚述或大马士革等西亚广大地区有许多美丽的花园,尤其是距今 3 000 年前新巴比伦王国宏大的都城中的五组宫殿,不仅异常华丽壮观,而且有尼布甲尼撒国王为王妃在宫殿上建造的"空中花园"。据说王妃生于山区,为解思乡之情,特在宫殿屋顶之上建造花园,以象征山林之胜。这是利用屋顶错落的平台,加土植树种花草,又将水管引向屋上浇灌花木。远看该园悬于空中,近赏可人游,如同仙境,见图 3-2-5,被誉为世界七大奇观之一。

(三)波斯天堂园及水法

波斯在公元前 6 世纪时兴起于伊朗西部高原,建立波斯奴隶制帝国,逐渐强大之后,又占领了小亚细亚、两河流域及叙利亚广大地区,其都城波斯波利斯是当时世界上有名的大城市。波斯文

图 3-2-5　古巴比伦空中花园想象图

化非常发达,影响十分深远。古波斯帝国的奴隶主们常以祖先们经历过的狩猎生活为其娱乐方式,后来又选地造囿,圈养许多动物作为游猎园囿,之后增强了观赏功能,在园囿的基础上发展成游乐性质的园囿。波斯地区一向名花异卉资源丰富,人们应用繁育技术也较早,在游乐园里除树木外,尽量种植花草,"天堂园"是其代表:园四面有围墙,其内开出纵横"十"字形的道路构成轴线,分割出四块绿地栽种花草树木;道路交叉点修筑中心水池,象征天堂,所以称之为"天堂园"。波斯地区多为高原,雨水稀少,高温干旱,因此水被看成是庭园的生命,所以西亚一带造园必有水。在园中对水的利用更加着意进行艺术加工,因此各式的水法创作也就应运而生,见图 3-2-6。

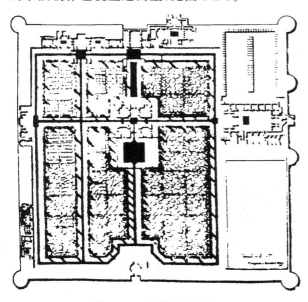

图 3-2-6　费因园平面图

公元 8 世纪,阿拉伯帝国征服波斯之后,也继承了波斯的造园艺术;干旱少雨、多沙漠,加之阿拉伯多为伊斯兰教国家,伊斯兰教园中把水看得非常神圣。

三、欧洲古代园林

(一)古希腊、古罗马、意大利、西班牙园林

1. 古希腊庭园、柱廊园

古希腊庭园的产生相当久远,公元前九世纪时,古希腊有位盲人诗人荷马,留下了两部史诗。史诗歌咏了 400 年间的庭园状况,从中可以了解到古希腊庭园面积大的有 1.5 hm²,周边有围篱,中间为领主的私宅。庭院内花草树木栽植很规整,有终年开花和果实累累的植物,树木有梨、栗、苹果、葡萄、无花果、石榴和橄榄树等。园中还配以喷泉,留有生产蔬菜的地方。特别在院落中间,设置喷水池喷泉,其水法造作对当时及以后的世界造园工程产生了极大的影响,尤其对意大利、法国利用水景造园的影响更为明显。

公元前 3 世纪,古希腊哲学家伊壁鸠鲁在雅典建造了历史上最早的文人园,利用此园对男女门徒进行讲学。公元 5 世纪,古希腊城有人渡海东游,从波斯学到了西亚的造园艺术,从此,古希腊庭园由果菜园改造成装饰性的园庭。住宅方正规则,其内整齐地栽植花木,最终发展成了柱廊园。

古希腊的柱廊园改进了波斯在造园布局上结合自然的形式,改变了喷水池占据中心位置,使自然符合人的意志,形成有秩序的整形园,并把西亚和欧洲两个系统的早期庭园形式与造园艺术联系起来,起到了过渡的作用。

意大利南部的那不勒斯湾海滨庞贝城邦,早在公元前 6 世纪就有希腊商人居住,并带来了希腊文明。在公元前 3 世纪此城已发展为两万居民的商业城市。变成了罗马属地之后又有很多富豪、文人来此闲居,建造了大批的住宅群,这些住宅群之间都设置了柱廊园。从 1784 年发掘的庞贝城遗址中可以清楚地看到廊园的布局形式,柱廊园有明显的轴线,方正规则。每个家族的住宅都围成方正的院落,沿周排列居室,中心为庭园,围绕庭园的边界是一排柱廊,柱廊后边和居室连在一起。园内中间有

喷泉和雕像,四周有规则的花树和葡萄篱架。廊内墙面上绘有逼真的林泉和花鸟,利用人的幻觉使空间产生扩大的效果,还有的在柱廊园外设置林荫小道,称之为绿廊,见图 3-2-7。

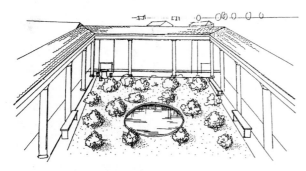

图 3-2-7　希腊式柱廊园

2. 古罗马庄园

意大利东海岸,强大的罗马征服了庞贝等广大地区,建立了奴隶制古罗马大帝国。古罗马的奴隶主贵族们又兴起了建造庄园的风气。意大利是伸入地中海的半岛,半岛多山岭溪泉并有曲长的海滨和谷地,气候湿润,植被茂密,自然风光极为优美。古罗马贵族占有大量的土地、人力和财富,极尽奢华享受,他们除了在城市里建有豪华的宅第之外,还在郊外选择风景极美的山阜营宅造园,在很长的一个时期里,古罗马山庄式的园林遍布各地。古罗马山庄的造园艺术吸取了西亚、西班牙和古希腊的传统形式,特别对水法的创造更为奇妙,古罗马庄园又充分结合原有山地和溪泉,逐渐发展成为具有古罗马特点的台地柱廊园。

公元 117 年,哈德良大帝在古罗马东郊梯沃里建造的哈德良山庄最为典型,哈德良山庄面积广袤,有 18 km²,由一系列馆阁庭院组成。山庄作为施政中心,其中有处理政务的殿堂、起居用的房舍、健身用的厅室、娱乐用的剧场等,层台柱廊罗列,气势十分壮观,特别是将全疆的异境名迹都仿造于山庄之内,形成了古罗马历史上最壮丽的建筑群,同时也是最大的苑园,如同一座小城市,堪称"小罗马"。

古罗马大演说家西塞罗的私家园宅(有两处,一处在罗马南郊海滨,另一处在罗马东南郊),还有古罗马学者蒲林尼在罗林建的别业,这类山庄别业文人园在当时很有盛名。到公元 5 世纪时,古罗马

帝国造园达到极盛时期,据当时记载古罗马附近有大小园庭的宅第多达 1 780 所。《林果杂记》(考勒米拉著)曾记述公元前 40 年古罗马园庭的概况,发展到公元 400 年后,更达到了兴盛的顶峰。古罗马的山庄和园庭都是很规整的,如图案式的花坛、修饰成形的树木,更有迷阵式绿篱,绿地装饰已有很大的发展,园中水池更为普遍。从公元 5 世纪以后的 800 多年里,欧洲处于黑暗时代,造园也处于低潮,但是由于十字军东征带来了东方植物及伊斯兰教造园艺术,修道院的寺园则有所发展,寺园四周环绕着传统的古罗马廊柱,其内修成方庭,方庭分区和方庭里边,栽植着玫瑰、紫罗兰、金盏草等,还把专用药草园和蔬菜园设置在医院和食堂的附近。

3. 意大利庄园

16 世纪欧洲以意大利为中心兴起文艺复兴运动,冲破了中世纪封建教会统治的黑暗时期,意大利的造园出现了以庄园为主的新面貌。其发展分为文艺复兴初期、中期、后期三个阶段,各阶段所造庄园有不同的特色。

(1)文艺复兴初期的庄园(台地园)　意大利佛罗伦萨是一个经济发达的城市国家。富裕的阶层醉心于豪华的生活享受,享受的主要方式是追求华丽的庄园别墅,因此营造庄园或别墅在佛罗伦萨甚至意大利的广大地区逐渐展开。这一时期,阿尔勃提建筑师著有《建筑学》,在这本书里着重论述了庄园或别墅的设计内容,并提出了一些优美的设计方案,更加推动了庄园的发展。

文艺复兴初期庄园的形式和内容大致如下:依据地势高低开辟台地,各层次自然连接;主体建筑在最上层台地上,保留城堡式传统;分区简洁,有树坛、树畦、盆树,并借景于园外;喷水池在一个局部的中心,池中有雕塑,见图 3-2-8。

图 3-2-8　意大利台地园

（2）文艺复兴中期的庄园　公元 15 世纪，佛罗伦萨被法国查理八世所侵占。美提契家族覆灭，佛罗伦萨文化解体，意大利的商业中心随之转移到了罗马，同时罗马也成为意大利的文化中心。15 世纪时司歇圣教皇控制了局势，各地的学者或名家又向罗马聚集，到 16 世纪时，罗马教皇集中全国建筑大师兴建巴斯丁大教堂。佛罗伦萨的富户和技术专家们也纷纷来到罗马营建庄园，一时罗马地区山庄兴盛起来。

邱里渥的别墅建于马里屋山上，马里屋山上水源丰富，附近有河流和大道通过，邱里渥别墅由圣高罗和拉斐尔二人设计。先在半山中开辟出台地，每层台地之中都有大的喷水池和大的雕像，中轴明显，两侧对称有树坛。主建筑的前后有规则的花坛和整齐的树畦。台地层次、外形尽求规整，连接各层台地设有蹬道，而且阶梯有直、有折、有弧旋等多种变化，水池在纵横道的交点上，植坛规则布置。

这一时期在欧洲还出现了最早的植物园。在 1545 年时由彭纳番德教授设计的植物园首次建立起来，成为后来各地植物园的范例。

公元 16 世纪中后期，在罗马出现了被称为巴洛克式的庄园。巴洛克（Barogue）本来是一种建筑式名词，意思是奇异古怪。巴洛克式庄园则认为是不求刻板，追求自由奔放，并富于色彩和装饰变化，形成了一种新风格，比较典型的是埃斯特庄园，见图 3-2-9。

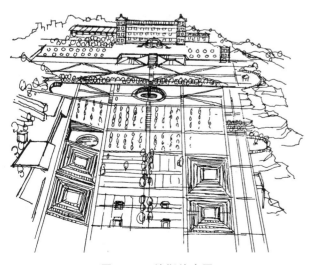

图 3-2-9　埃斯特庄园

（3）文艺复兴后期的庄园　公元 17 世纪开始，巴洛克式建筑风格已成定法，人们反对墨守成规的古典主义艺术，而要求艺术更加自由奔放，富于生动活泼的造型、装饰和色彩。这一时期的庄园受到巴洛克浪漫风格的很大影响，在内容和形式上富于新的变化。16 世纪末到 17 世纪初，罗马城市发展得很快，住房拥挤，街道狭窄，环境卫生也很恶劣。意大利人长期在这种难堪的环境中生活已感厌倦，一些权贵富户们不能再忍受，纷纷追求自由舒适的"第二个家"，以便远离繁杂的闹市去享受园圃生活，在古罗马的郊区多斯加尼一带兴起了选址造园的风尚，一时庄园遍布。这时的庄园，在规划设计上比中期埃斯特庄园更为新奇和奔放，建筑或庄园刻意追求技巧或致力于精美的装饰、强烈的色彩，如布拉地尼等几十处新庄园，明快如画。

这时的庄园，注意了境界的创造，极力追求主题的表现，造成美妙的意境，常对一些局部单独塑造，以体现各具特色的优美效果，对园内的主要部位或大门、台阶、壁龛等作为视景焦点而极力加工处理，在构图上运用对称、几何图案或模纹花坛。但是，有些庄园过分雕琢，对四周照顾不够，格局上欠缺和谐。

4. 西班牙红堡园、园丁园

西班牙处于地中海的门户，面临大西洋，多山多水，气候温和，从公元前 6 世纪起，古希腊移民来此定居，带来了古希腊的文化，后来被古罗马征服，西班牙成了古罗马的属地，因而又接受了古罗马的文化。这一时期的西班牙造园是模仿古罗马的中庭式样。公元 8 世纪，西班牙又被阿拉伯人征服，伊斯兰教造园传统又进入了西班牙，承袭了巴格达和大马士革的造园风格，公元 976 年出现了礼拜寺园。

西班牙格拉那达红堡园自 1248 年始，前后经营 100 余年。园墙堡楼全用红土夯成，因此得名。由大小六个庭院和七个厅堂组成，其中的狮庭（1377 年建）最为精美。狮庭中心是一座大喷泉，下边由 12 个石狮围成一周，狮庭之名由此而得。亭内开出"十"字形水渠，象征天堂。绿地只栽橘树。各庭之间都以洞门相通，还有漏窗相隔，似隔非隔，借以扩大空间效果，布局工整严谨，气氛悠闲肃静。其他各庭栽植松柏、石榴、玉兰、月桂，以及各种香花等。伊斯兰教式的建筑雕饰极其精致，色彩纹样丰富，与花木明暗对比很强烈，在欧洲独具一番风格。庭园内不植草坪、花坛，而用五色石子铺地，斑斓洁净，十分透亮，见图3-2-10。园丁园在红堡园东南200 m处，在内容和形式上两者极为相似，园庭中按图案形式布置，用五色石子铺地，纹样更加美观。公元15世纪末阿拉伯统治被推翻之后，西班牙造园转向意大利和英法风格。

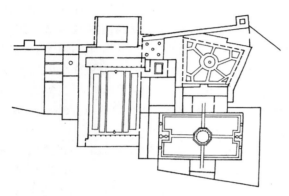

图 3-2-10 红堡园平面图

(二)法兰西、英国园林

1.法兰西园林

(1)城堡园 16世纪，法兰西贵族和封建领主都有自己的领土，中间建有封建领主的城堡，佃户经营周围的土地。领主不仅收租税，还掌管司法治安等地方政权，实际上是小独立王国。城堡如同小宫廷，城堡建筑和庄园结合在一起，周围多是森林式栽植，并且尽量利用河流或湖泊造成宽阔的水景。从意大利传入的造园形式仅仅反映在城堡墙边的方形地段上布置少量绿丛植坛，并未和建筑联系成统一的构图内容。法兰西贵族或领主具有狩猎游玩的传统，他们的领土又多广阔的平原地带，森林茂密，水草丰盛。狩猎地常常开出直线道路，有纵横或放射状组成的道路系统，这样既方便游猎也成为良好的透景线。文艺复兴时期以前的法兰西庄园是城堡式的，在地形、理水或植树等方面都比意大利简朴得多，见图3-2-11。

16世纪以后，法兰西宫廷建筑中心由劳来河沿岸迁移到巴黎附近。巴黎附近地区一时出现了很多新的官邸和庄园，贵族们更加追求穷欢极乐的生活方式，而古典式的城堡建筑就无太大必要

图 3-2-11 欧洲领主城堡图

了：意大利文艺复兴时期的庄园被接受过来，形成平地几何式庄园。

(2)凡尔赛宫苑 17世纪后半叶，法王路易十三战胜各个封建诸侯统一了法兰西全国，并且远征欧洲大陆。到路易十四时(1661—1715)夺取了将近100块领土，建立起君主专制的联邦国家。法国成了生产和贸易大国，开始有了与英国争夺世界霸权的能力。此时法兰西帝国处于极盛时期，路易十四为了展示他至尊无上的权威，建立了凡尔赛宫苑。凡尔赛宫苑是西方造园史上最为光辉的成就，由勒诺特大师设计建造。勒诺特是一位富有广泛绘画和园林艺术知识的建筑师。

凡尔赛原是路易十三的狩猎场，只有一座三合院式砖砌猎庄，在巴黎西南。1661年路易十四决定在此建宫苑，历经不断规划设计、改建、增建，至1756年路易十五时期才最后完成，共历时90余年，主要设计师有法国著名造园家勒诺特、建筑师勒沃、学院派古典主义建筑代表孟萨等。路易十四有意保留原三合院式猎庄作为全宫区的中心，将墙面改为大理石，称"大理石院"，勒沃在其南、西、北扩建，延长南北两翼，成为御院；御院前建辅助房、铁栅，为前院；前院之前建为扇形练兵广场，广场上筑三条放射形大道。1678—1688年，孟萨设计凡尔赛宫南北两翼，总长度达402 m。南翼为王子、亲王住处，北翼为中央政府办公处、教堂、剧院等。宫内有联列厅，很宽阔，有大理石大楼梯、壁画与各种雕像。中央西南为宫中主大厅(称镜廊)，宫西为勒诺特设计、建造的花园，面积约6.7 km²，园分南、北、中三部分。南、北两部分都为绣花式花坛，再南为橘园、人工湖；北面花坛由密林包围，景色幽雅，有一条林荫路向北穿过密林，尽头为大水池、海神喷泉，园中央开

一对水池。3 km 的中轴向西穿过林园,达小林园、大林园(合称十二丛林)。穿小林园的称王家大道,中央设草地,两侧排雕刻。道东为池,池内立阿波罗母亲塑像;道西端池内立阿波罗驾车冲出水面的塑像,两组塑像象征路易十四"太阳王"与表明王家大道歌颂太阳神的主题。中轴线进入大林园后与大运河相接,大运河为"十"字形,两条水渠呈十字相交,纵长 1 500 m,横长 1 013 m,宽为 120 m,使空间具有更为开阔的意境。大运河南端为动物园,北端为特里阿农殿。此园因由勒诺特设计、建造,故被称为勒诺特园林艺术,为欧洲造园的典范,一些国家竞相模仿,见图 3-2-12。

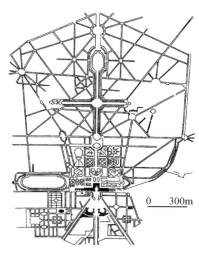

图 3-2-12　法国凡尔赛宫苑

1670 年,路易十四在大运河横臂北端为贵妇蒙泰斯潘建一中国茶室,茶室小巧别致,室内装饰、陈设均按中国传统样式布置,开外国引进中式建筑风格之先例。

凡尔赛宫苑是法国古典建筑与山水、丛林相结合的规模宏大的一座园,在欧洲影响很大,一些国家纷纷效仿,但多为生搬硬套,反成了庸俗怪异、华而不实、不伦不类的东西。幸好此风为时不长即销声匿迹。可见艺术的借鉴是必要的,而模仿是无出路的,借鉴只是为了创造、出新。

2. 英国园林

英国是海洋包围的岛国,气候潮湿,国土基本平坦或缓丘地带。古代英国长期受意大利政治、文化的影响,受罗马教皇的严格控制。但其地理条件得天独厚,民族传统观念较稳固,有其自己的

审美传统与兴趣、观念,尤其对大自然的热爱与追求,形成了英国独特的园林风格。17 世纪之前,英国造园主要模仿意大利的别墅、庄园,园林的规划设计为封闭的环境,多构成古典城堡式的官邸,以防御功能为主。14 世纪起,英国所建庄园转向了追求大自然风景的自然形式。

17 世纪,英国模仿法国凡尔赛宫苑,将官邸庄园改建为法国园林模式的整形苑园,一时成为其上流社会的风尚。18 世纪,英国工业与商业发达,成为世界强国,其造园吸取中国园林、绘画与欧洲风景画的特色,探求本国的新园林形式,出现了自然风景园。

(1)英国传统庄园　英国从 14 世纪开始,由古典城堡式庄园向与自然结合的新庄园转变,对其后园林传统影响深远。新庄园基本上分布在两处:一是庄园主的领地内丘阜南坡之上,一是城市近郊。前者称"杜特式"庄园,利用丘阜起伏的地形与稀疏的树林、绿茵草地,以及河流或湖沼,构成秀丽、开阔的自然景观,在显朗处布置建筑群或组,使其处于疏林、草地之中。这类庄园,一般称为"疏林草地风光",以概括其自然风景的特色。庄园的细部处理,也极尽自然格调,如用有皮木材或树枝作棚架、栅篱或凉亭,周围设木柱栏杆等。城市近郊庄园,外围设隔离高墙,但高度以利借景为宜。园中央或轴线上筑一土山,称"台丘",台丘上或建亭,或不建亭。一般台丘为多层,设台阶,盘曲蹬道相通。园中也常模仿意大利、法国的绿丛植坛、花坛,而建方形或长方形植坛,以黄杨等作植篱,组成几何图案,或修剪成各种样式。

(2)英国整形园　17 世纪 60 年代起,英国模仿法国凡尔赛宫苑,刻意追求几何整齐植坛,而使造园出现了明显的人工雕饰,破坏了自然景观,丧失了自己的优秀传统,如伊丽莎白皇家宫苑、汉普顿园等。这些园一律将树木、灌丛修剪成建筑物形状、鸟兽物像和模纹花坛,在园内各处布置,显得奇形怪状,而原有的乔木、树丛、绿地却遭严重破坏。培根在其《论园苑》中指出:这些园充满了人为意味,只可供孩子们玩赏。1685 年,外交官 W. 坦普尔在《论伊壁鸠鲁式的园林》一文中说:"完全不规则的中国园林可能比其他形式的园林更美。"18 世纪初,作家 J. 艾迪生也指出:"我们英国园林师不是顺应自然,而是喜欢尽量违背自

然"，"每一棵树上都有刀剪的痕迹"。英国的教训，实为后世之鉴，也为英国自然风景园的出现创造了条件。但是，其整形园也并未绝迹，在英国影响久远。

（3）英国的自然风景园　18世纪英国产业革命使其成为世界上头号工业大国，国貌大为改观，人们更为重视自然保护，热爱自然。当时英国生物学家也大力提倡造林，文学家、画家发表了较多颂扬自然树林的作品，并出现了浪漫主义思潮，而且庄园主对刻板的整形园也感厌倦，加上受中国园林等的启迪，英国园林师注意了从自然风景中汲取营养，逐渐形成了自然风景园的新风格。园林师 W.肯特在园林设计中大量运用自然手法，改造了白金汉郡的斯托乌府邸园。园中有形状自然的河流、湖泊，起伏的草地，自然生长的树木，弯曲的小径。继其之后，他的助手 L. 布朗又加以彻底改造，除去一切规则式痕迹，全园呈现出牧歌式的自然景色。此园一成，人们为之耳目一新，争相效法，形成了"自然风景学派"，自然风景园相继出现。

18世纪末，布朗的继承者雷普顿改进了风景园的设计。他将原有庄园的林荫路、台地保留下来，高耸建筑物前布置整形的树冠，如圆形、扁圆形树冠，使建筑线条与树形相互映衬。运用花坛、棚架、栅栏、台阶作为建筑物向自然环境的过渡，把自然风景作为各种装饰性布置的壮丽背景。这样做迎合了一些庄园主对传统庄园的怀念，而且将自然景观与人工整形景观结合起来，可说也是一种艺术综合的表现。但他的处理艺术并不理想，正如有人指出的"走进园中看不到生动、惊异的东西"。

1757年和1772年，英国建筑师、园林师 W. 钱伯斯利用他到中国考察所得，先后出版了《中国建筑设计》《东方造园泛论》两本著作，主张英国园林中要引进中国情调的建筑小品。受他的影响，英国出现了英中式园林，但与中国造园风格结合得并不理想，并未达到一种自然、和谐的完美境界，与中国的自然山水园相去甚远。

四、西方近、现代园林

（一）西方近现代园林的产生与发展

对于近、现代园林的概念，理论界有不同的认识，主要有三种倾向：①不分近、现代，而统称现代园林；②合称近现代园林；③区分近代和现代园林。

1. 近代园林

一般而言，把英国资产阶级革命开始的1640年作为世界近代史的开端，资产阶级革命促进了生产力的发展，也唤醒了低落的人文精神。表现在城市中则是：①城市规模迅速扩大，各种建设蒸蒸日上，为工业、商业等的繁荣提供了无数的发展机遇，所以，大量人口往城市中集中，城市显得具有生机和活力。但与此同时，人口拥挤、环境污染、犯罪、阶级矛盾等问题也日益突出。②人文精神渐渐得到唤醒，封建领主的封闭思想渐被打破，民主精神在一些先锋人物的宣传下深得民心。凡此种种原因，暗示着一场巨大的变革将要开始。园林的变革要相对迟一些，而且是曲折的，一般认为它经历了传统园林思想变革和城市公园兴起城市绿地系统观念的形成两个阶段。

（1）传统园林思想变革和城市公园的兴起　18世纪初，英国掀起了了解植物园艺知识的热潮。据说这与风景画的兴起有关，实际上更多是因为踏出了国门，有机会看到并引进了外来植物。如1683年，在英国切尔西药草园中进行了驯化黎巴嫩杉的试验，到19世纪，这种树木就成了英国庭园的主要材料。1840年，英国园艺学会派植物学家去世界各地收集植物资源。人们被现实中丰富的植物材料所吸引，渐渐淡化了感伤主义庭园，而专注于创造各种自然环境以适应外来植物的生长。不知不觉，一种新型的园林形式——自然风景园形成了。这种形式的园林一出现，就引起了人们广泛的兴趣，逐渐传入法、德等西方国家，其中既有新造的，如1804年史凯尔为卡尔鲁特欧德造的英国花园；也有旧园改造的，如1828年纳什改造的圣詹姆斯公园。园林思想变革的另外一个情况是私园逐渐对公众的开放，如在18世纪的伦敦，人人可以进入皇家猎苑游玩、打猎。

（2）城市绿地系统出现　1858年，美国纽约建成中央公园，见图3-2-13。一些有识之士进而提出建立绿地系统的概念。1892年，奥姆斯特德编制了波士顿的城市园林绿地系统方案，把公园、滨河绿地、林荫道连接起来。1898年，英国 E. 霍华德提出了"田园城市"理论，以后又出现了新城、绿带的理论，标志着城市园林绿地系统理论和实践基本成型，同时标志着园林概念已从孤立的地块方面向城市绿地系统观方面有了划时代的转变。

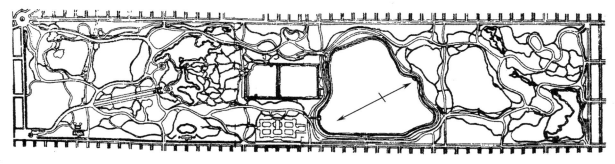

图 3-2-13　美国纽约中央公园

2. 现代园林

从 20 世纪初开始,西方园林逐渐向现代园林迈进,回顾近百年历史,它大约经过了三个阶段。

(1)徘徊阶段　18 世纪是园林发生巨大变革的时期,尤其是风景式园林的出现和城市公园的兴起使园林摆脱了刻板的模式,变得丰富而充满活力。然而,从艺术形式上看,它并没有特别的创新,主要是"如画的"模式和兼收并蓄的折中主义混杂风格。面对这种局面,人们开始了进一步的探索,如罗宾逊发起了趋向简单与自然化的庭园设计,布罗弗尔德提出了几何规则的复兴等。然而,前进的道路相当艰难,人们仿佛正在现代园林的门口徘徊着。

(2)萌芽阶段　真正导致西方现代园林开始萌芽的是新艺术运动及其引发的现代主义浪潮。新艺术运动是 19 世纪末、20 世纪初在欧洲发生的一次大众化的艺术实践活动,它的起因是受英国"工艺美术运动"的影响,反对传统的模式,在设计中强调装饰效果,希望通过装饰来改变由于大工业生产造成的产品粗糙、刻板的面貌。它本身没有一个统一的风格,在欧洲各国也有不同的称呼,如比利时的"二十人团"、法国的"新艺术"、德国的"青年风格派"等。这个时期的作品留存至今的并不多,如高迪的巴塞罗那的居尔公园、雷比斯的庭园等,但在现代园林的发展史上却留下了不可磨灭的贡献。

(3)成型阶段　20 世纪初,现代主义之风渐渐刮起,一部分美国人首先进行了尝试,如1939 年的纽约世界商交会部分庭园。与此同时,另外一些国家的设计师也积极开始探索,如巴西艺术家兼造园师马尔克斯、墨西哥建筑师巴拉甘等。在随后的数十年中,现代园林在不断的发展中,到目前已基本成熟。

(二)西方现代园林特点与设计倾向

斯托弗·唐纳德在他 20 世纪 30 年代写的著作《现代风景中的庭园》(Garden in the Modern Landscape)中写道:现代造园家们在做庭园设计方案时有三个依据,即功能主义、日本庭园和现代艺术。关于功能主义,他认为,新的现代住宅需要新的环境,功能主义包含了合理主义的精神,通过美学的实际秩序,创造出以娱乐(recreation)为目的的环境。关于日本庭园,他认为日本园林起到了将现代造园技术的发展与艺术、生活融为一体的作用。他认识到的日本园林是这样的:庭园的围墙是设计构思的重要内容,从没有情感的事物中感受其精神实质,使住宅与环境相协调,谨慎使用色彩,有效地利用背景,对植物配植比对花的色彩更关注,对石的布置即石组的构成煞费苦心等。关于现代艺术,他说 18 世纪的造园师学习意大利画家,19 世纪末庭园色彩设计师学习印象派画家,与这些相比,现代画家在处理形态、平面及色彩价值的相互关系方面可以令造园师们大开眼界。

(三)西方现代园林设计师和作品

(1)劳伦斯·海尔普林和旧金山庭园(典型的加州花园特点)。

(2)彼得·奥克和伯纳克公园(现代园林第三代代表)。

(3)伯纳德·屈米与拉·维莱特公园(法国)。

(4)彼得·拉兹和杜伊斯堡北部风景园(德国)。

【自我检测】

一、判断题

1. 日本幕府时期出现道观园和茶庭及枯山水。

(　　)

2. 古希腊是欧洲文化的发源地,古希腊的建筑、园林开欧洲建筑、园林之先河,直接影响了法国等国的建筑园林风格。后来法国吸取了中国山水园的意境,融入其造园艺术中,对欧洲园林的发展也产生了很大影响。 （　　）

3. 元、明、清时期,我国园林建设取得了长足的发展,出现了许多著名园林,如北京的西苑三海、圆明园、清漪园等,达到了园林建设的高潮期。 （　　）

二、选择题

最早吸收中国山水园的意境融入造园中,对欧洲造成很大影响的国家是(　　)。

A. 英国　　　　B. 法国

C. 意大利　　　D. 德国

项目四　园林规划设计基本原理的运用

园林是一种综合大环境的概念，它是在自然景观基础上，通过人为的艺术加工和工程措施而形成的。园林艺术是指导园林创作的理论，进行园林艺术理论研究，应当具备美学、艺术、绘画、文学等方面的基础理论知识，尤其是美学的运用。

任务一　园林美的运用

【学习导言】
　　园林是一门综合的艺术，涉及社会科学、自然科学。园林的营建是艺术的创作过程，是美学、艺术、绘画、文学、行为学、心理学、建筑学等多学科理论的综合运用。
　　园林美是一种艺术美，是源于自然、高于自然的美。

【学习目标】
　　知识目标：掌握园林美的内容，熟悉生活美、艺术美、自然美、形式美的共性与特征。
　　能力目标：能够运用各种园林美创造优美的园林景观。
　　素质目标：深刻认识园林美是随着我国文学绘画艺术和宗教活动的发展而发展，是自然景观和人文景观的高度统一。它是社会生产力及意识形态发展的产物，是社会主义物质文明与精神文明的辩证统一。

【学习内容】

一、园林美的含义

所谓园林美是指应用天然形态的物质材料，依据美的规律来改造、改善或创造环境，使之更自然、更美丽、更符合时代社会审美要求的一种艺术创作活动。

园林美是一种艺术美，是源于自然、高于自然的美。

二、园林美的内容

（一）生活美

园林作为现实的物质生活环境，是一个可游、可憩、可赏、可学、可居、可食的综合活动空间，必须保证游人在游园时感到非常舒适。

第一，应保证园林环境的清洁卫生，空气清新，无烟尘污染，水体清透。要有适于人生活的小气候，冬季要防风，夏季能纳凉，有一定的水面、空旷的草地及大面积的庇荫树林。

第二,应该有方便的交通,良好的治安保证和完美的服务设施。有广阔的户外活动场地,有安静的散步、垂钓、阅读、休息的场所;有划船、游泳、溜冰等体育活动的设施;在文化生活方面有各种展览、舞台艺术、音乐演奏等场地。

这些都将怡悦人们的性情,带来生活的美感。

(二)自然美

自然景物和动物的美称为自然美。自然美的特点偏重于形式,往往以其色彩、形状、质感、声音等感性特征直接引起人的美感,它所积淀的社会内涵往往是曲折、隐晦、间接的。人们对自然美的欣赏往往注重它形式的新奇、雄浑、雅致,而不注重它所包含的社会功利内容。

1. 自然美的共性

许多自然事物,因其具有与人类社会相似的一些特征,而可以成为人类社会生活的一种寓意和象征,成为生活美的一种特殊形式的表现;另一些自然事物因符合形式美法则所具有的条件及诸因素的组合,当人们直观时,给人以身心和谐、精神提升的独特美感,并能寄寓人的气质、情感和理想,表现出人的本质力量。园林的自然美有如下共性。

(1)变化性 随着时间、空间和人的文化心理结构的不同,自然美常常发生明显的或微妙的变化。时间上的朝夕、四时,空间上的旷、奥,人的文化素质与情绪,都直接影响自然美的发挥。

(2)多面性 园林中的同一自然景物,可以因人的主观意识与处境而向相互对立的方向转化;或园林中完全不同的景物,可以产生同样的效应。

(3)综合性 园林作为一种综合艺术,其自然美常常表现在动静结合中,如山静水动、树静风动、物静人动、石静影移、水静鱼游;在动静结合中,又往往寓静于动或寓动于静。

2. 常见自然美

(1)天象美 云海霞光、日出日落、踏雪寻梅、火烧云、千岩竞秀、万壑争流、草木葱茏、云蒸霞蔚等。

(2)声音美 如林中蝉鸣、池边蛙奏、风摇松涛、空谷传声、雨打芭蕉、小河流水、山泉叮咚、风声雨声、欢声笑语、百籁争鸣等。

(3)色彩美 蓝天白云、花红叶绿、粉墙灰瓦、雕梁画栋、七彩霓虹、绿色原野、色彩各异的花朵、蓝色的小河等。

(4)姿态美 落英缤纷、巍峨的高山、挺拔的大王椰子、秀丽的雪松等。

(5)芳香美 "迟日江山丽,春风花草香。"——杜甫《绝句》,说的是因为春天来到,才会出现"花草香""泥融""沙暖"等现象。

"一朵忽先变,百花皆后香。"——陈亮《梅花》,释义:有一朵梅花忽然先开了;竞吐芳香的百花都落在了梅花的后面了。

"梅须逊雪三分白,雪却输梅一段香。"——卢梅坡《雪梅·其一》,译文:梅花虽白,但与雪相比,还差三分;雪虽清,较之于梅,则没有梅花的幽香。

(三)艺术美

现实美是美的客观存在的形态,而艺术美则是现实美的升华。艺术美是人类对现实生活的全部感受、体验、理解的加工提炼、熔铸和结晶,是人类对现实审美关系的集中表现。

1. 艺术美的特征

艺术美通过精神产品传达到社会中去,推动现实生活中美的创造,成为满足人类审美需要的重要审美对象。现实生活虽然生动丰富,却代替不了艺术美。从生活到艺术是一个创造过程。艺术家是按照美的规律和自己的审美理想去创造作品的。艺术有其独特的反映方式,就是艺术是通过创造艺术形象具体地反映社会生活、表现作者思想感情的一种社会意识形态,艺术美是意识形态的美。

艺术美具体特征如下:

(1)形象性 是艺术的基本特征,用具体的形象反映社会生活。

(2)典型性 作为一种艺术形象,它虽来源于生活,但又高于普通的实际生活,它比普通的实际生活更高、更强烈、更有集中性、更典型、更理想,因此就更带有普遍性。

(3)审美性 艺术形象要具有一定的审美价值,能引起人们的美感,使人得到美的享受,培养和提高人的审美情趣,提高人的审美素质,而进一步提高人们对美的追求和对美的创造能力。艺术美是艺术作品的美。园林作为艺术作品,园林艺术美也就是园林美。它是一种时空综合艺术美。在体现时间艺术美方面,它具有诗与音乐般的节奏与旋律,能通过想象与联想,使人将一系列的感受,转化为艺术形象。在体现空间艺术美方面,它具有比一般图形艺术更为完备的三维空间,既能使人能感受和触摸,又能使人深入其内,身历其境,观赏和体验到它的序列、层次、高低、大小、宽窄、深浅、色彩。中国传统园林是以山水画的艺术构图为形式,以山水诗的艺术境界为内涵的典型的时空综合艺术,其艺术美是融诗画为一体的,内容与形式协调统一的美。

2. 常见艺术美

(1)造型艺术美 园林中的建筑、喷泉、雕塑、瀑布、植物都讲究造型,常用艺术造型来表现某种精神、象征、标志、纪念意义以及某种形体、线条。

(2)联想意境美 联想和意境是我国造园艺术的特征之一。丰富的景物,通过人们的接近联想和对比联想,达到见景生情、体会弦外之音的效果。意境就是通过意向的深化而构成心境应合、神形兼备的艺术境界,也就是主客观情景交融的艺术境界,如拙政园"与谁同坐轩",是明月、清风、还是我?

(3)建筑艺术美 风景园林中由于游览景点、服务管理、维护等功能的要求和造景需要,要求修建一些园林建筑。建筑不可多,也不可无,古为今用,外为中用,简洁便用,画龙点睛,建筑艺术往往是民族文化和时代潮流的结晶。

(4)文化景观美 风景园林常为宗教用地或历史古迹所在地,其中的景名景序、门楹对联、摩崖石刻、字画雕塑等无不浸透着人类文化的精华。

(5)工程设施美 园林中,游道廊桥、假山水景、电照光影、给水排水、挡土护坡等各项设施,要注意艺术处理,区别于一般的市政设施。

(四)形式美

自然界常以其形式美取胜而影响人们的审美感受,各种景物都是由外形式和内形式组成的。外形式是由景物的材料、质地、体态、线条、光泽、色彩和声响等因素构成;内形式是由上述因素按不同规律而组织起来的结构形式或结构特征。如一般植物都是由根、茎、叶、花、果实、种子组成的,然而它们由于其各自的特点和组成方式的不同而产生了千变万化的植物个体和群体,构成了乔、灌、藤、花卉等不同的形态。形式美是人类社会在长期的社会生产实践中发现和积累起来的,它具

有一定的普遍性、规定性和共同性。

形式美是事物外观给人的一种美的享受,但是人类社会的生产实践和意识形态在不断改变着,并且还存在着民族、地域性的差别。因此,形式美又带有变移性、相对性和差异性。

形式美的表现形式大致有以下几种。

1. 线条美

线条是构成景物外观的基本因素。人们从自然界中发现了各种线型的性格特征:长条横直线代表水平线的广阔宁静,竖直线给人以上升、挺拔之感,短直线表示阻断与停顿,虚线产生延续、跳动的感觉,斜线使人自然联想到山坡、滑梯的动势和危机感。用直线类组合成的图案和道路,表现出耿直、刚强、秩序、规则和理性,见图4-1-1;而弧形弯曲线则代表着柔和、流畅,细腻和活泼。如圆弧线的丰满,抛物线的动势,波浪线的起伏,悬链线的稳定,螺旋线的飞舞,双曲线的优美等,见图4-1-2。

线条是造园家的语言,用它可以表现起伏的地形线、曲折的道路线、婉转的河岸线、美丽的桥拱线、丰富的林冠线、严整的广场线、挺拔的峭壁线、简洁的屋面线等。

2. 图形美

图形是由各种线条围合而成的平面形,一般分为规则式图形和自然式图形两类。它们是由不同的线条采用不同的围合方式而形成的。规则式图形的特征是稳定、有序,有明显的规律变化,有一定的轴线关系和数比关系,庄严肃穆,秩序井然,见图4-1-3;而不规则图形表达了人们对自然的向往,其特征是自然、流动、不对称、活泼、抽象、柔美和随意,见图4-1-4。

3. 体形美

体形是由多种面形组成的实体,它给人以最深的印象。风景园林中包含着绚丽多姿的体形美要素,表现于山石、水景、建筑、雕塑、植物造型等,人体本身就是线条与体形美的集中表现。不同类型的景物有不同的体形美,同一类型的景物,也具有多种状态的体形美,见图4-1-5。现代雕塑艺术不仅表现出景物体形的一般外在规律,而且还抓住景物的内涵加以发挥变形,出现了以表达感情内涵为特征的抽象艺术,于是抽象建筑、抽象景物也应运而生。

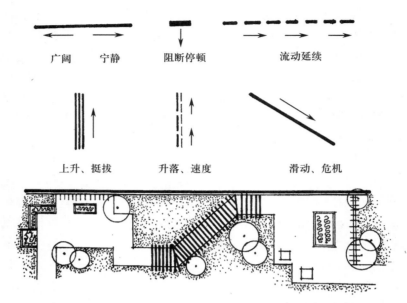

图 4-1-1 用直线组合而成的图形表现出耿直、秩序和理性

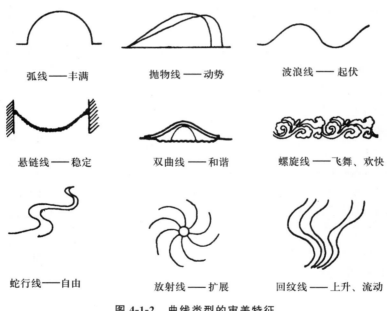

图 4-1-2 曲线类型的审美特征

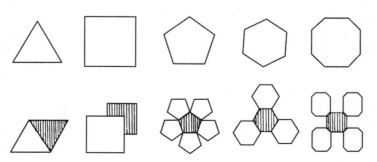

图 4-1-3 规则图形的表现

图 4-1-4　不规则图形的表现

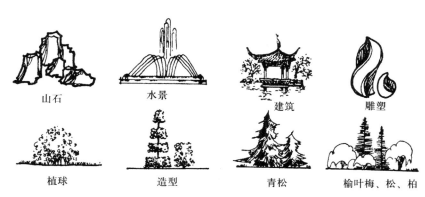

山石　　水景　　建筑　　雕塑

植球　　造型　　青松　　榆叶梅、松、柏

图 4-1-5　园林景物表现的形体美

4. 光影色彩美

色彩是造型艺术的重要表现手段之一,通过光的反射,色彩能引起人们生理和心理感应,从而获得美感。色彩表现的基本要求是对比与和谐。人们在风景园林空间里,面对色彩的冷暖和感情联系,必然产生丰富的联想和精神满足。

5. 朦胧美

朦胧模糊美产生于自然界,如雾中景、雨中花、云间佛光、烟云细柳,它是形式美的一种特殊表现形态,它给游人留有较大的虚幻空间和思维余地,能使人产生虚实相生、扑朔迷离的美感。在风景园林中常常利用烟雨条件或半隐半现的手法给人以朦胧隐约的美感。

【自我检测】

一、判断题

1. 春风花草香说的是自然天象美。　（　）

2. 体形是由多种线形组成的实体,它给人以最深的印象。　　　　　　　　　　（　）

二、填空题

1. 从形式美的外形式方面加以描述,其表现形态主要有_____、_____、_____、_____、_____等五个方面。

2. 自然美包括_____、_____、_____、_____、_____等五个方面。

任务二　园林构图基本原则的运用

【学习导言】

　　园林艺术是多样性、综合性的艺术,但主要是以造型艺术为主,而构图则有组合、联系、布局的意思。园林构图既包括平面构图,也包括立体构图;既包括静态构图,也包括动态构图。

【学习目标】

　　知识目标:了解园林构图的基本特点与要求,掌握园林构图的含义与法则。

　　能力目标:能够运用园林构图的法则,结合实际进行合理构图。

　　素质目标:继承与发扬我国传统园林艺术精华。

【学习内容】

一、园林构图的含义

　　所谓构图即是组合、联系和布局的意思。绘画叫"经营位置",造园叫"园林章法",都含有构图的意思。确切地说,园林构图是指在工程、技术、经济可能的条件下,组合园林物质要素(包括材料、空间、时间),联系周围环境,并使其协调,取得美的绿地形式与内容高度统一的创作技法。

二、园林构图的特点

　　(1)园林构图是一种立体的空间艺术,不是平面的。园林构图是以自然美为特征的空间环境规划设计,绝不是单纯的平面构图和立面构图。因此,园林绿地构图要善于利用山水、地貌、植物、园林建筑物、构筑物,并以室外空间为主,又与室内空间相互渗透的环境创造景观。

　　(2)园林构图是一种综合的造型艺术,是各种美的综合体。园林以自然美为特征,有了自然美,园林绿地才有生命力,因此园林绿地常借助各种造型艺术加强其艺术表现力。

　　(3)园林构图的要素因为时间变化而变化。园林绿地构图的要素如园林植物、山、水等的景观都随时间、季节而变化,春、夏、秋、冬的植物景色各异,山水变化无穷。

　　(4)园林构图受自然条件制约,你喜欢的植物不一定适合于任何一地方。不同地区的自然条件,如日照、气温、湿度、土壤等各不相同,其自然景观也不相同,园林绿地只能因地制宜,随势造景。

三、园林构图的基本要求(指导思想)

1.意在笔先

　　首先要立意,明确绿地的性质、功能,然后再确定其形式与设施。这是由画论移植而来的。

意,可视为意志、意念或意境,它强调在造园之前必不可少的意匠构思,也就是指导思想、造园意图。然而这种意图是根据园林的性质、地位而定的。皇家园林必以皇恩浩荡、至高无上为主要意图;寺观园林当以超脱凡尘、普度众生为宗旨;私家园林有的想耀祖扬宗,有的想拙政清野,有的想升华超脱,而多数为崇尚自然、自得其乐、乐在其中。这就是《园冶》中"兴造论"所谓"三分匠人、七分主人"之说,它体现了设计者的意图起决定作用。

　　意境指情景交融、意念升华的艺术境界,表现了意因境存、境由意活这样一个辩证关系。如陶渊明所代表的田园意境,反映了古代文人雅士追求清淡隐逸生活的向往。以仙山琼阁、一池三山为代表的神话意境,表明了自秦汉以来,历代帝王对仙境超生的愿望。在众多的山水园林中,景区、景点的题名,蕴藏着人们对生活的强烈眷恋和对祖国大地的赤诚爱心。如"食蔗居"位于承德避暑山庄松林沽山谷尽头,寓意蔗到尽头最甘甜、行至谷端景最佳。以景带诗,以诗意造景,是意境创作常用的手法。又如颐和园的"知春亭"就出自苏轼"竹外桃花三两枝,春江水暖鸭先知"一诗。另外以园名点题表现意境者,如"归田园""拙政园""颐和园""寄畅园""沧浪亭"等,我国近现代园林及风景区的景区景点,仍运用优美的题名,创造了瑰丽深奥的意境美,表达了近现代我国人民的审美情趣。

2.进行分区,各区要各得其所

　　景色分区要各有特色、互相提携,又要多样统一,既分隔又联系,避免杂乱无章。写文章要胸有成竹,而造园者必须胸有丘壑,把握总体,合理布局,贯穿始终。只有统筹兼顾,一气呵成,才有可能创造一个完整的风景园林体系,中国的风景造园是移天缩地的过程,而不是造园诸要素的随意堆砌。绘画要有好的经营位置,造园也要有完整的空间布局。苏州沈复在《浮生六记》中说："若夫园亭楼阁，套室回廊，叠石成山，栽花取势，又在大中见小，小中见大，虚中有实，实中有虚，或藏或露，或浅或深，不仅在'周回曲折'四字，又不在地广石多徒烦工费"，这就是统筹布局的意思。只要摆布得当，就可取得大中见小、小中见大的效果。

3. 做到主次分明、层次分明

有主有次，避免喧宾夺主。对山水布局要求"山要环抱，水要萦回""山立宾主，水注往来"，环秀山庄仅约 0.2 hm²，确实山有三面环抱，水有二次萦回。拙政园中部以远香堂为中心，北有雪香云蔚亭立于主山之上，以土为主，既高又广；南有黄石假山作为入口障景，可谓宾山；东有牡丹亭立于山上，以石代土，可为次山；西部香洲之北有黄石叠落，可做配山；可见四面有山皆入画，高低主次确有别。《园冶》中说："约十亩之基，须开池者三，曲折有情，疏源正可；余七分之地，为垒土者四，高卑无论，栽竹相宜。"这是园地山水布局的明显实例。又有"凡园圃立基，定厅堂为主。先乎取景，妙在朝南，倘有乔木数株，仅就中庭一二。筑垣须广，空地多存，任意为持，听从摆布；择成馆舍，余构亭台；格式随宜，栽培得致"。这就明确指出布局要有构图中心，范围要有摆布余地，建筑栽植等格调灵活，但要各得其所。造园者必须从大处着眼摆布，小处着手理微。利用隔景分景划分空间，又用主辅轴线对位关系突出主景，用回游路线组织游览，还用统一风格和意境序列，贯穿全园。这种原则同样适用于现代风景园林的规划工作，只是现代园林的形式和内容都有较大的变化幅度，以适应现代生活的需要。总之，造园者只要胸有丘壑，统观全局，运筹帷幄，贯穿始终，就能创造出"虽由人作，宛自天开"的园林境界。

4. 因地制宜、巧于因借、自然天成

通过相地，可以取得正确的构园选址，然而在一块土地上，要想创造多种景观的协调关系，还要靠因地制宜，随势生机和随机应变的手法，进行合理布局，这是中国造园艺术的又一特点，也是中国画论中经营位置原则之一。画论中有"布局须先相势"，布局要以"取势为主"。《园冶》中也多处提到"景到随机""得景随形"，等原则，不外乎是要根据环境形势的具体情况，因山就势，因高就低，随

机应变，因地制宜地创造园林景观，即所谓"高方欲就亭台，低凹可开池沼，卜筑贵从水面，立基先究源头，疏源之去由，察水之来历"，这样才能达到"景以境出"的效果。有人说，中国园林有法而无式，可意会而不可言传。其实，有法而不拘泥，有式而不定格，才是艺术手法的高超之处，才能随机取势而创造出多方胜景。在现代风景园林的建设中，这种对自然风景资源的保护和顺应意识及创作园林景观的灵活性，仍是实用的。

风景园林既然是一个有限空间，就免不了有其局限性，但是具有酷爱自然传统的中国造园家，从来没有就范于现有空间的局限，用巧妙的"因借"手法，绘有限的园林空间，插上了无限风光的翅膀。"因"者，是就地审势的意思，"借"者，景不限内外，所谓"晴峦耸秀，绀宇凌空，极目所至，俗则屏之，嘉则收之，不分町疃，尽为烟景"，这种因地、因时借景的作法，大大超越了有限的园林空间。像北京颐和园远借玉泉山宝塔，无锡寄畅园仰借龙光塔，苏州拙政园屏借北寺塔，南京玄武湖公园遥借钟山。

古典园林的"无心画""尺幅窗"的内借外，此借彼，山借云海，水借蓝天，东借朝阳，西借余晖，秋借红叶，冬借残雪，镜借背景，墙借疏影，松借坚毅，竹借高节，借声借色，借情借意，借天借地，借远借近，这真是放眼寰宇、博大胸怀的表现。用现代语言说，就是汇集所有的外围环境的风景信息，拿来为我所用，取得事半功倍的艺术效果。

5. 要有诗情画意、寓情于景、情景交融、文景相依

中国园林艺术之所以流传古今中外，经久不衰，一是有符合自然规律的人文景观，二是具有符合人文情意的诗画文学。文因景成、景借文传的说法是有道理的。正是文景相依，才更有生机。同时，也因为古人造园，寓情于景，人们游园又触景生情，到处充满了情景交融的诗情画意，才使中国园林深入人心，流芳百世。

文景相依表现在大量的风景信息之中，体现出中国风景园林的人文景观与自然景观的有机结合。泰山被联合国列为文化与自然遗产，就是最好的例证。泰山的宗教神话、帝王封禅、石雕碑刻和民俗传说，伴随着泰山的高峻雄伟和丰富的自然资源，向世界发出了风景音符的最强音。唐代张继的《枫桥夜泊》一诗，以脍炙人口的诗句，把寒

山寺的钟声深深印在中国和日本人民的心底。每年吸引无数游客,寒山寺才得以名扬海外。

中国园林的诗情画意,还集中表现在它的题名楹联上。北京颐和园表示颐养调和之意;苏州拙政园表明拙者之为政也。表示景区特征的,如避暑山庄康熙题三十六景(四字景名)的有:烟波致爽、万壑松风、南山积雪、梨花伴月、壕濮间想、水流云在等;乾隆题三十六景(三字景名)的有:烟雨楼、文津阁、水心榭、冷香亭、知鱼矶、采菱渡、翠云岩等。杭州西湖更有:苏堤春晓、曲院风荷、平湖秋月、断桥残雪、柳浪闻莺、南屏晚钟等景名。引用诗词而题名的,更富有情趣,如苏州拙政园的"与谁同坐轩",取自苏轼诗"与谁同坐?明月、清风、我"。利用匾额点景的如北海公园中的"积翠""堆云"牌坊,前者集水为湖之意,后者堆山如云之意,取自郑板桥诗"月来满地水,云起一天山"。利用对联点题的更不胜枚举,如泰山普照寺内有"筛月亭",因旁有古松铺盖,取长松筛月之意。亭之四柱各有景联,东为"高筑西椽先得月,不安四壁怕遮山";南为"曲径云深宜种竹,空亭月朗正当楼";西为"收拾岚光归四照,招邀明月得三分";北为"引泉种竹开三径,援释归儒近五贤",对联出自四人之手。这种以景造名,又借名发挥的做法,把园景引入了更深的审美层次。总之,文以景生,景以文传,引诗点景,诗情画意,这是中国园林艺术的另一特点。

6. 构图要考虑经济条件、工程技术力量、生态环境要求

园林构图不仅从需要出发,还要看条件的可能性,经济是否允许,工程技术力量是否能够达到,生物生态要求是否相适应,从实际出发是构图的基本立足点。

四、园林构图的法则

(一)多样与统一

这是形式美的基本法则,其主要意义是要求在艺术形式的多样变化中,要有其内在的和谐与统一关系,要显示形式美的独特性,又具有艺术的整体性。多样不统一,必然杂乱无章;统一而无变化,则呆板单调。多样与统一主要有以下几种形式。

1. 形式与内容的变化与统一

公园中的道路,其规则式多用直路,自然式多

用曲路,由直变曲可以借助于规则式中弧形或折线形道路,使其不知不觉中转入曲径。某些建筑造型与其功能内涵在长期的配合中形成了相应的规律性,尤其是体量不大的风景建筑,更有其外形与内涵的变化与统一,如亭、榭、楼、阁、餐厅、厕所、展示花房等。如用一般亭子和小卖部的造型去建造厕所显然是荒唐的,如果在一个充满中国风格的花园内建立一个西洋风格的小卖部,便会感到形式上失去统一感。

2. 形体的变化与统一

形体可分为单一形体与多种形体,如不同大小的金字塔形组合,不同方向相同坡度的斜面体组合,不同大小的长方体组合,同心圆或椭圆形体育场内各部位关系等,见图4-2-1。形体组合的变化统一可运用两种方法,其一是以主体的主要部分形式去统一各个次要部分,各次要部分服从主体,起到衬托呼应主体的作用;其二,对某一群体空间而言,用整体体形去统一个局部体形或细部线条,以及色彩、动势,见图4-2-2。

图4-2-1 形体的变化与统一

塔形与锥形　　半圆与圆形　　垂枝与柱形

图4-2-2 多种形体的变化与统一

3. 风格流派的变化与统一

风格是因人、因地而逐渐演进形成的,一种风格的形成,除了与气候、国别、民族差异、文化及历史背景有关外,同时还有深深的时代烙印。例如,无论是东方还是西方古代造园,都是基于生活方式和建园材料,由简单逐渐繁杂起来的。如早年西方的修道院园林,只求安静、空气新鲜、适于修道就算可以;东方的帝王、官宦及富贾所建造的园林,

只要能够满足少数人的游乐即可,比起现代园林为多数人服务的要求,古代园林显然是满足不了的。又如,中国以营造法则为准的北派建筑和以营造法源为准则的南式建筑,就各自显示出其地域性的多样和统一,见图4-2-3。

苏州拙政园香洲　　　　北京景山五亭

图 4-2-3　北式与南式古典建筑形式的变化与统一

4.图形线条的变化与统一

指各图形本身总的线条图案与局部线条图案的变化统一。比如在园林中石砌驳岸用直线直角的变化形成多样统一,也可以用自然土坡山石构成曲线变化,求得多样统一,见图4-2-4。

5.动势动态的变化与统一

指园林中风景要素和要素之间有序地进行变化,主要是通过景物的高低、起伏、大小、前后、远近、疏密、开合、轻重、强弱等无规律周期的连续变化,使景物产生波澜起伏、丰富多彩、变化多端、层次丰富、错落有致的艺术效果,见图4-2-5。

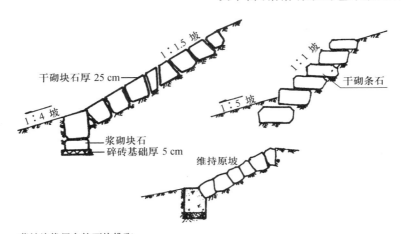

图 4-2-4　图形线条的变化与统一

图 4-2-5　动势动态的变化与统一

6. 材料质地的变化与统一

一座假山、一堵墙面、一组建筑，无论是个体或是群体，它们在选材方面既要有变化，又要保持整体的一致性，这样才能显示景物的本质特征。如湖石与黄石假山用材就不可以混杂；片石墙面和水泥墙面必须有主次比例；一组建筑，木构、石构、砖构必有一主，切不可等量混杂，见图4-2-6。近来多用现代材料结构表现古建筑的做法，如仿木与仿竹的水泥结构，仿大理石的喷涂做法，也可以表现理想的质感统一效果。

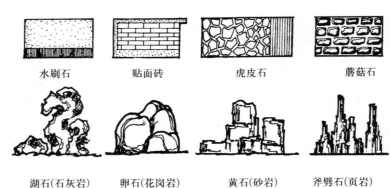

水刷石　　　贴面砖　　　虎皮石　　　蘑菇石

湖石(石灰岩)　卵石(花岗岩)　黄石(砂岩)　斧劈石(页岩)

图 4-2-6　材料质地的变化与统一

7. 线形纹理的变化与统一

岸边假山的竖向石壁与临水的横向步道，虽然线型方向有变化，但与环境规律却是统一的。长廊砖砌柱墩的横向纹理与竖向柱墩方向不一，但与横向长廊是统一协调的，见图4-2-7。

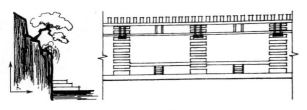

图 4-2-7　线型纹理的变化与统一

8. 尺度比例的变化与统一

地形剖面图中的水平比例应与原地形图一致，垂直比例可以根据地形适当调整。地形起伏不明显，原地形比例过小可将垂直比例扩大5～20倍，也就是纵向扩大比例；地形起伏变化较明显，应该选择较小的垂直比例，当水平和垂直比例不相同时，应该分别标明这两种比例尺，这就体现了尺度比例的变化与统一。

9. 局部与整体的变化与统一

在同一园林中，景区景点各具特色，但就全园总体而言，其风格造型、色彩变化均应保持与全园整体基本协调，在变化中求完整，如北京游乐园全园建筑五花八门，但其风格色彩均带有浓厚的童话神奇气氛，总之，寓变化于整体之中，求形式与内容的统一，局部与整体在变化中求协调，这是现代艺术对立统一规律在人类审美活动中的具体表现。

(二)对比与协调

1. 对比

对比是比较心理的产物，对风景或艺术品之间存在的差异和矛盾加以组合利用，取得相互比较、相辅相成的呼应关系。

在园林造景艺术中，往往通过形式和内容的对比关系而更加突出主体，更能表现景物的本质特征，产生强烈的艺术感染力。风景园林造景运用对比有形体、线形、空间、数量、动静、主次、色彩、光影虚实、质地、意境等对比手法，见图4-2-8。

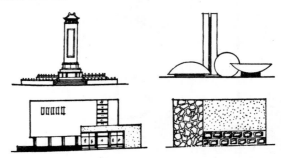

图 4-2-8　线型、形体、虚实、质地对比

2.协调

协调是指各景物之间形成了矛盾的统一体，也就是在事物的差异中强调了统一的一面，使人们在柔和宁静的氛围中获得审美享受。园林景象要在对比中求协调，在协调中有对比，使景观丰富多彩，生动活泼，又风格协调，突出主题。

如何创造协调呢？基本上是从相似与近似两个途径上取得。

（1）相似协调法　指形状基本相同的几何形体、建筑体、花坛、树木等，其大小及排列不同而产生的协调感，如圆形广场座凳也是弧形，见图4-2-9。

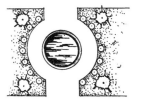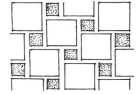

图4-2-9　相似协调法

（2）近似协调法　也称微差协调，是指相互近似的景物重复出现和相互配合产生协调感，如长方形花坛的连续排列，中国博古架的组合，建筑外形轮廓的微差变化等，见图4-2-10。这个差别无法量化表示，而是体现在人们感觉程度上。近似来源于相似，但又并非相似，设计师巧妙地将相似与近似搭配起来使用，从相似中求统一，从近似中求变化。

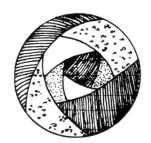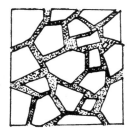

图4-2-10　近似协调法

3.两者的关系

对比与协调只存在于统一性质的差异之间，要有共同的因素，如体量大小，空间的开敞与封闭，线条的曲直，色调的冷暖、明暗，材料质感的粗糙与细腻等，而不同性质的差异之间不存在协调对比，如体量大小与色调冷暖就不能比较。

（三）对称与均衡

1.对称

对称是以一条线为中轴，形成左右或上下在量上的均等。它是人类在长期的社会实践活动中，通过学习对自身，对周围环境观察而获得的规律，体现着事物自身结构的一种符合规律的存在方式。

2.均衡

均衡是对称的一种延伸，是事物的两部分在形体布局上不相等，但双方在量上却大致相当，是一种不等形但等量的特殊的对称形式。

3.两者之间的关系

也就是说，对称是均衡的，但均衡不一定对称，因此，就分出了对称均衡和不对称均衡。

（1）对称均衡　又称静态均衡，就是景物以某轴线为中心，在相对静止的条件下，取得左右或上下对称的形式，在心理学上表现为稳定、庄重和理性。对称均衡在规则式园林常被采用，见图4-2-11。如纪念性园林，公共建筑前的绿化，古典园林前成对的石狮、槐树，路两边的行道树、花坛、雕塑等。

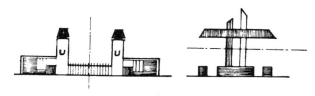

图4-2-11　对称均衡

（2）不对称均衡　又称动态均衡、动势均衡，不对称均衡创作技法一般有构图中心法、杠杆均衡法、惯性心理法。

构图中心法　在群体景物之中，有意识地将一个视线作为构图中心，而使其他部分均与其取得相应的关系，从而在总体上取得均衡感，见图4-2-12。

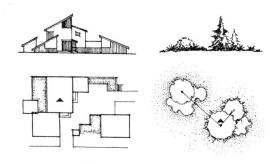

图4-2-12　构图中心法

杠杆均衡法 又称平衡法,根据杠杆力矩的原理,使不同体量和重量感的景物置于相对应的位置而取得的平衡感,见图4-2-13。

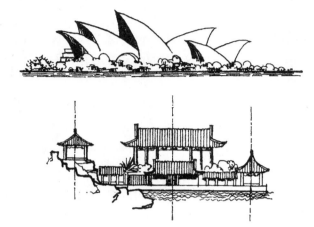

图4-2-13 杠杆原理法

惯性心理法 又称运动平衡法,人们在劳动实践中形成了习惯性重心感,若重心产生偏移,则必然出现动势倾向,以求新的均衡。人体活动一般在立体三角形中取得平衡,根据这些规律,我们在园林造景中就可以广泛地运用三角形构图法,见图4-2-14。

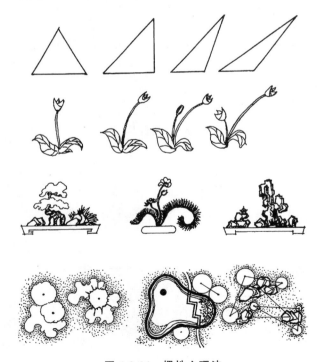

图4-2-14 惯性心理法

此外,造园艺术非常强调时间和运动这两方面因素。这就是说,人对于园林景观的观赏不是固定于某一个点上,而是在连续运动的过程中来观赏的。从这种观点出发,必然认为园林景观的对称或均衡是不够的,还必须从各个角度来考虑动态景观的均衡问题,从连续行进的过程中来把握园林景观的动态的平衡变化,这就是格罗毕斯所强调的"生动有韵律的均衡形式"。

(四)比例与尺度

1.比例

体现的是事物的整体之间、整体与局部之间、局部与局部之间的一种关系。这种关系使人得到美感,就是合乎比例了。比例是相对的,它具有满足理智和眼睛要求的特征。比例源于数学,世界公认的最佳数比关系是古希腊毕达哥拉斯学派创立的"黄金分割"理论。

功能决定比例,在园林中到处都存在比例关系,如功能分区、植物种植、景物与地形处理等。

2.尺度

涉及具体尺寸。园林中构图的尺度是景物、建筑物整体和局部构件与人或人所见的某些特定标准的尺度感觉。

在园林造景中,运用尺度规律进行设计的方法有如下。

(1)单位尺度引进法 即引用某些为人们所熟悉的景物作为尺度标准来确定群体景物的相互关系,从而得出合乎尺度规律的园林景观,见图4-2-15。

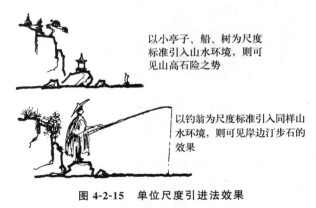

以小亭子、船、树为尺度标准引入山水环境,则可见山高石险之势

以钓翁为尺度标准引入同样山水环境,则可见岸边汀步石的效果

图4-2-15 单位尺度引进法效果

（2）人的习惯尺度法 习惯尺度仍是以人体各部分尺寸及其活动习惯规律为准，来确定风景空间及各景物的具体尺度，如以一般民居环境作为常规活动尺度，那么大型工厂、机关建筑环境就应该用较大的尺度处理，这可称为以功能而变的自然尺度。而作为教堂、纪念碑、凯旋门、皇宫大殿、大型溶洞等，就是夸大了的超人尺度。它们往往使人产生自身的渺小感和建筑物景观的超然、神圣、庄严之感。此外为人的私密性活动而使自然尺度缩小，如建筑中的小卧室，大剧院中的包厢，大草坪边的小绿化空间等，使人有安全、宁静和隐蔽感，这就是亲密空间尺度，见图 4-2-16。

（3）景物与空间尺度法 一件雕塑在展览室内显得气魄非凡，一到大草坪广场中则动感逊色、尺度不佳。一座假山在大水面边奇美无比，放到小庭院里，则必然感到尺度过大、拥挤不堪，这都是因为环境因素的相对尺度关系在起作用，也就是景物与环境尺度的协调与统一关系，见图 4-2-17。

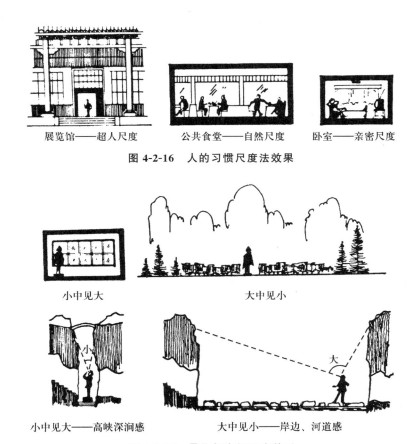

图 4-2-16 人的习惯尺度法效果

展览馆——超人尺度　公共食堂——自然尺度　卧室——亲密尺度

小中见大　大中见小

小中见大——高峡深涧感　大中见小——岸边、河道感

图 4-2-17 景物与空间尺度关系

（4）模度尺设计法 运用好的数比系列和被认为是最美的图形，如圆形、正方形、矩形、三角形、正方形内接三角形等作为基本模度，进行多种划分、拼接、组合、展开和缩小等，从而在立面、平面和主体空间中，取得具有模度倍数关系的空间，如房屋、庭院、花坛等，这不仅能够得到好的比例尺度效果，而且也给建造施工带来方便，一般模度尺的应用采取加法和减法设计，见图 4-2-18。

3. 比例与尺度受多种因素和变化的影响

典型的例子如苏州古典园林，多是明清时期的私家宅园，各部分造景都是效法自然山水，把自然山水提炼后缩小到园林中。建筑道路曲折有致，大小适合，主从分明，相辅相成，无论在全局上还是局部上，它们相互之间以及与环境之间的比例尺度都是很相称的。就当时的少数人起居来说，其尺度是合适的，但是现在随着旅游事业的发展，国内外游客大量增加，假山显得低而小，游廊

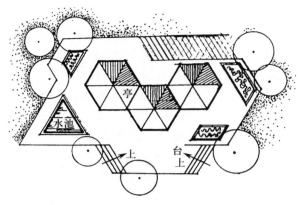

图 4-2-18　以三角形为模度进行的设计

显得矮而窄,其尺度就不符合现代游赏的需要。所以不同的功能要求不同的空间尺度,不同的功能也要求不同的比例。

(五)节奏与韵律

1. 节奏

产生于人本身的生理活动,如心跳、呼吸、步行等。在建筑和风景园林中,节奏就是景物简单的反复连续出现,通过时间的运动而产生美感,如灯杆、花坛、行道树等。

2. 韵律

韵律是节奏的深化,是有规律但又自由地起伏变化,从而产生富于感情色彩的律动感,使得风景、音乐、诗歌等产生更深的情趣和抒情意味。

3. 两者之间的关系

由于节奏与韵律有着内在的共同性,故可以用节奏韵律表示它们的综合意义。

4. 节奏与韵律的类型

(1)简单的节奏与韵律　即有同种因素等距反复出现的连续构图的韵律特征。如栏杆、花坛、一种植物的行道树、等高等距的长廊、等高等宽的登山台阶、爬山墙等,见图4-2-19。

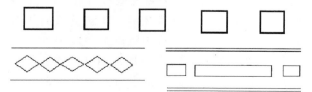

图 4-2-19　简单的节奏与韵律

(2)交替的节奏与韵律　即有两种以上因素交替等距反复出现的连续构图的韵律特征。如柳树与桃树的交替栽种、两种不同花坛的等距交替排列、两种植物的行道树,见图4-2-20。

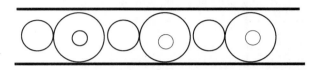

图 4-2-20　交替的节奏与韵律

(3)渐变的节奏与韵律　指园林布局连续出现重复的组成部分,在某一方面作有规律的逐渐加大或变小,逐渐加宽或变窄,逐渐加长或缩短的韵律特征,见图4-2-21。如体积大小、色彩浓淡、质地粗细的逐渐变化,例如颐和园十七孔桥。

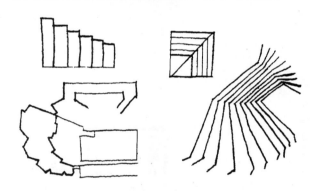

图 4-2-21　渐变的节奏与韵律

(4)交错的节奏与韵律　两组以上的要素按一定规律相互交错变化,常见的有芦席的编织纹理和中国的木棂花窗格、传统的铺装,见图4-2-22。

图 4-2-22　交错的节奏与韵律

(5)旋转的节奏与韵律　某种要素或线条,按照螺旋状方式反复连续进行,或向上、或向左右发展,从而得到旋转感很强的韵律特征,见图4-2-23。在图案、花纹或雕塑设计中常见,如雕塑。

(6)自由的节奏与韵律　类似云彩、溪水流动

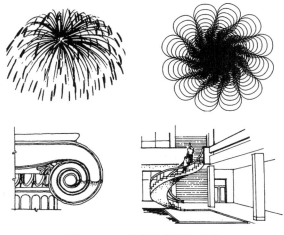

图 4-2-23　旋转的节奏与韵律

的表示方法,指某些要素或线条以自然流畅的方式,不规则地但却有一定规律地婉转流动,反复延续,出现自然柔美的韵律感,见图 4-2-24。

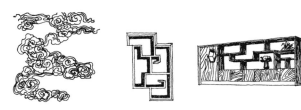

图 4-2-24　自由的节奏与韵律

(7)拟态的节奏与韵律　既有相同因素又有不同因素反复出现的连续构图。如花坛外形相同但花坛内种的花草种类、布置又各不相同。相同元素重复出现又有细微差别,如漏窗,见图 4-2-25。

图 4-2-25　拟态的节奏与韵律

(8)起伏曲折的节奏与韵律　有较大差别和对立,如高低、大小、前后、远近、开合、浓淡、明暗、冷暖等,见图 4-2-26。

(六)主与次

一个综合性风景空间里,必须有主有次。以次

图 4-2-26　起伏曲折的节奏与韵律

辅主的创作方法,达到既丰富多彩,又多样统一的完美效果。园林景观的主景与次要景观总是相比较而存在,又相互协调而变化,见图 4-2-27。

图 4-2-27　主与次

【自我检测】

一、判断题

1. 园林构图与时间没有关系。　　　(　　)
2. 对称均衡就是静态均衡。　　　(　　)

二、选择题

1. 关于对称与均衡的描述正确的有(　　)。
   A. 对称是以一条线为中轴,形成左右、前后或上下在量上的均等
   B. 均衡是对称的一种延伸,是事物的两个部分在量上大致相当
   C. 对称是均衡的,但均衡不一定对称
   D. 不对称均衡又叫静态均衡

2. 下列关于对比的描述正确的有(　　)。
   A. 以短衬长,长者更长;以低衬高,高者

更高;以大衬小,小者更小

B. 大中见小,小中见大

C. 垂直与水平的对比属于空间的对比

D. 山与水的对比属于虚实的对比

任务三　园林形式与特征的辨识

【学习导言】

　　园林布局形式的产生和形成,是与世界各国家、各民族的文化传统、地理条件等综合因素的作用分不开的。英国造园家杰克在 1954 年召开的国际风景园林家联合会第四次大会上致辞说:世界造园史三大流派,中国、西亚和古希腊。上述三大流派归纳起来,可以把园林的形式分为三类,这就是规则式、自然式和混合式。

【学习目标】

　　知识目标:掌握园林的形式与特点、明确园林形式确定的依据。

　　能力目标:能够根据所见判断出园林绿地的形式,并能阐述其特点。

　　素质目标:能够悟出不同形式的园林所表达出的内涵寓意,增强爱国思想情感。

【学习内容】

一、园林的形式

(一)规则式园林

　　规则式园林,又称整形式、几何式、建筑式园林。整个平面布局、立体造成型以及建筑、广场、道路、水面、花草树木等都要要求严格对称。在中世纪英国风景园林产生之前,西方园林主要以规则式为主,其中以文艺复兴时期意大利台地园和 19 世纪法国勒诺特平面几何图案式园林为代表。我国的北京天坛、南京中山陵都采用规则式布局。规则式园林给人以庄严、雄伟、整齐之感,一般用于气氛较严肃的纪念性园林或有对称轴的建筑庭园中,见图 4-3-1。

1. 中轴线

　　全园在平面规划上有明显的中轴线,并大抵以中轴线的左右、前后对称或拟对称布置,园地的划分大都成为几何形体。

2. 地形

　　在开阔、较平坦地段,由不同高程的水平面及缓倾斜的平面组成;在山地及丘陵地带,由阶梯式的大小不同的水平台地倾斜平面及石级组成,其

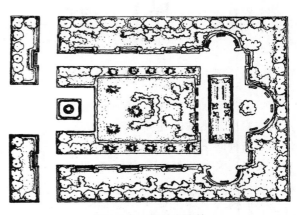

图 4-3-1　规则式园林

剖面均为直线所组成。

3. 水体

　　其外形轮廓均为几何形,主要是圆形和长方形,水体的驳岸多整形、垂直,有时加以雕塑;水景的类型有整形水池、整形瀑布、喷泉及水渠运河等。古代神话雕塑与喷泉构成水景的主要内容。

4. 广场和道路

　　广场多为规则对称的几何形,主轴和副轴线上的广场形成主次分明的系统,道路均为直线形、折线形或几何曲线形。广场与道路构成方格形、环状放射形、中轴对称或不对称的几何布局。

5．建筑

主体建筑群和单体建筑多采用中轴对称均衡设计，多以主体建筑群和次要建筑群形成与广场、道路相组合的主轴、副轴系统，形成控制全园的总格局。

6．种植设计

配合中轴对称的总格局，全园树林配置以等距离行列式、对称式为主，树木修剪整形多模拟建筑形体、动物造型，绿篱、绿墙、绿柱为规则式园林较突出的特点。园内常运用绿篱、绿墙和丛林划分和组织空间，花卉布置常为以图案为主要内容的花坛和花带，有时布置成大规模的花坛群。

7．园林小品

园林雕塑、园灯、栏杆等装饰点缀园景。西方园林的雕塑主要以人物雕像布置于室外，并且雕像多配置于轴线的起点、焦点或终点。雕塑常与喷泉、水池构成水体的主景。规则式园林的设计手法，从另一角度探索，园林轴线被视为是主体建筑室内中轴线向室外的延伸。一般情况下，主体建筑主轴线和室外轴线是一致的。

（二）自然式园林

自然式园林，又称风景式、不规则式、山水式园林。中国园林从周朝开始，经历代的发展，不论是皇家宫苑还是私家宅园，都是以自然山水园林规划设计为源流，发展到清代保留至今的皇家园林，如北京颐和园、承德避暑山庄、私家宅园如苏州的拙政园、网师园等都是自然山水园林的代表作品。自然式园林从6世纪传入日本，18世纪后传入英国。自然式园林以模仿再现自然为主，不追求对称的平面布局，立体造型及园林要素布置均较自然和自由，相互关系较隐蔽含蓄。这种形式较能适合于有山、有水、有地形起伏的环境，以含蓄、幽雅的意境深远而见长，见图4-3-2。

（1）地形　自然式园林的创作讲究"相地合宜，构园得体"。主要处理地形的手法是"高方欲就亭台，低处可开池沼"的"得景随形"。自然式园林规划设计最主要的地形特征是"自成天然之趣"，所以，在园林中，要求再现自然界的山峰、山巅、崖、岗、岭、峡、岬、谷、坞、坪、穴等地貌景观。在平原，要求自然起伏、和缓的微地形。地形的剖

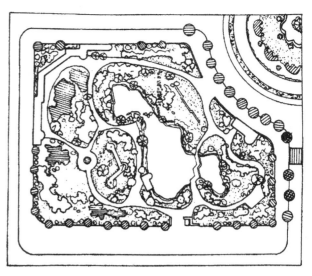

图4-3-2　自然式园林

面线为自然曲线。

（2）水体　这种园林的水体讲究"疏源之去由，察水之来历"，园林规划设计水景的主要类型有湖、池、潭、沼、汀、溪、涧、洲、渚、港、湾、瀑布、跌水等。总之，水体要再现自然界水景。水体的轮廓为自然曲折，水岸为自然曲线的倾斜坡度，驳岸主要用自然山石驳岸、石矶等形式。在建筑附近或根据造景需要也部分用条石砌成直线或折线驳岸。

（3）广场与道路　除建筑前广场为规则式外，园林中的空旷地和广场的外形轮廓为自然式布置。道路的走向和布置多随地形。道路的平面和剖面多为自然起伏曲折的平面线和竖曲线组成。

（4）建筑　单体建筑多为对称或不对称的均衡布局；建筑群或大规模的建筑组群，多采用不对称均衡的布局。全园不以轴线控制，但局部仍有轴线处理。中国自然式园林中的建筑类型有亭、廊、榭、舫、楼、阁、轩、馆、台、塔、厅、堂、桥等。

（5）种植设计　自然式园林中植物种植要求反映自然界的植物群落之美，不成行成列栽植。树木一般不修剪，配植以孤植、丛植、群植、林植为主要形式。花卉的布置以花丛、花群为主要形式。庭院内也有花台的应用。

（6）园林小品　园林小品有假山、石品、盆景、石刻、砖雕、石雕、木刻等形式。其中雕像的

基座多为自然式,小品的位置多配置于透视线集中的焦点。

(三)混合式园林

所谓混合式园林,主要指规则式、自然式交错组合,全园没有或形不成控制全园的主轴线和副轴线,只有局部景区、建筑以中轴对称布局,或全园没有明显的自然山水骨架,形不成自然格局。一般情况,多结合地形,在原地形平坦处,根据总体规划需要安排规则式的布局。在原地形条件较复杂,具备起伏不平的地带,结合地形规划成自然式。类似上述两种不同形式规划的组合就是混合式园林,见图4-3-3。

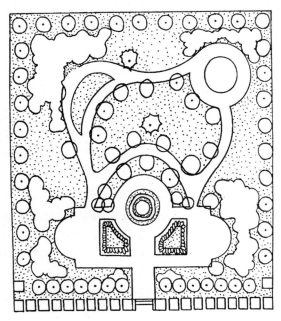

图4-3-3　混合式园林

从整体布局来看,一般有两种情形:一是将一个园林分成两大部分,即一部分为自然式布局,而另一部分为规则式布局;二是将一个园林分成若干区,某些区域采用自然式布局,而另一些区域采用规则式布局。它们都是在自然式和规则式的基础上发展出来的,可以看作是布局格式按照统一和变化的规律灵活运用的结果。在混合式园林中常常把园林构成要素中某些要素表现为自然式,另一些要素表现为规则式,例如园林道路布局中,主园路为规则式布置,穿插小道为自然式;植物布置中,外围种植采用规则式的行列式栽植,内部采用丛植等自然栽植;建筑布局中,主体建筑采用规

则式布置,小建筑和单体建筑采用自然式布置。这种形式的混合式园林,不受用地面积限制,可大可小,比较自由,较多运用于小型园林设计中。将一个园林分为若干区,再分别采用自然式和规则式区域组成的园林,是一种广义的混合式园林,它的不同区域中明显的体现出自然式和规则式的特点,使整个园林体现为混合式。这种园林空间的形式,应用中应注意不同特点区域之间的过渡与联系,使整个环境融为一体,避免突然变化。在设计中可以通过设置过渡空间或某些园林要素、园林景点的呼应关系来产生过渡与联系。

二、园林形式确定的依据

(一)根据园林的性质

不同性质的园林,必然有相对应的不同的园林形式,力求园林的形式反映园林的特性。纪念性园林、植物园、动物园、儿童公园等,由于各自的性质不同,决定了各自与其性质相对应的园林形式,如以纪念历史上某一重大历史事件中英勇牺牲的革命英雄、革命烈士为主题的烈士陵园,较有名的有中国广州起义烈士陵园、南京雨花台烈士陵园、长沙烈士陵园、德国柏林的苏军烈士陵园、意大利的都灵战争牺牲者纪念碑园等,都是纪念性园林。这类园林的性质,主要是缅怀先烈革命功绩,激励后人发扬革命传统,起到爱国主义、国际主义思想教育的作用。这类园林布局形式多采用中轴对称、规则严整和逐步升高的地形处理,从而创造出雄伟崇高、庄严肃穆的气氛。而动物园主要属于生物科学的展示范畴,要求公园给游人以知识和美感,所以,从规划形式上,要求自然、活泼,创造寓教于游的环境。儿童公园更要求形式新颖、活泼,色彩鲜艳、明朗,公园的景色、设施与儿童的天真、活泼性格协调。园林的形式服从于园林的内容,体现园林的特性,表达园林的主题。

(二)根据不同文化传统

由于各民族、国家之间的文化、艺术传统的差异,决定了园林形式的不同。由于中国传统文化的沿袭,形成了自然山水园的自然式规划形式。而同样是多山国家的意大利,由于意大利的传统文化和本民族固有的艺术水准和造园风格,即使是自然山地条件,意大利的园林却采用规则布置。

（三）根据不同的意识形态

西方流传着许多希腊神话,神话把人神化,描写的神实际上是人。结合西方雕塑艺术,在园林中把许多神像规划在园林空间中,而且多数放置在轴线上,或轴线的交叉中心。中国传统的道教传说描写的神仙则往往住在名山大川中,所有的神像在园林中应用一般供奉在殿堂之内,而不展示在园林空间中,几乎没有裸体神像。上述事实都说明不同的意识形态决定不同的园林表现形式。

（四）根据不同的环境条件

由于地形、水体、土壤气候的变化,环境的差异,公园规划实施中很难做到绝对规则式和绝对自然式。往往对建筑群附近及要求较高的园林种植类型采用规则式进行布置,而在远离建筑群的地区,自然式布置则较为经济和美观,如北京中山公园。在规划中,如果原有地形较为平坦,自然树少,面积小,周围环境规则,则以规则式为主。如果在原有地形起伏不平或水面和自然树林较多

处,面积较大,则以自然式为主。林荫道、建筑广场、街心公园等多以规则式为主。大型居住区、工厂、体育馆、大型建筑物四周绿地则以混合式为宜。森林公园、自然保护区、植物园等多以自然式为主。

【自我检测】

一、填空题

1. 园林根据布局形式可分为_____、_____、_____三大类。

2. 园林形式的确定主要依据有_____、_____、_____。

二、判断题

1. 规则式园林的水体外形轮廓均为几何形。
（　　）

2. 自然式园林中植物种植要求反映自然界的植物群落之美,可以成行成列栽植。
（　　）

任务四　园林空间布局

【学习导言】

园林空间就是指由地面、顶面及垂直面单独或共同组合,围成具有实在的或感觉上的范围,园林风景其实就是指园林空间界面(风景界面)或园林空间整体。园林设计就是要利用各种园林素材的有机组合,配合日月风雨等自然现象,来创造变化多样的园林空间。如何把空间创造出一个既完整又开放的优秀园林景观,这是设计者在设计中必须注意的问题。

【学习目标】

知识目标:理解园林布局的原则、掌握园林布局的含义与方法。

能力目标:能够运用园林静态、动态色彩布局的方法,针对不同环境进行合理布局,创造特色景观。

素质目标:通过学习园林空间布局的基本理论,能够结合自身思想情感与中国文化传统,做一名心胸开阔、注重细节的高素质人才。

【学习内容】

一、园林布局的含义

园林是由一个个、一组组不同的景观组成的,这些景观不是以独立的形式出现的,是由设计者把各景物按照一定的要求有机地组织起来的。在园林中把这些景物按照一定的艺术规则有机地组织起来,创造一个和谐完美的整体,这个过程称为园林布局。

二、园林布局的原则

(一)园林布局的综合性与统一性

1. 园林的功能决定其布局的综合性

园林的形式是由园林的内容决定的,园林的功能是为人们创造一个优美的休息娱乐场所,同时在改善生态环境上起重要的作用,但如果只从这一方面考虑其布局的方法,不从经济与艺术方面的条件考虑,这种功能也是不能实现的。园林设计必须以经济条件为基础,以园林艺术、园林美学原理为依据,以园林的使用功能为目的。只考虑功能,没有经济条件作保证,再好的设计也是无法实现的。同样在设计中只考虑经济条件,脱离其实用功能,这种园林也不会为人们所接受。因此,经济、艺术和功能这三方面的条件必须综合考虑,只有把园林的环境保护,文化娱乐等功能与园林的经济要求及艺术要求作为一个整体加以综合解决,才能实现创造者的最终目标。

2. 园林构成要素的布局具有统一性

园林构图的素材主要包括地形、地貌、水体和动植物等自然景观及其建筑、构筑物和广场等人文景观。这些要素中植物是园林中的主体,地形、地貌是植物生长的载体,这二者在园林中以自然形式存在。不经过人为干预的自然要素往往是最原始的产物,其艺术性往往达不到人们所期望的效果,建筑在园林中是人们根据其使用的功能要求出发而创造的人文景观,这些景物必须与天然的山水、植物有机地结合起来并融合于自然才能实现其功能要求。

以上的要素在布局中必须统一考虑,不能分割开来,地形、地貌经过利用和改造可以丰富园林的景观,而建筑、道路是实现园林功能的重要组成部分,植物将生命赋予自然,将绿色赋予大地,没有植物就不能成为园林,没有丰富的、富于变化的地形、地貌和水体就不会满足园林的艺术要求。好的园林布局是将这三者统一起来,既有分工又要结合。

3. 起开结合、多样统一

在我国的传统园林布局中使用"起开结合"四个字来实现这种多样统一。什么是"起开结合"呢?清朝的沈宗骞在《芥舟学画编》中指出:布局"全在于势,势者,往来顺逆之间而已。往来顺逆之间则开合之所。生发处是开,一面生发,即思一面收拾,则处处有结构而无散漫之弊。收拾处是合,一面收拾一面又思生发,则时时留有余意而有不尽之神……如遇绵衍抱拽之处,不应一味平塌,宜思另起波澜。盖本处不好收拾,当从他处开来,庶棉平塌矣,或以山石,或以林木,或以烟云,或以屋宇,相其宜而用之,必于理于势两无妨而后可得。总之,行笔布局,一刻不得离开合。"这里就要求我们在布局时必须考虑曲折变化无穷,一开一合之中,一面展开景物,一面又考虑如何收合。

(二)因地制宜,巧于因借

园林布局除了从内容出发外,还要结合当地的自然条件。我国明代著名的造园家计成在《园冶》中提出"园林巧于因借"的观点,"因"就是因势,"借者,园虽别内外,得景则无拘远近","园地惟山林最胜,有高有凹,有曲有深,有峻而悬,有平而坦,自成天然之趣,不烦人事之工,入奥疏源,就低蓄水,高方欲就亭台,低凹可开池沼"。这种观点实际就是充分利用当地自然条件,因地制宜的最好典范。

1. 地形、地貌和水体

在园林中,地形、地貌和水体占有很大比例。地形可以分为平地、丘陵地、山地、凹地等。在建园时,应该最大限度地利用自然条件,对低凹地区,应以布局水景为主,而丘陵地区,布局应以山景为主,要结合其地形、地貌的特点来决定,不能只从设计者的想象来决定。

在工程建筑设施方面应就地取材,同时考虑经济技术方面的条件。在选材上以就地取材为主,例如假山置石,在园林中的确具有较高的景观效果,但不能一味地追求其效果而不管经济条件是否允许,否则必然造成很大的经济损失。宋徽宗造万寿山就是一例:据史料记载,"公元1106年,宋徽宗为建万寿山,于太湖取石,高广数丈,载以大舟,挽以千夫,凿河断桥,毁堰折墙,数月乃至",最终造成人力、物力和财力的巨大浪费。

2. 植物及气候条件

中国园林的布局受气候条件影响很大。我国南方气候炎热,在树种选择上应以遮阳目的为主,而北方地区,夏季炎热,需要遮阴,冬季寒冷,需要阳光,在树种选择上就应考虑以落叶树种为主。

在植物选择上还必须结合当地气候条件，以乡土树种为主。如果只从景观上考虑，大量种植引进的树种，不管其是否能适应当地的气候条件，其结果必是以失败而告终。

另外，植物对立地条件的适应性必须考虑，特别是植物的阳性和阴性，抗干旱性与耐水湿性等，如果把喜水湿的树种种在山坡上，或把阳性树种种在庇荫环境内，树木就不会正常生长，不能正常生长也就达不到预期的目的，园林布局的艺术效果必须建立在适地适树的基础之上。

园林布局还应注意对原有树木和植被的利用。一般在准备建造园林绿地的地界内，常存一些树木和植被，这些树木或植被在布局时，要根据其可利用程度和观赏价值，最大限度地组织到构图中去。正如《园冶》中所讲的那样："多年树木，碍筑檐垣，让一步可以立基，砍数丫不妨封顶，斯谓雕栋飞楹构易，荫槐挺立难成。"其中心思想就是要对原有植被充分利用，关于这一点，在我国现代园林建设中得到了肯定，例如北京朝阳公园中有很多大树为原居住区内搬迁后保留下来的，此公园于1999年建成，这些大树，在改善环境方面起到了很好的效果，它们多数以"孤赏树"的形式存在，如果全部伐去重新栽植新的树木，不但浪费人力、物力、财力，而且也不能很快达到理想的效果。

除此之外，在植物的布局中，还必须考虑植物的生长速度。一般新建的园林，由于种植的树木在短期内不可能起到理想的作用，所以在布局中应首先选择速生树种为主，慢生树种为辅。在短期内，速生树种可以很快形成园林风景效果，在远期规划上又必须合理安排一些慢生树种。关于这一点在居住区绿地规划中已有前车之鉴，一般居住区在建成后，要求很快实现绿化效果，在植物配植上，大面积种植草坪。

（三）主题鲜明、主景突出

任何园林都有固定的主题，主题是通过内容展现的。如植物园它的主题是研究植物的生长发育规律，在布局中必须围绕这个主题进行。

园林是由许多景区组成的，各个景区有主次之分，主景必须突出，其他景观服从于主景，起到烘云托月的作用。

（四）园林布局在时间与空间的规定性

园林布局在时间上的规定性：一是指园林的内容在不同的时间内是有变化的，如在植物的选择上，春天体现绿草鲜花、夏季体现绿树浓荫、秋季体现叶色和硕果、冬季体现人对阳光的需求；二是植物随着时间的推移而发生变化，直至衰老死亡，在形态、色彩上也发生变化。因此必须了解植物的特性，而让园林日新月异。

园林布局在空间上的规定性：主要体现在园林必须有一定的面积指标，也就是一定的地域范围，才能发挥其作用。与周边的环境也存在着一定的关系，对园林的功能产生重大的影响，如颐和园的风景效果就受到西山、玉泉山的影响。

三、园林空间布局

（一）静态空间布局

1. 园林静态空间布局的含义

园林布局是在园林艺术理论指导下对所有空间进行巧妙、合理、协调、系统安排的艺术，目的在于构成一个既完整又开放的美好境界。常从静态、动态两方面进行空间布局。

园林静态空间布局是指相对固定空间范围内的内外审美感受。

2. 园林静态空间布局的类型

（1）按照活动内容分　生活居住空间、游览观光空间、安静休息空间、体育活动空间等。

（2）按照地域特征分　山岳空间、台地空间、谷地空间、平地空间等。

（3）按照开朗程度分　开朗空间、半开朗空间和闭锁空间等。

（4）按照构成要素分　绿色空间、建筑空间、山石空间、水域空间等。

（5）按照空间的大小分　超人空间、自然空间和亲密空间。

（6）还有依其形式分　规则空间、半规则空间和自然空间。

（7）根据空间的多少分　单一空间和复合空间等。

3. 静态空间的视觉规律

上述各种空间，多半是由人的视觉、触觉或习惯感觉而产生的。经过科学分析,利用人的视觉规律,可以创造出预想的艺术效果。

(1)最宜视距　正常人的清晰视距为25~30 m,明确看到景物细部的视野为30~50 m,能识别景物类型的视距为250~270 m,能辨认景物轮廓的视距为500 m。能明确发现物体的视距为1 200~2 000 m,但这已经没有最佳的观赏效果。至于远观山峦、俯瞰大地、仰望太空等,则是畅想与联想的综合感受了。利用人的视距规律进行造景和借景,将取得事半功倍的效果。

(2)最佳视域　人的正常静观视场、垂直视角为130°,水平视角为160°,但按照人的视网膜鉴别率,最佳垂直视角小于30°,水平视角小于45°,即人们静观景物的最佳视距为景物高度的2倍,宽度的1.2倍。以此定位设景,则景观效果最佳。但是,即使在静态空间内,也要允许游人在不同部位赏景。建筑师认为,对景物观赏的最佳视点有三个位置,即垂直视角为18°(景物高的3倍距离)、27°(景物高的2倍距离)、45°(景物高的1倍距离)。如果是纪念雕塑,则可以在上述三个视点距离位置为游人创造较开阔平坦的休息场地,见图4-4-1。

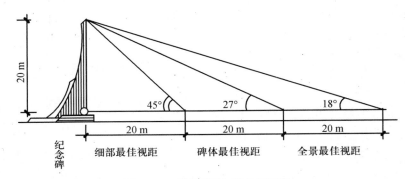

图4-4-1　最佳视距、视角示意图

4. 不同视角的风景效果

(1)仰视风景　一般认为视景仰角分别为大于45°、60°、80°、90°时,由于视线的消失程度可以产生高大感、宏伟感、崇高感和威严感。若>90°,则产生下压的危机感。这种视景法又叫"虫视法"。在中国皇家宫苑和宗教园林中常用此法突出皇权神威,或在山水园中创造群峰万壑、小中见大的意境。如北京颐和园中的中心建筑群,在山下德辉殿后看佛香阁,则仰角为62°,产生宏伟感,同时,也产生自我渺小感。

(2)俯视风景　居高临下,俯瞰大地,为人们的一大游兴。园林中也常利用地形或人工造景,创造制高点以供人俯视。绘画中称之为"鸟瞰"。俯视也有远视、中视和近视的不同效果。一般俯视角<45°、<30°时,则分别产生深远、深渊、凌空感。当<10°时,则产生欲坠危机感。登泰山而一览众山小,居天都而有升仙神游之感,也产生人定胜天之感。

(3)平视风景　以视平线为中心的30°夹角视场,可向远方平视。利用或创造平视观景的机会,将给人以广阔宁静的感受,坦荡开朗的胸怀。因此园林中常要创造宽阔的水面、平缓的草坪、开敞的视野和远望的条件,这就把天边的水色云光,远方的山廓塔影借来身边,一饱眼福。

5. 开朗风景与闭锁风景的处理

(1)开朗风景　所谓开朗风景是指在视域范围内的一切景物都在视平线高度以下,视线可以无限延伸到无穷远的地方,视线平行向前,不会产生疲劳的感觉。同时可以使人感到目光宏远,心胸开阔,壮观豪放。李白的"登高壮观天地间,大江茫茫去不返",正是开阔空间、开朗风景的真实写照。

(2)闭锁风景　当游人的视线被四周的树木、建筑或山体等遮挡住时,所看的风景就为闭锁风景。

景物顶部与人视平线之间的高差越大,闭锁性越强,反之则越弱,这也与游人和景物的距离有关,距离越小,闭锁性越强,距离越大,则闭锁性越弱。闭锁风景的近景感染力强,四面景物可琳琅满目,但长时间的观赏又易使人产生疲劳感。北京颐和园中的谐趣园内的风景均为闭锁风景。

闭锁风景的效果受景物的高度与闭锁空间的

长度、宽度的比值影响较大。

一般要求景物的高度是空间直径的1/6～1/3时，游人可以不必抬头就可以观赏到周围的建筑。

（3）开朗风景与闭锁风景的对立统一　开朗风景与闭锁风景在园林风景中是对立的两种类型，但不管是哪种风景，都有不足之处，所以在风景的营造中不可片面地追求强调某一风景，二者应是对立与统一的。

著名的杭州西湖风景为开朗风景，但湖中的三潭印月、湖心亭及苏、白二堤等景物增加了其闭锁性，形成了秀美的西湖风景，达到了开朗与闭锁的统一。

（二）动态空间布局

园林对于游人来说是一个流动的空间，一方面表现为自然风景的时空转换；另一方面表现在游人步移景异的过程中。前面提到园林静态的风景构成了不同的空间类型，那么不同的空间类型组成有机整体，并对游人构成丰富的连续景观，这就是园林景观的动态序列。如同写文章一样，有起有结，有开有合，有低潮有高潮，有发展也有转折。

1. 园林空间的展示程序

就像《桃花源记》中描述的樵夫寻幽的过程那样，形成了一种景观的展示程序。

（1）一般序列　一般简单的展示程序有所谓两段式或三段式之分。所谓两段式就是从起景逐步过渡到高潮而结束。如一般纪念陵园从入口到纪念碑的程序。但是多数园林具有较复杂的展出程序，大体上分为起景—高潮—结景三个段落。在此期间还有多次转折，由低潮发展为高潮景序，接着又经过转折、分散、收缩以至结束，见图4-4-2。

图 4-4-2　一般序列

如北京颐和园从东宫门进入，以仁寿殿为起景，穿过牡丹台转入昆明湖豁然开朗，再向北通过长廊的过渡到达排云殿，再拾级而上直到佛香阁、智慧海，到达主景高潮。然后向后山转移至谐趣园等园中园，最后到北宫门结束。

（2）循环序列　为了适应现代生活节奏的需要，多数综合性园林或风景区采用了多向入口、循环街道系统，多景区景点划分（也分主、次景区），分散式游览线路的布局方法，以容纳成千上万游人的活动需求，见图4-4-3。

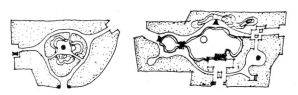

图 4-4-3　循环序列

（3）专类序列　以专类活动内容为主的专类园林有着它们各自特点。如植物园多以植物演化系统组织园景序列，如从低等到高等，从裸子植物到被子植物，从单子叶植物到双子叶植物或按照哈钦森或恩格勒系统，或克朗奎斯特系统等。

2. 风景园林景观序列的创作手法

（1）风景序列的主调、基调、配调和转调　风景序列是由多种风景要素有机组合，逐步展现出来的，在统一基础上求变化，又在变化之中见统一，这是创造风景序列的重要手法。以植物景观要素为例，作为整体背景或底色的树林可谓基调，作为某序列前景和主景的树种为主调，配合主景的植物为配调，处于空间序列转折区段的过渡树种为转调，见图4-4-4。

（2）风景序列的起开结合　作为风景序列的构成，可以是地形起伏、水系环绕，也可以是植物群落或建筑空间，无论是单一的还是复合的，总应有头有尾，有放有收，这也是创造风景序列常用的手法。以水体为例，水之来源为起，水之去脉为结，水面扩大或分支为开，水之溪流为合，见图4-4-5。

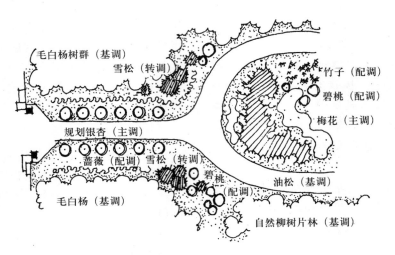

图 4-4-4 风景序列的主调、基调、配调和转调列

图 4-4-5 风景序列的起开结合

（3）风景序列的断续起伏 这是利用地形、地势变化而创造风景序列的手法之一。多用于风景区或郊野公园。一般风景区山水起伏，游程较远，我们将多种景区景点拉开距离，分区段布置，在游步道的引导下，景序断续发展，游程起伏高下，从而取得引人入胜、渐入佳境的效果，见图 4-4-6。例如，泰山风景区从红门景区开始，路经斗母宫、柏洞、回马岭来到中天门景区就是第一阶段的断续起伏终点。继而经快活三（里）、步云桥、升仙坊直到南天门，第二阶段的起伏终点。又经过天街、碧霞祠，直达玉皇顶，再去后石坞等，这又是第三阶段的断续起伏。

图 4-4-6 风景序列的断续起伏

（4）园林植物景观序列的季相与色彩布局 园林植物是风景园林景观的主体，利用植物个体与群落在不同季节的外形与色彩变化，再配以山石水景，建筑街道等，必将出现绚丽多姿的景观效果和展示序列，见图 4-4-7。如扬州个园内春植青竹，配以石笋；夏种广玉兰配以太湖石；秋种枫树、

梧桐，配以黄石；冬植蜡梅、天竹，配以白色英石，并把四景分别布置在游览线的四个角落里，则在咫尺庭院中创造了四时季相。

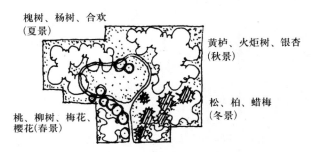

图 4-4-7 植物景观序列的季相与色彩

一般园林中，常以桃红柳绿表春，浓荫白花主夏，黄叶红果属秋，松竹梅花为冬。在更大的风景区或城市郊区的总风貌序列中，更可以创造春游梅花山，夏渡竹溪湾，秋去红叶谷，冬踏雪莲山的景相布局。

（5）园林建筑群组的动态序列布局 园林建筑在风景园林中只能占有 1‰～2‰ 的面积，但往往它确是某景区的构图中心，起到画龙点睛的作用。对一个建筑群组而言，应该有入口、门厅、过道、次要建筑、主体建筑的序列安排。对整个风景园林而言，从大门入口区到次要景区，最后到主景区，都有必要将不同功能的建筑群体，有计划地排列在景区序列线上，形成一个既有统一展示层次，又变化多样的组合形式，以达到应用与造景之间的完美统一，见图 4-4-8。

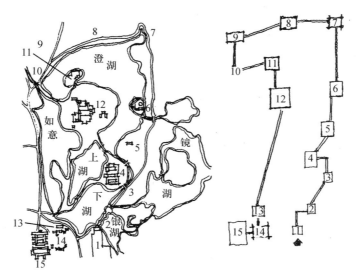

图 4-4-8　建筑群组的动态序列

1. 东宫；2. 水心榭；3. 清舒山馆；4. 月色江声；5. 新所；6. 上帝阁；7. 热河泉（船坞）；8. 万树园；
9. 试马埭；10. 水流云在；11. 烟雨楼；12. 如意洲；13. 万壑松风；14. 松鹤斋；15. 正宫

(三)色彩空间布局

1. 色彩的概念

(1)色相　色相是指一种颜色区别于另一种颜色的相貌特征,简单地讲就是颜色的名称。不同波长的光具有不同的颜色,波长(单位:nm)与色相的关系如下。

波长:400—450—500—570—590—610—700

色相:　红　橙　黄　绿　蓝　紫

(2)明度　明度是指色彩明暗和深浅的程度,也称为亮度、明暗度,同一色相的光,由于植物体吸收或被其他颜色的光中和时,会产生不同的明度,一般可以分为明色调、暗色调和灰色3调。

(3)纯度(色度、饱和度)　纯度是指颜色本身的明净程度,如果某一色相的光没有被其他色相的光中和或物体吸收,其便是纯色。

2. 色彩的分类与感觉

(1)色彩的分类

①三原色　红、黄、蓝3种颜色。

②三原减色　三原色任何两种颜色等量(1:1)调和后,可以产生另外3种颜色,即红＋黄＝橙,红＋蓝＝青,黄＋蓝＝绿,这3种颜色称为三原减色。

③标准色　三原色与三原减色称为标准色。

④十二色相环　把三原色中的任意两种颜色按照2:1的比例调和,又可以产生另外6种颜色,把这12种颜色用圆周排列起来就形成了12种色相,每种色相在圆环上占据30°的圆弧,这就是我们常说的十二色相环,见图4-4-9。

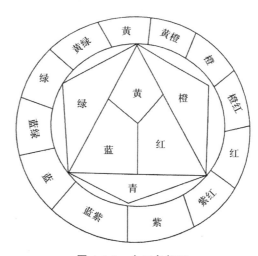

图 4-4-9　十二色相环

⑤补色　两个距离互为180°的颜色称为补色。

⑥对比色　距离相差120°以上的两种颜色称为对比色。

⑦类似色　距离小于120°的两种颜色称为类似色。

（2）色彩的感觉

①色彩的温度感　在标准色中,红、橙、黄三种颜色能使人们联想起火光、阳光的颜色,因此具有温暖的感觉,称为暖色系。而蓝色和青色是冷色系,特别是对夜色、阴影的联想更增加了其冷的感觉。而绿色是介于冷、暖之间的一种颜色,故其温度感适中,是中性色。人们用"绿杨烟外晓寒轻"的诗句来形容绿色是十分确切的。

在园林运用时,春、秋宜采用暖色花卉,严寒地区应该多用,而夏季宜采用冷色花卉,可以引起人们的凉爽的联想。但由于植物本身花卉的生长特性的限制,冷色花的种类相对少,这时可用中性花来代替,例如白色、绿色也属中性色,因此,在夏季应是以绿树浓荫为主。

②色彩的距离感　一般暖色系的色相在色彩距离上有向前接近的感觉,而冷色系的色相有后退及远离的感觉。6种标准色的距离感由远至近的顺序是紫、青、绿、红、橙、黄。在实际园林应用中,作为背景的景观色彩为了加强其景深效果,应选用冷色系色相的植物。

③色彩的重量感　不同色相的重量感与色相间亮度差异有关,亮度强的色相重量感轻,反之则重。例如,青色较黄色重,而白色的重量感较灰色轻,同一色相中,明色重量略轻,暗色重量感重。色彩的重量感在园林建筑中关系较大,一般要求建筑的基础部分采用重量感强的暗色,而上部采用较基础部分轻的色相,这样可以给人一种稳定感,另外,在植物栽植方面,要求建筑的基础部分种植色彩浓重的植物种类。

④色彩的面积感　一般橙色系色相,主观上给人一种扩大的面积感,青色系的色相则给人一种收缩面积感,另外,亮度高的色相面积感大,而亮度弱的色相面积感小,同一色相,饱的较不饱和的面积感大,如果将两种互为补色的色相放在一起,双方的面积感均可加强。色彩的面积感在园林中应用较多,在相同面积的前提下,水面的面积感最大,草地的面积感次之,而裸地的面积感最小,因此,在较小面积园林中,设置水面比设置草地可以取得扩大面积的效果。在色彩构图中,多运用白色和亮色,同样可以产生扩大面积的错觉。

⑤色彩的运动感　橙色系色相可以给人一种较强烈的运动感,而青色系色相可以使人产生宁静的感觉,同一色相的明色运动感强,暗色调运动感弱,而同一色相饱和的运动感强,不饱和的运动感弱,互为补色的2个色相组合在一起时,运动感最强。在园林中,可以运用色彩的运动感创造安静与运动的环境,例如在园林中,休息场所和疗养地段可以多采用运动感弱的植物色彩,为人们创造一种宁静的气氛,而在运动性场所,如体育活动区、儿童活动区等,应多选用具有强烈运动感色相的植物和花卉,创造一种活泼、欢快的气氛。

3. 色彩的感情

色彩容易引起人们的思想感情的变化,由于人们受传统的影响,对不同的色彩有不同的思想情感。

（1）红色　给人以兴奋、热情、喜庆、温暖、扩大、活动及危险、恐怖之感。

（2）橙色　给人以明亮、高贵、华丽、焦躁之感。

（3）黄色　给人以温和、光明、纯净、轻巧及憔悴、干燥之感。

（4）绿色　给人以青春、朝气、和平、兴旺之感。

（5）紫色　给人以华贵、典雅、忧郁、恐惑、专横、压抑之感。

（6）白色　给人以纯洁、神圣、高雅、寒冷、轻盈及哀伤之感。

（7）黑色　给人以肃穆、安静、坚实、神秘及恐怖、忧伤之感。

以上只是简单介绍几种色彩的感情。这些感情不是固定不变的,同一色相用在不同的事物上会产生不同的感觉。不同民族对同一色相所引起的感情也是不一样的,这点要特别注意。

4. 色彩在园林中的应用

（1）天然山水和天空的色彩　天空的色彩在早晚间及阴晴天之时是不同的,一般早晨和傍晚天空的色彩比较丰富,可以利用朝霞和晚霞作为园林中的借景对象。在园林中还把一些高大的主景背景用天空来增加其景观效果,如青铜塑像、白色的建筑等。

园林中的水面颜色与水的深度、水的纯净程度、水边植物、建筑的色彩等关系密切,特别是受天空颜色影响较大。通过水面映射周围建筑及植物的倒影,往往可以产生奇特的艺术效果,在以水面为背景或前景布置主景时,应着重处理主景与四周环境和天空的色彩关系。

(2)园林建筑、街道和广场的色彩　这些园林要素虽然在园林中所占比例不大,但它直接与游人关系密切,它们的色彩在园林构图中起着重要的作用。由于都是人为建造的,所以其色彩可以人为控制,建筑的色彩一般要求注意以下几点:

①结合气候条件设置色彩,南方地区以冷色为主,北方地区以暖色为主。

②考虑群众爱好与民族特点,例如南方有些少数民族地区喜好白色,而北方地区群众喜欢暖色。

③与园林环境关系取得既有协调,又有对比,布置在园林植物附近的建筑,应以对比为主,在水边和其他建筑边的色彩以协调为主。

④与建筑的功能相统一,休息性的以具有宁静感觉的色彩为主,观赏性的以醒目色彩为主。

街道及广场的色彩多为灰色及暗色的,其色彩是由建筑材料本身的特性决定的,但近些年来,由人工制造的地砖、广场砖等色彩多样,如红色、黄色、绿色等,将这些铺装材料用在园林街道及广场上,丰富了园林的色彩构图。一般来说,街道的色彩应结合环境设置,不宜将其色彩过于突出刺目,在草坪中的街道可以选择亮一些的色彩,而在其他地方的街道应以温和、暗淡为主。

(3)观赏植物配色

①观赏植物补色对比应用。在绿色中,浅绿色落叶树前,宜栽植大红的花灌木或花卉,可以得到鲜明的对比,例如红色的碧桃、红花的美人蕉、红花紫藤等。草本花卉中,常见的同时开花的品种配合有玉簪与萱草、桔梗与黄波斯菊、郁金香中黄色与紫色、三色堇的黄色与紫色等。

②邻补色对比。用邻补色对比,可以得到活跃的色彩效果,凡是金黄色与大红色、青色与大红、橙色与紫色的鲜花配合都是此种类型。

③冷色花与暖色花。暖色花在植物中较常见,而冷色花则相对较少,特别是在夏季,而一般要求夏季炎热地区,要多用冷色花卉,这给园林植物的配置带来了困难,常见的夏季开花的冷色花卉有矮牵牛、桔梗、蝴蝶豆等。在这种情况下可以用一些中性的白色花来代替冷色花,效果也是十

分明显的。

④类似色的植物应用。园林中常用片植方法栽植一种植物,如果是同一种花卉且颜色相同,势必产生没有对比和节奏的变化。因此常用同一种花卉不同色彩的花种植在一起,这就是类似色,如金盏菊中的橙色与金黄色品种配植、月季的深红与浅红色配植等,这样可以使色彩显得活跃。

⑤夜晚植物配植。一般在有月光和灯光照射下的植物,其色彩会发生变化,比如月光下,红色花变为褐色,黄色花变为灰白色。因此在晚间,植物色彩的观赏价值变低,在这种情况下,为了使月夜景色迷人,可采用具有强烈芳香气味的植物,使人真正感到"疏影横斜水清浅,暗香浮动月黄昏"的动人景色。可选用的植物有晚香玉、月见草、白玉兰、含笑、茉莉、瑞香、丁香、蜡梅等。

【自我检测】

一、判断题

1. 保留至今的皇家园林,如北京颐和园、承德避暑山庄;私家宅园,如苏州的拙政园、网师园等都是自然山水园林的代表作品。　　(　　)

2. 人们静观景物的最佳视距为景物高度的2倍,宽度的1.2倍。　　(　　)

3. 一般纪念陵园从入口到纪念碑的程序是一般序列。　　(　　)

4. 体育活动区、儿童活动区等,应多选用具有强烈运动感色相的植物和花卉,创造一种活泼、欢快的气氛。　　(　　)

二、选择题(多选)

1. 关于合适视距描述正确的有(　　　　)。
   A. 大型景物的合适视距为景物高的3.5倍
   B. 水平景物的合适视距为景物宽度的1.2倍
   C. 当宽度大于高度时,依水平视距来考虑
   D. 当高度大于宽度时,依垂直视距来考虑

2. 园林空间的展示程序有(　　　　)。
   A. 两段式程序　　　　B. 三段式程序

C. 循环程序 　　　　　D. 专类序列

3. 关于色彩感觉描述正确的是（　　　）。

    A. 橙色系属于暖色系，青色系属于冷色系

    B. 绿色和白色属中性色

    C. 橙色系给人一种收缩的面积感，青色系给人一种扩大的面积感

4. 在园林布局上属于稳定布置的有（　　　）。

    A. 在体量上采用上小下大

    B. 筑山采用石包土

    C. 山顶置石

    D. 下部质感粗，颜色深，上部光滑、色浅

任务五　园林造景

【学习导言】

园林造景是园林设计的主要内容，所谓造景主要是指在满足工程技术要求和遵循园林艺术法则的前提下，运用各种造景手法，合理组织各种造园要素，使之成为若干具有审美价值的景观和空间环境，同时又巧妙地利用了原有的各种自然景观和人文景观的创作行为。

【学习目标】

    知识目标：掌握园林景点、景区以及景的分类、景的层次、景深等含义，明确突出主景的方法与借景的方式。

    能力目标：能够运用各种景进行园林景观的创作。

    素质目标：塑造大美的祖国河山之景，让华夏美景传遍地球的每个角落。不忘传统，勇于创新。

【学习内容】

一、景点与景区

凡有欣赏价值的观赏点叫景点。景点是构成园林绿地的基本单元。一般园林绿地均由若干个景区组成，而景区是由若干景点组成的。这是我国传统的"园中有园，景中有景"的手法。如圆明园有四十景，承德避暑山庄先有三十六景，后增为七十二景等，这里的"景"是指景区。如北京陶然亭公园有"陶然佳景""望春浴德""童心幼境""水月松涛""九州方圆""胜春山房""濑岛飞云""华夏名亭"八大景区，每个景区都有若干个景点。其中"华夏名亭"园就由九个景点所组成，即以九个历史文化名亭及环境形成若干意境单元。它们分别是：屈原的"独醒亭"、王羲之的"兰亭"及其子（王献之）的"鹅池"碑亭、欧阳修的"醉翁亭"、陶渊明的"醉石"、白居易的"浸月亭"、扬州瘦西湖的"吹台亭"、无锡惠山公园的"二泉亭"、苏州沧浪亭公园的"沧浪亭"和杜甫的"少陵草堂"碑。

二、园林中的景

（一）主景与配景

主景是园林绿地的核心，一般一个园林由若干个景区组成，每个景区都有各自的主景，但各景区中，有主景区与次景区之分，而位于主景区中的主景是园林中的主题和重点；配景起衬托作用，像绿叶与红花的关系一样。主景必须要突出，配景也必不可少，但配景不能喧宾夺主。

（1）主景升高　为了使构图主题鲜明，常把主景在高程上加以突出。例如，北京北海公园的白塔、颐和园万寿山景区的佛香阁建筑等均属于此类型，见图4-5-1。升高的主景一般可以蓝天或远山作背景，使主体的造型、轮廓鲜明突出。

（2）对比与调和　配景经常通过对比的形式来突出主景，这种对比可以是体量上的对比，也可以是色彩上的对比、形体上的对比等。例如，园林

图 4-5-1　佛香阁主景升高

中常用蓝天作为青铜像的背景；在堆山时，主峰与次峰是体量上的对比；规则式的建筑以自然山水、植物作陪衬，是形体的对比等。

（3）中轴对称　在规则式园林和园林建筑布局中，常把主景放在总体布局中轴线的终点，而在主体建筑两侧，配置一对或一对以上的配体，见图4-5-2。中轴对称强调主景的艺术效果是宏伟、庄严和壮丽，例如，北京天安门广场建筑群就是采用这种构图方法。另外，一些纪念性公园也常采用这种方法来突出主体。

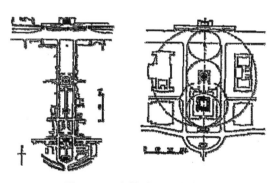

图 4-5-2　中轴对称突出主景

（4）运用轴线和风景视线的焦点　园林中常把主景放在视线的焦点处，或放在透视线的焦点上来突出主景。例如，北海白塔布置在全园视线的焦点处就是此类型，见图4-5-3。

（5）重心处理　在园林构图中，常把主景放在整个构图的重心上，例如中国传统假山，就是把主峰放在偏于某一侧的位置，主峰切忌居中。规则式园林，主景放在几何中心上，例如天安门广场的纪念碑就是放在广场的几何中心上。

（6）动势集中　一般四面环抱的空间，例如水面、广场、庭院等周围次要的景色要有动势，趋向一个视线的焦点上，例如西湖中央的主景"孤山"就是放在园林构图的中心上。

图 4-5-3　北海白塔布置在全园视线的焦点处

（7）抑景　中国传统园林的特色是反对一览无余的景色，主张"山重水复疑无路，柳暗花明又一村"的先藏后露的造园方法。这种方法与欧洲园林的"一览无余"形式形成鲜明的对比，苏州的拙政园就是典型的例子，进了腰门以后，对面布置一座假山，把园内景观屏障起来，通过曲折的山洞，便有豁然开朗之感、别有洞天之界，大大提高了园内风景的感染力。

（二）借景

根据园林周围环境特点和造景需要，把园外的风景组织到园内，成为园内风景的一部分，称为借景。

《园冶》中提到借景是这样描写的："园虽别内外，得景则无拘远近，晴峦耸秀，绀宇凌空，极目所至，俗则屏之，嘉则收之"，"园林巧于因借，精在体宜"。所以在借景时必须使借到的景是美景，对于不好的景观应"屏之"，使园内、外相互呼应，见图4-5-4。

图 4-5-4　借景

1. 远借；2. 邻借；3. 仰借；4. 俯借；5. 近借

（1）远借　把远处的园外风景借到园内，一般是山、水、树林、建筑等大的风景。

（2）邻借（近借）　把邻近园子的风景组织到园内，一般的景物均可作为借景的内容。

（3）仰借　利用仰视来借景，借到的景物一般要求较高大，如山峰、瀑布、高阁等。

（4）俯借　指利用俯视所借景物，一般在视点位置较高的场所才适合于俯借。

（三）对景

位于园林轴线及风景线端点的景物叫对景。对景可以使两个景观相互观望，丰富园林景色，一般选择园内透视画面最精彩的位置，用作供游人逗留的场所。例如，休息亭、树等。这些建筑在朝向上应与远景相向对应，能相互观望、相互烘托。

对景可以分为严格对景和错落对景两种。严格对景要求两景点的主轴方向一致，位于同一条直线上，例如颐和园内谐趣园的饮绿亭与涵远堂两个景观互为严格对景。而错落对景比较自由，只要两景点能正面相向，主轴虽方向一致，但不在一条直线上即可，例如，颐和园内佛香阁与湖心岛上的"涵虚堂"就属于错落对景，两建筑的轴线不在一条直线上。

（四）分景

将园林内的风景分为若干个区，使各景区相互不干扰，各具特色。分景是园林造景中采取的重要方式之一，见图4-5-5。分景可以用远近的山体、萦绕的溪涧、茂密的森林等把不同的景区分开。例如，北京颐和园就是利用山体把苏州河景区与其他景区分开的。

图 4-5-5　分景

（五）框景、夹景、漏景、添景、障景、点景

（1）框景　园林的景观要以完美的结构展示在游人面前，本身要有完美的组织构图，能形成如画的风景，还要使观赏者的注意力集中到画面最精彩的部分，框景是造景时常用的方式。

框景就是把真实的自然风景用类似画框的门、窗洞、框架，或有乔木的冠环抱而成的空隙，把远景范围起来，形成类似于"画"的风景图画，这种造景方法称之为框景，见图4-5-6。

图 4-5-6　框景

在设计框景时，应注意使观赏点的位置距景框直径2倍以上，同时视线与框的中轴线重合式效果最佳。

（2）夹景　当远景的水平方向视界很宽时，将两侧并非动人的景物用树木、土山或建筑物屏障起来，只留合乎画意的远景，游人从左右配景的夹道中观赏风景，称为夹景，见图4-5-7。夹景一般用在河流及道路的组景上，夹景可以增加远景的深度感，苏州河中的苏州桥采用这种夹景的方法。

图 4-5-7　夹景

（3）漏景　漏景是由框景发展而来，框景景色全观，而漏景若隐若现，见图 4-5-8。漏景是通过围墙和走廊的漏窗来透视园内风景，漏景在中国传统园林中十分常见。

图 4-5-8　漏景

（4）添景　当风景点与远方的对景之间没有中景时，容易缺乏层次感，常用添景的方法处理，添景可以为建筑一角，也可以为树木花丛。例如，在湖边看远景时可以用几丝垂柳的枝条作为添景，见图 4-5-9。

图 4-5-9　添景

（5）障景　在园林中，由于其位置与环境的影响，使园外一些不好的景观很容易引到园内来，特别是园外的一些建筑等，与园内风景格格不入，这时，可以用障景的方法把这些劣景屏障起来。屏障的材料可以是土山、树林、建筑等，例如颐和园内苏州河景区就是利用土山与树木把园外的景观挡在墙外。

（6）点景　我国园林善于抓住每一个景观特点，根据它的性质、用途，结合环境进行概括，常作出形象化、诗意浓、意境深的园林题咏。其形式有匾额、对联、石碑、石刻等，它不但丰富了景的欣赏内容，增加了诗情画意，点出了景的主题，给人以联想，还具有宣传和装饰等作用，这种方法称为点景，见图 4-5-10。

图 4-5-10　点景

三、层次与景深

没有层次就没有景深。中国园林，无论是建筑围墙，还是树木花草、山石水景、景区空间等，都喜欢用丰富的层次变化来增加景观深度。景深一般分为前（景）、中（景）、后（背景）三个大层次，中景往往是主景部分，见图 4-5-11。当主景缺乏前景或背景时，便需要添景，以增加景深，从而使景观显得丰富。尤其是园林植物的配植，常利用片状混交、立体栽植、群落组合、季相搭配等方法，取得较好的景深效果。有时为了突出主景简洁、壮观的效果，也可以不要前后层次。

图 4-5-11　景的层次

【自我检测】

一、判断题

1. 水中的倒影属于俯借。 （　　）
2. 漏景可通过漏窗、疏林来透视风景。 （　　）

二、填空题

1. 突 出 主 景 常 用 的 方 法 有 _____、_____、_____、_____、重心处理及抑景等。

2. 借景有_____、_____、_____、_____ 4种方式。

项目五　园林构成要素规划设计

各类园林绿地中,大至国家风景名胜区,小至庭园角隅的绿化,均由地形、园林植物、山石、水体、园路广场、建筑小品等要素构成,并由此形成一个和谐的整体。

任务一　地形设计

【学习导言】

地形是外部环境的地表因素,就风景区范围而言,地形包括如下复杂多变的类型:山谷、高山、丘陵、草原以及平原、湖泊等,这些地表类型一般称为"大地形";从园林范围来讲,地形包括土丘、台地、斜坡、溪涧、水池等,这类地形称为"小地形";起伏最小的地形叫"微地形"。由于其他设计要素必须在不同程度上与地面相接触,因此地形成为室外环境中的基础成分,并具有重要的景观意义。

【学习目标】

知识目标:了解地形作用与功能、地形的形式、地形图绘制比例要求,掌握地形处理原则和方法。

能力目标:能够结合实际情况、运用地形处理原则、设计方法对地形进行处理与设计。

素质目标:筑牢基础,方能远行。

【学习内容】

一、园林地形的概念

"地形"是"地貌"的近义词,意思是地球表面三度空间的起伏变化。园林地形指地面上各种高低起伏的形状;地貌则是指地球表面自然面貌起伏的状态,如山地、丘陵、平地、洼地等。像土丘、台地、斜坡、台阶和坡道引起的水平面变化的地形,我们叫它"小地形",起伏最小的地形我们叫作"微地形"。

二、园林地形图

地形图是按照一定的测绘方法,用比例投影和专用符号,把地面上的地貌、地物测绘在图纸平面上的图形。

(一)地形图比例尺的大小

用两幅比例尺不同的地形图来比较大小,只需各将其比例的分子除以分母,其商即可比较比例尺的大小。

(二)不同比例尺地形图允许的误差

不同比例尺地形图允许的误差见表5-1-1。

表 5-1-1　不同比例尺地形图允许的误差

比例尺	1/500	1/1 000	1/2 000	1/5 000	1/10 000	1/50 000	1/100 000
误差/m	0.05	0.1	0.2	0.5	1	5	10

(三)地形设计对地形图的比例要求

地形设计对地形图的比例要求和规划阶段、规划内容、深度、景区范围大小、地形辅助程度以及当地具体条件等有关。一般情况如下：总体规划用1∶(10 000～2 000)、详细设计用1∶(100～500)的地形图是相宜的，如条件不足，可结合实地勘察或补测修正，以便进行相应的规划工作。

三、园林地形的形式

(一)按照地形的坡度不同进行分类

(1)平地　指园林地形中坡度介于1%～7%的比较平坦的用地。平地适用于较为密集的活动，容易创造开阔、一览无余的景观效果，有利于运用其他园林要素进行空间划分，空间布置的可塑性大。

(2)台地　用地自然坡度大于8%时，宜规划为台阶式或台地式地形。台地地形是指由多个不同高差的平地联合组成的地形，不同高差的平地之间用台阶或坡地相连。

(3)坡地　坡地按坡度不同分为陡坡和缓坡。缓坡是介于陡坡和平地之间的过渡类型，也是易于与其他园林要素较好结合的地形。

(二)按照地形形态特征进行分类(图 5-1-1)

(1)平坦地形　地势平坦，是一种最为简明的稳定地形，具有宁静的特征。

(2)凸地形　凸地形是指在地形的立面上有明显起伏变化，有明显的凸起感，形式包括土丘、丘陵、山峦等。

(3)凹地形　其地面标高比周围地形低，从空间形状看类似碗状。凹地形容易创造内向性、积聚性、私密性和具有安全感的空间。

(4)山脊地形　山脊地形是连续的线形凸起形地形，有明显的方向性和分水性。

(5)谷地　综合了某些凹面地形和脊地地形的特点。

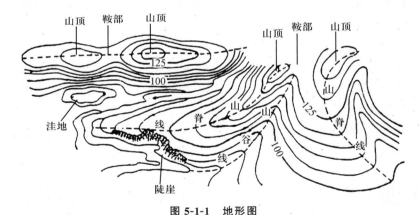

图 5-1-1　地形图

四、园林地形的功能和作用

(一)骨架作用

地形是构成园林景观的骨架，是园林中所有景观元素与设施的载体，它为园林中其他景观要素提供了赖以存在的基面，见图 5-1-2。

(二)空间作用——分隔空间

通过地形将原有绿地划分成"起伏"和"平缓"的场地，形成了丰富的景观层次，见图 5-1-3。

(三)控制游览的视线

在地形分隔空间的同时，也在一定程度上控制了游览者的视线，地形能在景观中将视线导向某一特定点，影响某一固定点的可视景物和可见范围，形成连续观赏或景观序列，以及完全封闭通向不悦景物的视线。增高地形的两侧以形成夹景，使游览者的视线引向前方，停留在某一特殊焦

地形作为植物景观的载体，其起伏变化产生了林冠线的变化

地形作为园林建筑的载体，能够形成起伏跌宕的建筑立面和
丰富的视线变化

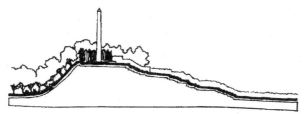

地形作为纪念性内容气氛渲染的手段

地形作为瀑布、山涧等园林水景的载体

图 5-1-2　以地形为载体进行造景

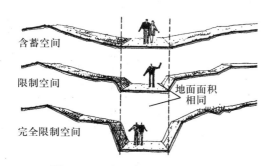

图 5-1-3　利用地形组织分隔空间

点上；位于地形高处的特殊目标和景物也容易被突出和强调，有时由于地形起伏变化，形成的对景忽隐忽现的视觉效果，也引起了游览者对隐蔽物体的好奇心和观赏欲望，见图 5-1-4。

（四）影响游览路线和速度

地形高低起伏和走向的变化会影响游人运行

利用地形控制视线和创造空间

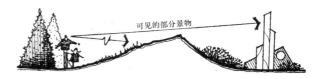

利用地形引导游览视线

增高地形的两侧形成夹景，引导游览者的视线停留在
某一特殊焦点上

图 5-1-4　利用地形控制游览的视线

的方向、速度和节奏，见图 5-1-5。如地形坡度的增加，会减缓游人游览的速度。地形起伏变化的节奏不同，必然引起浏览节奏的变化。峰回路转的地形处理引导着游人游览的方向。因此，变化的地形会给游人带来不同的游览乐趣，见图 5-1-6。

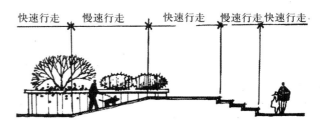

图 5-1-5　不同的地形影响游览路线和速度

（五）景观作用——利用地形造景

地形的景观作用包括背景作用和造景作用两个方面。作为造园诸要素的底界面，地形还承担了背景角色，如一块平地上草坪、树木、道路、建筑和小品形成地形上的一个个景点，而整个地形就构成了这一园林空间诸景点要素的共同背景。

平坦、起伏平缓的地形能给人美的享受和轻松感，而陡峭、崎岖的地形极易在一个空间中造成兴奋的感受。利用地形配以其他造园要素可以营

封闭的山脊空间创造了高节奏

宽敞的山脊空间创造了低节奏

平缓、起伏的地形创造了流畅的节奏

图 5-1-6　不同的地形影响游览的节奏与趣味

造不同的景观形式。

地形还具有许多潜在的视觉特性,对地形进行必要改造和组合,可以形成不同的形状,产生不同的视觉效果。近年来,一些设计师如雕塑家一样尝试在户外环境中,通过地形造型而创造出多样的大地景观艺术作品,我们将其称为"大地艺术"。

(六)工程辅助作用

利用地形可以改善局部环境使之有利于植物的生长。创造一定的地形起伏,合理安排地形的分水和汇水线,使地形具有较好的自然排水条件,是充分发挥地形排水工程作用的有效措施,见图5-1-7。

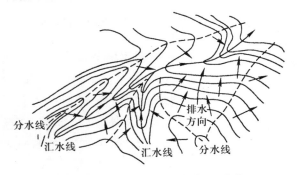

图 5-1-7　利用地形安排分水、汇水线

(七)改善小气候

地形可影响园林某一区域的光照、温度、风速和湿度等。从采光方面来说,朝南的坡面一年中大部分时间都保持较温暖和宜人的状态。从风的角度而言,凸面地形、脊地或土丘等,可以阻挡刮向某一场所的冬季寒风。反过来,地形也可被用来收集和引导夏季风。夏季风可以被引导穿过两高地之间形成的谷地或洼地、马鞍形的空间,见图5-1-8。

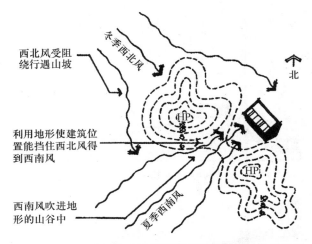

图 5-1-8　利用地形使建筑能得到夏季微风和阻碍冬季风

(八)美学功能

地形在景观设计中的应用发挥了极大的美学功能。古典园林如苏州的狮子林和网师园,北京的颐和园,扬州的瘦西湖等,都充分地利用了地形的起伏变换,或山或水,对空间进行巧妙的构建和建筑的布局,从而营造出让人难以忘怀的自然意境,给游人以美的享受。

五、地形的表现方式

(一)等高线表示法

1.等高线的含义

等高线是一组垂直间距相等、平行于水平面的假想面,与自然地貌相交(切)所得到的交线在平面上的投影。给这组投影线标注上数值,便可用它在图纸上表示地形的高低陡缓、峰峦位置、坡谷走向及溪池的深度等内容。

2.等高差

是指在一个已知平面上任何两条相邻等高线之间的垂直距离。等高差是一个常数,常标注在图标上。例如,一个数字为 1 m 的等高差,就表示在平面上的每一条等高线之间具有 1 m 的海拔高度变化。在一张图纸上,等高差自始至终都应保持不变,除非另有所指。

3. 等高线的性质

(1)在同一条等高线上的所有点其高程都相等。

(2)每一条等高线都是闭合的。由于园界或图框的限制,在图纸上不一定每条等高线都能闭合,但实际情况它们还是闭合的。为了便于理解,我们假设园基地被沿园界或图框垂直下切,形成一个地块,见图 5-1-9,由图上可以看到没有在图面上闭合的等高线都是沿着被切割面闭合了。

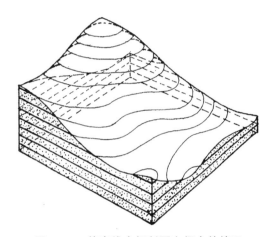

图 5-1-9 等高线在切割面上闭合的情况

(3)等高线的水平间距的大小表示地形的陡缓。如密则陡,疏则缓。等高线的间距相等,表示该坡面的角度相同,如果该组等高线平直,则表示该地形是一处平整过的同一坡度的斜坡。

(4)等高线一般不相交或重叠,只有在悬崖处等高线才可能出现相交情况。在某些垂直于地平面的峭壁、地砍或挡土墙驳岸处等高线才会重合在一起。

(5)等高线在图纸上不能直穿横过河谷、地坎和道路等。由于以上地形单元或构筑物在高程上高出或低于周围地面,所以等高线在接近低于地面的河谷时转向上游延伸,而后穿越河床,再向下游走出河谷;如遇高于地面的堤岸或路堤时等高线则转向下方,横过堤顶在转向上方而后走向另一侧,见图 5-1-10。

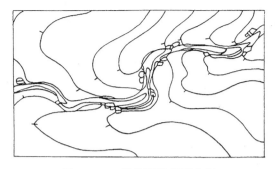

图 5-1-10 用等高线表现山涧

(二)标高点表示法

用标高点表示地形上某一特定点的高程。标高点在平面图上的标记是一个"+"字记号或一个圆点,并同时配有相应的数值,见图 5-1-11。由于标高点常位于等高线之间而不在等高线之上,因而常用小数表示。标高点最常用在地形改造、平面图和其他工程图上,如排水平面图和基底平面图。一般用来描绘某一地点的高度,如建筑物的墙角、顶点、低点、栅栏、台阶顶部和底部以及墙体高端等。

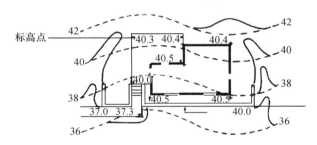

图 5-1-11 用标高点表示地形上某一特定点的高程

标高点的确切高度,使用"插入法"进行计算,如某标高点距离 16 m 等高线 4 m,距离 17 m 等高线 16 m,那么该标高点便为两条等高线总距离的 1/5,标高点的高度也应该为两条等高线之间垂直距离的 1/5,标高点应为 16.2 m。

(三)蓑状线表示方法

蓑状线是在相邻两条等高线之间画出的与等高线垂直的短线,蓑状线是互不相连的。等高线与蓑状线的画法是:先轻轻地画出等高线,然后在等高线之间加画主蓑状线,见图 5-1-12。

蓑状线越粗、越密则坡度越陡,表示阴坡的蓑状线暗而密,而阳坡蓑状线则明而疏。

(四)模型表示法

模型法表现直观、形象、具体。制作地形模型

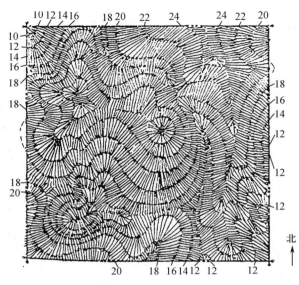

图 5-1-12　用蓑状线表示地形

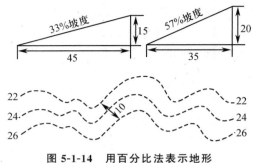

图 5-1-14　用百分比法表示地形

的材料可以是陶土、木板、软木、泡沫板、厚硬纸板或者聚苯乙烯酯。制作材料的选取,要依据模型的预想效果以及所表示的地形复杂性而定。

(五)其他表示方法

(1)比例法　就是用坡度的水平距离与垂直高度变化之间的比率来说明斜坡的倾斜度。第一个数表示斜坡的水平距离,第二个数(通常将因子简化成1)则代表垂直高差,见图5-1-13。比例法常用于小规模园址设计上。

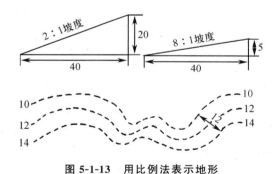

图 5-1-13　用比例法表示地形

(2)百分比法　坡度的百分比通过斜坡的垂直高差除以整个斜坡的水平距离而获得。即上升高:水平走向距离=百分比。例如,一个斜坡在水平距离为 50 m 内上升 10 m,那么其坡度百分比就应为 20%,见图5-1-14。

六、地形的处理与设计

(一)地形处理的原则

(1)地形设计应满足功能上的要求　游人集中的地方和体育活动场所,要求地形平坦;欣赏自然风光的地形要有起伏;为创造划船、游泳、种植水生植物、养鱼的条件要开辟水面;登高远眺,应堆山造山,有山地高岗;安静休息和游览赏景则要有山林溪流;文娱活动需要室内外活动场地等。

(2)考虑原有地形　利用为主、改造为辅,因地制宜、顺其自然,注意节约,考虑经济的可行性。

(3)要有利于园林地面排水　园林地形设计,还应有利于雨水和各种人为的污水、积水等的排除,并且要保证广场、道路及主要游览地区在雨后短时间能恢复交通及使用。

(4)要考虑坡面的稳定性　如果地形起伏过大或坡度不大但同一坡度的坡面延伸过长时,会引起地表径流,产生坡面滑坡。坡度介于 5%~10%之间的地形排水良好,而且具有起伏感;坡度大于10%的地形只能局部小范围地加以利用。

(5)地形的改造还应考虑为植物栽培创造条件　城市园林用地不能完全适合植物生长,在进行园林设计时,要通过利用和改造地形,为植物的生长发育创造良好的环境条件。

(二)地形处理的方法

1. 巧借地形

(1)利用人工土丘或环抱的土山挡风,创造向阳盆地和局部的小气候,阻挡当地常年有害风雪侵袭。

(2)以土代墙,利用地形"围而不障",以起伏连绵的土山代替景墙以"隔景"。

(3)利用起伏地形,适当加大高差至超过人的视线高度（170 cm），按"俗则屏之"原则进行"障景"。

2. 巧改地形

建造平台园地或在坡地上修筑道路或建造房屋时，采用半挖半填式进行改造，可起到事半功倍的效果。

3. 土方的平衡与园林造景相结合

尽可能就地平衡土方，堆山与挖池结合，开湖与造堤相配合，使土方就近平衡，相得益彰。

4. 安排与地形风向有关的旅游服务设施等有特殊要求的用地

如风帆码头、烧烤场等。

（三）地形设计的表示方法

1. 设计等高线法

用设计等高线进行设计时，经常用到两个公式，一是用插入法求两相邻等高线之间任意点高程的公式（见标高点表示法部分）；其二是坡度公式：$i = h/l$。

式中：i—坡度（%）；

h—高差（m）；

l—水平间距（m）。

用设计等高线法在设计中可以用于表示坡度的陡缓（通过等高线的疏密）、平垫沟谷（用平直的设计等高线和拟平垫部分的同值等高线连接）、平整场地等。

2. 方格网法

根据地形变化程度与要求的地形精度确定图中网格的方格尺寸，一般间距为 5～100 m。然后进行网格角点的标高计算，并用插入法求得整数高程值，连结同名等高线点，即成"方格网等高线"地形图。

3. 透明法

为了使地形图突出和简洁，重点表达建筑地物，避免被树木覆盖而造成喧宾夺主，可将图上树木简化成用树冠外缘轮廓线表示，其中央用小圆圈标出树干位置即可。这样在图面上可透过树冠浓荫将建筑、小品、水面、山石等地物表现得一清二楚，以满足图纸设计要求，见图 5-1-15。

4. 避让法

即将地形图上遮住地物的树冠乃至被树荫覆盖的建筑小品、山石水面等，一律让树冠避让开去，以便清晰完整地表达地物和建筑小品等。缺点是树冠为避让而失去其完整性，不及透明法表现得剔透完整，见图 5-1-15。

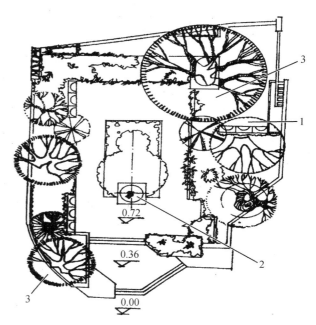

图 5-1-15　透明法、避让法

1. 挡墙式座椅（避让法）；2. 雕塑（避让法）；
3. 花台兼座凳（透明法）

5. 其他

还有立面图和剖面图法、轮廓线法、轴侧斜投影法等。

【自我检测】

一、填空题

1. 地形的表现方式有 _____、_____、_____、_____ 和其他表示法。

2. 地形设计的表示方法有 _____、_____、_____、_____，其他还有立面图和剖面图法、轮廓线法、轴侧斜投影法等。

二、判断题

1. 平地适用于较为密集的活动，容易创造开

阔、一览无余的景观效果,有利于运用其他园林要素进行空间划分,空间布置的可塑性大。（ ）

2. 利用环抱的土山或人工土丘挡风是巧借地形。（ ）

任务二　园路设计

【学习内容】

一、园路的功能

(一)组织空间,引导游览

道路把全园分隔成各种不同功能的景区,同时又通过道路,把各个景区联系成一个整体。园路能通过自己的布局和路面铺砌的图案,引导游客按照设计者的意图、路线和角度来游赏景物,见图 5-2-1。从这个意义上来讲,园路是游客的导游者,让游人领略到"步移景异"的效果。

图 5-2-1　组织空间,引导游览

(二)组织交通

园路承担着游客的集散、疏导、组织交通的作用,满足园林绿化、建筑维修、养护、管理等园务工作的运输任务。

(三)构成园景

园路优美的曲线,丰富多彩的路面铺装,可与周围山、水、建筑花草、树木、石景等景物紧密结合,不仅是"因景设路",而且是"因路得景",所以园路可行、可游,行游统一,见图 5-2-2。

图 5-2-2　构成园景

二、园路的分类

(一)按园路的功能分类

(1)主干道(主要园路)　联系园内各个景区、主要风景点和活动设施的路,宽 7.0~8.0 m。

(2)次干道(次要园路)　设在各个景区内的路,它联系各个景点,对主路起辅助作用。宽 3.0~4.0 m。

(3)景观人行道　又叫游步道,是深入到山间、水际、林中、花丛供人们漫步游赏的路。双人行走宽 1.2~1.5 m,单人行走宽 0.6~1.0 m。

(4)园务路　为便于园务运输、养护管理等的需要而建造的路。在风景名胜区、古建筑处,园路的设置还应考虑消防的要求。

(二)按园路的材料型分类

(1)整体路面　包括水泥混凝土路面和沥青混凝土路面。

(2)碎料路面　路面用各种不规则的碎石、卵石、瓦片组成图案精美、色彩丰富的各种纹理。

(3)块料路面　这种路面由各种大块方砖、天然块石或各种带有花纹图案的预制块料铺筑而成。

(三)按园路的结构型分类

(1)路堤型　高于周围绿地表面的填方路基称为"路堤"。靠近边缘处设置平道牙,利用明沟排水。

(2)路堑型　凡是低于周围绿地表面的挖方路基称为"路堑"。路堑道牙高于路面,利于道路排水。

(四)特殊式

如汀步、步石、蹬道、攀梯等,见图5-2-3。

三、园路的铺面形式

(一)花街铺地

以规整的砖为骨架,与不规则的石板、卵石、碎瓷片、碎瓦片等废料相结合,组成色彩丰富、图案精美的各种地纹,如人字纹、席纹、冰裂纹等,见图5-2-4。

(二)卵石路面

采用卵石铺成的路面。它耐磨性好、防滑,具有活泼、轻快、开朗等风格特点,见图5-2-5。

图 5-2-3　汀步、步石、蹬道、攀梯

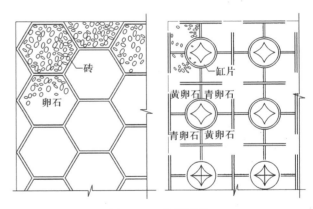

图 5-2-4　花街铺地

图 5-2-5　卵石路面

（三）雕砖卵石路面

雕砖卵石路面又被誉为"石子画"。它是选用精雕的砖、细磨的瓦或预制混凝土和经过严格挑选的各色卵石拼凑成的路面，图案内容丰富，是我国园林艺术的杰作之一，见图5-2-6。

图5-2-6　雕砖卵石路面

（四）嵌草路面

把天然或各种形式的预制混凝土块铺成冰裂纹或其他花纹，铺筑时在块料间留3～5 cm的缝隙，填入培养土，然后种草。如冰裂纹嵌草路、花岗岩石板嵌草路、木纹混凝土嵌草路、梅花形混凝土嵌草路，见图5-2-7。

图5-2-7　嵌草路面

（五）块料路面

以大方砖、块石和制成各种花纹图案的预制水泥混凝土砖等筑成的路面。这种路面简朴、大方、防滑、装饰性好。如木纹板路、拉条水泥板路、假卵石路等，见图5-2-8。

（六）步石

在绿地上放置一块至数块天然石或预制成圆形、树桩形、木纹板形等铺块，一般数量不宜过多，块体不宜太小，两块相邻块体的中心距离应考虑人的跨越能力的不等距变化，见图5-2-9。

图5-2-8　块料路面

图5-2-9　步石

（七）汀石

它是在水中设置的步石。汀石适用于窄而浅的水面，见图5-2-10。

图5-2-10　汀石

（八）蹬道

它是局部利用天然山石、露岩等凿出的或用水泥混凝土仿木树桩、假石等塑成的上山的蹬道，见图5-2-11。

四、园路设计

（一）平面线形设计

从平面线形来说，园路分为直线和曲线两种形式，分别构成两种不同的园林风格。

（1）直线形园路　以径直的道路分割景区，可以表现出庄严、中规中矩的气氛。

图 5-2-11 蹬道

（2）曲线形园路　曲径婉转而多变,可以引发人们无限的想象,而将有限的空间转化成为无限的空间,扩大了园景的空间感。曲线形园路可分为规则式与自然式两种。

（二）纵断面设计

路面应有适当坡度,以保证路面积水的排除。路面沿道路短截面剖切称为"横坡",沿长截面剖切称为"纵坡"。一般情况下,纵、横坡至少一边要有坡度。一般园路应有 0.3％～8％的纵坡和1.5％～3.5％的横坡。

另外,还应该考虑为残疾人通行设计无障碍通道,通行轮椅车的通道路面宽度不宜小于1.2 m,纵坡一般不宜超过 4％,且坡长不宜过长;并尽可能减小横坡。在适当的距离处应设置休息平台。园路一侧为陡坡时,为防止轮椅从边侧滑落,应设 10 cm 高以上的挡石,并设扶手栏杆。

五、园路设计注意事项

（1）两条路相交角度不宜小于 60°。

（2）宜在主干道凸出的位置生发次干道。

（3）两条道路相交,可以正交、可以斜交,但最好交叉在一点上,对角相等。

（4）三条路交叉,最好三条路的中心线汇集在一点上。

（5）在较短的距离内不宜出现 2 个或 2 个以上的交叉点。

（6）道路交叉处宜采用圆弧线,转角圆润。

（7）自然式道路在通向建筑正面时,应逐渐与建筑物对齐并趋向垂直;在顺向建筑时,应与建筑平行。

【自我检测】

一、判断题

1. 雕砖卵石路面:又被誉为"石子画",它是选用精雕的砖、细磨的瓦或预制混凝土和经过严格挑选的各色卵石拼凑成的路面,图案内容丰富,是我国园林艺术的杰作之一。　　（　　）

2. 两条道路相交,可以正交、可以斜交,但最好交叉不在一点上,对角相等。　　（　　）

二、填空题

1. 两条路相交角度不宜小于_____。

2. 路堑道牙高于路面,利于道路_____。

任务三　广场铺装设计

【学习导言】

景观地面铺装可作为一个广场景观亮点,还有着它独特的质地美感,铺装的纹样可以做到"巧而精,简而准"的效果。当场地空间够大,地面铺装中的各种拼花彰显出它的尺度美,色彩的搭配及铺装纹案使景观更显意境。

【学习内容】

一、广场铺装的功能

(一)提供活动和休憩场所

当铺装地面以相对较大并且没有方向性的形式出现的时候,它会暗示一个静态停留感,无形中创造一个休憩场所,见图5-3-1。

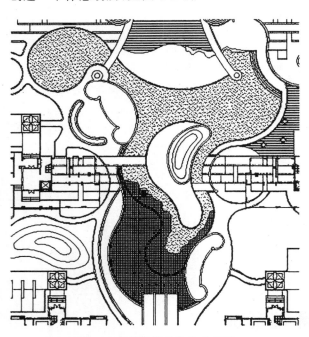

图 5-3-1　提供活动和休憩场所

(二)引导和暗示地面的用途

铺装可以提供方向性,引导视线从一个目标移向另一个目标。铺装材料及其不同空间的变化,都能在室外空间中表示不同的地面用途和功能。改变铺装材料的色彩、质地或铺装材料本身的组合,空间的用途和活动的区别也由此得到明确,见图5-3-2。

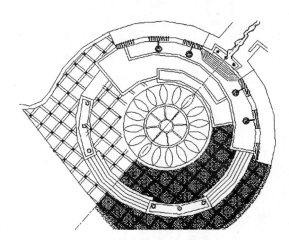

图 5-3-2　引导和暗示地面的用途

(三)对空间比例产生一定的影响

每块铺装材料的大小及铺砌形状的大小,都能影响铺面的视觉比例。形体较大、较舒展,会使空间产生宽敞的尺度感;而较小、紧缩的形状,则会使空间具有压缩感和亲密感,见图5-3-3。

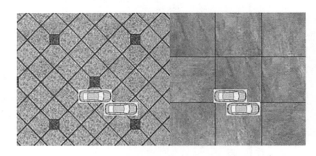

图 5-3-3　对空间比例产生一定的影响

(四)统一和背景作用

铺装地面具有明显或独特的形状,易被人识别和记忆时,可谓是最好的统一者。铺装地面可以被看作一张空白的桌面或一张白纸,为其他焦点物的布局和安置提供基础,见图5-3-4。

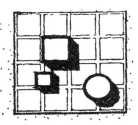

图 5-3-4 统一和背景作用

(五)构成空间个性、创造视觉趣味

不同的铺装材料和图案造型,都能形成和增强空间个性,产生不同的空间感,见图 5-3-5。就特殊的材料而言,方砖能赋予空间以温暖、亲切感,有角度的石板会形成轻松自如、不拘谨的启发气氛,而混凝土则会产生冷清、无人情味的感受。

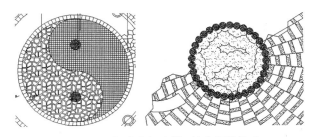

图 5-3-5 构成空间个性、创造视觉趣味

二、广场铺装的设计

(一)材料运用

(1)铺装材料很多,要弄清和掌握好不同材料的类型特点。

(2)会根据不同气候特点选择不同性能的铺装材料,如南方多雨炎热,要选择吸水性强、表面粗糙的材料;在北方可以选择吸水性差表面粗糙的坚硬材料,防冻、防滑。

(3)铺装材料 ①天然硬质砌块材料有石板、块石、条石、小料石、碎大理石、卵石。②人工硬质砌块材料有混凝土砖、面砖、青砖、大方砖等。

(二)广场铺装的图案形式

(1)文字纹样 在我国古典园林铺地中常用"福、寿"等吉祥文字,见图 5-3-6。

(2)几何纹样 几何图案是最简洁、最概括的纹样形式,通过分解、重构可以设计出无数新的图形。如八角灯景、人字纹套六方、套八方、六角冰裂纹、八角橄榄景等,见图 5-3-7。

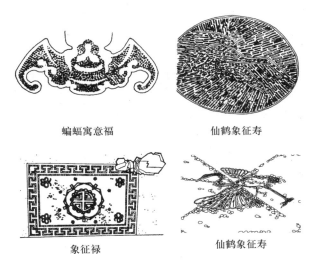

蝙蝠寓意福   仙鹤象征寿

象征禄   仙鹤象征寿

图 5-3-6 "福、寿"等吉祥文字

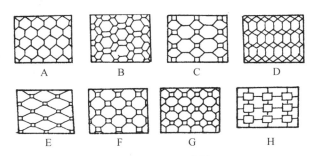

图 5-3-7 几何纹样

A. 六方式;B. 攒六方式;C. 八方式间六方式;D. 套六方式;E. 长八方式;F. 八方式;G. 海棠式;H. 四方间十字式

(3)动物纹样 有龙、麒麟、马、鸟、鱼、蝙蝠、昆虫等纹样,见图 5-3-8。

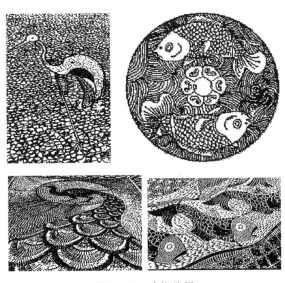

图 5-3-8 动物纹样

（4）植物纹样　铺地中运用植物纹样显得非常美观，而且具有不同的含义，见图5-3-9。

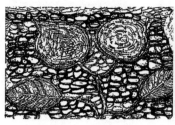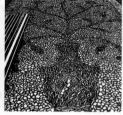

图5-3-9　植物纹样

（5）综合纹样　一些地位尊贵、规模大的建筑景观中会有大型单元铺地图案。这些图案一般都会有风景、动物、植物、人物等形象，这些图案都有着一段故事、典故、传说等，见图5-3-10。

图5-3-10　综合纹样

（三）广场铺装色彩设计

俗话说"远看色彩近看花"，色彩具有"诱目性"，起着先声夺人的效果。儿童活动游戏场所可以用色彩鲜明或充满童趣的铺装，烈士陵园庄严肃穆的场地可用灰色的铺装。

（四）广场铺装的尺度与比例

娱乐休闲广场、商业街、儿童广场等生活步行空间应该选用亲切的人体尺寸布置，而对一些市政广场、纪念广场可以通过简洁的大尺度铺装设计来烘托其庄重严肃、宏伟壮观的气氛。

在规划设计中铺装还应该与其他设计要素统筹安排，精心设计。

【自我检测】

一、判断题

1. 当铺装地面以相对较大并且没有方向性的形式出现的时候，它会暗示一个静态停留感，无形中创造一个休憩场所。　　　　（　　）

2. 铺装地面具有明显或独特的形状，易被人识别和记忆时，可谓是最好的统一者。（　　）

二、填空题

1. 娱乐休闲广场、商业街、儿童广场等生活步行空间应该选用亲切的人体＿＿＿＿＿布置。

2. 铺装可以提供方向性，引导＿＿＿＿＿从一个目标移向另一个目标。

任务四　水景设计

【学习导言】

　　水作为一种晶莹剔透、洁净清新，既柔媚又强韧的自然物质，以其特有的形态及所蕴含的哲理思维，成为园林中不可缺少的、最富魅力的一种园林要素。

【学习内容】

一、水体的功能

（一）提升景观形象

大面积的水域起到浮托岸畔的基底的作用，带状水体起到系带的作用，局部的小水景起到焦点的作用，如喷泉、池塘、瀑布等，都以水体为题材，水成了园林的重要构成要素，也引发无穷尽的诗情画意，冰雕、冰灯也是水在非常温的状况下的一种观赏形式。

（二）搭配水生植物造景

在一些景点中，提供观赏性水生动物和植物的生长条件，为生物多样性创造环境。大量的挺水植物、浮水植物、沉水植物、耐水湿植物搭配成景，不但起到美化的作用，对于水环境的改善也发挥着关键性的作用。例如，在池塘岸边，用水葱、千屈菜等搭配来美化河岸效果很好，水域面积大的旅游景点可以大量栽植芦苇来烘托整个水景区域的气势，也可种植大片的荷花、睡莲，做成水生植物专类园。

（三）分隔空间

在园林景观中，为了避免因单调而使游人产生平淡枯燥的感觉，常用水体将园景分隔成不同情趣的观赏空间，用水面创造园林迂回曲折的游览线路。隔岸相望，使人产生想要到达的欲望，而且跨越在汀步之上，也颇有趣味。有时还用曲折的园桥延长游览路线，丰富园景的层次和内容。

（四）影响和控制小气候

大面积的水域能影响其周围环境的空气湿度和温度。在夏季由水面吹来的微风具有使人凉爽的作用；而在冬季水面的热风能保持附近地区温暖。

（五）提供生产和生活用水

生产用水主要是植物灌溉用水，其次是水产养殖用水；生活用水主要是供人和动物消耗。

二、水体的类型及景观特性

（一）动水

动态的水景明快、活泼、多姿，其艺术构图多以声为主，形态丰富多样，形声兼备，可以缓冲、软化城市中"凝固的建筑物"和硬质地面，可增加城市环境的生机，有益于身心健康和满足视觉艺术的需要，如河流、溪涧、瀑布、喷泉、壁泉等。

（二）静水

静态的水景，平静、幽深、凝重，其艺术构图以影为主，如水池、湖沼等。

三、园林水体的布局形式

（一）规则式水体

规则式水体包括规则对称式水体和规则不对称式水体。此类水体的外形轮廓为有规律的直线或曲线闭合而成的几何形，大多采用圆形、方形、矩形、椭圆形、梅花形、半圆形或其他组合类型，线条轮廓简单，多以水池的形式出现；规则式水体多采用静水形式，水位较为稳定，变化不大，其面积可大可小，池岸离水面较近，配合其他景物，可形成较好的水面倒影。

（二）自然式水体

自然式水体的外形轮廓由无规律的曲线组成。园林中自然式水体主要是对原有水体的改造，或进行人工再造而形成，是通过自然界中存在的各种水体形式进行高度概括、提炼、缩拟，并用艺术形式表现处理。

(三)混合式水体

混合式水体是规则式水体与自然式水体有机结合的一种水体类型,富于变化,具有比规则式水体更为自由、比自然式水体更贴近建筑空间环境的优点。

四、水体的表现方式

园林水体一般用两条线表示,外面的一条表示水体边界线(即驳岸),用特粗线绘制;里面的一条表示水面范围,用细实线绘制。

静水水面常用拉长的平行线表示,这些水平线在透视上是近水粗而疏,远水变得细而密,平行线可以断续并留以空白表示受光部分。动水水面常用曲线表示,运笔时有规则的扭曲,形成网状,也可用波形短线条来表示动水面。

为了增加水面的真实性,可以添加一些水面景物,如船只、游艇、水生植物、水纹和涟漪,以及石块驳岸、码头等。石块采用其水平投影轮廓线概括表示,以粗实线绘出边缘轮廓,以细实线绘出纹理,见图5-4-1。

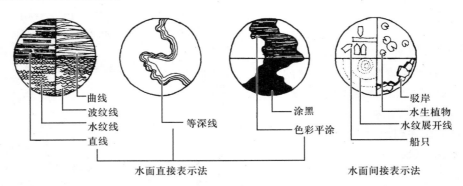

曲线
波纹线
水纹线
直线

等深线

涂黑
色彩平涂

驳岸
水生植物
水纹展开线
船只

水面直接表示法   水面间接表示法

水体的表现形式

图5-4-1 水体表现形式

五、常见园林水景简介

1.湖池

湖池有天然和人工两种。园林中的湖池多就天然水域略加修饰而成,或依地势就低凿水而成。湖池常用作园林构图之中心,在我国古典园林中常在较小的水池四周设以建筑,如颐和园中的谐趣园、苏州拙政园和留园、上海的豫园等,这种布置手法,最宜组织园内对景,产生面面入画的效果,有"小中见大"之妙。湖池的布设形状宜自然,池岸应有起有伏,高低错落。湖池面积过大时,为克服单调,常把水面用岛、洲、堤、桥等分隔成不同大小的水面,使水景丰富多彩,增加了水面的层次与景深,扩大了空间感。

2.瀑布

流水从高处突然落下而形成瀑布。瀑布有气势雄伟的动态美和悦耳动听的音响美,瀑布多出现在大型自然风景区。"飞流直下三千尺,疑是银河落九天。"描写的是庐山瀑布,此外著名的还有

贵州黄果树瀑布、台湾鲛龙瀑布等,在城市环境中,也可结合堆山叠石来创造小型人工瀑布。瀑布根据下落方式可分为三类:直落式瀑布、叠落式瀑布、散落式瀑布。瀑布可由5部分组成:即上流(水源)、落水口、瀑身、瀑潭、下流。

3.喷泉

在现代化都市及园林中,喷泉应用很广。喷泉可以美化环境,增强市容风光,调节气候,净化空气。可布置在大型建筑物前、广场中央、庭院及室内等处。园林中喷泉还往往与水池、瀑布一起布置。由于喷出的水必须落入一个容水的场所,因此总是离不开或大或小的水池,如果水池溢满,流出来,水即是瀑布,这样喷泉、水池、瀑布三者成了一个密不可分的水景组合形式。

随着科学技术的发展,喷泉的发展也非常迅猛,喷泉的喷头形式多样。喷泉的水姿变化多端,令人目不暇接。目前,城市园林中,已出现各种"音乐喷泉",它是将喷水水柱的变化结合彩色灯光和音乐节奏的变化,形成的一种声像多变的综合艺

术。另外,很多地方将传统的喷水池移至地下,保持表面的完整,作成一种"旱湿喷泉",喷水时,可欣赏变幻的水姿,不喷水时则可当作集散广场使用。

4. 溪流

溪流是自然山涧中的一种水流形式。在园林中小河两岸砌石嶙峋,河中少水并纵横交织,疏密有致地置大小石块,水流激石,涓涓而流,在两岸土石之间,栽植一些耐水湿的蔓木和花草,可构成极具自然野趣的溪流。在狭长形的园林用地中,一般采用该理水方式比较合适。

5. 河川

河川是祖国大地的动脉,著名的长江、黄河是中华民族文化的发源地。我国从北至南,排列着黑龙江、辽河、松花江、海河、淮河、钱塘江、珠江、万泉河,还有祖国西部的三江峡谷(金沙江、澜沧江和怒江),美丽如画的漓江等。大河名川,奔泻万里,小河小溪,流水人家,大有排山倒海之势,小有曲水流筋之趣。总之,河川承载着千帆百舸,孕育着良田沃土,装点着富饶大地,流传着古老的文化,它是流动的风景画卷,又是一曲动人心弦的情歌。

6. 滨海

中国东部海疆既是经济开发区域,又是重要的旅游观光胜地。这里,碧海蓝天,绿树黄沙,白墙红瓦,气象万千。有海市蜃楼幻景,有浪卷沙鸥风光,有海蚀石景奇观,有海鲜美味品尝。可以日光海浴,泛舟水上,拾贝捡螺,避暑纳凉。中国沿海游览胜地有辽宁大连的金石滩,河北的北戴河,山东的青岛、烟台、威海,江苏连云港的花果山,浙江宁波的普陀山,福建厦门的鼓浪屿,广东深圳的大鹏湾、珠海的香炉湾,海南三亚的亚龙湾等。

中国沿海自然地质风貌大体有三大类:基岩海岸大都由花岗岩组成,局部也有石灰岩系,风景价值较高;泥沙海岸多由河流冲积而成,为海滩涂地,多半无风景价值;生物海岸包括红树林海岸、珊瑚礁海岸,有一定观光价值。由上可知海滨风景资源要因地制宜,逐步开发才能更好地利用。自然海滨景观又多为人们仿效再现于城市园林的水域岸边,如山石驳岸、卵石沙滩、树草护岸,或点缀海滨建筑雕塑小品等。

7. 岛屿

中国自古以来就有东海仙岛和灵丹妙药的神话传说,导致了不少皇帝东渡求仙,也构成了中国古典园林中一池三山(蓬莱、方丈、瀛洲)的传统格局。由于岛屿给人们带来神秘感的传统习俗,在现代园林的水体中也少不了聚土石为岛,植树点亭,或设专类园于岛上,既增加了水体的景观层次,又增添了游人的探求情趣。从自然到人工岛屿,知名的有哈尔滨的太阳岛、青岛的琴岛、烟台的养马岛、威海的刘公岛、厦门的鼓浪屿、台湾的兰屿、太湖的东山岛、西湖的三潭印月(岛)。园林中的岛屿,除利用自然岛屿外,都是模仿或写意于自然岛屿的。

8. 峡谷

峡谷是地形大断裂的产物,富有壮丽的自然景观。著名的长江三峡是地球上最深、最雄伟壮丽的峡谷之一,崔嵬摩天,幽邃峻峭,江水蜿蜒东去,两岸古迹又为三峡生色。瞿塘峡素有:"夔门天下雄"之称;巫峡则以山势峻拔,奇秀多姿著称;西陵峡最长,其间又有许多峡谷,如兵书宝剑峡、崆岭峡、黄牛峡、灯影峡等。另外,广东清远县有著名的清远飞来峡,承德有松沿峡,北京素有"小三峡"之称的龙庆峡,还有重庆巫山的小三峡等。此外还有尚未开发的云南三江大峡谷、黄河上的三门峡等。

【自我检测】

一、判断题

1. 冰雕、冰灯也是水在非常温的状况下的一种观赏形式。   (   )

2. 水在园林绿地中的作用提供消耗、供灌溉用、影响和控制小气候、控制噪声、提供娱乐条件。   (   )

二、填空题

1. 按水体的形式,可分为_____、_____和_____三类。

2. 水景大体分为_____和_____两大类。

任务五　植物种植设计

【学习导言】

　　植物种植设计是用植物进行造景,具体地讲就是运用乔木、灌木、藤本及草本植物等题材,通过艺术手法,充分发挥植物的形体、线条、色彩等自然美(也包括把植物整形修剪成一定形体)来创作植物景观。

【学习目标】

　　知识目标:掌握花坛、花境、绿篱、树木配置方式方法和设计要点。

　　能力目标:能够结合园林绿地实际情况合理地进行各种园林植物的种植设计,创造出优美的植物景观。

　　素质目标:从维护生态平衡和美化环境方面不断提高园林绿化观赏效果和艺术水平,借鉴植物的奉献精神,行走在祖国绿化建设阳光的路上。

【学习内容】

一、花坛的种植设计

(一)花坛的含义

　　在具有一定几何轮廓的种植床内,种植各种不同色彩的观花、观叶与观景的园林植物,从而构成一幅富有鲜艳色彩或华丽纹样的装饰图案以供观赏,称为花坛。

(二)花坛的作用

1. 美化环境的作用

　　花坛具有美化环境的作用,在公园、风景名胜区、游览地布置花坛,不仅美化环境,有效柔化硬质景观,还可构造景点。盛开的花卉给现代城市增加五彩缤纷的色彩,随季节更替,花卉能产生形态和色彩上的变化,具有很好的环境效果和欣赏及心理效应。再有,高楼大厦所构筑的灰色空间里,设置色彩丰富的花坛,可以打破建筑物所造成的沉闷感,给人们带来蓬勃生机,从而协调人与城市环境的关系,提高人们艺术欣赏的兴趣。与城市中其他造景景观设计一样,花坛的设计必须做到景观与生态共性、绿化美化与文化兼容,根据城市绿化规划的布置,利用城市原有的地形、地貌、水体、植被和历史文化遗址等自然、人文条件,以

方便群众为原则,合理布置,展现花坛的迷人形态和丰富的内涵,使人感到意境之美。

2. 基础装饰作用

　　花坛设置在建筑墙基、喷泉、水池、雕塑、广告牌等硬质景观的边缘和周围,其美化陪衬装饰作用可使主体醒目突出、富有生机,增加其艺术的表现力和感染力。作为基础装饰的花坛设计应简洁朴素,不能喧宾夺主,如北京中山公园孙中山纪念碑的基座四周设置的模纹花坛,增添了人们对伟人的敬仰之情。

3. 组织交通作用

　　城市街道上的安全岛、分车带、交叉口等处,设置带状花坛或花坛群,可以区分路面,提高驾驶员的注意力,增加人行、车行的美感与安全感。

4. 增加节日的欢乐气氛

　　在过年、过节期间,布置于城市广场,公园和街头绿地中营造节日气氛的花坛是城市景观的重要组成部分,花坛运用大量有生命色彩的花卉装点街景,无疑增添了节日的喜庆、热闹气氛,其作为城市绿化的一种形式,与种植绿化一起构筑着城市的美好环境,展示植物的艺术美、烘托渲染欢乐、喜庆、祥和的节日气氛。

（三）花坛的主要类型

1. 按布置方式分

（1）独立花坛　见图5-5-1。常作为园林局部构图的一个主体而独立存在，具有一定的几何形轮廓。

其平面外形总是对称的几何图形，或轴线对称，或辐射对称；其长短轴之比应小于3；其面积不宜太大，中间不设园路，游人不得入内。多布置在建筑广场的中心、公园出入口空旷处、道路交叉口等地。

图5-5-1　独立花坛
a. 平面图；b. 立面图

（2）组群花坛　见图5-5-2。是由多个个体花坛组成的一个不可分割的构图整体。个体花坛之

间为草坪或铺装场地，允许游人入内游憩。整体构图也是对称布局的，但构成组群花坛的个体花坛不一定是对称的。其构图中心可以是独立花坛，还可以是其他园林景观小品，如水池、喷泉、雕塑等。常布置在较大面积的建筑广场中心，大型公共建筑前面或规则式园林的构图中心。

（3）带状花坛　见图5-5-3。是指长度为宽度3倍以上的长形花坛。在连续的园林景观构图中，常作为主体来布置，也可作为观赏花坛的镶

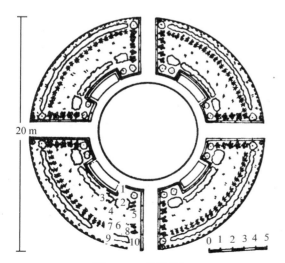

图5-5-2　组群花坛

1. 栀子；2. 桂竹香；3. 蜀葵；4. 勿忘草；5. 金鱼草；
6. 矢车菊；7. 金盏花；8. 茼蒿菊；9. 中华石竹；10. 雏菊

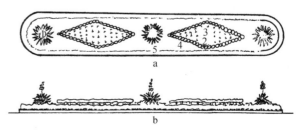

图5-5-3　带状花坛

1. 凤尾兰；2. 百日菊；3. 鸡冠花；4. 一串红；5. 葱兰

边,道路两侧建筑物墙基的装饰等。

(4)立体花坛 见图 5-5-4。随着现代生活环境的改变及人们审美要求的提高,景观设计及观赏要求逐渐向多层次、主体化方向发展,花坛除在平面上表现其色彩、图案美之外,同时还在其立面造型、空间组合上有所变化,即采用立体组合形式,从而拓宽了花坛观赏角度和范围,丰富了园林景观。

图 5-5-6　模纹花坛

图 5-5-7　混合花坛

图 5-5-4　立体花坛
1. 五色草;2. 草花;3. 底座;4. 地球仪立体造型

2. 按观赏季节分类

春季花坛、夏季花坛、秋季花坛、冬季花坛。

3. 按栽植材料分类

一年生或二年生草本花卉花坛、球根花卉花坛、水生花坛、宿根花卉花坛、木本植物花坛、草皮花坛。

4. 按表现主题分

盛花花坛,见图 5-5-5;模纹花坛,见图 5-5-6;混合花坛,见图 5-5-7。

(四)花坛的设计要点

(1)花坛的大小　在广场上设置花坛,最大不能超过广场面积的 1/3,最小不能小于广场面积的 1/10,花坛直径在 7～10 m 以下,带状花坛长度不小于 2 m,也不宜超过 4 m。

(2)花坛的边缘设计　可设边缘石和矮栏杆,也可种植装饰性的植物。常用材料有天冬草、垂盆草等。

(3)花坛的高度　多面观花坛:能从四周 360°观赏,大都是圆形、椭圆形、矩形、菱形、多边形、多角形,花坛大都在中央,人们可以从四周观赏。倾斜角 5°～10°,最大 25°。单面观花坛,草本植物保证 20～30 cm 厚的土层,多年生及灌木保证 40 cm 厚的土层。

(4)花坛的外形轮廓与内部纹样　可自然可规则,见图 5-5-8;花坛内部图案纹样,见图 5-5-9。

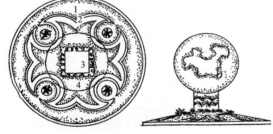

图 5-5-5　盛花花坛

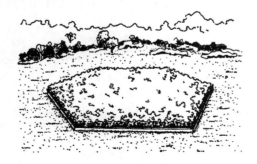

图 5-5-8　花坛的外形轮廓

1. 中心花卉；2. 一串红；
3. 大丽花；4. 一串红；
5. 早黄菊

1. 矮鸡冠花；2. 孔雀草；
3～5. 五色草，依次为绿
草、花大叶、黑草

1. 中心花卉；2. 中高草花；
3. 低矮草花；4～6. 五色草，
依次为花大叶、绿草、小叶

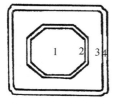

1. 紫色鸡冠花；2. 黄菊；
3. 混合色小丽；4. 孔雀草

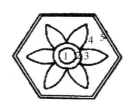

1. 中心花卉；2. 各式草花(分段色)；
3～5. 各色五色草

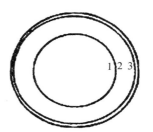

1. 早菊(混合色)；2. 红
色鸡冠花；3. 荷兰菊

图 5-5-9　花坛内部图案纹样

（5）花坛的色彩　花坛的色彩应与所在环境有所区别，既起到醒目和装饰作用，又要与环境相协调，融于环境之中。进行花坛色彩设计时要注意配色不能太多，一般花坛 2～3 种色，大型花坛 4～5 种色。

（五）花坛的植物选择

（1）多选用植株低矮、生长整齐、花期集中、株丛紧密而花色艳丽的种类。

（2）一般还要求便于经常更换及移栽布置。

（3）常选用一、二年生花卉。

（4）盛花花坛植材应选用花色鲜明艳丽、花朵繁茂、在盛开时几乎看不到枝叶又能良好覆盖花坛土面的花卉。

（5）模纹花坛应选低矮、细密的植物以形成精美细致的图案，选用生长缓慢的多年生植物或枝叶细小、株丛紧密、萌蘖性强、耐修剪的观叶植物，并通过修剪使图案纹样清晰、维持较长的观赏期。

二、花境种植设计

（一）花境的含义

花境也叫境界花坛，即沿着花园的边界或路缘种植花卉，也有花径之意，见图 5-5-10。

图 5-5-10　花境

（二）花境的位置

（1）设于区界边缘　区界边缘可以是道路、绿篱、花架、围廊、围墙、挡土墙等的边缘。在花境前设置园路，供游人驻足欣赏。在绿篱前方布置花境最为宜人，花境既可装饰绿篱单调的基部，绿篱又可作为花境的背景，二者相映成趣，相得益彰。沿着花架、游廊的两旁布置花境，可使游人在游憩过程中，有景近赏。在围墙、挡土墙前面布置单面观赏花坛，丰富围墙、挡土墙立面景观。

（2）园路的两侧　在道路的两侧可为单面观赏花境，背景为绿篱或行道树、建筑物等。

（3）草坪的边缘　在草坪边缘设置花境，打破过于开敞草坪空间的单调或空旷。在大草坪中央和边缘之间,可适当点缀些花丛,作为过渡,以丰富草坪景观的空间层次。

(4)建筑物或构筑物的边缘　作为基础栽植,为单面观赏花境。

(5)道路的中央　在道路中央为两面观赏花境。

(三)花境的设计要点

(1)同一季节中花卉的颜色、姿态、体形及数量的调和对比。

(2)要有四季变化。

(3)花境的长轴要分段布置,体现节奏和韵律;短轴不能过长或过窄。单面观混合花境4~5 m,单面观宿根花卉2~3 m,双面观花境4~6 m为宜。

(4)单面观花境需要有背景,可以是树墙、高篱、墙基、栅栏,以绿色、白色为宜。

(5)植物选择以宿根、球根、一二年生花卉为主。

三、绿篱或绿墙设计

篱植所形成的种植类型为绿篱,又称植篱。篱植是指由灌木或小乔木以相同的株、行距,单行或双行种植形成紧密绿带的配置方式,见图5-5-11。

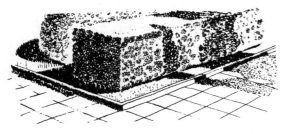

图 5-5-11　绿篱

(一)绿篱的作用与功能

(1)具有防范和防护的作用　作为园林的界墙,不让人们任意通行,起围护防范作用,多采用高绿篱、刺篱。

(2)是绿地的边饰和美化材料　为花境的"镶边"、花坛和观赏性草坪的图案花纹,起构图装饰作用,多采用矮绿篱。

(3)是屏障,能组织园林空间层次　用于功能分区、屏障视线,起组织和分隔空间的作用。还可

组织游览路线,起导游作用,多采用中、高绿篱。

(4)是园林景观的背景　作为花境、喷泉、雕塑的背景,丰富景观层次,突出主景,多采用绿篱、绿墙。

(5)障丑显美　作为绿化屏障,掩蔽不雅观之处;或作建筑物的基础栽植,修饰墙角等,多采用中、高绿篱。

(二)绿篱的类型(图 5-5-12)

1. 按照高度分

(1)绿墙　160 cm 以上,有的修剪成绿洞门。

(2)高绿篱　120~160 cm,人的视线可以越过,但是不能翻越过。

(3)中绿篱　50~120 cm。

(4)矮绿篱　高度在 50 cm 以下,人能够跨越。

2. 根据功能和观赏要求分

(1)常绿篱　由常绿灌木或小乔木组成,常用植物有桧柏、侧柏、黄杨、女贞等。

(2)花篱　由枝密花多的花灌木组成,常用植物有栀子花、六月雪、迎春、锦带花、郁李、麻叶绣球、绣线菊等。

(3)观果篱　由果实色彩鲜艳的灌木组成,常用植物有枸杞、火棘、忍冬、花椒。

(4)编篱　由枝条韧性较大的灌木组成,常用植物有木槿、枸杞、紫穗槐、杞柳等。

(5)刺篱　由带刺的植物组成,常用有枸橘、山花椒、黄刺玫、山皂荚、雪里红等。

(6)落叶篱　由落叶树组成,常用植物有榆树、水蜡、茶条槭等。

(7)蔓篱　由攀缘植物组成,常用植物有地锦、蛇葡萄、南蛇藤、莴萝、牵牛花、丝瓜等。

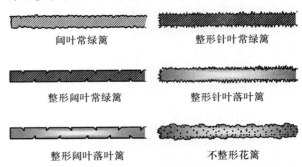

图 5-5-12　绿篱的类型

(三)栽植形式

绿篱的种植密度一般应根据使用目的、不同树种、苗木规格和种植地带的宽度来确定。

(1)矮绿篱　通常为单行直线或几何曲线栽植,株距一般为 15～30 cm;宽度为 30～50 cm;高度为 10～50 cm。

(2)中绿篱　成单行或双行直线或几何曲线栽植,株距一般为 30～50 cm;单行栽植宽度为 40～80 cm,双行栽植行距为 25～50 cm,宽度为 50～100 cm;高度为 50～120 cm。双行栽植点的位置成三角形交叉排列。

(3)高绿篱　株距 50～75 cm;单行式宽度为 50～80 cm,双行式行距为 40～80 cm,宽度为 80～100 cm,高度为 120～160 cm;双行式呈三角形交叉排列。

(4)绿墙　多双行栽植,株距 1.0～1.5 m,行距 50～100 cm,宽度 1.5～2.0 m,高度为 1.6 m 以上;双行栽植呈三角形交叉排列。

四、园林树木的配置

乔、灌木的种类多样,既可单独栽植,又可与其他材料配合组成丰富多变的园林景色,因此在园林绿地中所占比重较大,一般占整个种植面积的半数左右,其余半数则是草坪及地被植物。园林树木的配置有以下几种方式。

(一)孤植

1. 孤植的含义

是指乔木的孤立种植类型,见图 5-5-13。广义地说,孤植树并不等于只种 1 株树,有时在特定的条件下,也可以是两株到三株,紧密栽植,组成一个单元。但必须是同一树种,株距不超过 1.5 m,见图 5-5-14。

图 5-5-13　单株孤植

图 5-5-14　三株孤植

2. 孤植树在园林造景中的作用

(1)是观赏的主景,以及建筑物的背景和侧景。

(2)蔽荫,供人休息、眺览。

3. 孤植树具备的基本条件

(1)形体美、枝叶茂密,树冠开阔,轮廓富于变化。

(2)生长旺盛、健壮,寿命长,病虫害少,能经受重大自然灾害,宜多选用当地乡土树种中久经考验的高大树种。

(3)树木不含毒素,没有带污染性并易脱落的花果。

4. 孤植树种植的地点

(1)布置在开阔大草坪或林中草地的自然重心处,以形成局部构图中心,并注意与草坪周围的景物取得均衡与呼应。

(2)配置在开朗的江、河、湖畔,以清澈的水色作为背景,使其成为一个景点,游人还可以在此庇荫或观赏远景。

(3)配置在可以透视辽阔远景的高地、山岗上,既可供游人驻足纳凉、赏景,又能丰富高地或山岗的天际线。

(4)配置在自然式园林中的园路或水系的转弯处、假山蹬道口以及园林的局部入口处,作交点树或诱导树。

(5)布置在公园铺装广场的边缘,园林建筑附近铺装场地上,用作庭荫树。

(二)对植

1. 对植的定义

对植是指用两株树或两丛树,按照一定的轴线关系作左右对称或均衡的种植方式,见图 5-5-15。

2. 对植应用场所及作用

主要用于公园、建筑前、道路、广场的出入口,

图 5-5-15　对植

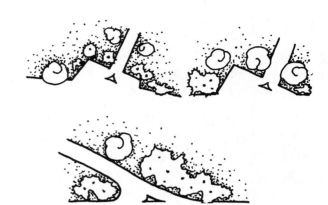

图 5-5-17　自然式对植

桥头、蹬道石阶的两旁起蔽荫、休息和装饰美化的作用。在构图上形成配景或夹景，起烘托主景和陪衬的作用。

3. 对植树在园林中的应用形式

（1）规则式对称种植　利用同一树种、同一规格的树木依全体景物的中轴线作对称布置，两树的连线与轴线垂直并被轴线等分，见图 5-5-16。一般选择冠形规整的树种。栽植的位置既要不妨碍出入交通和其他活动，又要保证树木有足够的生长空间。此形式多运用于规则式种植环境之中。

图 5-5-16　规则式对植

（2）自然式对称种植　即采用种类相同，但大小、姿态不同的树木，以主体景物中轴线为支点取得均衡关系，沿中轴线两侧作非对称布置，其中稍大的树木离轴线垂直距离较稍小的树木近些，且彼此之间要有呼应，要顾盼生情，以取得动势集中和左右均衡。此形式多运用于自然式种植环境之中，见图 5-5-17。

在非对称式对植中，沿中轴线左右配置的树木也可以采用株数不同、树种相同的树木，如左侧是 1 株大树，右侧为同种的 2 株小树；也可以两侧是相似而不相同的两个树种；也可以两侧是外形相似的两个树丛。

（三）列植

（1）列植的定义　是指乔、灌木按一定的株行距以直线或缓弯线成排成行的栽植，见图 5-5-18。

				一列直线状
				一列曲线状
				二行直
				环状植
				围植
				境栽
				自由栽植

图 5-5-18　列植形式

（2）列植的特点与应用场所　列植形成的景观比较整齐、单纯、气势大，是规则式园林绿地中以及广场、办公楼、道路、矿山、工厂、居住区等绿化中应用最多的基本栽植形式。在自然式绿地中也可布置比较整形的局部。列植可以是单行、也可以是多行，其株行距的大小决定于树冠的成年冠径。

（3）树种选择　列植宜选择树冠体形比较整齐的树种，树冠为圆形、卵圆形、椭圆形、圆锥形等。

（4）栽植间距　取决于树木成年冠幅大小、苗木规格和园林主要用途，如景观、活动等。一般乔木采用 3.8 m，灌木为 1～3 m。

（5）栽植形式　有等行等距和等行不等距两种基本形式。

（四）丛植

（1）丛植的定义　丛植通常是由两株到十几株乔木或乔灌木组合种植而成的种植类型。丛植是园林绿地中重点布置的一种种植类型。

（2）丛植类型

①两株丛植　采用同一树种，但又须有殊相，即在姿态和体型大小上，两树应有差异，才能有对

比而生动活泼,见图 5-5-19。但在栽植时两株树的距离应小于小树树冠直径长度。

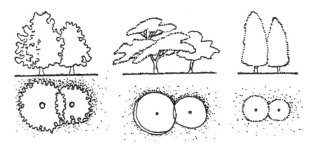

图 5-5-19　两株丛植

②三株丛植　树种的搭配不宜超过 2 种,最好是同为乔木或同为灌木,如果是单纯树丛,树木的大小、姿态要有对比和差异,如果是混交树丛,则单株应避免选择最大的或最小的树形,栽植时三株忌栽在一条直线上,也忌呈等边三角形。三株中最大的 1 株和最小的 1 株要靠近些,见图 5-5-20。

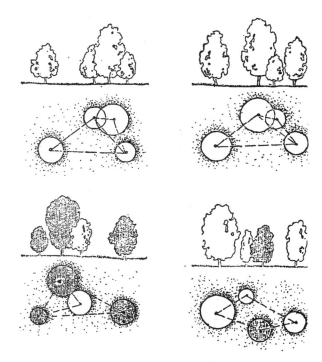

图 5-5-21　四株丛植

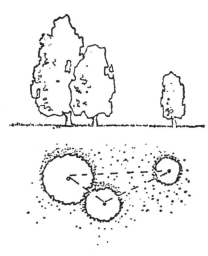

图 5-5-20　三株丛植

③四株丛植　四株的配合可以是单一树种,也可以是两种不同树种。如果是同一树种,各株树的要求在体形、姿态上有所不同;如是两种不同树种,最好选择外形相似的不同树种,见图 5-5-21。

四株配合的平面可有两个类型,一为外形不等边四边形;一为不等边三角形,成 3:1 的组合,而四株中最大的 1 株必须在三角形一组内。四株配植时,其中不能有任何 3 株成一直线排列。

④五株丛植　树丛的配植可以分为两组形式,这两组的数量可以是 4:1 或 3:2,见图 5-5-22。在

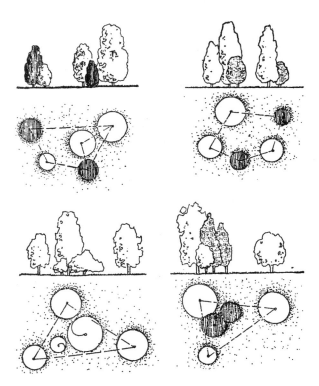

图 5-5-22　五株丛植

4:1 配植中,要注意单独的一组不能是最大的也不能是最小的;在 3:2 配植中,要注意最大的 1 株必须在 3 株的一组中。两组的距离不能太远,树种的

选择可以是同一树种,也可以是2种或3种的不同树种,如果是两种树种,则一种树为3株,另一种树为2株,而且在大小、体形上要有差异,不能一种树为1株,另一种树为4株,这样易失去均衡。

⑤六株以上的配合 一般是由2株、3株、4株、5株等基本形式交相搭配而成的。其关键在于调和中有对比、差异中有稳定。株数太多时,树种可增加,但必须注意外形不能差异太大。一般来说,在树丛总株数7株以下时树种不宜超过3种,15株以下时不宜超过5种。

(五)群植

1. 群植含义

用数量较多的乔灌木(或加上地被植物)配植在一起,形成一个整体,称为群植,见图5-5-23。

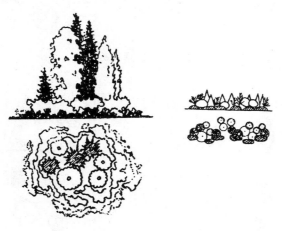

图5-5-23 群植

2. 群植的特点

(1)组成群植的单株树木数量一般在20～30株以上。

(2)树群所表现的是群体美,观赏的是它的层次、外缘和林冠等。主要有乔木层、亚乔木层、大灌木层、小灌木层及多年生草本植被5个层次。

(3)树群是构图上的主景之一,应该布置在有足够距离的开朗场地上,如靠近林缘的大草坪、宽广的林中空地、水中的小岛屿、宽广水面的水滨、小山山坡上、土丘上等。

(4)树群至少在树群高度的4倍、树群宽度的1.5倍距离上留出空地,以便游人欣赏。

(5)群植规模不宜太大,在构图上要四面空旷。

(6)树群的组合方式,最好采用郁闭式、成层的结合。树群内通常不允许游人进入。

3. 群植的植物选择

(1)乔木层 是林冠线的主体,选用的树种、树冠的姿态要特别丰富,使整个树群的天际线富于变化。

(2)亚乔木层 选用的树种要求叶形、叶色都要有一定的观赏效果,最好开花繁茂或是有美丽的叶色,与乔木层在颜色上形成对比。

(3)灌木 应以花灌木为主。

(4)草本覆盖植物 应以多年生野生性花卉为主,树群下的土面不能暴露。

(六)林带

1. 林带的定义

林带是数量众多的乔灌林,树种呈带状种植,是列植的扩展种植,列植范围加大后,可形成林带。

2. 林带的园林用途

它在园林绿化中用途广泛,可作为遮阴、防风、防尘、防噪声、分割空间、屏障视线等用途。

(七)林植(树林)

1. 定义

凡成片、成块大量栽植乔灌木,构成林地或森林景观的称为林植或树林。

2. 用途

林植多用于大面积公园安静区、风景游览区或休(疗)养区卫生防护林带。

3. 分类

(1)密林 林木郁闭度为0.7～1.0,林地道路广场密度为5%～10%。由于密林郁闭度较高,日光透入很少,林下土壤潮湿,地被植物含水量大,质地柔软,经不起践踏,并且有时易污染人们的衣裤,故游人一般不便入内游览和活动。而其间修建的道路广场相对要多一些,以便容纳一定的游人。

①单纯密林 由于树种单纯,缺乏垂直郁闭景观和丰富的季相变化,为此常应同异龄树苗与起伏的地形,使林冠线断续起伏,以丰富树林的立面变化;也可于林下配置一些开花华丽的耐荫的

多年生草本花卉,如百合科、石蒜科、鸢尾科、天南星科等,郁闭度不应太高,以 0.7～0.8 为宜。树种选择采用生长健壮、适应性强、姿态优美等富有观赏特征的乡土树种为宜。

②混交密林 一般具有垂直郁闭的成层结构和较为丰富的季相变化。植物配置时,在供游人观赏的林缘和路边,既要采用复层混交形成垂直郁闭的成层景观,供人欣赏;又应布置单纯大乔木以留出一定的风景透视线,使游人视线纵深透入林内,洞察林下幽邃深远的空间效果;还可设置小型的草地或铺装场地以及简单的休息设施,供游人集散和休息。

(2)疏林 林木郁闭度为 0.4～0.6;道路广场密度在 5% 以下。由于疏林里林木密度较稀疏,常把疏林与草地结合营造,称为疏林草地。疏林草地上游人夏日可庇荫,冬日可晒太阳,草坪空地上游人可进行多种形式的游乐活动,如赏景、野餐、游戏、摄影、打牌、听音乐、唱歌跳舞等,林内景色变化多姿,深受广大群众喜爱。

①树种选择 疏林树种应有较高的观赏价值、生长健壮、姿态优美、树冠开张、枝叶疏朗,以落叶乔木居多,如合欢、鸡爪槭、马褂木、樱花、银杏、枫香等。落叶树内应搭配适当的常绿树种。林下草地应选择耐践踏的草种,以利游人活动。

②配置方式 宜采用自然式配置,林木三五成群,疏密相间、断续有致,前后错落,高低参差。树丛、孤植树、疏散地分布在草地上,丛(株)距一般在 10～20 m 变化,最小株距不小于成年树的树冠大小,有时也可留出小块林中空地。

(八)攀缘植物

1.攀缘植物作用

(1)充分利用土地和空间,形成丰富的立体景观。

(2)具有遮阴、降温、防尘、隔离的功能。

(3)装饰街道、林荫道、挡土墙、围墙、台阶、出入口、灯柱、阳台、花架等。

2.常用的攀缘植物

紫藤、常春藤、五叶地锦、三叶地锦、葡萄、猕猴桃、南蛇藤、凌霄、木香、铁线莲、茑萝、丝瓜、观赏南瓜、观赏菜豆。

【自我检测】

一、判断题

1.进行花坛色彩设计时要注意配色不能太多,一般花坛 2～3 种色,大型花坛 4～5 种色。( )

2.孤植就是用一棵树进行栽植的方式。( )

二、选择题

1.花坛的大小应与广场的面积成一定比例,一般最大不超过广场面积的( )。
   A.1/2 B.1/3 C.1/4 D.1/5

2.三株树丛配置的原则是( )。
   A.树种搭配不超过两种
   B.各株树应有姿态、大小的差异
   C.最大的一株稍远离
   D.三株不在同一条直线上,且不为等边三角形

任务六 园林建筑及小品设计

【学习导言】

园林建筑小品是指园林中供休息、装饰、照明、展示和供园林管理使用的小型建筑设施。

园林建筑小品以其丰富多彩的内容和造型,活跃在古典园林中,对园林整体环境的构成、氛围的营造及主题的升华起着画龙点睛的作用。

【学习目标】

知识目标:掌握不同类型园林建筑小品和园林景观小品设计的功能及设计要点,熟悉不同类型的园林建筑小品和园林景观小品在园林绿地中的布置位置。

能力目标:能够依据设计要求、结合地形地貌合理设计、绘制常见的园林建筑与小品,点缀环境、丰富景观、烘托气氛、加深意境。

素质目标:了解和认识中国传统建筑小品的魅力和文化内涵,培养匠心独运的设计能力。

【学习内容】

一、园林建筑

园林建筑是建造在公园绿地中供人们休憩或观赏用的建筑,常见的有亭、台、楼、阁、榭、廊、坊、轩、厅堂等。

园林建筑有以下几个方面的作用:

一是造景,园林建筑本身就是被观赏的景观或景观的一部分。

二是为游览者提供观景的视点和场所。

三是提供休憩和活动的空间。

四是提供简单的使用功能,诸如小卖部、售票、摄影等。

五是作为主体建筑的必要补充或联系过渡。

二、园林小品

园林小品是园林中供休息、装饰、照明、展示和供园林管理使用的小型建筑设施。

园林小品的特点:它一般没有内部空间,体形小巧,造型别致。

园林小品既能美化环境,丰富园趣,为游人提供休息和公共活动的方便,又能让游人从中获得美的感受和良好的教益。

不论是古典园林,还是现代化游乐场所,园林建筑与小品在造景中匠心独运。比如,一樘通透的花窗,一组精美的隔断,一盏灵巧的园灯,一座构思独特的雕塑,乃至小憩的座椅、小溪的折桥、湖边的汀步等,它们无论是依附景物或是建筑之中或是相对独立,均能构成一幅幅优美动人的园林景致。

三、园林建筑、小品创作要求

(1)立其意趣,根据自然景观与人文风情,做出景点中小品的设计构思。

(2)合其体宜,选择合理的位置布局,做到巧而得体、精而合宜。

(3)取其特色,充分反映建筑小品的特色,把它巧妙地融合在园林环境之中。

(4)顺其自然,不破坏原有风貌,做到涉门成趣,得景随形。

(5)求其因借,通过对自然景物形象的取舍,使造型简练的小品获得景象丰富充实的效应。

(6)饰其空间,充分利用建筑小品的灵活性、多样性丰富园林空间。

(7)巧其点缀,把需要突出表现的景物强化起来,把影响景物的角落巧妙地转化成为游赏对象。

(8)寻其对比,把两种明显差异的素材巧妙地结合起来,相互烘托,显出双方特点。

四、园林个体建筑设计

(一)花架

1. 花架在园林绿地中作用

(1)遮阴功能 花架是攀缘植物的棚架,可供游人休息、乘凉、赏景之用。

(2)景观效果 花架在造园设计中具有亭、廊的作用,作长线布置时,就像游廊一样能发挥建筑空间的脉络作用,形成导游路线;还具有组织园林空间、划分景区、增加风景深度的作用。作点状布置时,就像亭子一般,形成观赏点,并可以在此组织对环境景色的观赏。另外,花架本身具有优美的外形,也对环境起到装饰作用。

2. 花架的位置选择

公园角隅、水边、园路的一侧、道路的转弯处、建筑物旁,可与亭、廊、建筑组合,也可单设立于草坪之上。

3. 花架的类型与形式

(1)花架的结构形式

①简支式　又称双柱式,其剖面是两个立柱上架横梁,梁上承格条,可以单挑或双挑。

②悬臂式　又称单柱式,其剖面是在立柱上端置悬臂梁,梁上承格条,可以单挑或双挑。

③钢架结构的拱门式　在花廊、甬道多采用半椭圆拱顶或拱门钢架式。人行其中陶醉其间,材料多为钢筋、轻钢或混凝土。

④数种结构组合式　一般是直廊式与亭、景墙或独立式花架组合,形成一种更具观赏性的组合式建筑。

(2)平面形式　将花架组合可以构成丰富的平面形式。多数的花架呈直线形,如果将其组合,能形成三角形、四边形、多边形。如果将平面设计成弧形,花架就可以形成圆形、扇形、曲线形等。

(3)垂直支撑形式　最常见的是立柱式,它可分为独立的方柱、长方柱、小八角、海棠截面柱。为了增添艺术性,可以复柱代替独立柱,此外还有平行柱、V形柱等。也有采用花墙式花架,其墙体可用清水花墙、天然红石板墙、水刷石或白墙等。

4. 花架常用的植物

多选用藤本蔓生的具有一定观赏价值的植物,如常春藤、络石、紫藤、五味子、凌霄、南蛇藤、地锦、葡萄、金银花、猕猴桃等。

(二)亭

亭作为园林中极为活跃的小型园林建筑,它的类型非常丰富,具有地方风格特色。亭的平面、立面形式,屋顶造型多样,是其他建筑所不及的,尤其是在基址选择、造型上已达到奇巧的程度,真可谓是"亭亭玉立"。

1. 亭的含义

亭是指有顶无墙,设在路边、花园等处供休息、观赏、游憩的小型建筑。

2. 亭的功能与作用

(1)亭的一般功能与作用

①政治　这种现象在中国建筑文化中很是特别。

②观兵　这是亭的军事功能。

③讲学　讲学之所。

④避暑　为避暑之所。

⑤观瞻　观赏风景之所。

⑥迎钱　为迎钱之所。

⑦祭祀　祭祀、祭祖之所。

⑧待渡　为行人待渡之所。

⑨亭的其他功能　遮雨、风水、象征、审美、集雅(兰亭集序)、放生等。

(2)亭在园林绿化中的功能与作用

①亭在园林中的作用主要表现在构景。

②亭作为一种建筑小品,是园林景观构景的重要手段,它是园林中颇为活跃、空灵的一个审美因素,它既是一个审美的对象,也是审美的出发点。

3. 亭的位置选择

(1)山上建亭

①位置　宜于远眺的地形,特别是山巅、山腰台地、悬崖峭壁、山坡侧旁、山洞洞口、山谷溪涧,同时也为登山中的休憩提供一个可坐看的环境。

②构景　山上建亭不仅丰富了山体轮廓,使山色更有生气,也为人们观望山景提供了合宜的尺度,形成特有的山景景观。

(2)临水建亭

①位置　临水的岸边、水边石矶、水中小岛、桥梁之上等处。

②作用　观赏水景、丰富水景。

③要求　贴近水面、宜低不宜高,切忌用混凝土柱墩把亭子高高架起,柱墩要缩到亭底板边缘。选好观水角度,注意亭在画面中的恰当位置。桥上置亭是我国园林艺术处理的常用手法。

(3)平地建亭

①位置　亭通常位于道路的交叉口上,路侧的林荫之间,有时为一片花圃、草坪、湖石所围绕;或位于厅、堂廊、室与建筑之一侧。有的自然风景区在进入主要景区之间,在路边或路中筑亭。

②作用　供户外活动之用,作为一种标志和点缀。

(4)亭与植物结合　用植物命名的亭有牡丹亭、桂花亭、荷风四面亭等。注意亭旁种植植物应疏密有致、千万不可壅塞。

(5)其他　常设立于密林深处、庭院一角、草坪中、园路中间以及两旁。

4．亭的平面及立面设计

（1）亭的形式设计分类

①从平面上分　三角亭、方形亭、五角亭、六角亭、八角亭、十字亭、园亭、蘑菇亭、伞亭、扇面亭等。

②从组合上分　单体式、组合式、与廊墙相组合。

③从位置上分　山亭、水亭、桥亭。

（2）亭的立面设计分类

①层数上分　单层、双层。

②檐数上分　单檐、重檐。

③从亭顶的形式上分　攒尖顶、歇山顶、盝顶、卷棚顶。

④从建筑材料上分　木构瓦顶、木构草顶、石构与水泥及钢构多种材料制成的仿竹、仿松的亭。

（三）廊

1．廊的含义

我国古建筑单体的造型一般比较单调和简单，廊是连接古建筑单体的一种建筑形式，用它划分和组合空间，形式多样，"随形而弯，依势而曲，……蜿蜒无尽。"

2．廊在园林造景中的作用

（1）联系作用　廊将园林中的各景区、景点连成有序的整体，或将单体建筑连成有机的群体，使主次分明，错落有致；廊可以配合园路，构成全园交通、游览及各种活动的通道网络，以"线"联系全园。

（2）分隔空间并围合空间　廊可将花墙的转角、尽端划分出小小的天井，种以竹石、花草构成小景，使空间相互渗透，隔而不断；廊还可以将开朗的空间围成封闭的空间，使空间变化情趣倍增。

（3）组廊成景　廊的平面可以自由组合，廊的体态通透开敞，尤其是善于与地形结合，"或蟠山腰，或穷水际，通花渡壑，蜿蜒无尽"，与自然融为一体，体现自然与人工之美。

（4）实用功能　廊具有系列长度的特点，最适于作展览用房，现代园林中各种展览廊，如金鱼廊、书画廊、花卉廊等，其展出内容与廊的形式结合得尽善尽美。此外，廊还有避日晒、防雨淋的作用，形成休憩、赏景的佳境。

3．廊的造型

（1）从平面上分　曲尺回廊、之字曲折廊、抄手回廊和弧形月牙廊等。

（2）从立面上可分　为平廊、坡廊和跌落廊等。

（3）从剖面上分可分为如下5种。

①半廊　也叫半壁廊、单面空廊。廊的一侧列柱砌，有实墙或半实半虚墙，完全贴在建筑或墙边缘的廊子，多采用一面坡的形式，如苏州留园"绿荫""古木交柯"一组建筑空间的处理。

②空廊　也叫双面空廊，廊的双侧列柱、双侧通透，形式有直廊、回廊、折廊和抄手廊等，廊两侧的主题可相应不同，但必须有景可观，如北京颐和园的长廊。

③双层廊（楼廊、阁道）　可便于人们在上下两层不同高度的廊中观赏景物，有时也便于联系不同标高的建筑物或风景点以组织人流，如上海黄浦公园江边的双层廊；北海琼华岛北岸的"延楼"。

④复廊　又称双面廊，中间夹一条分隔墙，中间墙上多结合漏窗进行设计。这种廊，一般廊的两侧都有景可观，而景物又各不相同，通过复廊把两种不同的景物联系起来，使空间互相渗透，既隔又透，如苏州沧浪亭东北面临水复廊。

⑤暖廊　是设有可装卸玻璃门窗的廊，既可防风雨又可保温、隔热。

4．廊在园林中的位置

（1）平地建廊　常建在草坪一角、休息广场中、大门出入口附近，也可沿园路或用来覆盖园路，或与建筑相连等。在小空间或小型园林中建廊，常在界墙及附属建筑物以"占边"的形式布置。

（2）水边或水上建廊

①位于岸边的水廊，廊基紧贴水面，廊的平面也大体紧贴岸边，尽量与水接近。

②凌驾于水上的廊，以露出水面的石台或石墩为基，使廊的底板尽可能贴近水面，并使两边水面能穿经廊下相互贯通，人在廊中游，别有情趣。

（3）山中建廊　供游山观景和联系山坡上下不同标高的建筑用，可以丰富山地建筑的空间构图。

5．廊的设计要点

（1）出入口　多在廊的两端或者是中间，将其空间适当放大加以强调,在立面和空间处理上也可作重点强调,以突出其美观效果。

(2)内部空间的处理 多曲廊在内部空间层次上可以产生平面上开合的各种变化,廊内空间做适当隔断,可以增加廊曲折空间的层次及深度,廊内设有洞门、花格、隔断及漏花窗均可达到如此效果,另外将植物引入廊内,廊内地面做升降,可以使竖向设计上产生高低等丰富的变化。

(3)立面造型 亭廊组合,丰富立面造型,扩大平面重点部位的使用面积,设计要注意建筑空间组合的完整性与主要观赏面的透视景观效果,使廊亭具有统一风格的整体性。

(4)廊的装饰 廊可装饰座凳、栏杆、透窗花格、挂落、灯窗等。颜色采用方面,北方多红绿色,南方多深褐色。

(5)材料及造型 新材料的应用,使平面可做成任意曲线,立面可做薄壳、悬索、折板和钢网架等多种形式。

(四)桥

1. 桥的作用

园林中的桥,可以联系风景点的水陆交通,组织游览线路,变换观赏视线,点缀水景,增加水面层次,兼有交通和艺术欣赏的双重作用。

2. 桥的分类

(1)平桥 简朴雅致,紧贴水面,或增加风景层次,或便于观赏水中倒影。

(2)曲桥 曲折起伏多姿,无论三折、五折、七折、九折在园林中通称曲桥或折桥。它为游客提供了各种不同角度的观赏点,桥本身又为水面增添了景致。

(3)拱桥 多置于大水面,将桥面抬高,做成玉带的形式。这种造型优美的曲线,圆润而富有动感,既丰富了水面的立体景观,又便于桥下通船。

(4)亭桥 是架在水上的亭,处于较大的水面上,易于四周观景,可供游人赏景、游憩、避雨、遮日。

(5)屋桥 以石桥为基础,在其上建有亭、廊等,因此又叫亭桥或廊桥。其功能除交通和造景外,还可供人休憩。

3. 桥的设计

(1)注意事项

①在园林中,桥位选址与总体规划、园路系统、水面的分隔或聚合、水体面积大小密切相关。

②建桥时,应适当抬高桥面,既可满足通航的要求,还能框景,增加桥的艺术效果。

③大水面架桥,借以分隔水面时,宜选在水面岸线较窄处,既可减少桥的工程造价,又可避免水面空旷。

④小水面架桥宜体量小而轻,体型细部应简洁、轻盈、质朴,同时,宜将桥位选择在偏居水面的一隅,以期水系藏源,产生"小中见大"的景观效果。

⑤附近有建筑的,应推敲园桥体型的细部表现。在水势湍急处,桥宜凌空架高,并加栏杆,以策安全,以壮气势。

⑥水面高程与岸线平齐处,宜使桥平贴水波,使人接近水面,产生凌波亲切之感。

(2)具体设计要求

①曲折平桥 多用于较宽阔的水面而水流平静者。为了打破跨直线平桥过长的单调感,可架设曲折桥。曲折桥有两折、三折、多折等,如上海城隍庙九曲桥,饰以华丽栏杆与灯柱,形态绚丽,与庙会的热闹气氛相协调。

②单跨平桥 造型简单能给人以轻快的感觉。有的平桥用天然石块稍加整理作为桥板架于溪上,不设栏杆,只在桥端两侧置天然景石隐喻桥头,简朴雅致,如广州荔湾公园单跨仿木平板桥、苏州拙政园曲径小桥,亦有田园风趣。

③汀步 水景的布置除桥外在园林中亦喜用汀步。汀步宜用于平静水池、浅水河滩、山林溪涧等地段。近年来,以汀步点缀水面亦有许多创新的实例。

④拱券桥 用于庭园中的拱券桥多以小巧取胜,苏州网师园石拱桥以其较小的尺度,低矮的栏杆及朴素的造型与周围的山石树木配合得体见称。广州流花湖公园混凝土薄拱桥造型简洁大方,桥面略高于水面,在庭园中形成小的起伏,颇富新意。

五、园林小品设计

(一)园林小品概述

1. 园林小品含义

园林小品范围十分广泛,它大体上包含了传

统意义上的园林建筑小品及园林装饰小品两大类景观内容,此外还包括城市空间中许多功能性及服务性设施,如城市标志、街道家具等各类影响城市外在景观效果的元素。

2. 园林景观小品在园林中的用途

(1)观赏 园林小品作为艺术品,它本身具有审美价值,由于其色彩、肌理、质感、造型和尺度的特点,加之成功的布置,本身就是园林环境中的一景。如杭州西湖"三潭印月"就是以传统水庭石灯的小品进行空间形式美的加工;北京大观园庭院中人工山水池中放置一组人物雕塑,使庭院艺术趣味焕然一新。

(2)组景 园林小品在园林空间中,除具有自身的使用功能外,更重要的作用是把外界的景色组织起来,在园林空间中形成无形的纽带,引导人们由一个空间进入另一个空间,起着导向和组织空间画面的构图作用;能在各个不同角度都构成完美的景色,具有诗情画意。园林小品还起着分隔空间与联系空间的作用,使步移景异的空间增添了变化和明确的标志。如上海烈山陵园正门入口处的组雕使游人视线受阻,从而分隔和组织空间,使游人入园达到"柳暗花明"的艺术境界。

(3)渲染气氛 园林小品除具有组景、观赏作用外,还把桌凳、地坪、踏步、标示牌和灯具等功能作用比较明显的小品予以艺术化、景致化。一组休息的座凳或一块标示牌,如果设计新颖,处理得宜,做成富有一定艺术情趣的形式,会给人留下深刻的印象,使园林环境更具感染力。如水边的两组座凳,一个采用石制天然座凳,恬静、祥和,可与环境构成一幅中国天然山水画;一个凳面上刻有艺术图案,独特新颖,别具情趣,迎水而坐令人视野开阔,心旷神怡。

3. 园林小品的分类

(1)按小品的功能性质分类

①建筑小品 指园林环境中建筑性质的景观小品,如围墙(包括门洞、花窗)等。

②设施小品 指园林中主要为满足人们赏景、休息、娱乐、健身活动、科普宣传、卫生管理及安全防护等使用需要而设置的构筑物性质的小品。如铺地、步石、园灯、护栏、曲桥、园桌、庭院椅凳、儿童娱乐设施以及宣传牌、果皮箱等文化卫生

设施小品。

③雕塑小品 园林环境中富有生活气息和装饰情趣的小型雕塑,如人物及动物具象雕塑、反映现代艺术特质的抽象雕塑等。

④植物造景小品 园林中使用植物材料进行人工造型所创作的景观小品,如盛花花坛、立体花坛、树木动物造型与建筑造型等。

⑤山石小品 园林中人工堆叠放置的山石景观小品,如假山、置石等。

⑥水景小品 园林中人工创造的小型水体景观,如水池、瀑布、流水和喷泉等。

(2)按景观小品建造材料分类 有竹木小品、混凝土小品、砖石小品、金属小品、植物小品、陶瓷小品、其他小品(塑料、玻璃、玻璃钢,纤维以及其他混合材料)。

(二)园林具体小品设计

1. 园桌、园椅、园凳

(1)园桌、园椅、园凳的作用 供游人休息、赏景所用。

(2)布置地点 布置在人流较多,景色优美的地方,如路边、花架、广场周边、树荫下、河湖水体边、山腰休息台地等。

(3)基本尺寸 园椅、园凳的高度宜在30 cm左右,不宜太高,否则游人休息有不安全感。基本尺寸见表5-6-1。

表5-6-1 园椅、园凳的基本尺寸

使用对象	高/cm	宽/cm	长/cm
成人	37～43	40～45	180～200
儿童	30～35	35～40	40～60
兼用	35～40	38～43	120～150

(4)形式 园椅、园凳要求造型美观,构造简单,坚固舒适,易清洁,耐日晒雨淋,其色彩、图案、风格要与环境相协调。常见形式有直线长方形、方形;曲线环形、圆形;直线加曲线;仿生与模拟形等,此外还有多边形和组合形。

(5)材料 园桌、园椅、园凳可用多种材料制作,有竹、木材料,还有铝合金、钢铁、塑胶、钢筋混凝土及石材、陶、瓷等。有些材料制作的桌椅还必须用油漆、树脂涂抹或马赛克、瓷砖等装饰表面,

其色彩要与周围环境相协调。

2. 园墙

园墙在园林绿地中有两种,即景墙与界墙。

(1)景墙 园林内部的墙称为景墙。我国园林空间变化丰富,层次分明,景墙有分隔空间、组织导游、遮蔽视线、装饰美化和衬托景物的作用,是园林空间构图的一个重要因素。景墙的形式有波形墙、白粉墙、花格墙、漏明墙、虎皮石墙等。中国江南古典私家园林多用白粉墙,不仅与屋顶、门窗的色彩有明显对比,而且能衬托出山石、竹丛、花木的多姿多彩。

(2)界墙 用于园林边界四周,也称护园围墙。其主要功能是防护,但也有丰富园林景色和装饰的作用,质地应坚固、耐用,同时形式也要美观,最好采用透空或半透空的花格围墙,使园内外景色互相渗透。

3. 洞门

在园墙上开设的洞门,又称墙洞,能使方寸之地空间发生变化,起到步移景异的作用。

洞门的形式多变,主要分为以下两种。

(1)几何形的洞门 圆形、横长方、直长方、圭角、多角形、复合型。

(2)仿生形的洞门 海棠、桃李、石榴、葫芦、汉瓶、如意等。

4. 景窗

景窗即景墙上的漏窗、空窗,其形成虚实、明暗对比,使窗面的变化更加丰富;分隔景区,使空间似隔非隔,景物若隐若现,富于层次感。北方多用什锦窗,南方多用漏窗。

5. 雕塑

(1)含义 雕塑泛指带有塑造、雕琢的物体形象,并具有一定的三度空间和可观性景物。

(2)作用 雕塑广泛运用于园林绿地的各个领域,在园林中有表达主题、组织园景、装饰点缀、丰富游览内容、充当适用的小设施等功能。

(3)雕塑的类型 雕塑可分为圆雕和浮雕两大基本形式。园林雕塑小品主要是指带观赏性的户外小品雕塑,按照使用功能雕塑可分为以下几种。

①纪念性雕塑 大都建在纪念性园林绿地之内和有关历史名城之中,如南京新街口广场的孙

中山铜像;上海虹口公园的鲁迅坐像。

②主题性雕塑 按照某一主题创造的雕塑,如北京全国农业展览馆,用丰收图群雕,突出农业新技术、新成就的应用效果,借以表达主题;杭州花港公园的"莲莲有鱼"雕塑,突出观鱼,借以表达园林主题。

③装饰性雕塑 这类雕塑常与树、石、水池、喷泉、建筑物等结合建造,借以丰富游览内容,供人观摩,如长颈鹿、天鹅、海豹、金鱼雕塑等。

(4)雕塑的制作材料 可采用花岗岩、大理石、汉白玉石、混凝土、金属等材料进行制作,如今植物雕塑也很多。

(5)雕塑的设置 雕塑一般设立在园林主轴线上或风景透视线的范围内,也可将雕塑建立于草坪、广场、山麓、桥畔、堤坝旁等。雕塑既可孤立设置,也可与水池、喷泉等搭配。有时,雕塑后方可密植常绿树丛作为衬托,可使所塑形象更加鲜明突出。

6. 园灯

园灯主要用来照明与装饰,园林内设置园灯的地点很多,如园林的出入口、广场、道旁、桥梁、建筑物、花坛、踏步、平台、雕塑、喷泉、水池等处。园灯的式样很多,可以分为对称式、不对称式、几何式、自然式,都以简洁大方为主。

7. 栏杆

栏杆是由外形美观的短柱和图案花纹按照一定间隔排成栅栏状的构筑物。

(1)作用 园林中的栏杆主要起防护作用,还具有分隔空间、划分活动范围以及组织人流等功能。

(2)栏杆的高度 栏杆的高度在 15～120 cm 之间,悬崖上装置的栏杆高度应在 110～120 cm;防护性栏杆高度在 85～110 cm;水边、坡地的栏杆高度在 60～85 cm;座凳式栏杆高度在 40～60 cm;草坪、树池、花坛边上的栏杆高度不宜超过 20～40 cm。

(3)制作栏杆的材料 制作栏杆采用的材料有钢筋混凝土、石料、砖、钢铁、木料等。

8. 宣传牌、宣传廊

宣传牌、宣传廊是园林中对游人进行政治思想教育、普及科学知识与技术的园林设施。它具

有体型轻巧玲珑、形式灵活多样、占地少、造价低廉和美化环境等特点,适合在各类园林绿地中布置。

(1)设置位置与地点　为了获得较好的宣传效果,这类设施多放置在游人停留较多之处,如广场的出入口、道路交叉口、建筑物前、大广场、亭廊附近、休息的凳椅旁等。此外,还可与挡土墙、围墙结合,或与花坛、花台相结合。

宣传牌宜立于人流必经之处,但又不可妨碍行人来往,须设在人流路线之外,牌前应留有一定空地,作为观众参观展品的空间。该处地面必须平坦,并且有绿树庇荫,以便游人游览和看阅。人们的视线高度一般为 1.4~1.5 m,宣传牌的主要观赏面,应置于人们视线高度的范围内,上下边线宜在 1.2~2.2 m,可供一般人平视阅读。

(2)宣传廊的主要组成部分　宣传廊主要由支架、檐口、板框和灯光设备组成。支柱为主要承重结构,板框附在支架上,作为装饰展品之用,板框外一般加装玻璃,借以保护展品。檐口可防雨水渗漏。顶板应有 5%的坡度向后倾斜,以便雨水向后方排去。灯光设备通常隐藏于挑檐内部或框壁四周,为避免直接光源发出眩光的缺点,可用毛玻璃遮盖,或用乳白灯罩,使光线散射。

9.果皮箱

果皮箱是园林绿地中必不可少的园林小品,对保持环境整洁起着重要作用。因其在绿地中分布于各处,从而成为贯穿城市绿地风格的统一要素之一。果皮箱放置的地点和个数应根据绿地游人的动态分布而定。从固定的方式上进行分类,果皮箱一般可分为固定式和独立可移动式两类。

其布置形式可根据城市绿地风格的不同采用现代式、自然式等设计。

10.公用类建筑设施

主要包括电话、通信、导游牌、路标、停车场、存车处、供电及照明、供水及排水设施、标志物、饮水站、厕所等。

【自我检测】

一、判断题

1.廊善于与地形结合,"或蟠山腰,或穷水际,通花渡壑,蜿蜒无尽",与自然融为一体,体现自然与人工之美。　　　　　　　　　(　)

2.设施小品指园林中主要为满足人们赏景、休息、娱乐、健身活动、科普宣传、卫生管理及安全防护等使用需要而设置的构筑物性质的小品。
　　　　　　　　　　　　　　　　(　)

3.平地适用于较为密集的活动,容易创造开阔、一览无余的景观效果,有利于运用其他园林要素进行空间划分,空间布置的可塑性大。(　)

4.宣传牌、宣传廊是园林中对游人进行政治思想教育、普及科学知识与技术的园林设施。(　)

二、填空题

1.亭在园林中常作为_____、借景、_____风景用。

2.雕塑在园林中有表达园林_____、组织园景、点缀装饰、_____游览内容、充当适用的小设施的功能。

项目六　园林规划设计程序的安排

【学习导言】

　　我们所说的园林规划设计的程序是指在建造某具体绿地之前,设计者根据城镇绿地系统规划及当地的具体情况,把要建造的这块绿地的想法,通过各种图纸简要说明,把它表达出来,使大家知道这块绿地将建成什么样,而施工人员根据这些图纸和说明,可以将这块绿地建造出来,这一系列的过程就是园林规划设计的程序。

【学习目标】

　　知识目标:掌握园林规划设计资料收集、环境调查阶段、总体设计方案阶段、局部详细设计阶段工作内容。

　　能力目标:结合实际地形,能够按照园林规划设计的程序进行各种绿地的规划设计。

　　素质目标:按照相关规范、国家标准进行设计,培养职业素质能力。

【学习内容】

　　园林规划设计可分为如下几个阶段:资料收集、环境调查阶段;总体设计方案阶段;局部详细设计阶段。

一、园林设计的资料收集、环境调查阶段

(一)掌握自然条件、环境状况及历史沿革

　　(1)甲方对设计任务的要求及历史状况。

　　(2)城市绿地总体规划与园林的关系,以及对园林设计上的要求,城市绿地总体规划图,比例尺为1∶(5 000～10 000)。

　　(3)园林周围的环境关系,环境的特点,未来发展情况,如周围有无名胜古迹、人文资源等。

　　(4)园林周围城市景观,建筑形式、体量、色彩等与周围市政的交通联系,人流集散方向,周围居民的类型与社会结构,如属于厂矿区、文教区或商业区等的情况。

　　(5)该地段的能源情况,包括电源、水源以及排污、排水情况,周围是否有污染源,是否有有毒有害的厂矿企业、传染病医院等情况。

　　(6)规划用地的水文、地质、地形、气象等方面的资料。

　　(7)植物状况,了解和掌握地区内原有的植物种类、生态、群落组成,还有树木的年龄、观赏特点等。

　　(8)建园所需主要材料的来源与施工情况,如苗木、山石、建材等情况。

　　(9)甲方要求的园林设计标准及投资额度。

(二)图纸资料

　　除了上述要求具备城市总体规划图以外,还要求甲方提供以下图纸资料。

　　(1)地形图　根据面积大小,提供1∶2 000,1∶1 000,1∶500园址范围内总平面地形图。图纸应明确显示以下内容:设计范围;园址范围内的

地形、标高及现状物的位置;四周环境情况。

(2)局部放大图 1:200 图纸,主要为局部详细设计用。

(3)要保留使用的主要建筑物的平、立面图。

(4)现状树木分布位置图 比例尺为1:200,1:500。

(5)地下管线图 比例尺为1:500,1:200,一般要求与施工图比例尺相同。

(三)现场踏查

无论面积大小、设计项目的难易,设计者都必须认真到现场进行踏查。一方面,核对、补充所收集的图纸资料,如现状的建筑、树木等情况,水文、地质、地形等自然条件。另一方面,设计者到现场,可以根据周围环境条件,进入艺术构思阶段。"嘉者收之,俗者屏之",发现可利用、可借景的景物和不利或影响景观的物体,在规划过程中分别加以适当处理。根据情况,如面积较大、情况较复杂,踏查工作有必要进行多次。

现场踏查的同时,拍摄一定的环境现状照片,以供进行总体设计时参考。

二、编制总体设计任务书

设计者将所收集到的资料,经过分析、研究,定出总体设计原则和目标,编制出进行园林设计的要求和说明,主要包括以下内容。

(1)该园林在城市绿地系统中的关系。

(2)该园林所处地段的特征及四周环境。

(3)该园林的面积和游人容量。

(4)该园林总体设计的艺术特色和风格要求。

(5)该园林地形设计,包括山体水系等要求。

(6)该园林的分期建设实施的程序。

(7)该园林建设的投资匡算。

三、总体设计方案阶段

在明确所设计的绿地在城市绿地系统中的关系,确定了园林总体设计的原则与目标以后,着手进行以下设计工作。

(一)主要设计图纸内容

(1)位置图 属于示意性图纸,表示该园林在城市区域内的位置,要求简洁明了。

(2)现状图 根据已掌握的全部资料,经分析、整理、归纳后,分成若干空间,对现状作综合评述,可用圆形圈或抽象图形将其概括地表示出来。

(3)分区图 根据总体设计的原则、现状图分析,根据不同年龄段游人活动规划、不同兴趣爱好游人的需要确定不同的分区,划出不同的空间。该图属于示意说明性质,可以用抽象图形或圆圈等图案予以表示。

(4)总体设计方案图 根据总体设计原则、目标进行设计总体方案图,总体设计方案图应包括以下诸方面内容。

第一,该园林与周围环境的关系。

第二,该园林主要、次要、专用出入口的位置、面积、规划形式,主要出入口的内、外广场,停车场,大门等布局。

第三,该园林的地形总体规划,道路系统规划。

第四,全园建筑物、构筑物等布局情况,建筑平面要能反映总体设计意图。

第五,全园植物设计图。

此外,总体设计图应准确标明指北针、比例尺、图例等内容。

总体设计图,面积 100 hm² 以上,比例尺多采用 1:(2 000~5 000);面积在 10~50 hm²,比例尺用 1:1 000;面积 8 hm² 以下,比例尺可用 1:500。

(5)地形设计图 根据分区需要进行空间组织;根据造景需要,确定山地的形体、制高点、山峰、山脉、山脊走向、丘陵起伏、缓坡、微地形以及坞、岗、岘、岬、岫等陆地造型。同时,地形还要表示出湖、池、潭、港、湾、涧、溪、滩、沟、渚以及堤、岛等水体造型,并要标明湖面的最高水位、常水位、最低水位线。此外,图上标明入水口、排水口的位置等。也要确定主要园林建筑所在地的地坪标高、桥面标高、广场高程以及道路变坡点标高,还必须标明公园周围市政设施、马路、人行道以及与公园邻近单位的地坪标高,以便确定园林绿地与四周环境之间的排水关系。

(6)道路总体设计图 首先,在图上确定园林绿地的主要出入口、次要出入口与专用出入口;其次,主要广场的位置及主要环路的位置以及作为消防的通道;同时,确定主干道、次干道等的位置以及各种路面的宽度、排水纵坡;此外,初步确定主要道路的路面材料,铺装形式等。图纸上用虚线画出等高线,再用不同的粗线、细线表示不同级别的道路及广场,并将主要道路的控制标高注明。

(7)种植设计图 种植总体设计内容主要包括不同种植类型的安排,还有以植物造景为主的专类园;园林绿地内的花圃、小型苗圃等;同时,确定全园的基调树种、骨干造景树种,包括常绿、落叶的乔木、灌木、草花等。

(8)管线总体设计图 根据总体规划要求,解决全园的上水水源的引进方式、水的总用量及管网的大致分布、管径大小、水压高低等,以及雨水、污水的水量、排放方式、管网大体分布、管径大小及水的去处等。北方冬天需要供暖,则需要考虑供暖方式、负荷多少以及锅炉房的位置等。

(9)电气规划图 为解决总用电量、用电利用系数、分区供电设施、配电方式、电缆的敷设以及各区各点的照明方式及广播、通信等的位置,必须做好电气规划图。

(10)园林建筑布局图 要求在平面上,反映全园总体设计中建筑在全园的布局,主要、次要、专用出入口的售票房、管理处、造景等各类园林建筑的平面造型。除平面布局外,还应画出主要建筑物的平、立面图。

(二)鸟瞰图

设计者为更直观的表达园林设计的意图,更直观的表现园林设计中各景点、景物以及景区的景观形象,绘制鸟瞰图。绘制鸟瞰图可以通过钢笔画、铅笔画、钢笔淡彩、水彩画、中国画或其他绘画的形式表现,都有较好的效果。现在的园林设计效果图,一般都采用电脑三维设计软件制作。

(三)总体设计说明书

总体设计方案除了图纸外,还要求一份文字说明,全面的介绍设计者的构思、设计要点等内容,具体包括以下几个方面。

(1)位置、现状、面积。

(2)工程性质、设计原则。

(3)功能分区。

(4)设计主要内容。

(5)管线、电信规划说明。

(6)管理机构。

(四)工程总匡算

在规划方案阶段,可按面积(hm^2、m^2),根据设计内容,工程复杂程度,结合常规经验匡算,或按工程项目、工程量,分项估算再汇总。

四、局部详细设计阶段

在总体设计方案最后确定以后,接着就要进行局部详细设计工作。

(一)平面图

首先,根据园林绿地或工程的不同分区,划分若干局部;然后,每个局部根据总体设计的要求进行局部详细设计。详细设计平面图要求表明建筑平面、标高及与周围环境的关系;道路的宽度、形式、标高;主要广场、地坪的形式、标高;花坛、水池面积的大小和标高;驳岸的形式、宽度、标高;同时平面上标明雕塑、园林小品的造型。一般比例尺为1:500。

(二)纵、横断面图

为更好地表达设计意图,在局部艺术布局最重要部分或局部地形变化部分,做出断面图。一般比例尺为1:(200~500)。

(三)局部种植设计图

在总体设计方案确定后,着手进行局部景区、景点的详细设计的同时要进行1:500的种植设计工作。一般1:500的比例尺的图纸上,能准确地反映乔木的种植点、栽植数量、树种,主要包括密林、疏林、树丛、园路树、湖岸树的位置。其他种植类型,如花坛、花境、水生植物、灌木丛、草坪等的种植设计图可选用1:300比例尺,或1:200比例尺。

(四)施工设计阶段

在完成局部详细设计的基础上,才能着手进行施工设计。

1. 施工设计图纸要求

(1)图纸规范 图纸尽量符合建设部的《建筑制图标准》的规定。

(2)画出施工设计平面的坐标网及基点、基线。

(3)施工图纸要求内容 图纸要注明图头、图例、指北针、比例尺、标题栏及简要的图纸设计说明内容。

(4)施工放线总图 主要标明各设计因素之间具体的平面关系和准确位置。

(5)地形设计总图 平面图上应确定制高点、山峰、台地、丘陵、缓坡、平地、岛及湖、池、溪流等岸边、池底等的具体高程,以及入水口、出水口的标高。此外,各区的排水方向、雨水汇集点及各景区园林建筑、广场的具体高程。

除了平面图,还要求画出剖面图,表示出主要部位山形、丘陵、坡地的轮廓线及高度、平面距离等,要注明剖面的起讫点、编号,以便与平面图配套。

2. 水系设计

平面图应标明水体的平面位置、形状、大小、类型、深浅以及工程设计要求。纵剖面图要求表示出水体驳岸、池底、山石、汀步、堤、岛等工程做法图。

3. 道路广场设计

平面图要根据道路系统的总体设计,在施工总图的基础上,画出各种道路、广场、地坪、台阶、盘山道、山路、汀步、道桥的位置,并注明每段的高程、纵坡、横坡的数字。剖面图主要表示各种路面、山路、台阶的宽度及其材料、道路的结构层(面层、垫层、基层等)厚度的做法。注意每个剖面都要编号,并与平面配套。

4. 园林建筑设计

要求包括建筑的平面设计、建筑底层平面、建筑各方向的剖面、屋顶平面、必要的大样图、建筑结构图等。

5. 植物配置

种植设计图应表现树木花草的种植位置、品种、种植类型、种植距离,以及水生植物等内容。植物配置图的比例尺,一般采用1:500、1:300、1:200,根据具体情况而定。

6. 假山及园林小品

假山及园林小品,是园林造景的重要因素,一般最好做成山石施工模型或雕塑小样,便于施工过程中,能较理想的体现设计意图。

7. 管线及电讯设计

在管线规划图的基础上,表现出上水、下水、暖气、煤气等,注明每段管线的长度、管径、高程及如何接头,同时注明管线及各种井的具体的位置、坐标。同样,在电气规划图上将各种电气设备、(绿化)灯具位置、变电室及电缆走向位置等具体标明。

8. 设计概算

土建部分可按项目估价,算出汇总价,或按市政工程预算定额中园林附属工程定额计算;绿化部分可按基本建设材料预算价格中苗木单价表及建筑安装工程预算定额的园林绿化工程定额计算。

【自我检测】

一、判断题

种植总体设计内容主要包括不同种植类型的安排,还有以植物造景为主的专类园;公园内的花圃、小型苗圃等。 （ ）

二、多选题

园林施工设计图纸的要求是( )。

A. 图纸规范

B. 画出坐标网及基点基线的位置

C. 图纸要注明图头、图例、指北针、比例尺等

D. 文字、阿拉伯数字用打印字剪贴复印

第二篇

学之提高—知技并举—能力形成

项目七 城市道路绿地规划设计

道路是人类活动及所使用交通工具的承载体,是联系各活动地点和区域的纽带。而道路绿地则是在建立了城市和城市交通及有了交通空间的基础上发展起来的。

任务一 城市道路绿地的认知

【学习导言】

道路绿地是城市绿地系统的重要组成部分,它不仅体现了一个城市的绿化风貌与景观特色,而且通过植物材料的运用,有效解决或缓解了道路与环境、道路与人类的矛盾。随着城市市政基础工程建设的迅速发展,道路的绿化美化建设也得到了空前的发展。

【学习目标】

知识目标:掌握城市道路绿地的概念,熟悉城市道路绿地的功能。

能力目标:通过学习城市道路绿地的概念与功能,能够结合实地进行各种类型的道路绿化设计。

素质目标:"千里之行,始于足下。"路就在脚下,积跬步、行千里,培养学生脚踏实地的做事能力。

【学习内容】

一、城市道路绿地的概念

按《城市绿地分类标准》(CJJ/T 85—2017)的分类,道路绿地是城市园林绿地系统中的一个组成部分,附属绿地(G4)中的道路绿地(G46),是指道路广场用地内的绿地,包括行道树绿带、分车绿带、交通岛绿地、交通广场和停车场绿地等。

人们对城市道路绿地的认识也有一个逐步加深的过程。当下,可持续发展已经成为现代化发展的主导潮流,而城市道路绿地规划建设,蕴含了当前可持续发展交通的全部内涵。除了实现交通、防灾、布置基础设施和界定区域等基本功能以外,还需要满足市民在公共活动空间进行交通游赏、娱乐、散步和休息等要求。

二、城市道路绿地的功能

1. 生态保护功能

植物所具有的生物学和生态学特性,使其在道路绿化中起到特有的生态保护作用。遮阴、保护路面、稳固路基、调节和改善道路环境小气候、净化空气、降低噪声等。据广州测定,在绿化良好的街道上,距地面 1.5 m 处的空气含尘量比没有绿化的地段低 56.7%。城市环境噪声 70%～80% 来自城市交通,有的街道噪声达到 100 dB,而 70 dB 的噪声对人体就十分有害了,具有一定宽度的绿化带可以明显地减弱噪声 5～8 dB。道路绿地可以降低风速、增大空气湿度、降低日光辐射热,还可以降低路面温度,起到延长道路使用寿命的作用。

2. 交通辅助功能

植物在交通组织方面具有显著的辅助功能,可以防眩、美化环境、减轻行车人的视觉疲劳、组织并引导车流以及标识道路等。绿化带可将上下行车辆分隔开,它的分隔作用可避免行人与车辆碰撞、车辆与车辆碰撞。另外,交通岛、立体交叉、广场、停车场上一般也都进行一定方式的绿化,这些不同的绿化都可以起到组织城市交通、保证行车速度和交通安全的作用。

道路上植物的绿色使人的视觉感到柔和舒适,可减轻司机视觉上的疲劳,减少交通事故的发生。

3. 景观组织功能

道路经过合理的设计,引入绿化,可使道路与绿化植物共同构成优美道路景观图。同时,道路是城市的骨架,利用道路绿化植物可以对城市景观及游览路线进行合理的组织和安排。道路绿化不仅可以美化街景、烘托城市建筑艺术、软化建筑的硬线条,还可以隐蔽街道上有碍观瞻的部分。如建筑墙面由于长年风吹日晒、雨水冲刷,产生了剥落,很不美观,我们就可利用绿色植物将其遮挡住,使城市的面貌显得更加整洁生动、活泼、优美。一个城市如果没有街道绿化,即使它沿街建筑的质量是好的、艺术性是高的、布局是合理的,也会显得枯燥无味。反过来在不同的街道上,采用不同的树种,由于各种植物体形、色彩不同,就可形成不同的街道景观。如能和街旁游园、街旁绿地以及单位附属绿地等相互配合、统一规划,便可构成形形色色的街景,使城市面貌更加优美。很多世界著名的城市,由于街道绿化,给人留下了深刻的印象。如澳大利亚首都堪培拉处处是草坪、绿树和花卉,被很多人誉为"花园城市"。

4. 文化隐喻功能

道路绿化是城市的"门厅""过道"。人们日常出行活动,先映入视域的就是城市道路绿化景象。在城市道路空间中,除了塑造有当地文化内涵的街头小品、标识招牌,保留与展示文物古迹等使道路空间蕴含文化品位外,道路绿化可通过选用地带性植物,表现一定区域的文化特征,通过拟人化植物和通过植物的组合形成不同含义的图案,借此表达特定的设计思想,隐喻一定的文化内涵,见图 7-1-1。

图 7-1-1 文化隐喻功能

【自我检测】

一、判断题

道路绿地是城市园林绿地系统中的一个组成部分,附属绿地(G4)中的道路绿地(G46),是指道路广场用地内的绿地,包括行道树绿带、分车绿带、交通岛绿地、交通广场和停车场绿地等。

（　　）

二、选择题

城市道路绿地的功能有哪些(　　)。

A. 生态保护功能

B. 交通辅助功能

C. 景观组织功能

D. 文化隐喻功能

任务二　城市道路绿地规划设计基础知识的掌握

【任务描述】

　　城市道路绿地是一个城市以至某个区域的生产力发展水平、公民审美意识、生活习俗、精神面貌、文化修养和道德水准的真实反映。设计者只有掌握了城市道路绿地规划设计的专用术语、断面布置的形式、植物种植的类型、城市道路绿地环境条件与植物选择才能做好设计。

【学习目标】

　　知识目标：掌握城市道路绿地规划设计的专用术语、断面布置的形式、植物种植的类型、城市道路绿地环境条件与植物选择。

　　能力目标：能够运用城市道路绿地规划设计基础知识，结合具体道路环境进行城市道路绿地设计。

　　素质目标：通过学习专业术语等道路知识，培养学生道路绿化设计的基本素养。

【学习内容】

一、城市道路绿地设计专用术语

　　城市道路绿地设计专用术语是指与道路相关的一些专门术语，设计者必须掌握。我国行业标准中的《城市道路绿化规划与设计规范》（CJJ 75—1997）对道路绿地的规定是指《城市用地分类与规划建设用地标准》（GBJ 137—1990）中确定的道路及广场用地范围内的可进行绿化的用地，包括道路绿地、交通岛绿地、停车场绿地等，具体专业术语见图 7-2-1。

（一）红线

　　（1）道路红线　是指规划的城市道路（含居住区级道路）用地的边界线。

　　（2）建筑红线　城市道路两侧控制沿街建筑物（如外墙、台阶等）靠临街面的界线，又称建筑控制线。

　　建筑红线可与道路红线重合，也可退于道路红线之后。但绝不许超越道路红线，在红线内不允许建任何永久性建筑。

（二）道路分级

　　分级的主要依据是道路的位置、作用和性质，是决定道路宽度和线型设计的主要指标。目前，我国大城市将城市道路分为四级（快速路、主干路、次干路、支路），中等城市将城市道路分为三级（主干路、次干路、支路），小城市将城市道路分为二级（干路、支路）。

（三）道路总宽度

　　道路总宽度也叫路幅宽度，即规划建筑线之间的宽度，是道路用地范围，包括横断面各组成部分用地的总称。

（四）道路绿地

　　道路及广场用地范围内的可进行绿化的用地，道路绿地分为道路绿带、交通岛绿地、广场绿地和停车场绿地。

（五）道路绿带

　　道路红线范围内的带状绿地，道路绿带分为分车绿带、行道树绿带和路侧绿带。

　　（1）分车绿带　车行道之间可以绿化的分隔带。其位于上行与下行机动车道之间的为中间分车绿带。位于机动车道与非机动车道之间，或同方向机动车道之间的为两侧分车绿带。

　　（2）行道树绿带　布设在人行道与车行道之间，以种植行道树为主的绿带。

　　（3）路侧绿带　在道路侧方，布设在人行道边缘至道路红线之间的绿带。

（六）交通岛绿地

　　可绿化的交通岛用地，交通岛绿地分为中心岛绿地、导向岛绿地、立体交叉绿岛。

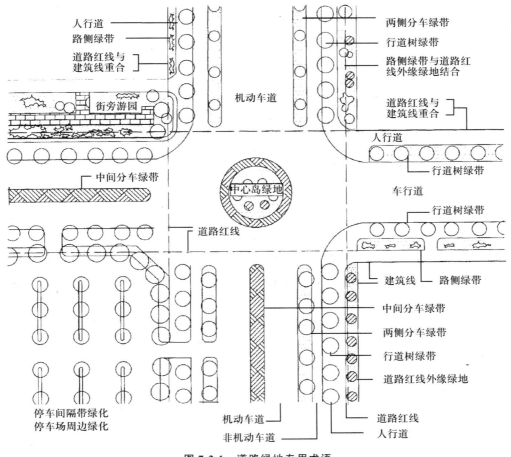

图 7-2-1　道路绿地专用术语

人行道
路侧绿带
道路红线与建筑线重合
街旁游园
中间分车绿带
道路红线
停车间隔带绿化
停车场周边绿化
机动车道
非机动车道
中心岛绿地
机动车道
车行道
两侧分车绿带
行道树绿带
路侧绿带与道路红线外缘绿地结合
道路红线与建筑线重合
人行道
行道树绿带
行道树绿带
建筑线　路侧绿带
中间分车绿带
两侧分车绿带
行道树绿带
道路红线外缘绿地
道路红线
人行道

（1）中心岛绿地　位于交叉路口上可绿化的中心岛用地。

（2）导向岛绿地　位于交叉路口上可绿化的导向岛用地。

（3）立体交叉绿岛　互通式立体交叉干道与匝道围合的绿化用地。

（七）广场、停车场绿地

是指广场、停车场用地范围内的绿化用地。

（八）道路绿地率

是指道路红线范围内各种绿带宽度之和占总宽度的百分比。

（九）园林景观路

是指在城市重点路段沿线绿化景观，体现城市风貌、绿化特色的道路。

二、城市道路绿化断面布置形式

完整的道路是由机动车道（快车道）、非机动车道（慢车道）、分隔带（分车带）、人行道及街旁绿地这几部分组成。目前我国街道的横断面形式常见的有以下几种。

（一）一板二带式（一块板）

它是由一条车行道、二条绿化带组成，这种形式最为常见，见图 7-2-2。它的优点是用地经济、管理方便，较整齐。缺点是景观比较单调，机动车与非机动车混合行驶，不利于组织交通，容易发生交通事故。多用于城市次干道或车辆较少的街道。

图 7-2-2　一板二带式（一块板）

（二）二板三带式（二块板）

两条车道，中间用分车绿带分隔，并在车行道

园林规划设计

两侧的人行道上种植行道树,这种形式可将车辆的上下行分开,中间、两边共三条绿化带,中间8 m宽以上可布置成林荫路,见图7-2-3。

图7-2-3 二板三带式(二块板)

它的优点是用地较经济,可避免机动车间事故的发生,缺点是不能避免机动车与非机动车之间的事故发生。

(三)三板四带式(三块板)

利用两条分车绿带把车行道分成三块,中间为机动车道,两侧为非机动车道,连同非机动车道两侧的行道树共有四条绿化带,见图7-2-4。

图7-2-4 三板四带式(三块板)

这种形式在宽街道上应用较多,是较完整的道路形式。它的优点是使街道美观、卫生防护效果好、组织交通方便。缺点是用地面积大、不经济。

(四)四板五带式(四块板)

用三条分车绿带、两条行道树将道路分成四条,使机动车辆与非机动车辆均形成上行、下行各行其道,互不干扰,这种形式在宽阔的街道上应用,是比较完整的道路绿化形式,见图7-2-5。如果道路面积不宜布置五带,则可用栏杆分隔,以节约用地。

图7-2-5 四板五带式(四块板)

它的优点是方便各种车辆上行、下行互不干扰,利于限定车速和交通安全;绿化量大,街道美观,生态效益显著。缺点是占地面积大、不经济。

(五)其他形式

按道路所处地理位置、环境条件特点,因地制宜的设置绿带,如山坡道究竟用哪种形式,必须从

实际出发,不能片面追求形式。又如,在街道狭窄、交通量大的情况下,只允许在街道的一侧栽植行道树时,就应当以行人对庇荫和树木生长对日照条件的要求来考虑,不能片面地追求整齐对称,而减少车行道数量。

三、城市道路绿地的种植类型

(一)景观种植

景观种植,是从道路环境的美学观点出发,从树种、树形、种植方式等方面来研究绿化与道路、建筑协调的整体艺术效果,使绿地成为道路环境中有机组成的一部分。

(1)密林式种植 沿路两侧形成茂密的树林,可用乔木或乔木、灌木加上地被植物分层种植。行人和汽车走入其间,如入森林之中,道路具有明确的方向性。这种形式一般用于城乡交界处,绕城高速公路和结合河湖布置。密林式种植要有一定的宽度,一般在50 m以上。

(2)自然式种植 模拟自然景色,在一定宽度内布置自然树丛,树丛由不同植物种类组成,具有高低、浓淡、疏密和各种形体的变化,形成生动活泼的气氛。

(3)花园式种植 沿道路绿带布置成大小不同的绿化空间,有广场、有绿荫,并设置必要的园林设施,供行人和附近的居民逗留小憩和散步,可弥补城市绿地分布不均匀的缺陷。

(4)田园式种植 道路两侧的园林植物都在视线以下,大都种草地,空间全面敞开。在郊区直接与农田、菜田相连,在城市边缘也可与苗圃、果园相邻。这种形式,开朗自然,富有乡土气息。

(二)功能种植

功能种植是通过绿化栽植来达到某种功能上的效果。

(1)遮蔽式种植 视线被遮挡,以免见其全貌,如城市的挡土墙和其他构造物影响道路景观,种上一些树木和攀缘植物加以遮挡。

(2)遮阴式种植 我国许多地区夏季高温炎热,街道上的温度很高,所以对遮阴树的种植十分重视。

(3)装饰种植 装饰种植作为界线的标志,具有防止行人穿过,遮挡视线,调节通风、防尘,调节局部日照等功能。

（4）地被种植　使用地被植物覆盖地面,可以防尘、防土、防止雨水对地面的冲刷,同时还具有防反光、防炫目的作用。

四、城市道路绿地的环境条件及植物选择

（一）城市道路绿地的环境条件

（1）土壤贫瘠　由于城市长期在不断地建设,导致土壤非常的贫瘠,完全破坏了土壤的自然结构。有的绿地地下是旧建筑的基础、旧路基或废渣土;有的土壤层太薄,不能够满足植物生长对土壤的要求;有的因建筑的渣土、工业垃圾或地势过低、淹水等造成土壤 pH 过高,致使植物不能正常生长;有的由于人踩、车压、做路基时人为夯实等,使土壤板结,透气性差;有的城市地下水位高、透水性差、土壤水分过高等都可能导致植物生长不良。

（2）空气条件差　城市道路广场附近的工厂、居住区及汽车排放的有害气体和烟尘,直接影响城市空气。

（3）道路的光照条件受建筑和道路方向的影响　我国大多数城市位于北回归线以北,南北走向街道的东边、东西走向街道的北边受日晒时间长,因此行道树应该种植在路东和路北为好。

城市内的温度一般都较郊区温度高,植物萌动一般比郊区早。

（4）人为机械损伤和破坏严重　道路上人流和车辆繁多,往往会碰坏树皮、折断树枝或摇晃树干,有的重车还会压断树根,北方道路在冬季下雪时喷热风和喷洒盐水,渗入绿带内,对树木生长也造成一定的影响。

（5）地上地下管线对植物的生长有一定的影响　在道路上各种植物与管线虽然有一定距离的限制,特别是架空线和热力管线,架空线下的树木要经常修剪,一些快长树尤其如此,热力管线使土壤温度升高,对树木的正常生长有一定的影响。

（二）城市道路绿地植物的选择

1. 原则

因地制宜、适地适树;本地植物与引进植物相结合;近期效果与长期效果相结合;生态效益与经济效益相结合。

2. 植物的选择

（1）乔木　乡土树种为主,管理比较粗放、病虫害少,树形优美、冠大荫浓,发芽早、落叶迟,深根性、无刺、无毒、无臭味、无飞毛、少根蘖、抗性强的树种。

（2）花灌木、绿篱、观叶灌木　花繁叶茂、花期长、生长健壮、便于管理的植物,绿篱、观叶灌木应该选用萌芽力强、枝叶繁茂、耐修剪的植物。

（3）地被植物的选择　应该选择茎叶茂密、生长势强、病虫害少、易于管理、耐修剪、绿色期长的植物。

（4）垂直绿化植物的选择　枝繁叶茂、病虫害少、花繁色艳、耐旱、耐瘠薄、抗性强、栽培管理方便的植物。

【自我检测】

一、判断题

利用两条分车绿带把车行道分成三块,中间为机动车道,两侧为非机动车道,连同非机动车道两侧的行道树共有四条绿化带,这就是三板四带式。　　　　　　　　　　　　　（　　）

二、填空题

城市道路绿化形式有_____、二板三带式、_____、四板五带式及其他形式。

任务三　城市道路绿地规划设计原则、程序的运用

【学习内容】

一、城市道路绿地规划设计原则及要点

(一)一般原则

1. 科学性原则

(1)与城市道路的性质、功能及定位相适应。不同的道路因为性质、功能的差异,绿化设计的指导思想有所不同。城市道路绿化设计不仅要考虑城市的布局、地形、气候、地质、水文等方面的因素,还要考虑不同城市路网、不同道路系统、不同交通环境以及不同地域文化对道路绿化的要求。影响道路绿化的环境因子很多,主要有外部因子、自身因子、人文因子,见图7-3-1。

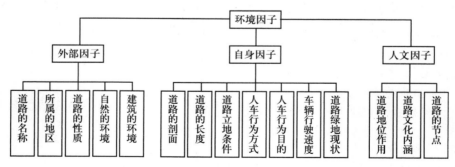

图 7-3-1　道路与环境因子的结构

　　因此,在进行具体的道路规划设计时,要根据城市道路的性质、功能及定位确定其主要影响因子和一般影响因子,而后有针对性地进行道路绿化。如高速公路以安全防护为首,所以车行速度与立地条件应为主导因子;城市道路则以创造富有特色的城市景观最为重要,所以它的建筑环境、自然环境等外部因子与人文因子为主导因子;而快速干道,一般属于城市对外交通要道,它的自然

环境、车行速度与人文因子为主导因子。

（2）符合行车的视线、净空、防眩的要求。道路绿地设计要符合行车视距的要求，不同城市道路行车视距要求见表7-3-1。

表7-3-1 不同城市道路行车视距要求

序号	城市道路类型	行车视距/m
1	主要的交通干道	75～100
2	次要的交通干道	50～70
3	一般的道路（居住区道路）	25～50
4	小区、街坊（小路）	25～30

另外，根据车辆行驶宽度和高度的要求，规定了车辆运行的空间，绿化植物的枝干、树冠和根系都不能潜入该空间，以保证行车的净空要求。城市车辆行车的净空高度见表7-3-2。

表7-3-2 城市车辆行车的净空高度

项目		机动车辆			非机动车辆
行驶车辆种类	各种汽车	无轨电车	有轨电车	其他非机动车	自行车、行人
最小净高/m	4.5	5.0	5.5	3.5	2.5

在中央分车绿带种植绿篱或灌木球，可以防眩，绿篱高度应比司机眼睛与车灯高度的平均值高，故一般采用1.5～2.0 m，如果种植灌木球，种植株距应不大于冠幅的5倍。汽车司机眼睛高度、前照灯高度和照射角度见表7-3-3。

表7-3-3 汽车司机眼睛高度、前照灯高度和照射角度

类别	眼睛高度/cm	前照灯高度/cm	照射角度
轿车	120	80	12°
大客车、卡车	200	120	12°

（3）保证植物所需生长空间的基础上，做到与市政公共设施的统筹安排。分车绿带与行道树上方不宜设置架空线；必须设置时，应该保证架空线下有不小于9 m的树木生长空间。架空线下配置的乔木应该选择开放型树冠或耐修剪的树种；树木与架空电力线路的最小垂直距离要符合规定，见表7-3-4；新建的道路或改建后达到规划红线宽度的道路，其绿化树木与地下管线外缘的最小水平距离也要符合规定，见表7-3-5；行道树下方不得铺设管

线；树木与其他设施的最小距离应符合有关规定，见表7-3-6。

表7-3-4 树木与架空电力线路的最小垂直距离

电压/kV	1～10	35～110	154～320	330
最小垂直距离/m	1.5	3.0	3.5	4.5

表7-3-5 树木与地下管线外缘的最小水平距离

管线名称	距乔木中心距离/m	距灌木中心距离/m
电力电缆	1.0	1.0
电信电缆	1.5	1.0
给水管道	1.5	—
雨水管道	1.5	—
污水管道	1.5	—
燃气管道	1.2	1.2
热力管道	1.5	1.5
排水管道	1.0	—

表7-3-6 树木与其他设施的最小距离

管线名称	距乔木中心距离/m	距灌木中心距离/m
低于2 m的围墙	1.0	—
挡土墙	1.0	—
路灯灯柱	2.0	—
电力、电信灯柱	1.5	—
消防龙头	1.5	2.0
测量水准点	2.0	2.0

因此，道路绿地中的树木与市政公用设施的相互位置应该按照有关规定统筹考虑，精心安排，布置市政公用设施应给树木留有足够的立地条件和生长空间，新栽树木应该避开市政公用的设施。此外，道路绿地应该根据需要配备灌溉设施，道路绿地的坡向、坡度应该符合排水要求，并与城市排水系统结合，防止绿地内积水和水土流失。

2. 生态原则

降温遮阴、防尘降噪、防风防火、防灾防震是道路绿地特有的生态防护功能，是城市其他硬质材料无法替代的。

3. 景观性原则

现代化的城市道路交通已成为一个多层次的复杂系统，不同的交通目的对不同环境中的景观

元素要求也不相同。因此,道路绿地规划设计应与道路环境中的其他景观元素相协调,符合美学的要求。如道路两侧为商业性质的建筑,其绿化要兼顾商业气氛及人文要求;如果道路紧邻城市自然景色或历史文物等,就应把道路与环境作为一个景观整体加以考虑,并做出一体化的设计,创造有特色、有时代感的城市环境。

4.以人为本原则

道路上的人流、车流等都是在动态过程中观赏街景的,而且由于各自的交通目的和交通手段的不同,产生了不同的行为规律和视觉特性,设计应以人为本。除了高速路以外,其他的道路在设计时不能只注重机动车的交通绿化设计,还应该留意道路中人行的安全及景观空间设计。

(二)要点

(1)确定道路绿地率 我国住房和城乡建设部规定,园林景观路绿地率不得小于40%。红线宽度大于50 m的道路绿地率不得小于30%;红线宽度在40~50 m的道路绿地率不得小于25%;红线宽度小于40 m的道路绿地率不得小于20%。

(2)合理布局道路绿地 种植乔木的分车绿带宽度不小于1.5 m,主干路上的分车绿带宽度不宜小于2.5 m;行道树绿带宽度不小于1.5 m;主、次干路中间分车绿带和交通岛绿地不能布置成开放式绿地;路侧绿带尽可能与相邻的道路红线外侧其他绿地相结合;人行道毗邻商业建筑的路段,与行道树道路两侧环境条件差异较大时,路侧绿带可集中布置在条件较好的一侧。

(3)体现道路景观特色 同一道路的绿化应有统一的景观风格,不同路段的绿化形式可以有所变化。同一路段上的各类绿带,在植物配置上应相互配合并应协调空间层次、树形组合、色彩搭配和季相变化的关系;景观路应与街景结合,配置观赏价值高、有地方特色的植物;主干路应体现城市道路绿化景观的风貌;毗邻山河湖海的道路,其绿化应结合自然环境,突出自然景观特色。

(4)选择树种和地被植物 道路绿化应选择适应道路环境条件、生长稳定、观赏价值高和环境效益好的植物种类。

二、城市道路绿地规划设计的程序

(一)前期策划

前期策划首先应进行的是环境调查和资料收集,其主要内容有以下几个方面:

(1)自然环境 道路周边的地形、地貌、水体、气象、土壤、现有的植被等情况。

(2)社会环境 城市绿地总体规划、道路周边的环境(工厂、单位、周围景观)、道路与周边用地的现状(目前使用率、现有建筑物、交通情况、地上及地下管线情况、给排水情况)、与该道路有关的历史人文资料。

(3)设计条件 甲方对设计任务的具体要求、设计标准、投资额度;道路用地的现状图、地形图、设计区域面积、地上地下管线图、树木分布现状图。

(4)现场勘查 以行人身份,置身设计地段,感受该道路的周边环境情况,体察设计的实用功能。

(二)方案设计

(1)明确设计依据及目标 遵循相关的设计规范、任务书以及前期策划评审后的相关意见及建议,明确方案设计拟达到的目标,然后将此转化为设计的依据、目标和原则。

(2)确定主题 结合设计目标及道路的性质、功能,确定绿地的主题。

(3)景观分区 根据前期策划、现状环境分析,根据不同区段的道路绿地类型及特点,根据使用者的需求,确定不同的分区。

(4)种植方式的确定及植物的选择 见园林构成要素中植物种植设计及城市道路绿地规划设计。

(5)植物配置及其他主题景观元素的设计 梳理并设计地形,根据主题、分区、立地条件以及苗木来源的情况,确定各区域的基调树种、骨干树种、造景树种,确定不同区域的乔、灌木及花卉地被等植物的配置方式。

(6)完成道路绿化设计方案图纸绘制及设计说明书 图纸包括总体平面图、分区图、整体鸟瞰图、局部效果图、绿化设计图、给排水管线设计图以及和设计相关的分析图。设计说明书主要包括设计依据、目标、规模和范围、设计构思、设计要点、经济技术指标及工程概算等内容。

（三）扩初及施工图设计

方案设计完成后，由建设单位报有关部门审核批准。批准后，按照园林规划设计的程序进入扩初及施工设计阶段，完成图纸、设计说明书和编制工程预算，最终完成全套设计。

（四）后期施工指导与现场服务

本阶段主要是解决在施工过程中所出现的临时变更问题，以及现场实施的养护管理等问题。

【自我检测】

一、判断题

在中央分车绿带种植绿篱或灌木球，可以防眩，绿篱高度应比司机眼睛与车灯高度的平均值高，故一般采用 1.5～2.0 m。（　）

二、选择题

影响道路绿化的环境因子很多，主要有（　）。
A. 外部因子　　　　B. 自身因子
C. 人文因子　　　　D. 环境因子

任务四　城市道路绿地规划设计

【学习导言】

城市道路绿地规划设计主要包括道路绿带、交通岛绿地、停车场绿地、花园林荫道等内容。

道路绿地在改善城市气候、保护环境卫生、美化市容、丰富城市艺术面貌、组织城市交通等方面都有着积极意义。

【学习目标】

知识目标：了解行道树生长的环境条件、交通岛的类型、停车场的种类特点、花园林荫道的类型特点；掌握行道树的选择与种植方式、分车绿带的种植方式与植物选择、行人横穿分车绿带的处理方法、交通岛绿地种植设计要点、停车场植物选择要点；把握行道树株距与定干高度、路侧绿带种植设计要点、花园林荫道设计要点。

能力目标：能够结合各种道路的实际情况，依据道路设计规范合理进行道路绿地的规划设计。

素质目标：城市道路绿化是城市景观风貌的重要体现之一，作为当代大学生也要展示良好的精神风貌，做时代的追梦人。

【学习内容】

一、城市道路绿带设计

城市道路绿带由行道树绿带、分车绿带和路侧绿带组成。

（一）行道树绿带种植设计

行道树绿带是指在道路的两侧按照一定的种植方式、有规律的栽植浓荫乔木形成的绿带。

1. 行道树生长的环境条件

行道树的生长环境条件很差，无论是日照、通风、水分和土壤等因素，都不能与一般的园林和大自然中生长的树木相比。除了辐射温度高、空气干燥、有害烟尘气体多以外，还要受到种种人为和机械的损伤，再加上管网线路限制，无不影响着树木的正常生长发育。

2. 行道树的选择

面对如此恶劣的环境条件还要体现、展示其

美感与功能,如何进行植物的选择呢?

(1)选择能适应城市的各种环境因子。优先考虑病虫害抵抗能力强、苗木来源容易、成活率高的树种。

(2)树龄要长,树干通直,树姿端正,体形优美;冠大荫浓,花朵艳丽,芳香馥郁;春季发芽早,秋季落叶迟;且落叶期短而整齐,叶色富于季相变化的树种为佳。

(3)花果无臭味,无飞絮、飞粉,不招惹蚊蝇等害虫,落花落果不打伤行人,不污染衣物和路面,不造成滑车跌伤事故的树种。

(4)耐强度修剪、愈合能力强。

(5)不选择带刺或浅根树种,不选用萌蘖力强和根系特别发达隆起的树种,以免刺伤行人或破坏路面。

3. 行道树种植方式

(1)树池式

①应用条件 在人行道狭窄或行人过多的街道上,经常采用树池式种植行道树。

②树池式行道树应用主要事项:

树池形状可方可圆,其边长或直径不得小于1.5 m。长方形树池的短边不得小于1.2 m,长短边之比不超过1∶2。长形和方形树池,易于和道路及其两侧建筑取得协调,故应用较多。圆形常用于道路圆弧转弯处。

行道树的栽植位置应位于树池的几何中心,方形或长形树池,允许偏于一侧,但也要符合技术规定。从树干到靠近车行道一侧的树池边缘不小于0.5 m,距车行道边缘石不小于1 m。

树池周边既可做高出人行道6~10 cm,也可把树池做得和人行道相平,在树池上铺设透空的保护池盖更为理想。池盖可以是金属、水泥预制板、塑料等材料,常用两扇或三扇合成。放置池盖可以增加人行道的有效宽度、减少裸露土壤,有利于环境卫生和管理,同时还可以美化街景,树池与路面布置形式见图7-4-1。

(2)树带式

①位置与应用 在人行道和车行道之间留出一条不加铺装的种植带,为树带式。一般在交通量少,人流不大的情况下采用此种方式。

②注意事项 树带式种植带,宽度一般不小于1.5 m,以4~6 m为宜,可栽植一行乔木和绿

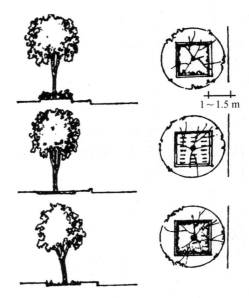

图 7-4-1 树池与路面布置形式

篱或视不同宽度可多行乔木和绿篱相配合,有利于树木生长。

在树带下铺设草皮,以免裸露的土地影响路面的清洁。同时,在适当的距离要留出铺装过道,以便人流通行或汽车停站,见图7-4-2。

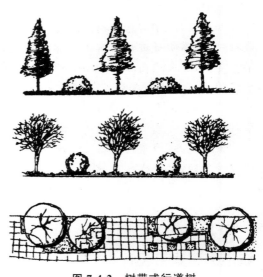

图 7-4-2 树带式行道树

4. 行道树株距与定干高度

(1)行道树的株距 一般要根据所选植物成年冠幅大小来确定。另外,道路的具体情况如交通或市容的需要,也是考虑株距的重要因素,故应视具体条件而定。以成年树冠郁闭效果好为准,常用的株距有4 m、5 m、6 m、8 m等。

（2）定干高度 行道树的定干高度应根据其功能要求、交通状况、道路的性质、道路宽度及行道树距车行道的距离、树木分枝角度而定。当苗木出圃时，一般胸径在 10～15 cm 为宜。树干分枝角度大的，干高应不得小于3.5 m；分枝角度较小者，也不能小于 2 m，否则会影响交通。

5. 行道树与街道的宽度、走向关系

（1）街道的宽度与绿化的关系 人行道的宽度一般不得小于 1.5 m，而人行道在 2.5 m 以下时很难种植乔灌木，只能考虑进行垂直绿化。为了发挥绿化对于改善城市小气候的影响，一般在可能条件下绿带以占道路总宽度的 20% 为宜。

（2）街道走向与绿化的关系 行道树的种植不仅要求对行人、车辆起到遮阳的效果，而且对临街建筑防止强烈的西晒也很重要。全年内要求遮阳时期的长短与城市所在地区的纬度和气候条件有关。我国一般是 4、5 月至 8、9 月，约半年的时

间内都要求有良好的遮阳效果，低纬度的城市则更长些。一天内自 8：00—10：00，1：30—4：30 是防止东西晒的主要时间。因此，我国中北部地区东西向的街道，在人行道的南侧种树，遮阳效果良好，而南北向的街道两侧均应种树。在南方地区，东西、南北向的街道，均应种树。

6. 行道树与工程管线的关系

随着城市化进程的加快，各种管线不断增多，包括架空线和地下管网等。这类管线一般多沿道路走向布设，因而易与城市街道绿化产生诸多矛盾，故一方面既要在城市总体规划中考虑；另一方面，又要在详细规划中合理安排，为树木生长创造有利条件。

（二）分车绿带种植设计

分车绿带是指在双向车行道的中间或机动车与人力、畜力车道之间设置的加以绿化的隔离地带，也称隔离绿带，见图7-4-3。主要有中央分车绿带和两侧分车绿带之分。

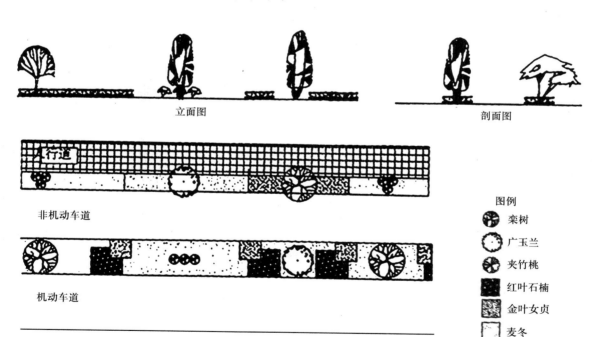

立面图　　　　　　　剖面图

非机动车道

机动车道

平面图

图例
栾树
广玉兰
夹竹桃
红叶石楠
金叶女贞
麦冬

图 7-4-3　隔离绿带

1. 分车绿带作用

将快慢车道分开,将逆行的车辆分开,保证快慢车行驶的速度与安全,有组织交通、分隔上下行车辆的作用。

2. 分车绿带的宽度

依车行道的性质和街道总宽度而定,高速公路分车带的宽度可达 5~20 m,一般也要 2~5 m,但最低宽度也不能小于 1.5 m。

3. 分车绿带的种植方式

(1)封闭式分车带 封闭式分车带造成以植物封闭道路的环境,见图 7-4-4。在分车带上种植单行或双行的丛生灌木或慢生常绿树,当株距小于 5 倍冠幅时,可起到绿色隔墙的作用。在较宽的隔离带种植高低不同的乔木、灌木和绿篱,可形成多种树冠搭配的绿色隔离带,层次和韵律较为丰富。

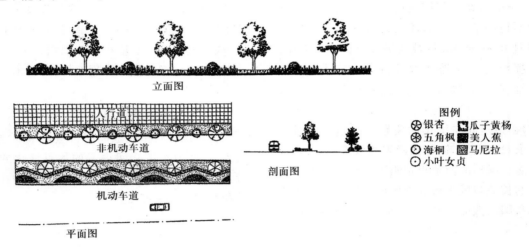

图 7-4-4 封闭式分车带

(2)开敞式分车带 开敞式分车带在分车带上种植草皮、低矮灌木或较大株行距的大乔木,以使环境达到开朗通透的效果,见图 7-4-5。大乔木的树干应该裸露。另外,为了方便行人过街,分车带要适当地进行分段,一般以 75~100 m 为宜,并尽可能与人行横道、停车站、大型商店和人流集散比较集中的公共建筑出入口相结合。

(3)半开敞式分车带 半开敞式分车带介于开敞式与封闭式之间,它可根据车道的宽度、所处环境等因素,利用植物形成局部封闭的半开敞空间,见图 7-4-6。

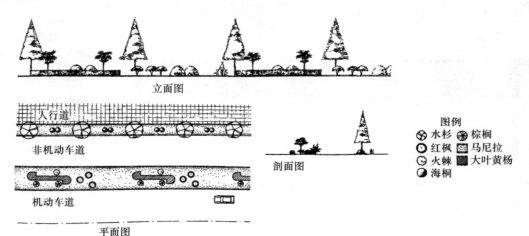

图 7-4-5 开敞式分车带

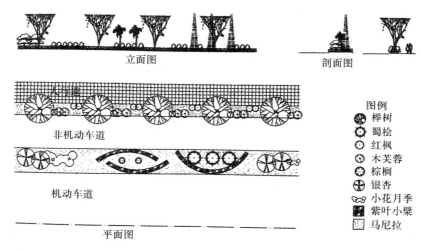

图例
- ⊛ 榉树
- ⊙ 蜀桧
- ⊙ 红枫
- ⊛ 木芙蓉
- ⊕ 棕榈
- ⊕ 银杏
- ⊛ 小花月季
- ▣ 紫叶小檗
- ▣ 马尼拉

立面图　剖面图

非机动车道

机动车道

平面图

图 7-4-6　半开敞式分车带

4. 分车绿带的植物选择

（1）中央分车绿带　中央分车绿带是否种植乔木，要视其宽度而定。若宽度够宽，能满足行车安全距离又不会因为阳光照射形成的树影而造成对司机视线的影响时，应该种植乔木。如果宽度较窄，则需进行绿篱式栽植或种植灌木球，以有效阻挡相向行驶车辆的眩光，改善行车视野环境。植物高度在 0.6～1.5 m，植物应该常年枝叶茂密，株距不得大于冠幅的 5 倍。

（2）两侧分车绿带　两侧分车带宽度大于 1.5 m 时，应以种植乔木为主，并宜乔木、灌木、地被植物相结合。其两侧乔木树冠不宜在机动车道上方搭接，避免形成顶部闭合空间，不利于汽车尾气及时向上扩散。两侧分车绿带宽度小于 1.5 m 时，只能种植灌木、地被植物或草坪。

5. 行人横穿分车绿带的处理方法

当行人横穿道路时，必须横穿分车绿带。这些地段的绿化设计应根据人行横道线在分车绿带上的不同位置采取相应的处理办法，既要满足行人横穿马路的要求，又不至于影响分车绿带的整齐美观，见图 7-4-7。

（1）人行横道线在绿带的端部　在人行横道线的位置上铺装混凝土方砖，而不进行绿化。

（2）人行横道线在靠近绿带的端部　在绿带端部留下一小块儿绿地，在这一小块儿绿地上可以种植低矮植物或花卉、草坪。

（3）人行横道线在分车绿带中间某处　在行

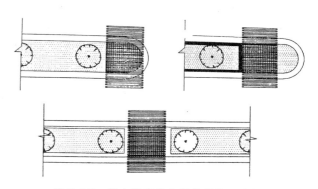

图 7-4-7　行人横穿分车绿带的处理方法

人穿行的地方不能种植绿篱及灌木，可种植落叶乔木。

6. 公共交通车辆的中途停靠站设置

公共交通车辆的中途停靠站一般都设在靠近快车道的分车绿带上。车站的长度约 30 m，在这个范围内，一般不能种植灌木、花卉，可种植乔木，以便在夏季为等车的乘客提供树荫。当分车绿带带宽 5 m 以上时，在不影响乘客候车的情况下也可以适当栽植草坪、花卉、绿篱和灌木，并设矮栏杆进行保护，见图 7-4-8。

（三）路侧绿带种植设计

1. 路侧绿带的含义与作用

路侧绿带是指在道路侧方、布设在人行道边缘至道路红线之间的绿带。路侧绿带是道路景观的重要组成部分，其宽度因道路性质不同大小不一，应根据相邻用地的性质、防护和景观要求进行设计。

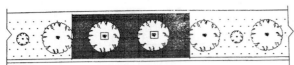

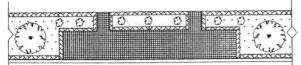

图 7-4-8　公共交通车辆的中途停靠站设置

2. 植物配置要点

（1）宽度在 2.5 m 以上的绿化带，可以种植一行乔木或一行灌木。

（2）路侧绿带宽度在 6 m 以上的可考虑栽植两行乔木，或将大乔木、小乔木、灌木、地被植物等混合式种植。

（3）路侧绿带宽度在 8 m 以上时，可以设计成开放式绿地，铺设游步道和休息设施及园林建筑小品，方便行人和附近的居民游憩活动。开放式绿地绿化用地总面积不得小于该段绿带面积的 70%。

（4）路侧绿带还可以与毗邻的其他绿地一起创造设计街旁小游园，但是需要注意的是要符合现行行业标准《公园设计规范》（GB 51192—2016）的规定。

（5）濒临江、河、湖、海等水面的路侧绿带，应该结合水面及水岸线地形设计成滨水绿带，注意在道路与水面之间留出透景线，设置观赏平台或步道，道路的护坡要结合工程设施栽植地被植物或攀缘植物。

（6）栽植形式。路侧绿带是狭长的绿地，栽植形式可以是规则式、自然式、混合式三种形式，见图 7-4-9。规则式应用较多，一般在绿带中间种植乔木，在靠近车行道一侧种植绿篱阻止行人穿越。自然式种植以地形变化为基础，以乔木、灌木相互配合，注重前后层次处理，以单株与丛株交替韵律的变化为基本原则进行种植。

（7）绿带下土壤贫瘠或管线较多时，一般以栽植花灌木和绿篱为主，形成重复的、有韵律的种植形式。

图 7-4-9　路侧绿带植物栽植形式（单位：m）

二、交通岛绿地种植设计

交通岛绿地主要包括交通中心岛(转盘)、交通导向岛(渠化岛)、立交交叉绿岛三部分内容。

为保证行车安全,在进入道路弯道或交叉口时,必须在路的转角留出一定的距离,使司机在这段距离内能看到对面开来的车辆,并有充分的刹车时间和停车时间而不发生撞车等事故,这种从发觉对方汽车立即刹车而刚够停车的距离称为安全视距,见图7-4-10。

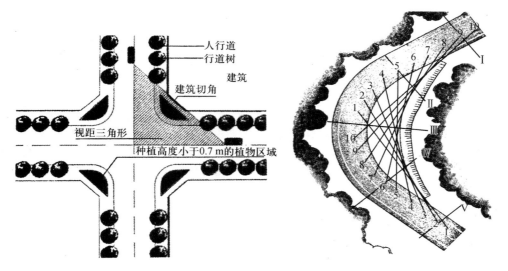

图 7-4-10　安全视距

城市道路两条或两条以上相交之处,为保证行车安全,设计绿地时需考虑安全视距。按道路的宽度大小、坡度,一般采用 $30 \sim 35$ m 的安全视距。为了保证行车安全,道路交叉转弯处需空出一定距离,形成无障碍的视距三角形。视距三角形内不能有建筑物、构筑物、广告牌等遮挡视线的地面物。在视距三角内内布置的装饰性植物,其高度不超过 0.7 m,道路的转弯处的行道树也需结合转弯半径留出一定范围的空间,以保证行车安全。

安全视距计算公式为:

$$D = a + tv + b$$
$$B = v^2 / 2g\varphi$$

式中:

D—最小视距,m;

v—规定行车速度,m/s;

b—刹车距离,m;

g—重力加速度,9.8 m/s^2;

a—汽车停车后与危险带的安全距离,m,一般采用 4 m;

t—驾驶员发现目标必须刹车的时间(s),一般为 1.5 s;

φ—为汽车轮胎与路面的摩擦系数,结冰情况下采用 0.2,潮湿时采用 0.5,干燥时采用 0.7。

(一)交通中心岛

1. 含义

交通中心岛,俗称"转盘"。

2. 位置及作用

设在道路交叉口处。主要组织环形交通,使驶入交叉口的车辆,一律绕岛作逆时针单向行驶。

3. 设计要点

(1)形状　一般设计为圆形,其直径的大小必须保证车辆能按一定速度以交织方式行驶,由于受到环岛上交织能力的限制,交通岛多设在车流量较大的主干道或具有大量非机动车交通、行人众多的交叉口。

(2)大小　目前我国大、中城市所用的圆形中心岛直径为 $40 \sim 60$ m,一般城镇的中心岛直径也不能小于 20 m。

(3)植物及装饰　中心岛不能布置成供行人休息用的小游园或吸引人的地面装饰物,而常以嵌花草皮花坛为主或以低矮的常绿灌木组成简单的图案花坛，切忌用常绿小乔木或灌木，以免影响视线。中心岛虽然也能构成绿岛，但比较简单，与大型的交通广场或街心游园不同，且必须封闭。

（4）景观　交通中心岛位置适中，是城市主要的景点，可在其中安排雕塑、市标、组合灯柱、立体花坛、花台等，但其体量、高度不能遮挡视线。

（二）交通导向岛

交通导向岛也称渠化岛，是位于道路平面交叉路口，用于分流直行和右转车辆及行人的岛状设施，一般面积较小，多为类似三角形状。导向岛绿地应配置灌木、地被植物或草坪，植物高度控制在 0.7 m 以下，以保证车辆和行人的交通安全。

（三）立交交叉绿岛

立体交叉可以是城市两条高等级的道路相交处或高等级跨越低等级道路，也可以是快速道路的入口处，这些交叉形式不同，交通量和地形也不相同，需要灵活处理。

1. 立体交叉处

在立体交叉处，绿地布置要服从该处的交通功能。使司机有足够的安全视距。例如，出入口可以有作为指示标志的种植，使司机看清入口，在弯道外侧最好种植成行的乔木，以便引导司机的行车方向，同时使司机有一种安全的感觉。但在匝道和主次干道汇合的顺行交叉处不宜种植遮挡视线的树种。

2. 立体交叉绿岛绿化形式

立交中的大片绿化地段称为绿岛，最容易成为人们视觉上的焦点，其绿化形式主要有三种。

（1）大型的模纹图案　花灌木根据不同的线条造型种植，形成大气简洁的植物景观，见图 7-4-11。

图 7-4-11　大型的模纹图案

（2）苗圃景观模式　人工植物群落按乔、灌、草的种植形式种植，密度相对较高，在发挥其生态和景观功能的同时，还兼顾了经济功能，为城市绿化发展所需的苗木提供了有力的保障。这种在城乡接合部或景观要求较低的地方适用，见图 7-4-12。

图 7-4-12　苗圃景观模式

（3）景观生态型模式　根据现场条件堆坡理水，运用丰富的景观营造手段创造丰富的生态景观。这种方法多在景观要求较高的主要快速干道中使用，见图 7-4-13。

图 7-4-13　景观生态型模式

3. 立交交叉绿化注意事项

（1）保证立交范围，"黄土不见天日"，达到片状绿色效果。

（2）采用不同的构图方式和配置方式，合理规划，适宜布置绿化，使绿化效果各具特色，并能让立交增辉。

（3）立交绿化既要强调平面完整有序，又要力求立面层次丰富。但要注意的是植被的布置绝不能影响行车的通视条件。

(4)植被的图案和色彩不宜过分丰富,以免使司机"驻足"观赏,分散其注意力而影响行车安全。

(5)立交植被应易栽、易活、易养、易管,耐寒耐热,固土保水。

三、停车场绿地植物种植设计

随着人民生活水平的提高和城市发展速度的加快,机动车辆越来越多,城市对停车场的要求也越来越高。通常在较大的公共建筑物如体育馆、展览馆、剧场影院、商场、饭店等附近,都应设置停车场。

(一)停车场的种类特点

停车场可分为三种形式,多层的、地下的和地面的。目前我国以地面停车场较多。具体可以分为以下四种类型。

1. 路边停车港

在路边凹入的地方设置停车港,并在周围植树,使汽车在树荫下避晒,既解决了停车的要求,又增加了街景的美化效果。

2. 较小的停车场

这种停车场是四周种植落叶乔木、常绿乔木、花灌木、草地、绿篱或围以栏杆。场内地面全部硬质铺装或采用草坪砖做铺装材料。

3. 较大停车场

较大的停车场在场地内种植成行、成列的落叶乔木,地面全部铺装或采用草坪砖铺装。

4. 建筑前的绿化带兼停车场

这种停车场靠近建筑物使用方便,是目前运用最多的停车场。这种停车场绿化形式灵活,多结合基础栽植、前庭绿化和部分行道树设计。设计时绿化既要衬托建筑,又要能对车辆起到一定的遮阳和遮蔽作用,故一般种植乔木和高绿篱或灌木结合。

(二)停车场植物选择要点

(1)选择高大庇荫乔木,结合绿篱、灌木。

(2)树木分枝点高度应该符合停车位净高度的规定,小型汽车为2.5 m,中型汽车为3.5 m,载货汽车为4.5 m。

四、花园林荫道的种植设计

花园林荫路是指那些与道路平行而且具有一定宽度和游憩设施的带状绿地。花园林荫路也可以说是带状的街头休息绿地、小花园。

(一)花园林荫道的类型特点

1. 安排在道路中间的林荫道

这种林荫道在道路中轴线上,即两边为上下行的车行道,到中间有一定宽度的绿化带。这种类型较为常见,多在交通量不大的情况下采用,不宜有过多的出入口,主要供行人和附近居民做暂时休息用。如北京的正义路林荫道、上海肇嘉浜路林荫道等。

2. 安排在道路一侧的林荫道

这种林荫道设立在道路的一侧,减少了行人与车行路的交叉,在交通流量大的道路上多采用此种类型,有时也因为地形情况而定。比如,傍山、一侧滨河或有起伏的地形时,可利用借景的方式将山、林、河、湖组织在内,创造出更加安静的休息环境。例如,上海的外滩绿地、杭州西湖畔的六和塔公园绿地等。

3. 安排在道路两侧的林荫道

这种花园林荫道设在道路两侧与人行道相连,可以使附近居民不用穿过道路就可以到达林荫道,既安静、又使用方便,但此类林荫道占地过大,目前应用较少。

(二)花园林荫道设计要点

1. 设置游步道

设置游步道要根据林荫道的宽度而定,当林荫道宽8 m时,需要设置1条游步道,当林荫道宽8 m以上时,设置2条游步道为宜。

2. 设置绿色屏障

车行道与花园林荫道之间要有浓密的绿篱和高大的乔木组成的绿色屏障相隔。立面上布置成外高内低的形式比较合适。

3. 设置园林建筑小品

在林荫道中要设置小型儿童游乐场、休息座椅、花坛、喷泉、阅报栏、花架等设施和建筑小品。

4. 配置园林植物

利用绿篱植物、宿根花卉、草本植物形成大色块的绿地景观,植物配置应形成复层混交林结构。

5. 设置出入口

林荫道可在长 75～100 m 处分段设立出入口,各段布置应具有特色。但在特殊情况下,如大型建筑的入口处也可设出入口。同时在林荫道的两端出入口处应使游步道加宽或者设置小型的广场,但分段不能过多,否则影响内部的安静。

【自我检测】

一、判断题

1. 方形或长形树池,允许偏于一侧,但也要符合技术规定。从树干到靠近车行道一侧的树池边缘不小于 0.5 m,距车行道边缘石不小于 1 m。
( )

2. 中央分车绿带如果宽度较窄,则需进行绿篱式栽植或种植灌木球,以有效阻挡相向行驶车辆的眩光,改善行车视野环境。植物高度在 0.6～1.5 m,植物应该常年枝叶茂密,株距不得大于冠幅的 5 倍。
( )

3. 北京的正义路林荫道、上海肇嘉浜林荫道是花园林荫道。
( )

二、选择题

1. 关于行道树株距与定干描述正确的有( )。
   A. 株行距一般按树冠大小来决定
   B. 定干高度应考虑距车行道的距离
   C. 分枝角度越大,定干可适当低一点
   D. 定干高度最低不能小于 2 m

2. 分车绿带植物的配置应是( )。
   A. 以常绿乔木为主
   B. 以落叶乔木为主
   C. 以草皮与灌木为主
   D. 以上植物配置都可以

任务五 城市其他形式的道路绿地规划设计

【学习导言】

城市中还有很多其他形式的道路,每种形式的道路绿地都有其存在的必要性,如步行街是步行购物的环境;街道小游园是城市干道旁供居民短时间休息、活动之用的小块绿地,常常可以用来补充城市绿地的不足,提高城市的绿地率及人均公共绿地面积等指标;高速公路是具有中央分隔带及 4 个以上车道立体交叉和完备的安全防护设施,专供车辆快速行驶的现代公路。

【学习目标】

知识目标:掌握步行街绿地设计含义、要求、设计依据及原则;掌握高速公路绿地设计的内容与要求;了解街道小游园特点与绿化的形式;明确高速公路绿地设计的意义。

能力目标:能够结合道路绿地的具体环境条件及规范要求,合理进行城市步行街、道路小游园、高速公路的绿化设计。

素质目标:运用"步移景异""以人为本""符合规范"等设计理念原则对道路景进行设计,体现职业操守与职业素质。

【学习内容】

一、步行街绿地设计

（一）步行街含义

在市中心地区的重要公共建筑、商业与文化生活服务设施集中的地段，设置专供人行而禁止一切车辆通行的道路称步行街。如沈阳的太原街、大连的天津街等。另外，还有一些街道只允许部分公共汽车短时间或定时通过，形成过渡步行街和不完全步行街，如北京的王府井大街、前门大街，上海的南京路等，见图7-5-1。

图7-5-1　上海南京路

（二）人们对步行街外部空间的一般要求

步行街的环境品质与形象是由街道中人的活动质量衡量的。行人活动质量的高低、活动类型的多少，都大大地限定了人们的交往和对城市生活的感受。购物是人们日常生活的基本行为之一，人们购物时除了希望店内环境良好外，还希望店外没有川流不息的车流，使其有安全感；同时还希望有可以休憩、欣赏的地方。步行街正是"以人为本"的环境设计理念的产物。人们对步行街的外部空间一般有以下要求。

1. 步行活动

在步行街道空间中，人们希望没有来往车辆的打扰，在慢速的步行活动中通过丰富而生动的心理体验来实现精神上的满足，在亲切的尺度中进行交流与接触。加利福尼亚州环球城商业步行街总长457 m，东西向与中央由带有拱顶的庭院相连，可以全天候使用。从西侧进入步行街，很快就可到达由拱顶覆盖的圆形街心广场，拱顶使得加州的烈日变得柔和，体现了对人的细致关怀。合肥淮河路步行街在设计中对一些细节如步行街路面的颜色、材料质地、图案等进行多方面考虑，通过具有个性化的特色铺装，更好地体现商业文化特色，创造出适宜的步行空间气氛。同时还专为盲人设置盲道，提高了活动空间的安全性、舒适性、畅通性，体现了对弱势人群的关怀，反映了步行街的空间环境质量，创造了一个公平、平等的社会环境。

2. 休息活动

人们在步行一段时间或距离之后，希望有一个可以休息的环境空间。同时，现代生活内容的丰富使得人们的活动需求增加，多样化的步行街避免了单一的纯购物活动，各种功能之间相互协调使人们能够在较短时间内达到需求的最大满足。这些休息活动有时独立发生，有时会结合餐饮、交谈、观看等活动同时发生。合肥淮河路步行街全长接近1 km，分别规划有"驻留区"和"流动区"。"驻留区"采用较小的铺砌单元，并设置凳、庭院灯，栽种乔木，砌筑花坛，设置各类街道器具和小型环境艺术品，供购物、观光者停留休息。德国Marienplatz市政厅前的步行街在夏季有啤酒屋、室外咖啡座、爵士乐队、哑剧表演、街道剧场，冬天有圣诞节市场等内容，体现出快节奏生活下人的自我放松，感受到城市空间的有机组织与合理配置。

3. 停留活动

停留是指等候、逗留、观看及挑选商品，停留活动往往伴随着社会交往而产生。人们选择驻留地点的原则是寻找半公共半私密的空间，街道中的树木、灯杆、柱子、雕塑、小品、墙角等对空间有一定的限定作用，往往成为人们选择停留依靠的地点。在"限定"并"流动"的空间里自由自在地观赏、交往、购物，在满足人们物质交往活动的同时，很大程度上也满足了人们精神上的交往。

（三）步行街绿化设计依据与原则

1. 全盘考虑的原则

设置步行街不是仅将街道关闭、管制汽车的进入，而是一个现代城市管理的规划，对现代城市实质环境、经济活动及交通系统等都有连带的影响。因此开发行人步行街必须考虑汽车服务的流线以及停车等问题。

2. 人性化尺度的原则

步行街就是人活动的地方，所以必须处处考虑人的尺度、人的活动需求以及人对城市环境的反应。

3. 区域性限制的原则

每一个都市的市中心或拟设置步行街的地方，其条件和限制均不一样，不能一味地抄袭另一个地方的做法，必须因地制宜。

4. 三度空间规划的原则

一条街道即由街道的地面和两旁建筑物的墙面所围成的一个都市空间，所以除对街道地面及其上面的景物进行设置处理外，建筑物立面的整修以及招牌的悬挂也应加以规划设计、整齐划一。

5. 精致处理的原则

好的设计都是简单清爽，细部处理别致。变化过多，常是"乱"的根源。例如，铺面的用材与设计可用一种主要建材再配上一、两种辅助材料即可。

6. 主题性设计的原则

利用当地的人文资源，以城市的文脉为主线，结合商业街的特色进行主题性的规划设计，使民众在历史、建筑、饮食、习俗、文化等多项层面上体验城市的历史文化内涵，更加凸显步行街作为城市社区中心的作用。

(四)具体进行设计

1. 入口处

对于步行商业街，入口的重要性在规划中应充分考虑。在连接城市主干道的地方设置牌坊等作为步行街的入口，大量的人流由此进出，不许机动车辆进入，入口处设灵活性路障或踏步，并设管理标志符号。由于它起着组织空间、引导空间的作用，街道形成了第二个没有屋顶的内部空间，既起框景作用，其本身也是街道空间中的重要景观，它是整个街道空间序列的开端。既可适合市民的心理需求，给人们以明显的标志，还可突出历史文化名城的风貌，见图7-5-2。

2. 中心

中心即一定区域中有特点的空间形式，结合

图 7-5-2　入口处设计

步行街的特点，规划一至二个广场，可作为步行街的中心、高潮，为其带来特色。内设有花坛、喷泉、座凳等丰富景观。

3. 道路及铺装

作为城市商业环境中的道路，其作用体现为渠道(人、车的交通、疏散渠道)、纽带(联结商店、组成街道)、舞台(人们在道路空间中展示生活、进行各种活动)。规划中对道路与两边建筑物的高宽比以 $H/D=1$ 为主，穿插一部分 $H/D=2$ 的建筑。这样的空间尺度关系既不失亲切感，又不显得过于狭窄，从视觉分析上是欣赏建筑立面的最佳视角，容易形成独特的空间。铺装材料多采用石材、广场砖、彩色水泥等，在节点处用金属、玻璃等加以点缀，见图7-5-3。景观道路的地面铺装注重和绿色环境融为一体，烘托出入口区的整体性。在以人性化为前提的设计下我们更强调块料、砂、石、木、预制品等面层，砂土基层即属该类型园路。这是上可透气、下可渗水的园林型生态环保的道路铺设。

4. 街头小品

为突出"以人为本"的原则，在步行街上应具备以下街头小品：座凳尽量与植物棚架相结合满足遮阴要求。垃圾桶可设在休息区附近及路边。电话亭、书报亭和布告栏是必不可少的，既有其实用功能又起到宣传作用。雕塑多为人物雕塑，增加情趣，也有装饰性的或主题性雕塑。要注意其尺寸与周围建筑的关系。具体小品见图7-5-4。

图 7-5-3　铺装材料

图 7-5-4　街头小品

5. 植物

种植要特别注意植物形态、色彩，要和街道环境相结合，树形要整齐，乔木要冠大荫浓、挺拔雄伟，花灌木无刺、无异味，花艳、花期长。特别需考虑遮阳与日照的要求，在休息空间应采用高大的落叶乔木，夏季茂盛的树冠可遮阳，冬季树叶脱落，又有充足的光照，为人们提供不同季节舒适的环境。地区不同，绿化布置上也有所区别，如在夏季时间长，气温较高的地区，绿化布置时可多用冷色调植物；而在北方则可多用暖色调植物布置，以改善人们的心理感受。

二、街道小游园绿地种植设计

街道小游园是指在城市干道旁供居民短时间休息散步之用的小块公共绿地，也称微型公园。

(一)小游园的特点

(1)面积与服务半径　一般面积约 10 000 m² 左右，也有数百平方米，甚至数十平方米的，服务半径一般不超过 0.75 km，居民步行 10 min 即可到达。

(2)小游园的性质　街道小游园的绿化是建设城市公共绿地中不可缺少的主要组成部分，是分布最广、最能为广大人民群众经常利用和享受的一个城市公共绿地。

(二)街道小游园的绿化形式

街道小游园绿地大多地势平坦，或略有地形起伏，可设计为规则对称式、规则不对称式、自然式、混合式等多种形式。

1. 规则对称式

有明显的中轴线，规则的几何图形，如正方形、长方形、多边形、圆形、椭圆形等。外观比较整齐，能与街道、建筑物协调，但也易受约束，处理不当就会显得呆板，见图 7-5-5。

2. 规则不对称式

这种形式整齐而不对称，给人的感觉是虽不对称，但有均衡的效果，见图 7-5-6。

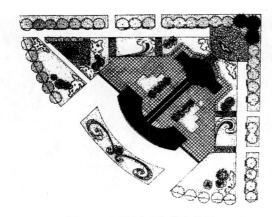

图 7-5-5　规则对称式小游园

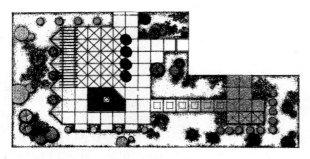

图 7-5-6　规则不对称式小游园

3. 自然式

绿地没有明显的轴线，道路为曲线，植物以自然式种植为主，易于结合地形，创造成自然环境，活泼舒适，如果点缀一些山石、雕塑或建筑小品，更显得美观，见图 7-5-7。

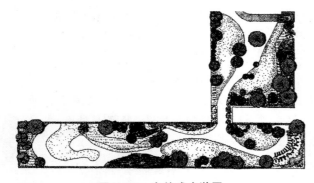

图 7-5-7　自然式小游园

4. 混合式

这是规则式与自然式相结合的一种形式，比较活泼，内容丰富。但空间面积需较大，能组织成几个空间，联系过渡要自然，总体格局应协调，不可杂乱、"小而全"，见图 7-5-8。

图 7-5-8　混合式小游园

（三）现代街道小游园植物景观设计原则

1. 营造人工生态植物群落

以生态学原理为指导来建设一个人类、动物、植物和谐共生良性的生态环境，最大限度地满足人们对环境的生态要求。

在街道小游园绿化中要因地制宜根据不同服务对象的需求和功能要求进行植物设计，例如棚架下采用藤木植物遮阴，活动区采用高大乔木遮阴；以观赏为主的绿地可采用灌木—草本型或乔灌木搭配型；散步游览的绿地可采用乔木—草本型的植物配置方式。

2. 植物造景要有良好的景观效果

街道小游园的一切都是围着人的需要而进行建设、变化的，当今社会越来越关注人们的需求和健康，植物造景要适应人的需求也必须不断地向更为人性化的方向发展。

街道小游园的造景要根据不同植物的干、形、叶、色、花、果等观赏元素特点进行花色、花期、花叶、树形的搭配，根据地域特色结合季相变化对植物进行合理配置。良好的街道小游园绿地应该形成三季有花、四季常绿的配置效果，创造出优美、长效的景色，最终达到人与自然的和谐。

3. 植物造景过程中植物配置的形式

要充分发挥植物的各种功能和观赏特点合理配置，常绿与落叶、速生与慢生相结合，构成多层次的复合生态结构，达到人工配置的植物群落自然和谐。植物品种的选择要在统一的基调上力求丰富多彩，要注重种植位置的选择，以免影响室内的采光通风和其他设施的管理维护。

（四）街道小游园中植物的选择原则

1. 优先选择乡土树种，适当引进外来树种

街道小游园必须保持具有地方特色的植被，

优先选择乡土树种,构造具有乡土特色和城市个性的绿色景观。

2. 以乔木为绿化骨干,突出林荫功能

乔木树冠面积较大,能够创造更多的氧气,同时吸收较多的有害气体,乔木的种植在小游园有利于人们的健康。在乔木的选择上,落叶乔木与常绿乔木在整个小区中所占的比重一般约为1:2。由于落叶乔木古朴,枝干、树形迷人,最能体现园林的季相变化,使小游园中四季景色各不相同;而常绿乔木可以给人四季如春的感觉。绿化设计时应根据设计意图合理安排选择树种,不能太多,多则杂乱,一般选2~3种主体树种、3~4种辅助树种。

3. 保健植物的选择

基于现代人们对健康的要求,在街道小游园绿化时,选择美观、生长快、管理粗放的药用、保健植物,既利于人体保健,又美化环境。这类植物如香椿、银杏、枇杷、野菊花等乔灌木及草本花卉。

(五)小游园中园林小品设置

游园内一般建有花架、亭、廊、座椅、宣传廊、园灯、水池、喷泉、假山等园林小品,需用绿化植物加以衬托和美化。亭、廊周围可采用丛植、孤植手法,错落有致的配置油松、云杉等常绿树种和连翘、绣线菊、丁香等花灌木。以衬托建筑物,增强空间的层次感。花架旁可采用五叶地锦、金银花等藤本植物处理。在座椅的周围可配置一两株垂柳、红花刺槐、栾树等落叶乔木,用以夏季遮阴和创造出一种幽静环境。

草坪是城市园林绿地的重要组成部分,起着连接各个景区,衬托树丛、建筑和水面等大型景物的作用。在实际铺设时应以不露土为宜,可选用易养护的优质草种,如白花三叶草、结缕草等。

三、高速公路绿地设计

高速公路路面平整,车速在$80\sim120$ km/h,它的几何线形设计要求较高,采用高级路面,工程比较复杂,驾车在高速路面上行驶带给人的是速度与激情。

(一)高速公路绿地设计的意义

1. 有利维护生态环境和防止水土流失

对高速公路进行绿化设计,不仅可以改良高

速公路沿线的自然景观、生态环境,维护公路用地内和相邻地带原有的植被,减少沿线环境受汽车噪声、废气排放和夜间行车灯光等带来的各种影响,缓解沿线居民的心理功效等作用。还能有利于路堑、路堤边坡的美化与稳固,美化路容、防止雨水对路堑、路堤的侵蚀,防止水土流失。

2. 有利行车安全、充分施展高速公路的应用功效

通过对高速公路进行绿化设计,不但使其形成绿色长带,具有预告公路线形,具有视线引导作用和夜间防眩作用;而且还具有改良诸如边沟、桥墩台和公路外侧刺眼的建筑物等给驾驶员造成心理压制、单调、疲劳等不和谐因素的作用;同时,在中央分隔带进行绿化时对所选用的植被富于变化,用花灌木进行装点,不但使司乘人员觉得赏心悦目;而且还使之仿佛置身于大自然之中,更有利于行车安全。

(二)高速公路绿地设计内容

高速公路的横断面包括中央隔离带(分车绿带)、行车道、路肩、护栏、边坡、两侧绿化带(防护带)和护网。高速公路绿地设计的主要内容有高速公路出入口、交叉口、涵洞、中央隔离带、防护带、边坡、服务区等,见图7-5-9。

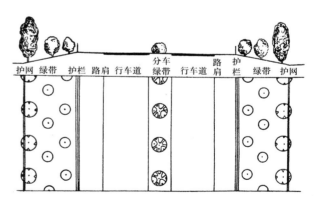

图7-5-9　高速公路绿地设计图

1. 高速公路出入口、交叉口、涵洞

高速公路出入口是汽车出入的地方,在出入口栽植的树木应该配置不同的骨干树种作为特征标志,便于引起汽车驾驶员的注意,便于加减速及驶出驶入。高速公路交叉口150 m以内不要栽植乔木;道路拐弯内侧会车视距内不栽植乔木;交通标志前、桥梁、涵洞前后 5 m 内不栽高于 2 m 的树木。

2. 中央隔离带

（1）中央分隔带的作用　中央分隔带绿化的目的是遮光防眩、引导视线、美化环境、降低噪声、隔离车道、降低硬性防护成本等，给广大司乘人员一种安全、舒适、自然的感受。

（2）中央分隔带绿化的方法　中央隔离带宽度 1.8～4.5 m，其内可以种植花灌木、草皮、绿篱、较矮的整形常绿树，较宽的隔离带还可以种植一些自然树丛，但不宜种植成行乔木，以免影响高速行进中司机的视线，见图 7-5-10。

图 7-5-10　高速公路中央分隔带绿化

中央分隔带植物应选择抗逆性强、耐修剪、生长慢、抗病虫害力强、易植、易成活、多彩丰富、造型优美的植物。

为了保证安全，高速公路一般不许行人穿过，在分车绿带内可以装设喷灌或滴灌设施，采用自动或遥控装置。

3. 路肩

高速公路要有 3.5 m 以上宽的路肩，以供故障车辆停放。路肩上不宜栽种树木，可以在其外侧边坡上和安全地带上种植树木、花卉和绿篱。大乔木要距路面有足够的距离，不能使树影投射到车道上。

4. 路侧防护栏

路侧防护栏一般用金属或砌体做成。但前者易腐蚀、耐久性差，且易破损；后者有压抑感，透气性不好。因此，目前植物易于生长的地区，逐渐在推广绿篱。

5. 边坡

在确保稳定的前提下，边坡的形状要尽可能

与周围的景观协调，并用植物进行绿化处理，坡脚、坡顶、坡面相交等处进行防护，减少边坡坍塌可能，增加路基稳定性，见图 7-5-11。

图 7-5-11　高速公路边坡绿化

6. 两侧绿化带设计

分为与城区接壤部分和主线部分。这一绿带景观具有与防护功能结合的双重性，在设计时其结构应参照一定的技术参数。根据有关部门要求和国外资料，建议如下：

（1）林带宽度　市内以 6～15 m，市区以 1～30 m 为宜。

（2）林带高度　10 m 以上。

（3）林带与声源的距离　应尽量靠近声源而不是受声区。

（4）林带结构　以乔、灌、草结合的紧密林带为好，阔叶树比针叶树有更好的减噪效果，特别是高绿篱防噪声效果最好。

（5）根据调查，40 m 宽结构良好的林带可减低噪声 1～15 dB。

7. 服务区种植设计

服务区是指为过往车辆提供汽车修理、汽车加油以及司机和旅客暂停、吃饭、购物、休息等综合服务的功能区。其环境主要体现在停车的分隔带和主建筑的门前、广场、以及服务区周边绿化，以高大灌木形成绿篱，以高大乔木形成带色的林带，服务区主要部位以常绿植物为主。

最适宜采用自然式绿化组合方式建造景点。既可与工程结构物桥梁、匝道和草坪、花木、盆景等组成绚丽多姿的各式图案；同时又以各类植物、不同层次、不同颜色、不同品种的花灌木，不同开花季节，并以地形高低、植物群落的大小、行株的间距，拼配成各式各样的图样或文字，尤其在有条件时,可采用具有地方性图案,体现出地方特色。

【自我检测】

一、判断题

1. 步行街就是人活动的地方,所以必须处处考虑人的尺度、人的活动需求以及人对城市环境的反应。 （ ）

2. 街道小游园的服务半径一般不超过0.75 km,居民步行10 min即可到达。 （ ）

3. 高速公路要有3.5 m以上宽的路肩,以供故障车辆停放。 （ ）

二、填空题

1. 街道小游园绿地大多地势平坦、可设计为规则对称式、_____、自然式、_____等多种形式。

2. 高速公路的横断面包括中央隔离带_____行车道、_____、护栏、边坡、路旁安全地带和护网。

项目八　城市广场规划设计

任务一　城市广场的认知

【学习导言】

随着社会进步、生产力的发展,城市内容、功能、形态和结构发生了巨大变化,无论从最初的聚落,还是工业革命后因人口涌入而发展起来的现代城市,都包含有组成城市的"硬件"——物质环境,"软件"——社会文化、行为、历史和意识及作为"软硬件"主体的——人。经过历史演变和社会发展,人类生活活动的内容更加丰富,更加多样化,城市机能也随之日新月异,不同性质和不同类型的城市广场不断涌现。

【学习目标】

知识目标:掌握城市广场的概念,了解城市广场的起源。

能力目标:能够认识不同的广场,能够说出不同广场的内涵。

素质目标:广场是有主题思想、有文化内涵的户外公共空间。作为一名时代新人也要有胸怀、有担当、有文化素质,有面向世界的眼光、作为。

【学习内容】

一、城市广场的概念

"广"者,宽阔、宏大之意;"场"是指平坦的空地。"广场"即广阔的场地,特指城市中广阔的场地,如天安门广场。

城市广场是城市中由建筑、道路或绿化带等围绕而成的开敞空间,是城市公众社会生活的中心,又是集中反映城市历史文化或艺术面貌的建筑空间(《中国大百科全书》)。

国内对现代广场的定义:它是为满足多种城市社会生活需要而建设的,以植物、建筑、道路和地形等围合,由多种软、硬质景观构成,采用步行交通手段,具有一定的主题思想和规模的结点型城市户外公共活动空间。

国外专家对广场的认识:广场是被有意识地作为活动焦点;通常情况,它经过铺装,被高密度的构筑物围合,有街道环绕或与其相通;有清晰的广场边界;周围的建筑与之达到某种统一和协调,宽、高有良好的比例。

二、城市广场的起源

(一)西方城市广场的起源与发展

西方城市广场起源于古代欧洲。作为城市整

体空间的一个重要组成部分,欧洲传统广场的发展几乎和城市的发展同步,它们是欧洲各国历史文化艺术的缩影,是各国兴衰变迁的见证。

早在古希腊时期,建筑物的布置就是以神庙为中心,各种建筑围绕着它而形成广场,如著名的阿索斯广场。这时候的广场主要是担负起作为一个宗教中心的功能。古希腊城市广场,如普南城的中心广场,是市民进行宗教、商业、政治活动的场所。

到了古罗马时期,广场的建设达到了一个高峰,广场的类型逐渐多样化,出现了政治性广场、纪念性广场等。古罗马建造的城市中心广场开始时是作为市场和公众集会场所,后来也用于发布公告、进行审判、欢度节庆等的场所,通常集中了大量宗教性和纪念性的建筑物。罗马的图拉真广场中心有图拉真皇帝的骑马铜像,广场边上巴西利卡(长方形会堂)后面的小院中矗立着高 43 m 的图拉真纪念柱,柱顶立着皇帝铜像,用以显示皇权的威严。公元 5 世纪欧洲进入封建时期以后,城市生活以宗教活动为中心,广场成了教堂和市政厅的前庭。意大利锡耶纳城的开波广场就是一例。

中世纪意大利的广场功能和空间形态进一步拓展,城市广场已经成为城市的“心脏”,在高度密集的城市中心区创造出具有视觉空间和尺度连续性的公共空间,形成了与城市整体互为依存的城市公共中心。巴洛克时期,城市广场空间最大程度上与城市道路连成一体,广场不再单独附属于某一建筑物,而成为整个道路网和城市动态空间序列的一部分。

15—16 世纪欧洲文艺复兴时期,由于城市中公共活动的增加和思想文化各个领域的繁荣,相应地出现了一批著名的城市广场,如罗马的圣彼得广场、卡比多广场等。后者是一个市政广场,雄踞于罗马卡比多山上,俯瞰全城,气势雄伟,是罗马城的象征。威尼斯城的圣马可广场风格优雅,空间布局完美和谐,被誉为“欧洲的客厅”。17—18 世纪法国巴黎的协和广场、南锡广场等是当时的代表作。

19 世纪后期,城市中工业的发展、人口和机动车辆的迅速增加,使城市广场的性质、功能发生了新的变化。不少老的广场成了交通广场,如巴黎的星形广场和协和广场。现代城市规划理论和现代建筑的出现、交通速度的提高,引起了城市广场在空间组织和尺度概念上的改变,产生了像巴西利亚三权广场这样一种新的空间布局形式。

当工业革命席卷欧洲时,广场的传统作用逐渐改变,像巴黎的星形广场,是东西轴线上的重要地点,起到了改变巴黎地区网状交通的作用,与帝国时代建造的凯旋门有同样的纪念意义。20 世纪初侧重便利交通的考虑,广场作为社会活动的场所从建筑群中分离了出来,现在欧洲各国对城市广场的重要意义又有了新的理解,在新建现代化城市时,都要独具匠心地设计一个具有特殊意义的广场,以增加城市的光彩。

在欧洲的城市里,除了那些著名的广场外,更多的还是那些不知名的广场。著名的广场往往就是一个城市建筑艺术的中心,是城市最漂亮、最精华的地方,它们就像一个国家豪华的客厅,展示的是一个国家、一个民族的历史、文化和艺术。而不知名的广场则像寻常百姓家的客厅,不华贵但很温馨,有喷泉、草坪、成群的鸽子,还有咖啡店、书店、花店,有画肖像的画家、有拉琴的艺人、有游玩的孩子、有散步的老人和恋爱的情侣,充满着浓浓的人情味儿和生活的气息。

(二)我国城市广场的起源与发展

中国古代城市缺乏公众活动的广场外。只是在庙宇前有前庭,有的设有戏台,可以举行庙会等公共活动。此外,很多小城镇上还有进行商业活动的市场和码头、桥头的集散性广场。衙署前的前庭,不是供公众活动使用,相反,还要求人们肃静回避。这在古代都城的规划布局中更为突出,如宫城或皇城前都有宫廷广场,但不开放。明清北京城设置了一个既有横街又有纵街的“T”字形宫廷广场(在今天安门广场)。在纵向广场两侧建有千步廊,并集中布置中央级官署。广场三面入口处都有重门,严禁市民入内,显示宫阙门禁森严的气氛。

在我国,早在原始社会半坡村人为了满足部落内部成员防卫、生产和集会的需要,利用小型住宅沿圆圈密集排列而成一个中央公共空间,即具备了广场的某些特征。由于历史和文化背景等原因,我国古代城市并没有形成集会、讨论式广场,而是形成了比较发达、兼有交易、交往和交流活动的场所。《周礼·考工记》记载，"匠人营国，方九里，旁三门，国中九经九纬，经涂九轨，左祖右社，面朝后市，市朝一夫"，对市场在城市中的位置和规模都做了规定，而且这种城市规划思想一直影响着我国古代城市建设。唐代长安是严格的里坊制，设有东市、西市。宋代打破了里坊制，出现了"草市""墟""场"等公共空间，集中着各种杂技、游艺、茶楼、酒馆等休闲场所。元、明、清则沿袭了前朝后市的格局，因此在古代中国的城市中，街道空间常常是城市生活的中心，逛街则是老百姓最为流行的休闲方式，这和传统欧洲城市中以广场为中心的格局截然不同。

应该说，中国城市中广场概念的引入是在近代。这些早期的广场大多建在上海、天津、广州等外国租界较集中的大城市。1949年以后，在一些大城市中也建成了一些广场，但它们多是大型的政治性集会广场，如北京天安门广场。由于经济和政治的因素，西方国家城市中常见的各种市民广场并没有大量出现。

改革开放后，我国城市广场经历了一个史无前例的建设高潮，应该说迅速增多的广场确实改观了城市的面貌，但也引发了一系列的问题。其实，现代意义上的城市广场不再仅仅是市政广场，随着经济的发展，商业广场成为城市的主要广场。由于城市寸土寸金的原因，开发商不愿意留太多的公共空间，因此城市里高楼林立，开敞的空间并不是很多，真正充满趣味的城市广场也不是很多，和欧洲历史悠久的城市广场相比，这些城市广场普遍存在着明显的不足。贪大求全、缺乏趣味、风格雷同已经成为不少广场的通病。实际上，现代中国城市广场的超常规发展并不是一个偶然的现象，它是近年来中国城市高速发展的一个缩影。

三、中西方城市广场设计理念的区别

与欧洲的城市广场比较起来，我国许多城市广场最大的差距还是在于设计理念。在当代中国，影响城市建筑发展的一个致命问题，不是经济、不是金钱，而是观念。什么是城市现代化？对这个问题，许多人有很深的误解，以现代化的名义来破坏城市的现象非常普遍，拆掉旧城历史建筑是很多城市的做法，令人扼腕叹息。在城市开发

热潮中，地域文化特色正在消失。"千城一面"的现象如不加以改善，它将给我们的子孙后代留下永远的遗憾。"以人为本"是城市广场设计中必须遵循的一条最基本的原则。

城市广场建设应该继承城市当地本身的历史文脉，适应地方风情、民俗文化，突出地方建筑艺术特色，有利于开展地方特色的民间活动，避免似曾相识之感，增强广场的凝聚力和城市旅游吸引力。在这方面，欧洲的很多城市广场的发展大都与城市发展同步，广场与城市浑然一体。我国的城市广场建设多是城市改造项目，时空的跨度和审美的变迁使得它们在与城市环境文脉的融合方面具有了更大的挑战性。近几年来，国内也出现了一大批地方特色鲜明的广场作品。如济南泉城广场代表的是齐鲁文化，体现的是"山、泉、湖、河"的泉城特色；西安的钟鼓楼广场注重的是把握历史的文脉，整个广场以连接钟楼、鼓楼，衬托钟楼、鼓楼为基本使命，并把广场与钟楼、鼓楼有机地结合起来，具有鲜明的地方特色；合肥市的琥珀潭广场，结合当地的自然水体、古城墙遗址以及琥珀山庄的新徽派建筑为背景组织硬地、绿化、亭榭，巧妙地利用地势的高差，在布局上采取梯级、平台、阶地、斜坡等手法，突出层次，既能使人们在活动的过程中体会到一种动态感，同时又能够领略到广场的立体景观，营造了一个个性突出、幽雅宜人的复合型生态广场，成为合肥市环城绿带上的一颗闪亮的明珠。

【自我检测】

一、判断题

1. 城市广场是城市中由建筑、道路或绿化带等围绕而成的开敞空间。（　　）

2. 城市广场建设应该继承城市当地本身的历史文脉，适应地方风情、民俗文化，突出地方建筑艺术特色。（　　）

二、填空题

1. 宋代打破了里坊制，出现了"＿＿＿＿""墟""＿＿＿＿"等公共空间，集中着各种杂技、游艺、茶楼、酒馆等休闲场所。

2.广场是为满足多种城市社会生活需要而建设的,以植物、_____、_____和地形等围合,由多种软、硬质景观构成,采用步行交通手段,具有一定的主题思想和规模的结点型城市户外公共活动空间。

任务二 城市广场的类型与特点识别

【学习内容】

一、城市广场的分类

(一)按广场的使用功能分类

1. 市政广场

市政广场位于城市中心位置,通常是市政府行政中心、老行政区中心所在地。它往往布置在城市主轴线上,成为一个城市的象征。在市政广场上常有表示该城市特点或代表该城市形象的重要建筑物或大型雕塑。

市政广场具有良好的可达性和流通性。市政广场用硬质材料铺装为主,如北京天安门广场、莫斯科红场等;也有用软质材料绿化为主的,如美国华盛顿市中心广场。市政广场布局形式一般较为规则、严整。

2. 纪念性广场

城市纪念广场题材非常广泛,可以是纪念人物,可以是纪念事件。广场中心或轴线以纪念雕塑、纪念碑、纪念建筑或其他形式纪念物为标志。主体标志位于整个广场构图的中心位置。纪念广场的大小没有严格限制,选址应远离商业区、娱乐区,严禁交通车辆在广场内穿越,注意突出严肃、深刻的文化内涵和纪念主题。

3. 交通性广场

交通广场主要目的是有效地组织城市交通,包括人流、车流,是城市交通体系中的有机组成部分。通常分为两类:一类是城市内外交通会合处,主要起交通转换作用,如火车站、长途汽车站前广场(站前交通广场)。另一类是城市干道交叉口处交通广场(环岛交通广场)。

(1)站前交通广场 是城市对外交通或者是城市区间的交通转换地,设计时广场的规模与转换交通量有关,广场要有足够的行车面积、停车面积和行人场地。广场的空间形态应尽量与周围环境相协调,体现城市风貌。

(2)环岛交通广场 地处道路交汇处,位置十分重要,是城市景观、城市风貌的重要组成部分。一般以绿化为主,应有利于交通组织和司乘人员的动态观赏。环岛交通广场往往设有城市标志性建筑或小品,如西安市的钟楼、法国巴黎的凯旋门。

4. 休闲广场

休闲广场是供市民休息、娱乐、交通等活动的重要场所,其位置常常选择在人口较密集的地方,如街道旁、市中心区、商业区、甚至居住区内。休闲广场以让人轻松愉快为目的,因此广场的尺度、空间形态、环境小品、绿化休闲设施等都要符合人的行为规律和人体尺度要求。

5. 文化广场

文化广场是为了展示城市深厚的文化积淀和悠久历史,经过深入挖掘整理,以多种形式在广场上集中展示出来。文化广场要有明确的主题,选址没有固定的模式。

6. 古迹广场

古迹广场是结合城市的遗存古迹,保护和利用而设的城市广场,生动地代表了一个城市的古老文明程度,其规划设计应从古迹出发组织景观。

7. 宗教广场

宗教广场是供信徒和游客集散、交流、休息的广场空间。其规划设计应以满足宗教活动为主,尤其要表现出宗教文化氛围和宗教建筑美,通常有明显的轴线关系,景物也是对称布局,广场上的小品以与宗教相关的饰物为主。

8. 商业广场

商业广场是为商业活动提供综合服务的功能场所。商业广场的形态、空间和规划布局没有固定的模式可言,但必须与其境相融、功能相符、交通组织合理,一定要充分考虑人们购物、休闲的需要。

(二)以广场的空间开闭程度

(1)开敞性广场 露天广场、体育场等。

(2)封闭性广场 室内商场、体育馆等。

(三)按照广场构成要素分类

(1)建筑广场 以建筑为主的广场。

(2)雕塑广场 以雕塑为主的广场。

(3)水上广场 水面较大的广场。

(4)绿化广场 绿化植被较多的广场。

(四)按照广场形态分类

(1)规则形广场 规则式布局的广场。

(2)不规则形广场 不规则式布局的广场。

(五)按广场的剖面形式分类

(1)平面型广场 地形起伏变化不大的广场。

(2)立体广场(上升式、下沉式) 地形起伏变化较大的广场。

(六)广场按尺度关系分为

(1)特大型广场 特指国家性政治广场、市政广场等,这类广场用于国务活动、检阅、集会、联欢等大型活动。

(2)中小型广场 街区休闲活动、庭院式广场等。

二、城市广场的基本特点

(1)性质上的公共性 现代城市广场作为现代城市户外公共活动空间系统中的一个重要组成部分,在广场活动的人们不论其身份、年龄、性别有何差异,都具有平等的游憩和交往氛围,现代城市广场要求有方便的对外交通,这正是满足公共性特点的具体表现。

(2)功能上的综合性 现代城市广场应满足的是现代人户外多种活动的功能要求,能满足不同年龄、性别的各种人群(包括残疾人)的多种功能需要,如年轻人聚会、老人晨练、歌舞表演、综艺活动、休闲购物等。

(3)空间场所上的多样性 现代城市广场功能上的综合性,必然要求其内部空间场所具有多样性特点,以达到不同功能实现的目的。如歌舞表演需要有相对完整的空间,给表演者的"舞台"或下沉或升高;情人约会需要有相对郁闭私密的空间;儿童游戏需要有相对开敞独立的空间等,综合性功能如果没有多样性的空间创造与之相匹配,是无法实现的。

(4)文化休闲性 现代城市广场作为城市的"客厅",是反映现代城市居民生活方式的"窗口",注重舒适、追求放松是人们对现代城市广场的普遍要求,从而需要表现出休闲性特点。广场上精美的铺地、舒适的座椅、精巧的建筑小品加上丰富的绿化,让人徜徉其间流连忘返,忘却工作和生活中的烦恼,尽情地欣赏美景、享受生活。

【自我检测】

一、判断题

城市广场应该是城市空间环境中最具公共性、最富有艺术魅力、最能反映城市文化特征的开放空间,有着城市"起居室"和"客厅"的美誉。 （ ）

二、填空题

广场按尺度关系分为_____、_____。

任务三 城市广场规划设计原则运用

【学习导言】

城市广场是人们政治、文化活动的中心,也是公共建筑最为集中的地方,城市广场规划设计除了要符合国家有关规范的要求外,还必须遵守设计原则。

【学习目标】

知识目标:掌握城市广场规划设计的原则。

能力目标:能够运用广场规划设计的原则合理进行广场的规划设计。

素质目标:广场规划设计要遵循一定的原则,做人、做事也要有底线原则,只有在法律法规的约束才能有所谓的"自由"。

【学习内容】

一、系统性原则

现代城市广场是城市开放空间体系中的重要节点。它与小尺度的庭园空间、狭长线形的街道空间及联系自然的绿地空间共同成了城市开放空间系统,如青岛五四广场,见图8-3-1。

图8-3-1 青岛五四广场

现代城市广场应根据周围环境特征、城市现状和总体规划的要求,确定其主要性质、规模等,只有这样才能使多个城市广场相互配合,共同形成城市开放空间体系中的有机组成部分。

城市广场必须在城市空间环境体系中进行系统分布的整体把握,做到统一规划、统一布局。

二、完整性原则

完整性包括功能的完整和环境的完整两个方面。

(一)功能的完整

功能的完整是指一个广场应有其相对明确的功能。在这个基础上,辅之以相配合的次要功能,做到主次分明、重点突出,特别注意的是,不将一般的市民广场同交通为主的广场混淆在一起。如合肥的人民广场,该广场作为市民广场地处城市中心地段,四周皆为城市干道,并与商业区毗邻,人流、车流集中,所以设计时将广场地下作停车场,四周道路均为单行道,以确保广场功能的完整性,见图8-3-2。

图 8-3-2　合肥人民广场

（二）环境的完整

环境的完整同样重要。它主要考虑广场环境的历史背景、文化内涵、时空连续性、完整的局部、周边建筑的协调和变化有致等问题。城市建设中，不同时期留下的物质印痕是不可避免的，特别注意的是，在改造更新历史上留下来的广场时，更要妥善处理好新老建筑的主从关系和时空连续等问题，以取得统一的环境完整效果。

三、尺度适配原则

尺度适配原则是根据广场不同使用功能和主题要求，确定广场合适的规模和尺度。如政治性广场和一般的市民广场尺度上就应有较大区别，从国内外城市广场来看，政治性广场的规模与尺度较大，形态较规整；而市民广场规模与尺度较小，形态较灵活。

广场空间的尺度对人的感情、行为等都有很大影响。据专家研究，如果两个人处于 1～2 m 的距离，可以产生亲切的感觉；两个人相距 12 m，就能看清对方的面部表情；相距 25 m，能认清对方是谁；相距 130 m，仍能辨认对方身体的姿态；相距 1 200 m，仍能看得见对方。所以空间距离感越短亲切感越加强，距离越长越疏远。

此外，广场的尺度除了具有自身良好的绝对尺度和相对的比例以外，还必须适合人的尺度，而广场的环境小品布置则更要以人的尺度为设计依据。

四、生态性原则

广场是整个城市开放空间体系中的一部分，它与城市整体生态环境联系紧密。一方面，其规划的绿地中花草树木应与当地特定的生态条件和景观特点（如"市花"和"市树"）相吻合；另一方面，广场设计要充分考虑本身的生态合理性，如阳光、植物、风向和水面等，做到趋利避害。

生态性原则就是要遵循生态规律，包括生态进化规律、生态平衡规律、生态优化规律、生态经济规律，体现"因地制宜，合理布局"。现代城市广场设计应从城市生态环境的整体出发，一方面应运用园林设计的方法，通过融合、嵌入、缩微、美化和象征等手段，在点、线、面不同层次的空间领域中引入自然、再现自然，并与当地特定的生态条件和景观特点相适应，使人们在有限的空间中，领略和体会自然带来的自由、清新和愉悦；另一方面城市广场设计应特别强调其小环境生态的合理性，既要有充足的阳光，又要有足够的绿化，冬暖夏凉，为居民的各种活动创造宜人的生态环境。

五、多样性原则

当代城市广场应有一定的主导功能，同时也可以具有多样化的空间表现形式和特点。由于广场是人们共享城市文明的舞台，它既反映作为群体的人的需要，也要综合兼顾特殊人群的使用要求。同时，服务于广场的设施和建筑功能亦应多样化，纪念性、艺术性、娱乐性和休闲性兼容并蓄。

六、步行化原则

步行化是现代城市广场的主要特征之一，也是城市广场的共享性和良好环境形成的必要前提。

广场空间和各因素的组织应该支持人的行为，如保证广场活动与周边建筑及城市设施使用的连续性。

在大型广场，还可根据不同使用功能和主题考虑步行分区问题，如西单广场，见图 8-3-3。

此外，人在广场上徒步行走需要考虑耐疲劳程度和步行距离极限与环境的氛围、景物布置、当时心境等因素。

七、文化性原则

城市广场作为城市开放空间体系中艺术处理的精华，通常是城市历史风貌、文化内涵集中

图 8-3-3　西单广场

图 8-3-5　大连海之韵广场

体现的场所。其设计既要尊重传统、延续历史、文脉相承，又要有所创新、有所发展，这就是继承和创新有机结合的文化性原则。如南京汉中门广场以古城城堡为第一文化主脉，辅以古井、城墙和遗址片段，表现出凝重而深厚的历史感，见图 8-3-4。有的辅以优雅人文气氛、特殊的民俗活动，如合肥城隍庙每年元宵节的传统灯会，意大利锡耶纳广场举行的赛马节等。

图 8-3-4　南京汉中门广场

八、特色性原则

现代城市广场应通过特定的使用功能、场地条件、人文主题及景观艺术处理来塑造出自己的鲜明特色，例如大连的"海之韵"广场，广场中心以五根曲率不同的白钢管为主体的雕塑，像一条条飞跃的长龙，题名就叫"海之韵"。广场中的海龟、贝壳等小品，大气的手笔，富有韵律的节奏，充分体现了大连这座海滨城市的特色，见图 8-3-5。

广场的特色性不是设计师的凭空创造，更不能套用现成特色广场的模式，而是对广场的功能、地形、环境、人文、区位等方面做全面的分析，不断的提炼，才能创造出与市民生活紧密结合和独具地方、时代特色的现代城市广场。

一个有个性特色的城市广场应该与城市整体空间环境风格相协调，违背了整体空间环境的和谐，城市广场的个性特色也就失去了意义。

【自我检测】

一、判断题

现代城市广场设计应从城市生态环境的整体出发，通过融合、嵌入、缩微、美化和象征等手段，在点、线、面不同层次的空间领域中引入自然、再现自然，并与当地特定的生态条件和景观特点相适应，使人们在有限的空间中，领略和体会自然带来的自由、清新和愉悦。　　　　（　　　）

二、填空题

广场规划设计的原则有＿＿＿＿＿＿、＿＿＿＿＿＿、＿＿＿＿＿＿、＿＿＿＿＿＿、＿＿＿＿＿＿、＿＿＿＿＿＿、＿＿＿＿＿＿、＿＿＿＿＿＿。

任务四 城市广场空间设计

【学习内容】

一、广场的空间形态

广场空间形态主要有平面型和空间型两种。

(一)平面型广场

平面型通常最为多见,如大家熟知的上海人民广场、大连人民广场及北海北部湾广场等,见图8-4-1。

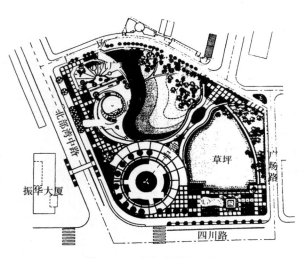

图 8-4-1　北海北部湾广场

(二)空间型广场

空间型广场主要有上升式广场和下沉式广场两种情况。

(1)上升式广场　一般将车行放在较低的层面上,而把人行和非机动车交通放在地上,实现人车分流,如巴西圣保罗市的安汉根班广场,见图8-4-2。

图 8-4-2　安汉根班广场

(2)下沉式广场　下沉式广场在当代城市建设中应用更多。下沉式广场不仅能够解决不同交通的分流问题,而且在现代城市喧器、嘈杂的外部环境中更容易取得一个安静、安全、围合有致且具有较强归属感的广场空间。在有些大城市下沉式广场常常还结合地下街、地铁乃至公交车站的使用，如美国费城市中心广场、日本名古屋市中心广场。更多的下沉式广场则是结合建筑物规划设计的，如美国纽约洛克菲勒中心广场，见图8-4-3。

图8-4-3　洛克菲勒中心广场

二、广场的空间围合

在广场围合程度方面，一般来说，广场围合程度越高，就越易形成"图形"。但围合并不等于封闭，在现代城市广场设计中考虑到市民使用和视觉观赏，以及广场本身的二次空间组织变化，必然还需要一定的开放性。因此，现代广场规划设计掌握这个"度"就显得十分重要。广场围合有以下几种情形：

（1）四面围合的广场　当这种广场规模尺度较小时，封闭性极强，具有强烈的向心性和领域感。

（2）三面围合的广场　封闭感较好，具有一定的方向性和向心性。

（3）两面围合的广场　常常位于大型建筑与道路转角处，平面形态有"L"形和"T"形等，领域感较弱，空间有一定的流动性。

（4）仅一面围合的广场　这类广场封闭性很差，规模较大时可考虑组织二次空间，如局部下沉或局部上升等。

四面和三面围合是最传统的，也是最多见的广场布局形式。

三、广场的空间尺度与界面高度

城市广场空间如同建筑空间一样，可能是封闭的独立性空间，也可能是与其他空间相联系的空间群。人在城市中活动时人眼是按照能吸引人们的物体而活动的。当视线向前时，人们的标准视线决定了人们感受的封闭程度，这种封闭感在很大程度上取决于人们的视野距离及其与建筑等界面高度的关系。

（一）广场的空间尺度

（1）人与物体的距离在25 m左右时能产生亲切感，这时可以辨认出建筑细部和人脸的细部、墙面上粗岩面质感消失，这是古典街道的常见尺度。

（2）宏伟的街道和广场空间的最大距离不超过140 m。当超过140 m时，墙上的沟槽线角消失，透视感变得接近地面，这时巨大的广场和植有树木的狭长空间可作为一个纪念性建筑的前景。

（3）人与物体的距离超过1 200 m时就看不到具体形象，这时所看到的景物脱离人的尺度，仅保留一定的轮廓线。

（二）界面高度

此外，当广场尺度已定，广场界面的高度影响广场的围合感。

（1）当围合界面高度等于人与建筑物的距离时，水平视线与檐口夹角为45°，这时可以产生良好的封闭感，见图8-4-4。

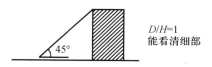

图8-4-4　水平视线与檐口夹角为45°

（2）当建筑立面高度等于人与建筑物距离的1/2时，水平视线与檐口夹角为27°，是创造封闭性空间的极限，见图8-4-5。

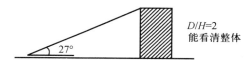

图8-4-5　水平视线与檐口夹角为27°

（3）当建筑立面高度等于人与建筑物距离的1/3时，水平视线与檐口夹角为18°，这时高于围合界面的后侧建筑成为组织空间的一部分，见图8-4-6。

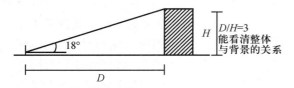

图 8-4-6　水平视线与檐口夹角为 18°

（4）当建筑立面高度为人与建筑距离的1/4时，水平视线与檐口夹角为14°，这时空间的围合感消失，空间周围的建筑立面如同平面的边缘，起不到围合作用，见图8-4-7。

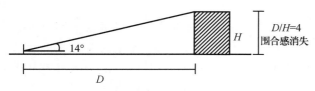

图 8-4-7　水平视线与檐口夹角为 14°

（三）广场维护界面高度与广场宽度的关系

良好的广场空间不仅要求周围建筑具有合适的高度和连续性，而且要求所围合的地面具有合适的水平尺度，见图8-4-8。

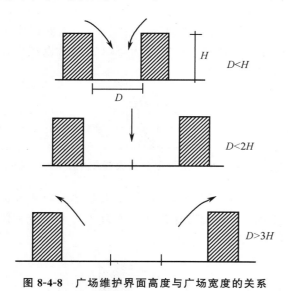

图 8-4-8　广场维护界面高度与广场宽度的关系

四、广场的几何形态与开口

广场空间具有三种基本形态，它们分别是矩形（方形）、圆形（椭圆形）、三角形（梯形），见图8-4-9。从空间构成角度看，被建筑完全包围的称作封闭式的，被建筑部分包围的称作开放式的，封闭式广场与开放式广场的区别就是围合界面开口的多少，见图8-4-10。

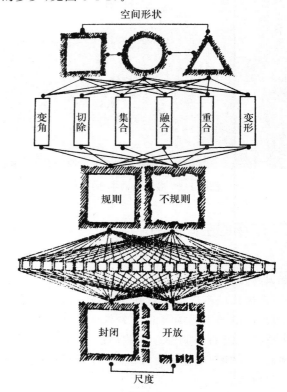

图 8-4-9　广场形态构成

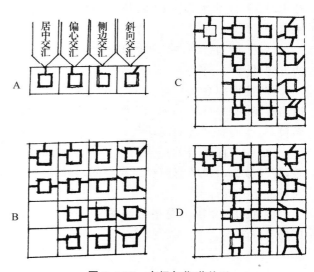

图 8-4-10　广场与街道关系

（1）矩形广场与中央开口（阴角空间）　四角封闭的广场一般在广场中心线上有开口，这种处理对设计广场四周的建筑具有限制，一般要求围合建筑物的形式应大体相似，而且常常在中心线的交点处（即广场中央）安排雕像作为道路的对景。这种形态可称之为向心型。

当广场的开口减到三个时，其中一条道路与建筑物为底景，另一条道路穿越广场，往往将广场建筑置于一条道路的底景部位，广场中央的雕像可以以主体建筑为背景，地面铺装可以划分成动区和静区，这种设计手法为轴线对称型，见图8-4-11。

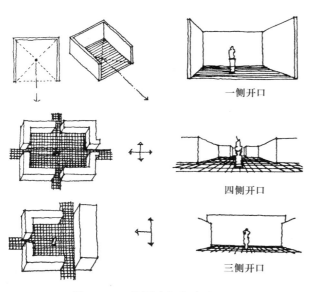

一侧开口

四侧开口

三侧开口

图 8-4-11　矩形广场与中央开口

（2）矩形广场与两侧开口　在现代城市中，网格型的道路网容易形成矩形街区或四角敞开的广场，这种广场的特点是道路产生的缺口将周围的四个界面分开，打破了空间的围合感。此外，贯穿四周的道路还将广场的底界面与四周墙面分开，使广场成为一个中央岛。

为了弥补这一切缺陷，建议将四条道路设计为相互平行的两行，并使与道路平行的建筑在两侧突出，突出部分与另两栋建筑产生关联，从而产生较小的内角空间，有利于形成广场的封闭感。

为了防止贯穿的开口，另一种办法是将相对应的开口呈折线布置，这样当人由街道开口进入广场，往往以建筑墙体作为流线的对景，有益于产生相对封闭的空间效果，见图8-4-12。

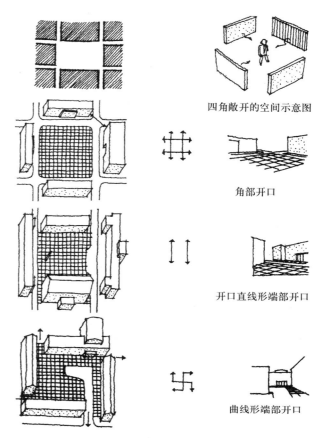

四角敞开的空间示意图

角部开口

开口直线形端部开口

曲线形端部开口

图 8-4-12　矩形广场与角部开口

（3）隐蔽性开口与渗透性界面　这类广场与道路的交汇点往往设计得十分隐蔽，开口部分或布置在拱廊之下，或被拱廊式立面所掩盖，只有实地体验方能觉得入口部分的巧妙。

五、广场的序列空间

在广场设计中，应对广场周围的空间做通盘考虑，以形成有机的空间序列。广场的序列空间可划分为前导、发展、高潮、结尾几个部分，人们在这种序列空间中可以感受到空间的变换、收放、对比、延续、烘托等乐趣，如合肥市中心区开放空间群。

【自我检测】

一、判断题

四面围合和三面围合是最传统的，也是最多见的广场布局形式。　　　　　　（　　）

二、填空题

当建筑立面高度等于人与建筑物距离的_____时,水平视线与檐口夹角为_____,是创造封闭性空间的极限。

任务五　城市广场绿地设计

【学习导言】

城市广场不仅是一个城市的象征,人流聚集的地方,而且也是城市历史文化的融合,塑造自然美和艺术美的空间。一个城市要可爱、让人留恋,它必须要有独具魅力的广场。广场的规划建设调整了城市建筑布局,加大了生活空间,改善了生活环境质量。因此,规划设计好城市广场,对提升城市形象、增强城市的吸引力尤为重要。

【学习目标】

知识目标:掌握广场绿地规划设计的原则、绿地种植设计形式、树种选择的原则、广场的色彩处理、水体设计的形式、地面铺装处理方式、建筑小品安排等知识。

能力目标:能够运用广场绿地规划设计的原则、绿地种植设计形式、树种选择的原则,进行广场的色彩、水体、地面铺装、建筑小品、植物元素的设计。

素质目标:广场是广阔的场地,广场设计是城市形象的设计,包含多种元素的设计。作为当代大学生一定要胸有国家、内外兼修、全面发展。

【学习内容】

一、广场绿地规划设计的原则

(1)广场绿地布局应与城市广场总体布局统一,使绿地成为广场的有机组成部分,从而更好地发挥其主要功能,符合其主要性质要求。

(2)广场绿地的功能与广场内各功能区相一致,更好地配合和加强该区功能的实现。如在入口区植物配置应强调绿地的景观效果,休闲区规划则应以落叶乔木为主,冬季的阳光、夏季的遮阳都是人们户外活动所需要的。

(3)广场绿地规划应具有清晰的空间层次,独立形成或配合广场周边建筑、地形等形成良好、多元、优美的广场空间体系。

(4)广场绿地规划设计应考虑与该城市绿化总体风格协调一致,结合地理区位特征,物种选择应符合植物的生长规律,突出地方特色。

(5)结合城市广场环境和广场的竖向特点,以提高环境质量和改善小气候为目的,协调好风向、交通、人流等诸多因素。

(6)对城市广场上的原有大树应加强保护,保留原有大树有利于广场景观的形成,有利于体现对自然、历史的尊重,有利于对广场场所感的认同。

二、城市广场绿地种植设计形式

1. 排列式种植

这种形式属于整形式,主要用于广场周围或者长条形地带,用于隔离或遮挡,或作背景。单排的绿化栽植,可在乔木间加种灌木,灌木丛间再加种草本花卉,但株间要有适当的距离,以保证有充足的阳光和营养面积。在株间排列上近期可以密一些,几年以后可以考虑间移,这样既能使近期绿化效果好,又能培育一部分大规格苗木。乔木下面的灌木和草本花卉要选择耐荫品种。并排种植的各种乔灌木在色彩和体型上要注意协调。

2. 集团式种植

集团式种植也是整形式的一种,是为避免成排种植的单调感,把几种树组成一个树丛,有规律地排列在一定的地段上。这种形式有丰富、浑厚的效果,排列得整齐时远看很壮观、近看又很细腻。可用草本花卉和灌木组成树丛,也可用不同的灌木、乔木组成树丛。

3. 自然式种植

自然式种植是在一定地段内,花木种植不受统一的株、行距限制,而是疏密有序地布置,从不同的角度望去有不同的景致,生动而活泼。这种布置不受地块大小和形状限制,可以巧妙地解决与地下管线的矛盾。

4. 花坛式(图案式)种植

花坛式种植即图案式种植,是一种规则式种植形式,装饰性极强,材料选择可以是花、草,也可是可修剪整齐的木本树木,可以构成各种图案。它是城市广场最常用的种植形式之一。

花坛与花坛群的面积占城市广场面积的比例,一般最大不超过1/3,最小也不小于1/15。华丽的花坛,面积的比例要小些;简洁的花坛,面积比例要大些。

花坛还可以作为城市广场中的建筑物、水池、喷泉、雕像等的配景。作为配景处理的花坛,总是以花坛群的形式出现的。

花坛不能离地面太高。为了突出主体,又利于排水,同时不致遭行人践踏,花坛的种植床位应该稍稍高出地面。通常种植床中土面应高出平地7~10 cm。为利于排水,花坛的中央拱起,四面呈倾斜的缓坡面。种植床内土层约50 cm厚以上,以肥沃疏松的沙壤土、腐殖质土为好。

花坛往往利用缘石和栏杆保护起来,缘石和栏杆的高度通常为10~15 cm。也可以在周边用植物材料作矮篱,以替代缘石或栏杆。

三、城市广场树种选择的原则

城市广场树种的选择要适应当地土壤与环境条件,掌握选树种的原则、要求,因地制宜,才能达到合理、最佳的绿化效果。

(一)广场的土壤与环境

城市广场的土壤与环境一般来说不同于山区,尤其土壤空气、温度、日照、湿度及空中、地下设施等情况,与各城市地区差别很大,且城市不同土壤与环境也不同。种植设计、树种选择,都应将此类条件首先调查研究清楚。

(二)选择树种的原则

在进行城市广场树种选择时,一般须遵循以下几条原则(标准)。

1. 冠大荫浓

夏季可形成大片绿荫,能降低温度、避免行人暴晒。如槐树中年期时冠幅可达 4 m 多,悬铃木更是冠大荫浓。

2. 耐瘠薄土壤

城市中土壤瘠薄,且树多种植在道旁、路肩、场边,受各种管线或建筑物基础的限制、影响,树体营养面积很少,补充有限。因此,选择耐瘠薄土壤习性的树种尤为重要。

3. 深根性植物

深根不会因践踏造成表面根系破坏而影响正常生长,特别是在一些沿海城市选择深根性的树种能抵御暴风袭击而巍然不倒,不受损害。而浅根性树种,根系会拱破场地的铺装。

4. 耐修剪植物

植物修剪,既可保持整齐美观的形象,还可以防刮、擦、碰过往车辆。

5. 抗病虫害与污染

要选择能抗病虫害,且易控制其发展和有特效药防治的树种,选择抗污染的树种,有利于改善环境。

6. 落果少或无飞毛、飞絮

经常落果或有飞毛、飞絮的树种,容易污染行人的衣物,尤其污染空气环境,并容易引起呼吸道疾病。

7. 发芽早、落叶晚且落叶期整齐

选择发芽早、落叶晚的阔叶树种,绿化周期长。另外,落叶期整齐的树种有利于保持城市的环境卫生。

8. 耐旱、耐寒

选择耐旱、耐寒的树种可以保证树木的正常生长发育,减少管理上财力、人力和物力的投入。

9. 寿命长

树种的寿命长短影响到城市的绿化效果和管理工作,要延长树的更新周期,必须选择寿命长的树种。

四、城市广场的色彩

色彩是用来表现城市广场空间的性格和环境气氛,创造良好的空间效果的重要手段之一。一个有良好色彩处理的广场,将给人带来无限的欢快与愉悦。查尔斯·摩尔设计的美国新奥尔良意大利广场,红白相间的同心圆式的地面色彩设计,加上园中的碧水喷泉,给人们以赏心悦目、清晰明快的欢愉感。然而,并不是有了强烈的色彩设计,便会取得良好的广场效果,也并不是所有城市广场都应以强烈色彩来表现。在纪念性广场中不能有过分强烈的色彩,否则会冲淡广场的严肃气氛。相反,商业性广场及休息性广场则可选用较为温暖而热烈的色调,使广场产生活跃与热闹的气氛,加强广场的商业性和生活性。南京中山陵纪念广场建筑群采用蓝色屋面、白色墙面、灰色铺地和牌坊梁柱,建筑群以大片绿色的紫金山作为背景衬托,这一空间色彩处理既突出了肃穆、庄重的纪念性环境的特点,又创造了明快、典雅、亲切的氛围。色彩处理得当可使空间获得和谐、统一效果,在广场空间中,周围建筑色彩或地面铺装色彩也采用了同一基调,会有助于空间的整体感、协调感。

在空间层次处理上,在下沉式广场中采用暗色调,上升式广场中采用较高明度与彩度的轻色调,便可有沉的更沉、升的更升的感觉。尤其是在层次变化不明显时,为了达到更沉与更升的感觉,这种色彩设计有较好的效果。色彩对人的心理会产生远近感。高明度及暖色调为膨胀色,仿佛使色彩向前逼近,又称近感色;反之为收缩色,宛若向后退远。因此,色彩的处理有助于创造广场良好的空间尺度感,深层的高层建筑在蓝天的衬托下显得体量比浅色的小,暖色的墙面使人感到与之距离较近,冷色的墙面则使人感到距离较远。

在广场色彩设计中,如何协调、搭配众多的色彩元素,不至于色彩杂乱无章,造成广场的色彩混乱,失去广场的艺术性是很重要的。如在一个灰色调的广场中配置一座红色构筑物或雕像,会在深沉的广场中透出活跃的气氛;在一个白色基调的广场中配置一片绿色的草地,将又会使广场典雅而富有生气。每一个广场本身色彩不能过分繁杂,应有一个统一的主色调,并配以适当的其他色彩点缀即可,切忌广场色彩众多而无主导色。这样才能使广场色调在统一的基调中处于协调,形成特色。波士顿市政广场铺地在设计过程中,大面积地使用了传统的建筑色彩砖红色,主体建筑局部也有意识使用了这一色彩,使广场与周围建筑达到了和谐、统一。

五、城市广场的水体

水是城市环境构成的重要因素,有了水,城市平添了几分诗情画意;有了水,城市的层次更加丰富;有了水,城市注入了活力。水体在广场空间中是人们观赏的重点,它的静止、流动、喷发、跌落都成为引人注目的景观,因此水体常常在闲静的广场上创造出跳动、欢乐的景象,成为生命的欢乐之源。那么在广场空间中水是如何处理的呢?在气候寒冷的地方,水也许并不是很重要的。在气候温暖的地方,对广场空间来说,水体就有了重要意义和价值。水体可以考虑是静止或流动的。静止的水面物体产生倒影,可使空间显得格外深远,特别是夜间照明的倒影,在效果上使空间倍加开阔。动的水有流水及喷水:流水的作用,可在视觉上保持空间的联系,同时又能划定空间与空间的界限;喷水的作用,丰富了广场空间层次,活跃了广场的气氛。

水体在广场空间的设计中有三种形式:

一是作为广场主题　水体占广场的相当部分,其他的一切设施均围绕水体展开。

二是局部主题　水景又成为广场局部空间领域内的主体,成为该局部空间的主题。

三是辅助、点缀作用　通过水体来引导或传达某种信息。

我们应该先根据实际情况,确定了水体在整个广场空间环境中的作用和地位后再进行设计,这样才能达到预期效果。

六、城市广场地面铺装

地面铺装可以给人以非常强烈的感觉,这是由人的视觉规律所决定的。人们使用处于同一水平位置的双眼观看,其视野是一个不规则的圆锥形,大约左右为 65°,向上为 45°,向下为 45°,所以水平视野比垂直视野要大得多,向下的视野比向上的视野要大得多。而国人在行走的过程中,向上的视野更为减少,人们总是注视着眼前的地面、人和物及建筑底部。所以,广场地面的铺装设计以及地面上的一切建筑小品设计都非常重要。

地面不仅为人们提供活动的场所,而且对空间的构成有很多作用,可以有助于限定空间、标志空间、增强识别性,可以通过展面处理给人以尺度感,通过图案将地面上的人、树、设施与建筑联系起来,以构成整体的美感,也可以通过地面的处理来使室内外空间与实体相互渗透。如由米开朗琪罗设计的罗马市政广场。广场地面图案十分壮观,成功地强化和衬托了主题。而矶崎新在日本筑波科学城中心广场设计中也引用了该地面图案,不过稍作变换,但由于忽略了历史的意义,在文化表现上给人以虚假的感觉。

对地面铺装的图案处理可分为以下几种:

(一)规范图案重复使用

采用某一标准图案重复使用,这种方法,有时可取得一定的艺术效果,其中方格网式的图案是最简单的使用,这种铺装设计虽然施工方便,造价较低,但在面积较大的广场中也会产生单调感。这时可适当插入其他图案,或用小的重复图案再组织起较大的图案,使铺装图案较丰富些。

(二)整体图案设计

指把整个广场做一个整体来进行整体性图案设计。在广场中,将铺装设计成一个大的整体图案,将取得较佳的艺术效果,并易于统一广场的各要素和广场空间感。如美国新奥尔良意大利广场中同心圆式的整体构图,使广场极为完整,又烘托了主题。

(三)广场边缘的铺装处理

广场空间与其他空间的边界处理是很重要的。在设计中,广场与其他地界如人行道的交界处,应有较明显区分,这样可使广场空间更为完整,人们亦对广场图案产生认同感;反之,如果广场边缘不清,尤其是广场与道路相邻时,将会给人产生到底是道路还是广场的混乱与模糊感。

(四)广场铺装图案的多样化

人的审美快感来自对某种介于乏味和杂乱之间的图案的欣赏,单调的图案难以吸引人们的注意力,过于复杂的图案则会使我们的知觉系统负荷过重而停止对其进行观赏。因而广场铺装图案应该多样化一些,给人以更大的美感。同时,追求过多的图案变化也是不可取的,会使人眼花缭乱而产生视觉疲倦,降低了注意与兴趣。

最后,合理选择和组合铺装材料也是保证广场地面效果的主要因素之一。

七、城市广场建筑小品

建筑小品泛指花坛、廊架、座椅、街灯、时钟、垃圾筒、指示牌、雕塑等种类繁多的小建筑。一方面它为人们提供识别、依靠、洁净等物质功能;另一方面它具有点缀、烘托、活跃环境气氛的精神功能。如处理得当,可起到画龙点睛和点题入境的作用。

建筑小品设计,首先应与整体空间环境相谐调,在选题、造型、位置、尺度、色彩上均要纳入广场环境的天平上加以权衡。既要以广场为依托,又要有鲜明的形象,能从背景中突出建筑小品应体现的生活性、趣味性、观赏性,不必追求庄重、严谨、对称的格调,可以娱乐于形,使人感到轻松、自然;其次建筑小品设计要求精,不宜求多,要讲究体宜、适度。

在广场空间环境中的众多建筑小品中,街灯和雕塑所占的分量越来越重。现代生活在伴随着快节奏、高效率的同时,人们的业余活动时间也在不断延长,城市的夜生活较以前更加丰富、多彩。因此设计时除昼间景观外,夜间的景观也很重要,特别是广场空间的夜间景观照明尤为重要。街灯的存在不仅使市民可在夜间进行活动,不仅有防止事故或犯罪发生的效果,而且是形成广场夜景乃至城市夜景的重要因素。为此,在广场空间环境中,必须设置街灯,或有此类功能的设施。在设计上要注意在白天和夜晚时,街灯的景观不同,在夜间必须考虑街灯的发光部的形态以及多数的街灯发光部形成的连续性景观,在白天则必须考虑发光部的支座部分形态与周围景观的协调对比关系。

随着时代的进步和社会文明的发展,现代雕塑向着大众化、生活化、人性化、多功能和多样化的方向发展,成为时代、社会、文化和艺术的综合体,赋予了广场空间精神内涵和艺术魅力,提升了环境的文化品位和质量,它已成为广场空间环境的重要组成内容之一。

首先,雕塑是供人们进行多方位视觉观赏的,空间造型艺术形象是否能直接地从背景中显露出来,进入人们的眼里,将影响到人们的观赏效果。如果背景混杂或受到遮蔽,雕塑便失去了识别性和象征性的特点。

其次,雕塑总是置于一定的广场空间环境中,雕塑与环境的尺度对比会影响到雕塑的艺术效果。雕塑置于狭窄地段时,尺度过大显得拥塞,破坏了总体环境氛围;放在空旷地段会显得荒疏,削弱了雕塑在广场空间中的地位。雕塑通常通过具体形象或象征手法表达一定主题,如果不与特定的环境发生一定的"对话",则不易唤起普遍的认同,容易造成形单影孤。同时,雕塑在与环境协调时,也可以对环境进行重新围合、组构和再创造,形成一种新的空间氛围。

再次,一般来说,一座雕塑总有主视面和次要观赏面,不可能 16 个方位角都具有同质的形态,但在设计时应尽可能地为人们多方位观察提供良好的造型。

总之,一件完美的雕塑作品,不仅依靠自身的形态使广场有了明显的识别性,增添了广场的活力和凝聚力,而且对整体空间环境起到了烘托、控制作用。

【自我检测】

一、判断题

花坛与花坛群的面积占城市广场面积的比例,一般最大不超过 1/3,最小也不小于 1/15。
（　　　）

二、填空题

广场地面铺装的图案处理可分为_____、_____、_____三种。

项目九　居住区绿地规划设计

任务一　居住区绿地设计基础知识的掌握

【学习导言】

居住区绿地既是城市绿地系统的重要组成部分、普遍绿化的重点,又是城市人工生态平衡系统中的重要一环。它的布局方式直接影响到居民的日常生活,居住区的环境对居民的身心健康有很大的影响。

【学习目标】

知识目标:了解居住区的含义、用地组成,熟悉居住区绿地的作用,掌握居住区组织结构模式、绿地定额指标、居住区建筑的布置形式、居住区绿化设计的原则要求。

能力目标:能够利用学所的居住区基础知识,结合实际进行居住区的环境设计。

素质目标:居住区绿化设计要按照人体功效学原理进行绿地空间尺度设计,以满足居民生理、心理、安全、社交、休闲和审美等方面需要为出发点,处处尊重人、关心人,使小区富有人情味,居民有归属感,将居民区建设成为理想的居住乐园。

【学习内容】

一、居住区的概念

居住区从广义上讲就是人类聚居的区域,狭义居住区泛指不同居住人口规模的居住生活聚居地和特指城市干道或自然分界线所围合,并与居住人口规模相对应,配建有一整套较完善的、能满足该区居民物质与文化生活所需的公共服务设施的居住生活聚居地。

二、居住区的用地组成

居住区的用地根据不同的功能要求,一般可分为以下4类:

(1)住宅用地　指居住区住宅建筑基底占有的用地及其前后左右附近必要留出的空地,包括通向居住建筑入口的小路、宅旁绿地和杂物院等。

(2)公共服务设施用地　指居住区各类公共建筑和公用设施建筑物基底占有的用地及其周围的专用土地,包括专用地中的道路、场地和绿地等。

(3)道路及广场用地　以城市道路红线为界,在居住区范围内的不属于以上两项道路的路面,如小广场、泊车场、停车场等。

(4)居住区公共绿地　包括居住区公园、小游园、花园式林荫道、组团绿地等小块公共绿地、公共建筑及设施专用绿地及防护绿地等。

此外，还有在居住区范围内，不属于居住区的其他用地，如大范围的公共建筑与设施用地、居住区公共用地、单位用地及不适宜建筑的用地等。

三、居住区绿地的作用

（1）营造绿色空间 居住区中较高的绿地标准以及对屋顶、阳台、架空层等闲置或零星空间的绿化应用，为居民多接近自然的绿化环境创造了条件。居住区绿化以植物为主体，从而在净化空气、减少尘埃、吸收噪声、保护居住区环境方面有良好的作用，同时也有利于改善小气候、遮阳降温、调节湿度、降低风速。

（2）塑造景观空间 婀娜多姿的花草树木，丰富多彩的植物布置，对建筑、设施和场地能够起到衬托、显露或遮隐的作用，还可用绿化组织空间、美化居住环境，可以大大提高居民的生活质量和生活品质；少量的建筑小品、水体等点缀，并利用植物材料分隔空间，增加层次，美化居住区面貌，使居住区建筑群更显生动活泼，起到"嘉则收之，俗则屏之"的作用。

（3）创造交往空间 在良好的绿化环境下，组织、吸引居民的户外活动，使老人、少年儿童各得其所，能在就近的绿地中活动、游憩、交往。

（4）防灾避难 利用绿地疏散人口，有着防灾避难、隐蔽建筑的作用，绿色植物还能过滤、吸收放射性物质，有利于保护人民的身体健康。

四、居住区组织结构模式

居住区按居住户数或人口规模可分为居住区、小区、组团三级，规划布局形式可采用居住区—居住小区、居住区—居住组团、居住区—居住小区—居住组团及独立式组团等多种类型，居住区分级控制规模。

（1）居住区—居住小区 以居住小区为基本单位组成的居住区，即居住区—居住小区。居住小区是城市道路或城市道路和自然界线所划分的并不为城市道路所穿越的完整地段，保证居民的安全和安静，小区内有公共服务的设施，使居民生活方便。

（2）居住区—居住组团 以居住组团为基本单位组成居住区，即居住区—居住组团，居住组团由数个住宅楼组成。

（3）居住区—居住小区—居住组团 居住组团组成居住小区，若干个居住小区组成居住区，即居住区—居住小区—居住生活组团。

五、居住区绿地定额指标

居住绿地在城市总体规划居住区详细规划或者居住小区详细规划等不同的规划设计阶段有不同的定额指标。设计中如果分居住区及居住小区，应分别计算及列出土地使用平衡表。

（1）居住区绿地总面积 居住区绿地总面积一般是指居住区内公共绿地的面积总和，其数值越大越好。

（2）居住区绿地率 居住区绿地率是指居住区绿化用地面积占总用地面积的百分比。我国国家规定指标是新建居住区绿地率大于等于30%，旧城改造区绿地率大于等于25%。

（3）居住区公共绿地面积率 居住区公共绿地面积率是指居住区内公共绿地面积占总用地面积的百分比。

（4）每人平均公共绿地面积 每人平均公共绿地面积是指居住区绿地总面积除以居住区总人口数的得数。国家规定指标为居住区级1～2 m²/人，居住小区级1～2 m²/人，合计2～4 m²/人。

联合国建议的城市绿地标准见表9-1-1。

表9-1-1　联合国建议的城市绿地标准

分级	绿地类型	与住宅的距离/km	面积/hm²	人均/(m²/人)
1	住宅公园（庭院绿地）	0.3	1	4
2	小区公园（小区级游园）	0.8	6～10	8
3	大区公园（居住区级游园）	1.6	30～60	16
4	城市公园（市级公园）	3.2	200～400	32

续表9-1-1

分级	绿地类型	与住宅的距离／km	面积／hm²	人均／(m²/人)
5	郊区公园（远郊风景区）	6.5	1 000～3 000	65
6	大都市公园（远郊风景区）	15.0	3 000～30 000	125

六、居住区建筑的布置形式

（1）行列式布置　是根据一定的朝向、合理的间距，成行成列地布置建筑，是居住区建筑布置中最常用的一种形式。其优点是使绝大多数居室获得最好的日照和通风，缺点是整个布局显得单调呆板。

（2）周边式　建筑沿着道路或院落周边布置的形式。这种形式有利于节约用地，提高居住建筑面积密度，形成完整的院落，便于公共绿地的布置，能有良好的街道景观，能阻挡风沙、减少积雪，但是居室朝向差及通风不良。

（3）混合式　混合式的建筑布局形式，一般是周边式和行列式结合起来布置，这种布局形式一般沿街采取周边式，内部使用行列式。

（4）自由式　这种布局形式通常是结合地形或受地形地貌的限制，充分考虑日照、通风等条件灵活布置。

（5）散点式　散点式的建筑布局形式常用于别墅区、高层建筑为主的小区。在散点式建筑布局的小区里，建筑常围绕公共绿地、公共设施、水体等散点布置。

（6）庭园式布置　这种布置形式主要用在低层建筑或别墅区，用户均有院落，有利于保护住户的私密性、安全性，有较好的绿化条件，生态环境条件优越。

七、居住区绿地规划设计的原则要求

（1）可达性　公共绿地设置在居民经常经过并可自然到达的地方，尽可能地接近住所，便于居民随时进入。

（2）功能性　绿化布局要讲究实用，并做到"三季有花、四季常青"。绿地内须有一定的铺装地面供老人、成年人锻炼身体和儿童游戏，座椅、庭院灯、垃圾箱、沙坑、休息亭等小品也要妥善设置。

（3）亲和性　掌握好绿地和各项公共设施以及各种小品的尺度，让居民在绿地内感到亲密、和谐。

（4）系统性　绿地规划设计必须将绿地的构成元素结合周围建筑的功能特点、居民的行为心理需求和当地的文化艺术因素等综合考虑，形成一个具有整体性的系统。绿化形成系统的重点手法就是点线面结合，让居民随时随地生活在绿化环境之中。

（5）全面性　居住区绿化要满足各类居民的不同要求，设置各种不同的设施。

【自我检测】

一、判断题

居住区的用地根据不同的功能要求，一般可分为住宅用地、公共服务设施用地、道路及广场用地、居住区公共绿地。　　　　　（　　）

二、填空题

1. 居住区公园服务半径以＿＿＿＿＿＿m为宜，居住小区中心游园服务半径以＿＿＿＿＿＿m为宜。

2. 居住区绿地设计的原则包括＿＿＿＿＿、＿＿＿＿＿、＿＿＿＿＿、＿＿＿＿＿、＿＿＿＿＿。

任务二 居住区绿地设计

【学习导言】

居住区是构成城市的有机组成部分,是一个城市和社会的缩影,其规划与建设水平反映着居民在生活文化上的追求,关系到城市的面貌。人是居住区环境的主角,让居住区建筑与人"对话",让市民享受有生活情趣和人情味的环境是城市建设规划的目标。

【学习目标】

知识目标:掌握居住区小游园设计、居住区组团绿地规划设计、居住区宅旁绿地设计、居住区道路绿地规划设计等方面的知识。

能力目标:能够结合实际情况、运用居住区绿化设计的知识进行各种各类居住区设计,为人们创造宜人的生活空间。

素质目标:阳光、绿地、清新的空气,具有现代化的公共设施,舒适安全的居住环境,是社会物质文明与精神文明建设的目标,也是我们的一贯追求。

【学习内容】

一、居住区小游园设计

小游园用地规模应根据其功能要求来确定。在国家规定的定额指标上,应采用集中与分散相结合的方式使小游园面积达到小区公共绿地总面积一半左右。

(一)居住区小游园的位置

小游园是为居民提供工余、饭后活动休息的场所,利用率高,要求位置要适中,以方便居民的使用为宜,服务半径以 200～300 m 为宜,最多不超过 500 m,步行 3～5 min。在规模较小的小区中,小游园可在小区的一侧沿街布置或在道路的转弯处两侧沿街布置,在较大规模的小区中,可布置成几片绿地贯穿整个小区,居民使用更为方便。

(二)居住区小游园规划形式

(1)规则式 园路、广场、绿地、水体等依循一定的几何图案进行布置,有明显的主轴线,对称布置或不对称布置,给人以整齐、明快的感觉。

(2)自然式 布局灵活,充分利用自然地形、山丘、坡地、池塘等,采用迂回曲折的道路穿插其间,给人以自由活泼,富于自然气息之感。

(3)混合式 规则式及自然式相结合的布置。

(三)居住区小游园内容安排

1. 入口

在居民的主要来源方向设置出入口。入口处应适当放宽道路或设小型内外广场以便集散,内可设花坛、假山石、景墙、雕塑等作对景,入口两侧植物以对植为好。

2. 场地

小游园可设儿童游戏场、青少年运动场和成人、老人活动场。

儿童游戏场应铺设软质铺装材料,如草皮、沙质土、塑胶面砖等。场地内可设置秋千、滑梯、转椅、涉水池、沙坑等活动设施,旁边应设座凳供家长休息用。场地上应设高大乔木以供遮阳。

青少年运动场设在公共绿地的深处或靠近边缘独立设置,以避免干扰附近居民,场地应以铺装场地为主,适当安排运动器械及座凳。

成人、老人休息场可单独设立,也可靠近儿童游戏场。活动场内应多设桌椅、座凳、亭、廊架等,便于下棋、聊天等。一般以铺装地面为主,便于开展各种活动。

3．园路

园路布局宜主次分明、导游明显，以利于平面构图和组织游览。园路宽度以不小于 2 人并排行走的宽度为宜，最小宽度为 0.9 m，一般主路宽 2～3 m，次路宽 1.2～2 m；园路宜呈环状，忌走回头路；园路的走向、弯曲、转折、起伏，应随着地形自然进行。通常园路需保持一定的坡度，横坡一般 1.5%～2.0%，纵坡 1% 左右。超过 8% 时要以台阶布置。

扩大的园路就是广场，小游园的小广场一般以游憩、观赏、集散为主，设置花坛、雕塑、喷水池、座椅、花架、柱廊等，有很强的装饰效果和实用效果，为人们休息、游玩创造了良好的条件。

4．地形

小游园的地形应因地制宜地处理，因高堆山，就低挖池，或根据场地分区，造景需要适当创造地形，地形的设计要有利于排水，以便雨后及早恢复使用。

5．植物配置

小游园植物配置尽可能地通过植物的姿态、体形、叶色、花期、季相变化和色彩配合，创造一个优美的环境。树种选择既要统一基调，又要各具特色，做到多样统一；多采用乡土树种，避免选择有毒、带刺、易引起过敏的植物。

6．园林建筑小品

（1）桌椅、座凳　宜设在水边、铺装场地边及建筑物附近的树荫下，应既有景可观，又不影响其他居民活动。

（2）花坛　宜设在广场上、建筑旁、道路端头的对景处，一般抬高 30～45 cm，这样既可当座凳又可保持水土不流失。花坛可做成各种形状，上既可栽花，也可植灌木、乔木及草，还可摆花盆或做成大盆景。

（3）水池、喷泉　水池的形状可自然可规则，一般自然形的水池较大，常结合地形与山体配合在一起；规则形的水池常与广场、建筑配合应用，喷泉与水池结合可增加景观效果并具有一定的趣味性。水池内还可以种植水生植物，水面都应尽量与池岸接近，以满足人们的亲水感。

（4）景墙　景墙可增添园景并可分隔空间，常与花坛、花架、座凳等组合，也可单独设置，其上既

可开设窗洞、也可以实墙的形式起分隔空间的作用。

（5）亭、廊、花架　亭一般设在广场上、园路的对景处和地势较高处。廊用来连接园中建筑物，既可供人休息，又可防晒、防雨。花架常设在铺装场地边，既可供人休息，又可分隔空间，花架可单独设置，也可与亭、廊、墙体组合。

（6）山石　在绿地内的适当地方，如建筑边角、道路转折处、水边、广场上、大树下等处可点缀些山石，山石的设置可不拘一格，但要尽量自然美观，不露人工痕迹。

（7）栏杆、围墙　设在绿地边界及分区地带，宜低矮、通透，不宜高大、密实，也可用绿篱代替。

（8）挡土墙　在有地形起伏的绿地内可设挡土墙。高度在 45 cm 以下时，可当座凳用。若高度超过视线，则可做成几层，以减小高度。

（9）灯、雕塑　园灯一般设在广场上、雕塑旁、建筑前、桥头、入口处、道路转折处、草坪上、花坛旁等。园灯的设置应与环境相协调，造型应具有一定装饰趣味，符合使用要求。雕塑小品可配置在规则式园林的广场、花坛、林荫道上，也可点缀在自然式园林的山坡、草地、湖畔或水中。

二、居住区组团绿地规划设计

在居住区中一般 6～8 栋居民楼为一个组团，组团绿地是离居民最近的公共绿地。

（一）组团绿地的特点

（1）用地少，投资少，易于建设、见效快。

（2）服务半径小、使用频率高。

（3）易于形成"家家开窗能见绿，人人出门可踏青"的富有生活情趣的居住环境。

（二）组团绿地的位置

（1）周边式住宅之间　绿地集中组织在一起，可以获得较大绿地面积。

（2）行列式住宅山墙间　适当拉开山墙距离，开辟组团绿地。

（3）扩大住宅的间距　将住宅间距扩大到原间距的 1.5～2 倍，就可以在扩大的住宅间距中布置组团绿地。

（4）住宅组团的一角　利用不便于布置住宅的角隅空地安排绿地。

（5）两组团之间　布置绿地，安排设施和活动内容。

（6）一面或两面临街　布置过往群众歇脚的绿地。

（7）在住宅组团与宅旁之间　联合起来、灵活布置绿地。

（三）组团绿地的布局形式

（1）开敞式　组团绿地可供游人进入。

（2）半封闭式　绿地内除留出游步道、小广场、出入口外，其余均用花卉、绿篱、稠密树丛分隔。

（3）封闭式　一般只供观赏，不能进入活动。

（四）组团绿地的内容安排

（1）绿化种植部分　此部分常在周边及场地间的分隔地带，其内可种植乔木、灌木和花卉，铺设草坪，还可布置花坛、花架、水池。植物配置要考虑造景及使用上的需要，形成具有特色的景观。

（2）安静休息部分　作为老人闲谈、阅读、下棋、打牌及练拳等场地，要远离周围道路，其内可设置桌、椅、座凳、棚架、廊、亭等园林建筑小品作为休息设施，也可设置小型雕塑及布置大型盆景等供人静赏。

（3）游戏活动部分　组团绿地中可分别设置幼儿和少年儿童的活动场地，其内可设置沙坑、滑梯、攀爬等游戏设施，还可以安排乒乓球球台等。

三、居住区宅旁绿地设计

宅旁绿地包括宅前、宅后、住宅之间及建筑本身的绿化用地，虽然面积小，是居住区绿地中的重要部分，作为居民日常使用频率最高的地方，自然成为邻里交往的场所。其功能主要是美化生活环境，阻挡外界视线、噪声和灰尘，为住宅建筑提供一个满足日照、采光、通风以及安静卫生、优美和私密性等基本环境要求所必需的室外空间。

（一）住户小院的绿化

1. 独户庭院绿化

庭院内应根据住户的喜好进行绿化、美化，多以植物配置为主，配以山石、花坛、水池、花架等园林小品，形成自然、幽静的休闲环境。

2. 底层住户小院绿化

居住在底层的居民有一专用小院，可用绿篱、花墙、栅栏围合起来，内植花木等，布置方式和植物品种随住户喜好，但由于面积较小，宜采取简洁的布置方式。

（二）宅间绿地的布置类型

宅旁绿地布置因居住建筑组合形式、层数、间距、住宅类型、住宅平面布置形式的不同而异，归纳起来，主要有以下几种类型：

1. 树林型

以高大的乔木为主，多行成排布置，大多为开放式绿地，居民树下的活动面积大，对改善小气候有良好作用，但缺乏灌木和花草搭配，比较单调。同时应注意乔木与住宅墙面的距离，以免影响室内通风采光。

2. 游园型

当宅间场地较宽时，开辟园林小径，设置小型游戏和休息设施，布置花草树木。此种形式灵活多样，层次、色彩都比较丰富，既可遮挡视线、隔音、防尘和美化环境，又可为居民提供就近游憩的场地，是宅间活动场绿化的理想类型。

3. 草坪型

以草坪绿化为主，在草坪的边缘或某一处，种植一些乔木或花灌木、花草，形成疏朗、通透的景观效果。

4. 棚架型

以棚架绿化为主，多采用紫藤、凌霄、炮仗花等观赏价值高的攀缘植物，也可结合生产，选用一些瓜果类或药用类攀缘植物。

（三）住宅建筑本身的绿化

1. 入口处理

在住宅入口处，多与台阶、花台、花架等组合进行绿化配植，形成各住宅入口的标志，在入口处注意不要栽种有尖刺的植物，以免伤害出入的居民。

2. 墙基、墙角的绿化

墙基可选用低矮紧凑的常绿灌木作规则式配植，也可用攀缘植物进行垂直绿化，墙角可栽植小乔木、大灌木丛等，改变建筑生硬的线条。

3. 架空层绿化

在近些年新建的居住区中，常将部分住宅的

首层架空形成架空层,并通过绿化向架空层渗透,形成半开放的绿化休闲活动区。这种半开放的空间与周围较开放的室外绿化空间形成鲜明对比,增加了园林空间的多重性和可变性,既为居民提供了可遮风挡雨的活动场所,也使居住环境更富有透气感。

4.墙面和屋顶绿化

在城市用地十分紧张的今天,进行墙面和屋顶的绿化,是增加城市绿量的有效途径之一。墙面绿化不仅能美化环境、净化空气、改善局部小气候,还能丰富城市的俯视景观和立面景观。

5.窗台阳台绿化

窗前绿化在室内采光、通风、防止噪声和视线干扰等方面起着相当重要的作用,其配置方法多种多样。如"移竹当窗"手法的运用,把竹子栽植在室外;如在距离窗前1~2 m处种一排花灌木,高度遮挡窗户的一小半;如在窗前设置花坛、花池,使墙上行人不会临窗而过。

四、居住区道路绿地规划设计

居住区内根据功能要求和居住区规模的大小,道路一般可分为居住区主干道、次干道和宅前小路三级。

(一)主干道绿化

居住区主干道是联系各小区及居住区内外的主要道路,兼有人行和车辆交通的功能,其道路和绿化带的空间、尺度与城市一般街道相似,绿化带的布置可采取城市一般道路的绿化布局形式。其中行道树的栽植要考虑行人的遮阴与车辆交通的安全,在交叉口及转弯处要留有安全视距。行道树要考虑行人的遮阴及不妨碍车辆的交通。道路与居住建筑之间,可多行列植或丛植乔、灌木,以利防止尘埃和阻挡噪声;在公共汽车站的停靠点,考虑乘客候车遮阴的要求。

(二)次干道绿化

次干道(小区级)是联系居住区主干道和小区内各住宅组团之间的道路,是组织和联系小区各项绿地的纽带,对居住小区的绿化面貌有很大作用,宽6~7 m。行驶的车辆虽然较主要道路少,但绿化布置时,仍要考虑交通的要求。道路与居住建筑间距较近时,要注意防尘、隔声。次干道还应满足救护、消防、运货、清除垃圾及搬运家具等车辆的通行要求,当车道为尽端式道路时,绿化还需与回车场地结合,使活动空间自然优美。

(三)住宅小路的绿化

住宅小路,是联系各住户或各居住单元前的道路,宽3~4 m,主要供人行。绿化布置要适当后退,以便必要时急救车和搬运车驶近住宅;在小路交叉口有时可以适当拓宽,与休息场地结合布置;宅间小路在满足功能的前提下,应曲多于直,宜窄不宜宽;路旁植树不必按行道树的方式排列种植,可以断续、成丛灵活布置,与宅旁绿地、公共绿地的布置结合起来,形成一个相互关联的整体。

【自我检测】

一、判断题

1.小游园道路宽度以不小于2人并排行走的宽度为宜,最小宽度为0.9 m,一般主路宽2~3 m,次路宽1.2~2 m。　　　　(　　)

2.宅间绿地树林型布置类型是以高大的乔木为主,多行成排布置,大多为开放式绿地。(　　)

二、填空题

1.居住区用地由居住区＿＿＿＿＿用地、公共建筑和公共设施用地、＿＿＿＿＿和广场用地、公共绿地组成。

2.居住区小游园平面布置的三种形式是＿＿＿＿＿、＿＿＿＿＿、混合式。

任务三　庭院绿化设计

【学习导言】

庭院不管其面积多小,在当今喧闹的生活中都起到不可估量的作用,它可以减轻生活压力,让人充满活力。在庭院内栽植各种花木,布置山、水、亭、榭等园林景观供人观赏、娱乐、休息,创造出舒适的室外生活的空间,是多么的令人向往。

【学习目标】

知识目标:了解庭院的含义及设计理念,熟悉庭院绿化基本形式,掌握庭院绿化设计的基本原则、庭院绿化设计的步骤。

能力目标:结合实际,运用庭院设计理念、原则、手法创造出令人向往的庭院景观。

素质目标:园林是中国传统居住文化的核心,住宅与园林的话题是人与自然共同关系的生态哲学命题,把树木、阳光、空气和水当做是城市里真正的原住民,让人文价值渗透设计,把大自然还给人,一个家园的面貌气质和内涵就会令人为之陶醉,把园林生活的梦想还给你。庭院正是以无可抵挡的诱惑,日渐唤起人群对生活品质的憧憬。

【学习内容】

庭院的种类很多,按照服务对象不同可以分为公共庭院和私家庭院,我们主要介绍私家庭院。

一、庭院的含义及设计理念

(一)庭院的含义

庭者,堂前阶也;院者,周坦也。中国古建筑表现了较强的"阴阳合德"的观念,"庭院深深深几许",常常被用来形容中国传统建筑的延绵无尽。庭院一般是指前后建筑与两边廊或墙相围成的一块儿空间。这里的建筑为实、主阳,庭院为虚、主阴,这一虚一实组合而成的"前庭"和"后院",按中轴线有序连续地推进,大大增强了传统建筑阴阳合德的艺术魅力。

所以我们说的庭院是指建筑物包括亭、台、楼、榭前后左右或被建筑物包围场地的通称,即一个建筑的所有附属场地、植被等。

(二)庭院绿化设计的理念

(1)庭院造景有如画家绘画、有法而无定式追求"虽由人作、宛自天开"的意境,能够满足人们赏析、休息、交流,使身心得到放松即可。一般要求做到主景与配景结合、前景中景远景结合、纵横相结合,达到"步移景异"的效果。

(2)植物配置遵循美学原理、生态原则　植物布局合理、疏朗有致、单群结合,注重植物的多样性,注重植物形态和色彩搭配的合理性,做到植物自身的文化性与周围环境相融合,如文人雅士家里可以用"松竹梅"。

(3)庭院设计体现以人为本　园林要素的应用设计尺度、比例适中,满足主人的需求,地面铺装、微地形、水体、盆景、假山、置石、喷泉、围栏等设置要合理,讲究艺术。

(4)垂直绿化见缝插针　充分利用墙角、墙面进行垂直绿化,还可以采取屋顶绿化,在不能栽植的地段,也可以进行盆花摆放,达到处处有绿的效果。

(5)庭院绿化设计效果　庭院绿化最终呈现的效果是"春花烂漫、夏荫浓郁、秋色绚丽、冬景苍翠"。

二、庭院绿化基本形式

庭院绿化主要有规则式、自然式、抽象式和混合式4种形式。

(一)规则式

规则式强调艺术造型美和视觉震撼,又称为西方式、几何式、轴线式或对称式等。规则式绿化布局可以用对植、列植,也可以利用植物的耐修剪性和绿化工人操作技术将植物修剪成抽象的流线、几何或惟妙惟肖的动物造型。

(二)自然式

自然式绿化与规则式相对应,体现自然和联想意境美,通过自然的植物群落设计、地形起伏处理、地面铺装形式、水景、景墙等表现自然之趣。植物配置疏密有致,可用孤植、丛植、片植,注重层次错落,讲究季节变化,近可观察植物的细部、远可观赏植物的轮廓线条。

(三)抽象式

抽象式绿化又称为自由式、意象式或现代园景观式,以体现自由意象和流动线条美。这种布局形式是利用纯艺术观念和本地植物、乡土艺术相结合,将植物以大色块、大线条、大手笔的勾画,使其具有强烈装饰效果的布局形式。

(四)混合式

混合式绿化又称为折中融合美的布局,它是有机运用前面几种绿化形式,创造完美的庭院绿化观赏景观的庭院绿化布局形式。这种形式在现代庭院中应用很多。

三、庭院绿化设计的基本原则

庭院绿化设计是为日益忙碌的人们营造一个能漫步于庭院的花境、感受身边多姿多彩的植物、品味生命韵律的四季变换的环境空间,其规划设计应遵循以下原则:

(一)私密性

庭院绿化应做到远离喧嚣,闹中取静,应该尊重个人空间,使人获得稳定感和安全感。比如说古代人在庭院中的围墙内常常种植芭蕉,既可以遮挡视线、增加私密性,还可以防止不速之客越墙而入。

(二)舒适性

庭院绿化设计应该为主人营造一个舒适的休息空间,如空旷的庭院种植庭荫树来遮光,运用爬山虎进行墙壁绿化来降温,迎风向种植防风树以挡风,紧邻街道的庭院四周植防护树,以降噪、吸尘。

(三)美观性

庭院绿化设计必须满足人的审美需求以及人们对美好事物热爱的心理需求,"俗则屏之,嘉则收之"。

(1)整体协调统一　首先,庭院与周边环境协调一致,能利用的部分尽量利用,不协调的部分想方设法采用视觉屏蔽;其次,庭院应与建筑浑然一体,以室内装饰风格互为延伸;最后,院内各组成部分有机联系,过渡自然。

(2)取得视觉平衡　庭院的各构成要素的位置、形状、比例和质感在视觉上要取得平衡,此外在庭院的设计上还可以充分利用人的视觉假象,比如在近处的树比远处的体量稍大一些,会使庭院看起来比实际大。

(3)注重色彩搭配　首先,庭院设计中一般把暖而亮的元素设计在近处,冷而暗的元素布置在远处。其次,要注意色彩的季相变化,使四季有景可观。

(四)独特性

(1)私人庭院是家庭全体人员休闲的场所,应根据家庭成员的年龄层次、结合植物的自身特色创造不同的空间。老年人空间用高大的庭荫树为主景,形成安静的空间;年轻人可以用丰富多彩四季变化的植物创造活跃的空间;年少的孩童要结合考虑平坦的草地和丰富的花卉,激发他们的活动乐趣。

(2)也可以根据植物的文化特征,配置成具有一定主题思想的景观,形成四季有景、季季如诗如画的景观特点。比如庭院一角配置松、竹、梅,形成"岁寒三友"的意境景观;窗下植芭蕉,有"雨打芭蕉听雨声"的雅趣。

(3)还可以借助花木形象含蓄的传达某种情趣。如石榴有"多子多福"之意,紫荆花象征"兄弟和睦",竹报平安,玉堂(海棠)富贵等。

(五)便利性

庭院可以说是居住环境向室外的一个延伸,与人们的生活密切相关,因此庭院绿化设计必须考虑便利性。庭院路径一般不必曲折,应从院门直通住宅,台阶平缓,便于通行,栽植的绿篱不要妨碍走路。

四、庭院绿化设计的步骤

庭院绿化具有很强的私密性，在设计前，必须与住户进行深入的交流，掌握住户的喜好，结合用地环境和园林设计的相关技术进行合理的设计。庭院绿化设计，一般按照以下步骤进行。

（1）确定庭院的风格　每个人喜欢的庭院绿化风格不同，要抓住住户的心理，打造理想的庭院。

（2）确定庭院的功能布局　庭院绿化的占地面积相对较小，因此，设计中往往比较注重功能空间的使用特征。在功能上要因地制宜地布置，有时可以通过地面的改造、地台的升高留出更多的隐蔽空间，满足功能需求。

（3）植物配置　庭院绿化在植物配置上可以用些观赏性较好的植物，选择开花的或有香味的树种，如桂花；灌木、花卉可以选择花期长、颜色鲜艳的品种，如月季、海棠等。

（4）庭院绿化中的细节处理　庭院绿化细节是不容忽视的。小至几棵竹、一个小雕塑、一盆花、一个小喷泉的安排，都需要在细节上一一精选。若安排妥当合理，就能够起到画龙点睛的效果，增加庭院的风趣。

【自我检测】

填空题

每个人喜欢的庭院绿化风格不同，要抓住住户的_____，打造理想的庭院。

项目十　单位附属绿地规划设计

任务一　工矿企业绿地规划设计

【学习导言】

工矿企业绿地是企业建设的一个重要组成部分，绿地不仅具有环境保护功能、生态功能，还对企业的建筑、道路、管线有良好的衬托和遮挡作用。

【学习目标】

知识目标：了解工矿企业环境条件，掌握工矿企业设计的原则。

能力目标：能完成工矿企业景观设计现场测绘和方案设计；能够合理进行园林植物的配植及熟练运用园林各要素进行搭配；能够完成工矿企业景观规划设计图绘制。

素质目标：培养学生运用艺术原则创造优美、和谐、现代的花园式厂区；培养学生运用文化原则展现企业的精神风貌，使工矿企业绿化更具特色。

【学习内容】

工矿企业绿地的绿化在人类生存的整个生态环境中是重要的组成部分。植物具有特色的生理生化功能，可以与工矿企业环境组成特有的自然生态系统，不仅可以减轻工业生产过程中产生的"三废"污染，也可以对整个人类生存环境的改善起到至关重要的作用。

工矿园林绿化不仅能美化厂容，吸收有害气体，阻滞尘埃，降低噪声，改善环境，而且使职工有一个清新优美的劳动环境，振奋精神，提高劳动效率。

一、工矿企业绿地的概念及相关指标

(一)工矿企业绿地的概念

设施等用地内的绿地，包括其专用的铁路、码头和道路等用地内的绿地。这类附属绿地以减轻因各种生产活动造成的环境污染、改善和提高企业生产与经营活动环境质量为主要功能。

(二)工业绿地的相关指标

(1)工业用地一般占城市总用地的15％～30％，有些工业城市达40％以上。

(2)目前，我国普遍采用以衡量和控制工业绿地规划建设的指标是"绿地率"，即绿地面积占总面积的百分比。

(3)工业企业绿地率不低于20％；产生有害气体及污染的工厂中绿地率不低于30％，并根据国家标准设立不少于50 m的防护林带。

(4)一般中、小型城市对工业企业绿地率要比特大城市和大城市的要求高，人均用地面积宽裕的城市要比人均用地局促的城市高,郊区要比市中心高,大型企业要比中小型企业高。有条件的城市和工矿区,按照平均每人不少于 5 m² 绿地面积的要求营造园林和环境保护林。

(5)企业性质和规模不同,其绿地规划设计的内容与指标要求不同(表 10-1-1)。

表 10-1-1　不同类型工厂绿地率要求一览表

工厂性质	精密仪器	轻纺工业	化学工业	重工业	其他工业
绿地率/%	50 以上	40~45 及以上	20~25 及以上	20 以上	25 以上

二、工矿企业规划设计功能、环境条件与设计原则

(一)工矿企业绿化的功能

1. 美化环境、陶冶心情

工厂绿化衬托主体建筑,与建筑相呼应,形成一个整体,具有大小高低起伏美化效果。种植乔木、灌木、草木、花卉,一年四季有季相变化,千姿百态,增加美观,使人感到富有生命力,陶冶心情。

2. 文明的标志、树立企业形象

工厂绿化反映出工厂管理水平、工人的精神面貌,使工人精神振奋的进入生产第一线,不断提高劳动生产率。工厂绿化,不仅环境变得优美,空气变得新鲜,也能减少灰尘,而且它的价值潜移默化地深入产品之中,深入用户的思想深处。如苏州刺绣厂内古雅的苏州古典园林绿化,吸引着去参观的国内外友人,它的产品供不应求,畅销世界各国。南京江南光学仪器厂的绿化,使主要产品显微镜清洁度提高了 1 倍,订货商拍摄该厂绿色环境录像并广为宣传,产品由不稳定的合格产品升为优质和信得过产品,不仅畅销全国,而且还外销 10 多个国家和地区。所以工厂绿化、美化是社会主义现代化建设中精神文明的重要标志,也是工厂的信誉投资。

3. 维护生态平衡

一般城市中,工业用地占 20%~30%,工业城市还会更多些。工厂中燃烧煤炭、重油等会排出大量废气,浇铸、粉碎会散出各种粉尘,鼓风机、空气压缩机及各类交通等会带来各种噪声,污染人们的生产和生活环境。而绿色植物对有害气体、粉尘和噪声具有吸附、阻滞、过滤的作用,可以净化环境。据南京环境保护局环境科学研究所测定:全市绿化树木可吸收、净化二氧化硫毒气。据杭州地区对工厂的调查,绿化在夏季可降温 1.5~3℃,使空气相对湿度增加 11.5%。据上海石化总厂测定:防护林区飘尘比厂区少 38%,乙烯浓度低 18%,氮氧化物浓度低 67%。据南京钢铁厂、南京林业大学测定:林缘内 100 m 处二氧化硫浓度下降 66%。所以工厂绿化不仅是美化工厂环境,而且对社会环境的生态平衡起着巨大的作用。

4. 创造一定的经济收益

绿化根据工厂的地形、土质和气候条件,因地制宜,结合生产种植一些经济作物,既绿化了环境,又为工厂福利创造一定收益。如山丘、坡地可种桃、李、梅、杏、胡桃等果木、油料;水池可种荷藕;局部花坛、花池可种牡丹、芍药,既可观赏又可药用。结合垂直绿化可种葡萄、猕猴桃等,另外,有条件的工厂可以大片种植紫穗槐、棕榈、剑麻等,它们都是编织的好材料。

(二)工矿企业绿化环境条件

1. 环境恶劣,不利于植物生长

工厂企业在生产过程中常常排放、逸出各种有害于人体健康和植物生长的气体、粉尘、烟尘及其他物质,使空气、水、土壤受到不同程度的污染。由于经济条件、科学技术和管理水平的限制,污染还不能完全杜绝。另外,工业用地的选择尽量不占耕地良田,加之工程建设及生产过程中材料堆放、废物的排放,使土壤结构、化学性能和肥力较差。因而工厂绿地的气候、土壤等环境条件,对植物生长发育是不利的,在有些污染性大的厂矿甚至是恶劣的,这也相对增加了绿化的难度。因此,根据不同类型、不同性质的厂矿企业,慎重选择那些适应性强、抗性强、能耐恶劣环境的花草树木,并加强管理和保护措施,是工厂绿化成败的关键。

2.用地紧凑,绿化用地面积小

工厂企业内建筑密度大,管线等各种设施纵横交错,尤其是城镇中的中、小型工厂,绿化用地往往很少。因此,工厂绿化要"见缝插绿""找缝插绿""寸土必争",灵活运用绿化布置手法,争取较多的绿化用地。如在水泥地上砌台栽花、挖坑植树,墙边栽植攀缘植物垂直绿化,开辟屋顶花园空中绿化等,都是增加工厂绿地面行之有效的办法。

3.工矿企业以生产安全为主要任务

工厂的中心任务是发展生产,为社会提供质高量多的产品。工厂企业的绿化要有利于生产正常运行,有利于产品质量提高。工厂内空中、地上、地下管线密布,可谓"天罗地网"。建筑物、构筑物、铁道、道路交叉如织,厂内外运输繁忙。有些精度仪器厂、仪表厂、电子厂的设备和产品对环境质量有较高的要求。因此,工厂绿化首先要处理好与建筑物、构筑物、道路、管线的关系,保证生产运行的安全,还要满足设备和产品对环境的特殊要求,又要使植物能有较正常的生长发育条件。

4.服务对象主要以本厂职工为主

工厂绿地是本厂职工休息的场所,服务对象职业性质比较接近,人员相对固定,使用时间集中。因此,工厂绿化必须围绕有利于职工工作、休息和身心健康,有利于创造优美的厂区环境来进行。

(三)工矿绿地总体规划设计原则

(1)统一安排、统一布局 工厂绿化规划,应在工厂总图规划的同时进行绿化规划,减少建设中的各种矛盾。

(2)安排绿化要首先保证生产安全、原料产品运输便捷及各种管线畅通。

(3)园林绿地应由道路绿化、防护林带串联起来组成点、线、面结合的园林绿化,形成绿树成荫、繁花似锦、优美清洁的绿色环境。

(4)结合本厂土壤、地形、光线和环境污染情况,因地制宜地进行合理布局。有条件的工矿企业除车间、道路、厂前区防护林带绿化外,还可修建大小不等的游憩绿地。

(5)用地紧张的单位要见缝插绿,利用零星土地、墙面、管道、支架、平屋顶进行各种形式的绿化。

(6)厂前区的园林绿化布局要与所在城镇的总体环境及本企业的建筑风格相协调。

(7)生产区绿化布局分布均匀合理,使岗位工人都能享受园林效能,消除疲劳,精神饱满地进行生产。

(8)适当结合生产,合理选择植物。

①根据管理要求进行选择 宜选用繁殖、栽培及养护管理容易或粗放的植物种类,草花与地被植物宜选择自播繁殖能力强的种类,如紫茉莉、波斯菊等,并多选用适应性较强的宿根、球根花卉,如葱兰、玉簪、美人蕉、鸢尾、萱草等。

②根据工业企业的生产工艺要求进行选择。

③确定骨干、基调树种 骨干树种主要指用作行道树及遮阳的乔木树种,应选寿命长、生长稳定、抗病虫、抗污染性强的树种;基调树种能够适应工厂多数区域种植,用量大,选容易成活和管理的绿化树种。

④树种配比 规划时应以乔木为主,灌木为辅。花草地被植物,面积越多越好,只要有裸露的地面,就应该有花草地被植物覆盖。各类工厂的乔、灌木植株数量比例大体为1:3,其中电子仪表和化工类工厂比例为1:4,轻工业为1:2,重工业为1:1。树种配比要有适当的常绿与落叶比例,兼顾景观效果与功能要求。常绿树与落叶树的比例:一般南方落叶树宜占40%左右,常绿树占60%左右,在北方落叶树占65%左右,常绿树占35%左右。工厂常绿与落叶树种比例一般约为1.16:1。乔木中快长树占75%,慢长树占25%(表10-2-2)。

表10-2-2　各类工厂绿地的乔、灌木比例　　　%

工厂类型	落叶乔木	常绿乔木	灌木
重工业	32.5	20.7	46.8
轻工业	15.3	16.1	68.6
电子仪表业	11.7	6.3	82
化学工业	8.8	5.5	85.7

三、绿地设计形式

(1)规则式适用于占地规模较小、建筑密度较大的工业企业,建筑物周围狭小的绿地空间以及大门环境、建筑广场、道路绿地、周边围护绿地等,也可用于小游园等较大的集中绿地。

（2）自然式多用于大型工业企业，建筑密度较小的企业或小游园等较大面积的庭园游憩绿地。

（3）混合式建筑物周围绿地做规则式布置，远离建筑物的大块绿地做自然式布置。适用于较大面积的建筑环境绿地、小游园集中绿地等。

四、工厂绿化常用树种

（1）抗二氧化硫气体树种（钢铁厂、大量燃煤的电厂等）　大叶黄杨、雀舌黄杨、瓜子黄杨、海桐、蚊母、山茶、女贞、小叶女贞、枳橙、棕榈、凤尾兰、蟹橙、夹竹桃、枸骨、枇杷、金橘、构树、无花果、枸杞、青冈栎、白蜡、木麻黄、相思树、榕树、十大功劳、九里香、侧柏、银杏、广玉兰、鹅掌楸、柽柳、梧桐、重阳木、合欢、皂荚、刺槐、国槐、紫穗槐、黄杨。

（2）抗氯气的树种　龙柏、侧柏、大叶黄杨、海桐、蚊母、山茶、女贞、夹竹桃、凤尾兰、棕榈、构树、木槿、紫藤、无花果、樱花、枸骨、臭椿、榕树、九里香、小叶女贞、丝兰、广玉兰、柽柳、合欢、皂荚、国槐、黄杨、白榆、丝棉木、沙枣、椿树、苦楝、白蜡、杜仲、厚皮香、桑树、柳树、枸杞。

（3）抗氟化氢气体的树种（铝电解厂、磷肥厂、炼钢厂、砖瓦厂等）　大叶黄杨、海桐、蚊母、山茶、凤尾兰、瓜子黄杨、龙柏、构树、朴树、石榴、桑树、香椿、丝棉木、青冈栎、侧柏、皂荚、国槐、柽柳、黄杨、木麻黄、白榆、沙枣、夹竹桃、棕榈、红茴香、细叶香桂、杜仲、红花油茶、厚皮香。

（4）抗乙烯的树种　夹竹桃、棕榈、悬铃木、凤尾兰。

（5）抗氨气的树种　女贞、樟树、丝棉木、蜡梅、柳杉、银杏、紫荆、杉木、石楠、石榴、朴树、无花果、皂荚、木槿、紫薇、玉兰、广玉兰。

（6）抗二氧化氮的树种　龙柏、黑松、夹竹桃、大叶黄杨、棕榈、女贞、樟树、构树、广玉兰、臭椿、无花果、桑树、栎树、合欢、枫杨、刺槐、丝棉木、乌桕、石榴、酸枣、柳树、糙叶树、蚊母、泡桐。

（7）抗臭氧的树种　枇杷、悬铃木、枫杨、刺槐、银杏、柳杉、扁柏、黑松、樟树、青冈栎、女贞、夹竹桃、海州常山、冬青、连翘、八仙花、鹅掌楸。

（8）抗烟尘的树种　香榧、粗榧、樟树、黄杨、女贞、青冈栎、楠木、冬青、珊瑚树、广玉兰、石楠、枸骨、桂花、大叶黄杨、夹竹桃、栀子花、国槐、厚

香、银杏、刺楸、榆树、朴树、木槿、重阳木、刺槐、苦楝、臭椿、构树、三角枫、桑树、紫薇、悬铃木、泡桐、五角枫、乌桕、皂荚、榉树、青桐、麻栎、樱花、蜡梅、黄金树、大绣球。

（9）滞尘能力强的树种　臭椿、国槐、栎树、皂荚、刺槐、白榆、杨树、柳树、悬铃木、樟树、榕树、凤凰木、海桐、黄杨、女贞、冬青、广玉兰、珊瑚树、石楠、夹竹桃、厚皮香、枸骨、榉树、朴树、银杏。

（10）防火树种　山茶、油茶、海桐、冬青、蚊母、八角金盘、女贞、杨梅、厚皮香、交让木、白榄、珊瑚树、枸骨、罗汉松、银杏、槲栎、栓皮栎、榉树。

五、工矿企业绿地规划设计

工厂环境绿地设计可分为厂前区绿地设计、道路绿地景观设计、休憩绿地设计、车间环境绿地设计、周边绿地设计、防护林带设计。

（一）厂前区绿地设计（包括大门到工厂办公用房的环境绿化）

1. 大门环境

（1）绿地布置首先要考虑方便交通，其次要与建筑物的形体、色彩相协调，与街道景观相呼应；绿化形式、色彩、风格应与建筑统一考虑。一般多采用规则式、混合式布局，以表现整齐庄重。

（2）大门前或大门内一般设广场，利于停车、转弯及人流集散。

（3）广场上可设计花坛、花台、喷泉水池，有条件的还可设置雕塑。花坛植物设计高度一般不超过 70 cm，以利于行车安全。

（4）大门两侧围墙可利用攀缘植物进行垂直绿化、美化造景。

2. 行政福利建筑环境

（1）行政福利建筑包括行政办公室及技术科室、食堂、招待所、幼儿园、大礼堂等建筑物。

（2）靠近建筑物附近采用规则式布局，设计花坛、草坪、水池、花台或雕塑等，有利于人流出入和衬托建筑物造型。

（3）远离建筑物的块状绿地可采取自然式布局，设计草坪、花境、树丛等。如果绿地面积较大，还可设计供职工休息、社交及各种文化娱乐、体育锻炼的小游园。

（4）各建筑物周围环境绿地应根据建筑物的

特点分别设计布置,既有一定独立性,又与整体绿地统一。

(二)工厂道路绿地景观设计

(1)单边种植行道树时,东西向道路种于北侧,以利于树木采光,南北向道路种于西侧,以利于遮阳。

(2)主道两旁乔木株距为6~10 m保证安全。

(3)路口安全视距不小于20 m,在道路转弯处不遮挡驾驶员视线,以保证安全。

(4)快慢车与人行道之间分隔带一般宽1~2 m与工程管线相配合。

(5)避免植物与工程管线相互冲突影响。

(6)在埋设较浅、需经常检修的地下管道上方不宜栽种乔、灌木,可用草本植物覆盖。

(7)高架线下可植耐荫灌木,低架管线与地面管线旁可用灌木掩蔽。

(8)在不能按规定距离栽植时,须选择能够修剪整形的树种,以利日后修剪。不影响车间通风采光,厂房车间靠近道路时,要考虑车间内自然采光和通风要求。

(三)工厂休憩绿地设计

休憩性绿地多选择在职工休息易于到达的区域,面积一般都不大,布局形式可采用规则式、自由式、混合式。

1.休憩性小游园的位置选择

(1)结合厂前区绿地布置。

(2)结合厂内自然地形布置。

(3)结合公共福利设施、人防工程布置。

(4)结合生产车间绿地布置:注意在人防工程上土层深度为2.5 m时可种大乔木;土层深度为1.5~2 m时,可种小乔木及灌木;土层深度为0.3~0.5 m时,只可种草、地被植物、竹子等。在人防设施的出入口附近不得种植多刺或蔓生伏地植物。

2.休憩绿地的设计

(1)要结合厂内的自然条件以及现有的植被等加以改造利用,以植物景观种植设计为主。

(2)绿地内部适当布置座椅、游步小道、休息草坪、花台、花架等,适当设置体育活动设施以及棋台、茶室、宣传廊等文化娱乐内容等,满足多功能需要。

(3)园路及建筑小品的设计应满足使用及造景需要,出入口的布置要避免生产性交通的穿越。

(4)四周宜用大树围合,遮挡有碍观瞻的建筑群,形成幽静的独立窄间。

(四)工厂各类车间环境绿地设计

1.重点设计部位

(1)一般情况下,车间出入口、休息室旁、窗口附近等是车间绿地建设的重点,其他地方绿地布置宜简洁,满足主要功能要求即可。

(2)车间附近绿地设计总的要求:一方面为车间生产创造良好外部绿色环境;另一方面防止和减轻车间污染物对周围环境的危害与影响,同时又要有利于工人工作和休息。

(3)车间周围环境绿地设计要考虑车间室内采光和通风。车间南侧宜布置大型落叶乔木,夏季遮阳,冬季有阳光;北侧布置常绿和落叶乔木,以阻挡冬季寒风和飞尘;车间东、西两侧布置大乔木,防止夏季东、西晒;各种树木的种植位置必须遵照规范中所规定的间距。

2.设计要点

(1)周围应设置防尘净化绿地,栽植树冠庞大的树种,阻滞粉尘,减少空气含尘量。

(2)应多用常绿树,且要求树种无飞絮、种毛、果实等。

(3)在结构上采取乔、灌、花草相结合的立体结构。

(4)车间要求自然采光良好,乔木种植距离建筑10 m以上。

(5)车间外围墙或栅栏用攀缘植物垂直绿化,提高吸附粉尘,净化空气的效果。

(6)裸露的地面必须铺种草坪或地被植物,且具有较高的覆盖度。

(7)酸碱贮罐区首先要考虑有害气体扩散、稀释,并利用耐污染植物吸收、滞附有害物质,应留出排污散污空间。在其周围设置抗污耐污和吸污能力较强的植物,进行卫生防护。

(8)排污车间周围土壤不宜直接种植植物,除客土种植外,可考虑设置花台、大型花盆等,以人工培养土或其他适合植物生长的土壤填入。

(9)在污染特别严重、植物几乎无法生长的地方,可设置水池、喷泉或其他工艺造型小品。

(五)工厂周边绿地设计

周边绿地是指沿工厂边界线内侧的绿地。多数工厂以围墙与外界分隔,所以一般沿围墙设置一定宽度的绿带,起防风沙、防污染、减少噪声以及遮挡、隐蔽和美化环境等作用。周边绿地设计要点如下:

(1)沿墙周边绿地较宽时,可用3~4层乔灌木组成防护隔离绿带。

(2)绿地较窄的,则可设置1~2排乔木,或用攀缘植物对围墙进行垂直绿化。

(3)种植设计常选用蔷薇、云实等有刺的木本攀缘植物,兼有安全防护作用。

(六)工厂防护林带设计

1. 防护林的结构形式

(1)稀疏林带 也称透风林带,株距较大,树木枝叶稀疏,一般100 m有乔木8~10株,其阻滞污染的能力较差,有害气体和烟尘的很大部分可以通过。

(2)均透林带 也称半透风林带,介于稀疏林带和密集林带之间,每100 m有10~20株乔木,林带配植上下均匀,有害烟尘在通过时多数被阻滞吸收,少量透过林带。

(3)密集林带 也称不透风林带,由枝叶稠密的乔木和灌木混栽而成,一般100 m有乔木20~40株,有害气体、烟尘基本不能透过林带,但可以翻越林带。

(4)复合式林带 在污染严重,对周围环境影响面积较大的工厂总护防距离内,将上述3种林带的结构形式组织起来,形成复合式结构,更能发挥净化空气、减少污染的作用。

2. 防护林带位置设置

(1)工厂与生活区之间的防护林带。

(2)工厂区与农田交界处的防护林带。

(3)工厂内分区、分厂、车间、设备场地之间的隔离防护林带。

(4)结合厂内、厂际道路绿化形成的防护林带。

3. 防风林带

防风林带的迎风面,防护范围是林带高度的

10倍左右,可降低风速15%~25%,在林带后的防护距离则为林带高度的25倍左右,能减弱风速10%~70%,见图10-1-1。

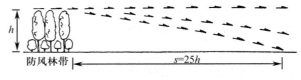

图10-1-1 防风林带

防风林带的结构以均透林带(半透风林带)为最佳。这种林带结构上下均匀,它能使大部分的气流穿过它,在穿过时与枝叶发生充分的摩擦作用,使气流的能量大量的消耗。当林带的通透率为48%时,其防风效能最高。

林带的设置走向与位置应该根据主导风向而定,一般与主导风向呈90°或不低于45°,并根据主导风向选择树种的栽植形式,见图10-1-2。

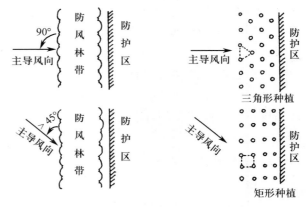

图10-1-2 林带的设置走向与位置

单条防风林带的宽度一般以20~30 m为宜。

4. 防火林带

在石油化工、化学制品、冶炼、易燃易爆产品的生产工厂及车间、作业场地为了确保安全生产、减少事故的损失,应该设置防火林带。林带由不易燃烧、萌生能力强的防火、耐火的树种组成。防火林带的宽度依工厂的生产规模、火种的类型而定。一般火灾规模小的林带宽3 m以上,可能引起较大规模火灾的林带宽宜在40~100 m。石油化工厂、大型炼油厂的有效宽度应该为300~500 m,也可在防护距离内设置隔离沟、障碍物等设施与林带一起共同阻隔火源,延缓火势蔓延,见图10-1-3。

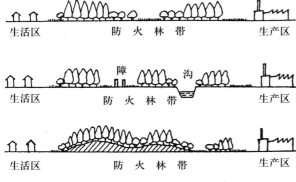

生活区　　防火林带　　生产区

生活区　　障　　沟　　防火林带　　生产区

生活区　　防火林带　　生产区

图 10-1-3　防火林带(引自胡长龙《园林规划设计》)

【自我检测】

一、填空题

1. 防护林分 ＿＿＿＿＿＿、＿＿＿＿＿＿、＿＿＿＿＿＿、＿＿＿＿＿＿ 4 种类型。

2. 工矿企业绿化的特殊性主要体现在 ＿＿＿＿＿＿、＿＿＿＿＿＿、＿＿＿＿＿＿、＿＿＿＿＿＿ 4 个方面。

二、判断题

1. 污染性大的工厂宜布置在盛行风的下风向。 （　　）

2. 污染性大的工厂宜布置在最小风频的上风向。 （　　）

任务二　校园绿地规划设计

【学习导言】

学校绿化的主要目的是创造浓荫覆盖、花团锦簇、绿草如茵、清洁卫生、安静清幽的校园景观,为师生的工作、学习和生活提供良好的环境和场所。

学校绿化应结合其他用地统一规划、全面设计,形成和谐统一的整体,满足多种功能需要。

【学习目标】

知识目标:掌握学校景观的设计要点、学校景观的设计相关规范、学校景观设计图绘制方法。

能力目标:能熟练完成学校景观设计现场测绘和方案设计、学校景观设计图的设计、学校景观设计图的绘制。

素质目标:通过校园绿化设计,净化学生的品德、开阔学生的视野、塑造学生的情感、增强学生的环保意识。

【学习内容】

学校学生文化教育不仅与学校的师资力量和教学水平有关,还与学校的校园环境息息相关,优美的校园环境不仅对学生学习氛围起到烘托的作用,而且对学生的身体健康发展也有着非常重要的作用,因此通过合理的规划和设计学校的校园绿地和景观是非常必要的。

学校绿化的主要目的是为师生们创造一个防暑、防寒、防风、防尘、防噪、安静的学习环境和具有美丽的花坛、花架、花池、草坪、乔灌木等复层绿化的休息活动场所。学校绿化面积应占全校总用地的 50%～70%,才能真正发挥绿化效益。

一、大专院校绿地规划设计

大专院校绿地规划设计主要由校前区绿化、教学科研区绿化、生活区绿化、体育活动区绿化、道路绿化、休息游览绿地组成。

（一）校前区绿化

学校大门、出入口与办公楼、教学楼组成校前区或前庭，是车辆、行人的出入之处，具有交通集散功能和展示学校标志、校容校貌及形象的作用，因而校前区往往形成广场和集中绿化区，为校园重点绿化美化地段。

（1）学校大门的绿化 要与大门建筑形式相协调，以装饰观赏为主，衬托大门及立体建筑，突出庄重典雅、朴素大方、简洁明快、安静优美的高等学府校园环境。

学校大门绿化设计以规则式绿地为主，以校门、办公楼或教学楼为主线，大门外使用常绿花灌木形成活泼开朗的门景，两侧花墙用藤本植物进行配置。在学校四周围墙处，选用常绿乔、灌木自然式带状布置，或以速生树种形成校园外围林带。

（2）大门内外的绿化 门外绿化要与街景一致，但又要体现学校特色。大门内在轴线上布置广场、花坛、水池、喷泉、雕塑和主干道。轴线两侧对称布置装饰或休息性绿地。在开阔的草地上种植树丛，点缀花灌木，自然活泼，或植草坪及整形修剪的绿篱、花灌木，低矮开朗，富有图案装饰效果。在主干道两侧植高大挺拔的行道树，外侧适当种植绿篱、花灌木，形成开阔的绿荫大道。

（二）教学科研区绿化

教学科研区绿地主要满足全校师生教学、科研的需要，提供安静优美的环境，也为学生课间进行适当的活动创造绿色室外空间。

（1）教学主楼前 教学主楼前的广场设计，以大面积铺装为主，结合花钵、花坛、草坪，设置喷泉、雕塑、花架、园灯等园林小品，体现简洁、大方、开阔的景观特色。

（2）教学楼周围的基础绿带 在不影响楼内通风、采光的条件下，多种植落叶乔、灌木。为满足学生休息、集会、交流等活动的需要，教学楼之间的广场空间应注意体现其开放性、综合性的特点，并具有良好的尺度和景观，以乔木为主，花灌木点缀。绿地布局平面上要注意其图案构成和线型设计，以丰富的植物及色彩，形成适合师生在楼上俯视的鸟瞰画面，立面要与建筑主体相协调，并衬托美化建筑，使绿地成为该区空间的休闲主体和景观的重要组成部分。

（3）实验楼的绿化 同教学楼，还要根据不同实验室的特殊要求，在选择树种时，综合考虑防火、防爆及空气洁净度等因素。

（4）大礼堂 是集会的场所，正面入口前设置集散广场，绿化同校前区，空间较小，内容相对简单。礼堂周围基础栽植，以绿篱和装饰树种为主。礼堂外围可根据道路和场地大小，布置花坛、草坪、树林，以便人流集散。

（5）图书馆是图书资料的储藏之处，为师生教学、实验、科研活动服务，也是学校标志性建筑，其周围的布局与绿化同礼堂。

（三）生活区绿化

大专院校为方便师生学习、生活和工作，校园内设置生活区及各种服务设施。该区是丰富多彩、生动活泼的区域。

（1）生活区绿化应以校园绿化基调为前提，根据场地大小，兼顾交通、休息、活动、观赏等功能，因地制宜进行设计。

（2）食堂、商店、银行、邮局、浴池前要留有一定的交通集散及活动场地，周围可留基础绿带，种植花草树木，活动场地中心或周边可设置花坛或种植庭荫树。

（3）学生宿舍区绿化可根据楼间距大小，结合楼前道路进行设计。楼间距较小时，在楼梯口之间只进行基础栽植或硬化铺装。场地较大时，可结合行道树，形成封闭式的观赏性绿地，或布置成庭院式休闲绿地，铺装地面，花坛、花架、基础绿带和庭荫树池结合，形成良好的、恬静的学习或休闲场地。

（4）教工生活区绿化可参照居住区绿地中的宅间绿地设计。

（5）后勤服务区绿化同生活区，还要根据水、电、热力及各种气体动力站、仓库等管线和设施的特殊要求，在选择配置树种时，综合考虑防火、防爆等因素。

（四）体育活动区绿化

（1）体育活动区的场地四周 栽植高大乔木，下层配置耐荫的花灌木，形成一定层次和密度的绿荫，能有效地遮挡夏季阳光的照射和冬季寒风的侵袭，减弱噪声对外界的干扰。

（2）室外运动场的绿化符合规范 室外运动

场的绿化不能影响体育活动比赛以及观众的通视，应严格按照体育场地及设施的有关规范进行。

（3）布置基础绿带　体育馆建筑周围应因地制宜地进行基础绿带绿化。

（4）保证安全　为保证运动员及其他人员的安全，运动场四周可设围栏。在适当之处设置座凳，供人们观看比赛。设座凳处可植乔木遮阴。

（五）道路绿化

校园道路两侧行道树应以落叶乔木为主，构成道路绿地的主体和骨架，浓荫覆盖，有利于师生们的工作、学习和生活，在行道树外侧植草坪或点缀花灌木，形成色彩、层次丰富的道路侧旁景观。

（六）休息游览绿地

大专院校一般面积较大，在校园的重要地段设置花园式或游园式绿地，供师生休闲、观赏、游览和读书。另外，大专院校中的花圃、苗圃、气象观测站等科学实验园地，以及植物园、树木园也可以园林形式布置成休息游览绿地。

休息游览绿地规划设计的构图形式、内容及设施，要根据场地地形、地势、周围道路、建筑等环境，综合考虑，因地制宜地进行。

二、中小学校园绿化设计

与大专院校相比，中小学学校规模较小、建筑密度大、绿化用地相对紧张。中小学的学生大部分以走读为主，学生在校内停留的时间不长，教师在校内居住的也不是很多。因此，绿地从功能上来讲比较单一，主要以观赏为主。同时，由于中小学生年龄较小、学习任务比较繁重，绿化设计师应该考虑到学生的年龄特点，满足学生休息、活动、放松的需求即可。一般来讲，中小学校园绿化设计主要从以下几个方面着手：

（一）建筑用地周围的绿化设计

中小学建筑用地的绿化，既要考虑建筑的使用功能，如通风、采光、遮阳、交通集散，又要考虑建筑物的形状、体积、色彩和广场、道路的空间大小。

（1）大门出入口、建筑门厅及庭院　可作为校园绿化的重点，结合建筑广场及主要道路进行绿化布置，注意色彩层次的对比变化，建花坛、铺草坪、植绿篱、配植四季花木，衬托大门及建筑入口

空间和正立面景观，丰富校园景色。

（2）建筑物前后做低矮的基础栽植，5 m 内不能种植高大乔木。

（3）在两山墙外，可种植高大乔木，以防日晒。

（4）庭院中也可种植乔木，形成庭荫环境，并可适当设置乒乓球台、阅报栏等文体设施，供学生课余活动。

（二）体育场地周围绿化设计

（1）体育场地主要供学生开展各种体育活动。一般小学的操场较小，经常以楼前、楼后的庭院代之。中学需要单独设立较大的操场，可划分标准运动跑道、足球场、篮球场及其他体育活动用地。

（2）运动场地周围种植高大遮阳落叶乔木，少种花灌木。地面铺草皮、尽量不硬化，运动场要留出较大的空地，满足户外活动使用，并且要求视线通透，以保证学生安全和体育比赛的进行。

（三）道路绿化设计

校园道路绿化主要考虑功能要求，满足遮阳需要，一般多种植落叶乔木，也可适当点缀常绿乔木和花灌木。另外，学校周围沿围墙种植绿篱或乔灌木林带，与外界环境相对隔离，避免相互干扰。

（四）校园文化建设

结合园林植物内涵寓意，打造文化景墙、张贴名言、弘扬传统文化、建造读书角，让一草一木、一砖一瓦发挥育人的功能，净化心灵、陶冶情操。

三、幼儿园绿化设计

幼儿园是承担学龄前幼儿的教育机构。一般正规的幼儿园，包括室内活动和室外活动两部分。根据活动要求，室外活动又分为公共活动场地、自然科学等基地和生活杂物用地。

（一）公共活动场地

公共活动场地是儿童游戏活动场地，也是幼儿园重点绿化区。该区绿化应该根据场地的大小、结合各种游戏活动器械布置，适当设置小亭、花架、涉水池、沙坑等。在活动器械附近，以遮阳落叶乔木为主。角隅处也可适当点缀花灌木，所有场地应开阔平坦、视线通畅，不能影响儿童活动。

（二）科学基地

菜园、果园及小动物饲养地，是培养儿童热爱

劳动、热爱科学的基地。有条件的幼儿园可将其设置在全园的一角,用绿篱隔离,里面种植少量的果树、油料、药用等经济植物或者是养一些少量的家畜、家禽。

(三)场地铺装及四周安排

整个室外活动场地应该尽量铺设耐践踏的草坪,或者采用塑胶铺地。在周围种植成行的乔木、灌木,形成浓密的防护带,起防风、防尘和隔离噪声作用。

(四)植物选择

植物选择要考虑儿童的心理特点和身心健康,要选择那些形态优美、色彩鲜艳、适应性强、便于管理的植物。不要用有飞毛、飞絮、毒、刺、引起过敏的植物,如花椒、黄刺玫、漆树、凤尾兰等。同时需要注意建筑周围通风、采光,5 m 以内不能种植高大的乔木。

【自我检测】

一、判断题

1. 教学主楼前的广场设计,以大面积铺装为主,结合花钵、花坛、草坪,设置喷泉、雕塑、花架、园灯等园林小品,体现简洁、大方、开阔的景观特色。 ( )

2. 学校大门的绿化以建筑为主体,绿化为陪衬。 ( )

二、多选题

关于学校绿地的设计,正确的有( )。

A. 绿地率要不低于 30%

B. 树种应选择无毒无污染树种

C. 教学楼的绿化要保证教室内采光

D. 大门内外绿化以装饰绿地为主

任务三　医疗机构绿地规划设计

【学习导言】

医疗机构绿地是医疗机构外环境的重要组成部分,由于绿地具有保护环境生态、调节小气候、净化空气、美化环境的作用,故绿地面积是衡量医疗机构环境质量的重要指标。国家规定新建医疗机构规划绿地面积应占建设用地面积的 35%。医院在规划建设时应将绿地建设纳入总体规划中统一规划合理布局,充分发挥绿地的环境生态效益。

医疗机构中的绿地,一方面创造优美、安静的疗养和工作环境;另一方面对改善医院及周围的小气候也有良好的作用,有利于患者康复和医务工作人员的身体健康。

【学习目标】

知识目标:掌握医疗机构绿地景观的设计要点、医疗机构绿地景观的设计相关规范、医疗机构绿地景观设计图绘制方法。

能力目标:能熟练完成医疗机构绿地景观设计现场测绘和方案设计、医疗机构绿地景观设计图绘制。

素质目标:医者仁心,医疗机构绿地规划设计要做到尊重立地的环境,充分体现"以人为本"的理念,体现自然与人文的完美结合,要给患者一个良好、宽松的就诊环境;给医院的医护人员一个方便、优美的工作环境。

【学习内容】

一、医疗机构的类型

（1）综合性医院　该类医院一般设有内、外各科的门诊部和住院部，医科门类较齐全，可治疗各种疾病。

（2）专科医院　这类医院是设某一科或几个相关科的医院，医科门类较单一，专治某种或几种疾病，如妇产医院、口腔医院、儿童医院、结核病医院、传染病医院和精神病医院等。传染病医院及需要隔离的医院一般设在城市郊区。

（3）小型卫生院、所　设有内、外科门诊的卫生院、卫生所和诊所。

（4）休、疗养院　用于恢复工作疲劳、增进身心健康、预防疾病或治疗各种慢性病的休养院、疗养院。

二、医疗机构绿地的功能

（一）生态效益

医疗机构绿地能净化空气，调节温度、湿度，其防护林更起到卫生防护、防风、防尘和隔离的作用，可以改善医院建筑用地周围的小气候条件，为患者创造良好的休养环境。

（二）社会效益

优美宁静的环境能够使病人的心情放松，对病人的心理、精神状态有着良好的安定作用，具有一定的辅助医疗效果。

（三）经济效益

医疗机构绿地的经济效益主要表现为间接经济效益。医疗机构的绿地面积，一般应占医院总用地的50％以上，具体绿地率根据当地实际情况以及不同医院的性质要求具体确定。在疗养功能要求较高的医院，如精神病院、结核病医院，绿地率应高一些，而在一些以急性治疗为主的医院中，绿地率可相应低一些。

根据不同的功能要求，不同的医疗机构，以及同一医疗机构不同区域的绿地应采取不同的绿化布置形式。

三、医疗机构园林绿化的基本原则

医院绿化的目的是卫生防护隔离，阻滞烟尘，减弱噪声，创造一个优雅安静的绿化环境使病人在药物治疗的同时，在精神上可受到优美的绿化环境的良好影响，以利于其防病治病、尽快恢复身体健康。

医院绿化应与医院的建筑布局相一致，除建筑之间一定绿化外，还应在院内，特别是住院部留有较大的绿化空间，建筑与绿化布局紧凑，方便病人治病和检查身体。建筑前后绿化不宜过于闭塞，病房、诊室都要便于识别。通常全院绿化面积占总用地面积的70％以上才能满足要求。树种选择以常绿树为主，可选用一些具有杀菌及药用的花灌木和草本植物。

四、综合性医院绿化设计

综合性医院是由各个使用要求不同的部分组成的，在进行总体布局时，按各部分功能要求进行。综合性医院的平面布局分为医务区和总务区，医务区又分为门诊部、住院部和其他部分。

（一）门诊部绿化设计

门诊部靠近医院主要出入口，与城市街道相邻，是城市街道与医院的结合部，人流比较集中，在大门内外、门诊楼前有一定的交通缓冲地带和集散广场。医院大门至门诊楼之间的空间组织和绿化，不仅起到卫生防护隔离作用，还有衬托、美化门诊楼和市容街景作用，体现医院的精神面貌、管理水平和城市文明程度。因此，根据医院条件和场地大小，因地制宜地进行绿化设计，以美化装饰为主。

（1）入口广场的绿化　医院入口广场面积较大，采用规则对称式布局，在不影响人流、车辆交通的条件下，区划为左、中、右三部分。广场中心绿地设置装饰性花坛、雕塑和草坪，左右两侧设置广场、旱喷泉和花台等，形成开朗、明快的格调。

（2）广场周围绿化　栽植整形绿篱、四季花灌木和草坪，节日期间也可用一、二年生花卉做重点美化装饰，大门两侧结合停车场栽植高大遮阴乔木。医院的临街围墙以通透式为主，使医院内外绿地交相辉映，设计简洁、美观、大方、色调淡雅、协调一致。

（3）门诊大楼周围绿化　门诊大楼周围进行基础绿带栽植，绿化风格应与建筑风格协调一致。

门诊大楼主次入口以草坪、低矮的花灌木为主,对称式栽植。沿道路栽植高大乔木,形成庭荫,但种植点应距建筑 5 m 以外,以免影响室内通风、采光及日照。门诊楼后常因建筑物遮挡,要注意耐荫植物的选择配置。

(二)住院部或疗养区

住院部或疗养区的位置应选在地势较高,视野开阔,四周有景可观,环境优美的地方。其绿化可在建筑物的南向布置小花园,供病人室外活动,花园中的道路不宜起伏太大,讲究平缓,不设置高低上下台阶踏步。其中部可设小型装饰广场,点缀水池、喷泉、雕像等小品。周围设立座椅、花棚架,以供坐息赏景或日光浴。有条件时可利用原地形挖池叠山,配置花草、树木等,形成优美的自然景观,使病人振奋精神,提高药物疗效。

(三)其他区域绿化设计

其他如辅助医疗、行政管理、总务等部分都应用绿化,并与病区隔离,特别是晒衣场、厨房、锅炉房、太平间、解剖室等更应单独设立,周围密植常绿乔灌木,形成完整的隔离带。需要注意的是,手术室、化验室、放射科等,四周的绿化必须避免绒毛和花絮植物,防止东、西晒,保证通风和采光。

五、其他类型的专科医院、疗养院

其他类型的专科医院、疗养院等的绿化应与其功能相适应。

(一)儿童医院绿化

儿童医院主要收治 14 岁以下的儿童患者。其绿地除具有综合性医院的功能外,还要考虑儿童的一些特点。如绿篱高度不超过 80 cm,以免阻挡儿童视线,绿地中适当设置儿童活动场地和游戏设施。在植物选择上,注意色彩效果,尽量避免选择对儿童有伤害的植物,如有毒、有刺、有飞絮或种子飞扬的植物。

儿童医院绿地中设计的儿童活动场地、设施、装饰图案和园林小品,其形式、色彩、尺度都要符合儿童的心理和需要,富有童心和童趣,要以优美的布局形式和绿化环境,创造活泼、轻松的气氛,减弱病儿对疾病和医院的心理压力。

(二)精神病院绿化

精神病院主要接收有精神病的患者,由于艳丽的色彩容易使病人精神兴奋、神经中枢失控,不利于治病和康复,因此精神病院绿地设计应突出"宁静"的气氛,以白色、绿色调为主,多种植乔木和常绿树,少种花灌木,并选种如白丁香、白牡丹、白碧桃等白色花灌木,在病房区周围面积较大的绿地中,可布置休息庭园,让病人在此感受阳光、空气和自然气息。

(三)传染病院绿化

传染病院收治各种急性传染病的患者,更应突出绿地防护隔离作用。防护林带要宽于一般医院,至少种 3 行乔木(15 m),同时常绿树的比例要更大,是冬季也具有防护作用。不同病区之间也要相互隔离,避免交叉感染。由于病人活动能力小,以散步、聊天、下棋为主,各病区绿地不宜太大,休息场地距离病房近一些,方便利用。

六、医疗机构绿地树种选择

在医院、疗养院绿地设计中,要根据医疗单位的性质和功能,合理地选择和配置树种,以充分发挥绿地的功能作用。

(1)选择杀菌力强的树种 具有较强杀灭真菌、细菌和原生动物能力的树种,主要有:侧柏、圆柏、雪松、油松、华山松、白皮松、红松、黑松、黄栌、盐肤木、锦熟黄杨、大叶黄杨、核桃、七叶树、合欢、刺槐、国槐、紫薇、广玉兰、木槿、女贞、丁香、悬铃木、银白杨、垂柳、栾树、臭椿及蔷薇科的一些植物等。

(2)选择经济类树种 医院、疗养院还应尽可能用果树、药用等经济类树种,如山楂、核桃、海棠、柿树、石榴、梨、杜仲、国槐、山茱萸、白芍药、金银花、连翘、丁香、麦冬、鸡冠花等。

【自我检测】

一、判断题

1. 手术室、化验室、放射科,四周的绿化必须避免绒毛和花絮植物,防止东、西晒,保证通风和采光。
( )

2. 门诊部建筑一般要退后红线 10～25 m，以保证卫生和安静。　　　　　　　　　　（　　）

3. 医院绿化应选择一些能分泌杀菌素的乔木，如雪松、白皮松、银杏等作为遮阴树，供病人候诊和休息。　　　　　　　　　　　　（　　）

二、选择题

医院绿化的内容有哪些？　　　　　（　　）

A. 大门绿化区　　　　　　　B. 门诊绿化区

C. 住院绿化区　　　　　　　D. 辅助绿化区

E. 服务区绿化区

项目十一　屋顶花园规划设计

任务一　屋顶花园规划设计的认知

【学习导言】

目前，全球面临巨大的能源危机和生态问题，在国家高度提倡绿色建筑的大背景下，屋顶花园发展具有广阔的前景。大力发展城市屋顶花园是增加城市生态效益、降低城市能源消耗、美化城市景观、增加城市生活空间、促进城市社会交往的有效途径。

【学习目标】

知识目标：了解屋顶花园的含义与作用，掌握屋顶花园的常见类型及布局形式、设计原则。

能力目标：能够辨别屋顶花园的类型，能够调查分析出屋顶花园的缺点，能够结合实际进行屋顶花园的设计。

素质目标：培养学生树立安全、责任的思想建造屋顶花园，运用顺应自然、贴合万物的规律，让阳光洒满屋内，让人入户即见风景，让屋顶有个充满情趣的角落，让屋顶四季常绿，让屋顶花园和谐自然、趣味无穷。

【学习内容】

随着城市的发展，城市中可用于绿化的土地面积日益减少，而人们对绿地的需求却日益增加，屋顶花园正是可以解决这个矛盾的良方。屋顶花园是建于建筑物顶部、不与大地接壤的绿化形式，是地面绿化的一个有益补充。增加屋顶绿化面积不仅会大大提高城市的绿化覆盖率，还可以起到保护城市环境、改善城市气候条件的重要作用，具有极大的发展潜力。在西方发达国家，屋顶花园被视为集生态效益、经济效益与景观效益为一体的城市绿化的重要补充，受到广泛的关注。

一、屋顶花园的含义

屋顶花园是指在各类建筑物和构筑物的顶部（包括屋顶、楼顶、露台、阳台）栽植花草树木、建造各种园林小品所形成的绿地。

二、屋顶花园作用

（一）改善城市的生态环境

建筑物的屋面是承接阳光、雨水并与大气接触的重要界面，而城市中屋面的面积占去了整个城市面积的 30% 左右。屋面的性质决定了其在生态方面可以发挥其独特的作用。以北京为例，在规划的市区内,有近千万平方米的建筑平屋顶未被利用,如其中的一半实施屋顶绿化,可增加近 500 hm² 的绿化面积,相当于新建 1 个公园。

城市空气因交通工具及住宅、写字楼的空调设备等造成的污染已成为一大环境问题,绿化屋顶的植物覆盖层可以吸收部分有害气体,吸附空气中的粉尘,具有净化空气的作用。同时,屋顶绿化可以抑制建筑物内部温度的上升,增加湿度,防止光照反射,防风,对小环境的改善有显著效果。而绿化场地周围的若干"小气候改善"的交叉作用使城市整体的气候条件得以改善,针对日益严重的"城市热岛",屋顶绿化是一条有效的解决途径。

人与自然的共生是现代城市发展的必然方向,而节能、可自我循环、完善的城市生态系统是城市可持续发展的基础。

城市的不断扩张,扰乱当地的生态系统,破坏生态平衡,使很多当地固有物种消失,系统化的屋顶绿化设施可以偿还大自然有效的生态面积,为野生动植物提供新的生活场所,通过绿地的多样化来实现城市生态系统的多样性,从根本上改善城市环境。

(二)聚集游客、宣传、美化形象的作用

随着城市高层、超高层建筑的兴起,更多的人工作与生活在城市高空,不可避免地要经常俯视楼下的景物。无论哪种屋顶材料,在强烈的太阳照射下都会反射刺目的眩光,损害人们的视力。屋顶花园和垂直墙面绿化代替了不受视觉欢迎的灰色混凝土、黑色沥青和各类墙面。对于身居高层的人们无论是俯视大地还是仰视上空,都如同置身于园林美景之中。

绿色建筑既有益于人的身心健康,又丰富美化了环境,属于景观建筑,它创造的绿色空间具有宣传效果,对商业设施和娱乐设施的聚集和吸引游客也有很大的作用。

(三)调节室内温度

绿化覆盖的屋顶吸收夏季阳光的辐射热量,有效地阻止屋顶表面温度升高,从而降低屋顶下的室内温度。建筑物屋顶绿化可明显降低建筑物周围环境温度 0.5~4℃,而建筑物周围环境的气温每降低 1℃,建筑物内部的空调容量可降低 6%。低层大面积的建筑物,由于屋顶面积比壁面积大,夏季从屋顶进入室内的热量占总围护结构热量的 70% 以上,绿化的屋顶外表面最高温度比不绿化的屋顶外表面最高温度可达 15℃ 以上。在北方,屋顶绿化如采用地毯式满铺地被植物,则地被植物及其下的轻质植土组成的"毛毯"层完全可以取代屋顶的保温层,起到冬季保温、夏季隔热的作用。

(四)提高楼顶的防水作用

屋顶花园可以吸收雨水,保护屋顶的防水层,防止屋顶漏水。由于绿色覆盖而减轻阳光暴晒引起的热胀冷缩和风吹雨淋,可以保护建筑防水层、屋面等,从而延长建筑的寿命。

三、屋顶花园的分类

屋顶花园的类型,按使用要求和布局风格的不同,可以划分为多种多样的形式。

(一)按使用功能分类

1. 游憩性屋顶花园

游憩性屋顶花园属于专用绿地的范畴,它的服务对象主要是该单位的职工或生活在该小区的居民。这种屋顶花园出入口的设置,应该充分考虑出入的方便性,园内的各种设施应该能够充分满足使用者的需求,比如一些空地、座椅、塑石、假山、瀑布、水池等。

2. 盈利性屋顶花园

这类花园是建立在宾馆、饭店等单位内部的屋顶花园。其建园的目的是为了吸引更多的客人,比如说北京长城饭店的屋顶花园。因此,这类中的一切景物、花卉、小品都要精美,档次要高,特别是在植物方面,注意选择有芳香气味的花卉品种;为游人在晚间活动创造舒适的空间;另外,园内还要布置一些园林小品,如水池、喷泉、假山等。

3. 科研性屋顶花园

这类花园主要是指一些科研单位为进行植物的研究试验所营造的屋顶实验地,它既有绿化的效果,又能够满足研究的目的,植物种植以规则式种植为主,很少有专用的道路系统。

(二)按空间组织状况分类

1. 开敞型屋顶花园

开敞型屋顶花园又称粗放型屋顶花园,是屋

顶绿化中最简单的一种形式,具有以下基本特征:①低养护;②免灌溉;③从苔藓、景天到草坪地被型绿化;④整体高度 6～20 cm;⑤重量为 60～200 kg/m²。

这种绿化效果比较粗放和自然化,让人们有接近自然的感觉,所选用的植物具有抗干旱、生命力强的特点,并且颜色丰富鲜艳,绿化效果显著。

开敞型屋顶绿化具备重量轻、养护粗放的特点,因此比较适合于荷载有限以及后期养护投资有限的屋顶。人们亲切地称它为"生态毯"。

2. 半密集型屋顶花园

半密集型屋顶花园是介于开敞型屋顶花园和密集型屋顶花园之间的一种绿化形式,植物选择趋于复杂,效果也更加美观,它所具备的特点如下:①定期养护;②定期灌溉;③从草坪绿化屋顶到灌木绿化屋顶;④整体高度 12～25 cm;⑤重量为 120～250 kg/m²。

半密集型屋顶花园居于自然野性和人工雕琢之间,很自然,低矮灌木和彩色花朵完美结合,但是由于系统重量的增加,设计师可以加入更多的设计理念,设计更加自由,一些人工造景也可以得到很好地展示。

3. 密集型屋顶花园

是植被绿化与人工造景、亭台楼阁、溪流水榭的完美组合,它具备以下几个特点:①经常养护;②经常灌溉;③从草坪、常绿植物到灌木、乔木;④整体高度 15～100 cm;⑤重量为 150～1 000 kg/m²。

密集型屋顶花园是真正意义上的"屋顶花园",高大的乔木、低矮的灌木、鲜艳的花朵,植物的选择随心所欲;还可设计休闲场所、运动场地、儿童游乐场、人行道、车行道、池塘喷泉等。

(三)按绿化布置的形式分

可分为规则式、自然式、混合式。

四、屋顶花园建设中存在的问题

(1)场地应用范围有限。屋顶花园占地面积比较狭小,多为方形、长方形,很少出现不规则平面。竖向地形上变化更小,几乎均为等高平面。地形改造,只能在屋顶结构楼板上堆砌微小地形。湖池不能下挖,只能高出"园",形成"盆水"局面。

(2)绿化形式单一,植物种类应用单调。

(3)技术上缺乏科学性,法规不健全。

针对以上情况,屋顶花园的设计建造要根据实际情况,因地制宜,以人的需求为准则,为城市空间增添绿色的生机。

五、屋顶花园设计的原则

屋顶花园不同于一般的花园,这主要由其所在的位置和环境决定。因此,在满足其使用功能、绿化效益、园林美化的前提下,必须注意其安全和经济方面的要求。

(一)经济、实用性原则

建造屋顶花园一定要做好概预算,必须结合实际情况,做出全面考虑,最大限度地为业主省钱,同时兼顾屋顶花园后期养护管理方便,节约施工与养护管理的人力、物力。

业主营造屋顶花园的目的就是要在有限的空间内进行绿化、造景,为自己创造一个环境优美的生活空间,提高生活质量、文化品位,因此该设计方案应运用因地制宜、以人为本的设计理念,并结合周围环境、时代特色,考虑业主的个人想法和要求,为其营造出一个个性鲜明的私密空间,同时把绿化放在首位,坚持以绿为主,绿化率将达到50%以上。

(二)安全、持续性原则

在地面建花园基本上可以不考虑其重量问题,但是在屋顶建花园就必须注意屋顶的安全指标,一是屋顶自身的承重问题;二是施工完成后各种新建园林小品的均布荷载和各种活荷载对屋顶承重造成的安全问题;三是防水处理对屋顶花园的使用效果和建筑物安全的直接影响。

首先,屋顶楼板的承载能力是建造屋顶花园的前提条件(国标规定:设计荷载在 200 kg/m² 以下的屋顶不宜进行屋顶绿化,设计荷载大于350 kg/m² 的屋顶,根据荷载大小,除种植地被、花灌木外,可以适当选择种植小乔木)。如果屋顶花园的附加重量超过楼顶本身的荷载,就会影响整个楼体的安全,因此在设计前必须对建筑本身的一些相关指标和技术资料做全面而细致的调查,认真核算。

其次,目前屋顶防水层一般采用柔性卷材防水和刚性防水的做法,来达到防水效果,但是不论采取何种形式的防水处理,都不可能保证100%的不渗漏,而且在建造施工过程中,还极有可能会破坏原防水层。因此,该设计方案将通过使用新型防水材料,提高防水层施工质量和施工过程中尽可能不损伤原屋顶防水层的方法来增强原屋顶和建成后屋顶花园防水层的防水能力和使用寿命。

(三)美观、环保性原则

屋顶花园的主要功能就是为业主提供一个环境优美的休息娱乐场所,由于在屋顶建花园存在种种问题(如承重、面积大小、远离地面、植物生存条件苛刻等),这就要求屋顶花园在形式上应该小而精,力求精美,给人以轻松、愉悦的感受,同时注意环保,即在后期养护管理过程中,枯枝落叶要就地处理并加以利用,节约用水,可利用鱼池水来进行浇灌,尽量使用可以降解的垃圾袋,尽量少用或不用农药,特别是剧毒农药。

屋顶花园的防水处理,一直是现代建筑的难题,从一些调查中可以发现,一些较好的防水材料,仅仅可以保持10~15年的使用寿命。这就意味着每隔一段时间,就要对建筑进行修理,不仅麻烦而且还要增加更多的成本(但是通过在屋顶上建造屋顶花园,能够大大减少外界环境对防水的影响,从而延长屋顶防水的使用寿命)。

【自我检测】

一、判断题

密集型屋顶花园居于自然野性和人工雕琢之间,很自然,低矮灌木和彩色花朵完美结合,但是由于系统重量的增加,设计师可以加入更多的设计理念,设计更加自由,一些人工造景也可以得到很好地展示。　　　　　　（　　）

二、填空题

屋顶花园按使用要求分为_____花园、_____花园、_____花园。

任务二　屋顶花园设计营造

【学习导言】

现在的百姓将城市称作"钢筋水泥的丛林",在城市中生活久了,便迫切地渴求与自然亲近,希望能够回归大自然。通过构建屋顶花园,能够充分拓展绿地面积,增加绿色空间,打造宜居环境,满足人们的生存生活需求。

【学习目标】

知识目标:掌握屋顶花园的结构及特点,熟悉屋顶花园可以建造的园林工程及小品,了解屋顶花园的荷载种类及减少荷载的方法。

能力目标:能够结合实际荷载进行屋顶花园的景观设计。

素质目标:屋顶花园的防水是对建筑的保护,我们要时刻防护不良因素对自己的伤害,不断淬炼自我,增强知识与技能的"荷载",做有担当、有作为的时代新人。

【学习内容】

屋顶花园的规划设计要与建筑景观协调统一,植物绿化尽量选择阳性、半阴性,浅根性,耐旱、耐瘠薄、抗寒,抗风,不易倒伏,耐积水的乡土植物、彩色植物和藤本植物,适当引种外来植物;还应计算屋顶荷载,做好防水层、排蓄水层、隔离过滤层、基质层和植物栽植的工艺设计。

屋顶花园设计应该遵循经济、实用、美观、创新、安全的原则进行。学习屋顶花园设计需要掌握屋顶花园的剖面构造:植物、种植土层、过滤层、排水层、防水层、保温隔热层和结构承重层等。

一、屋顶花园的结构

(一)植物

1. 屋顶花园种植设计的原则

(1)选择耐旱、抗寒性强的矮灌木和草本植物。

(2)选择阳性、耐瘠薄的浅根性植物。

(3)选择抗风、不易倒伏、耐积水的植物种类。

(4)选择以常绿为主,冬季能露地越冬的植物。

(5)尽量选用乡土植物,适当引种绿化新品种。

2. 植物种植类型

(1)乔木 有自然式或修剪型,栽种于木箱或其他种植槽中的移植乔木,及就地培植的乔木。

(2)灌木 有片植的灌木丛、修剪型的灌木绿篱和移植灌木丛。

(3)攀缘植物 有靠墙的或吸附墙壁的攀缘植物、绕树干的缠绕植物、下垂植物和由缠绕植物结成的门圈、花环等。

(4)草皮 有修剪草坪和自然生长的草皮与开花的自然生长的草皮。

(5)观花及观叶草本植物 有花坛、地毯状花带、混合式花圃。各种形状的观花或观叶的植物群,高株形的花丛、盆景等。

3. 植物种植的方法

屋顶花园的植物在种植时必须以精美为原则,不论在品种上还是在植物的种植方式上,都要体现出这一特点。常见的种植方法有以下几种。

(1)孤植 又称孤赏树。这类树种与地面相比,要求树体本身不能过大,以优美的树枝、艳丽的花朵或累累硕果为观赏目标,例如桧柏、龙柏、南洋杉、龙爪槐、叶子花、紫叶李等,均可作为孤赏树。

(2)绿篱 在屋顶花园中可以用绿篱来分隔空间、组织游览线路,同时在规则式种植中,绿篱是必不可少的镶边植物,北方可以用大叶黄杨、小叶黄杨、桧柏等做绿篱,南方则可以用九里香、珊瑚树、黄杨等做绿篱。

(3)花境 花境在屋顶花园中可以起到很好的绿化效果,在设计时应该注意其观赏位置,可为单面观赏,也可两面或多面观赏,但无论哪种形式,都要注意其立面效果和景观的季相变化。

(4)丛植 丛植是自然式种植方式的一种,它是通过树木的组合,创造出富于变化的植物景观,在配置树木时要注意树种的大小、姿态及相互距离。

(5)花坛 在屋顶花园中可以采用独立、组合等形式布置花坛,其面积可以结合花园的具体情况而定,花坛的平面轮廓为几何形,采用规则式种植,植物的种类可以用季节性草花布置,要求在花卉失去观赏价值之前及时更新花坛,中央可以布置一些高大整齐的植物,利用五色草等可以布置一些模纹花坛,其观赏效果更是别具一格。

(二)种植土层

(1)植物对土层厚度的最低限度 土壤是保证植物能正常生长的基础,植物通过根系使其固定于地面之上并从土壤中吸收各种养料和水分,没有土壤,植物就不能正常生长。

在屋顶花园上的土层厚度与植物生长的要求是相矛盾的。人们只能根据不同植物生存所必需的土层厚度,在屋顶花园上尽可能满足植物生长基本需要,一般植物生存的最小土层厚度是:草本(草坪、草花等)为 15 cm;小灌木为 25~35 cm;大灌木为 40~45 cm;小乔木为 55~60 cm;大乔木(浅根系)为 90~100 cm;深根系为 125~150 cm。见图 11-2-1。

(2)种植土的配制 植物生长除必须有足够厚的土壤作保证,还必须要求土壤能够为其生长提供必需的养料和水分。一般屋顶花园的种植土均为人工合成的轻质土。

人工配制种植土的主要成分有蛭石、泥炭、沙土、腐殖土和有机肥、珍珠岩、煤渣、发酵木屑等材料,但必须保证其容重在 $700 \sim 1\,500 \text{ kg/m}^3$,容重过小,不利于固定树木根系,过大又对楼顶承重产生影响。以上容重均为土壤的干重,如果土壤充分吸收水分后,其容重可增大 20%~50%,因此,在配置过程中应按照湿容重来考虑,尽可能降低容重。另外,在土壤配置好以后,还必须适当添加一些有机肥,其比例可根据不同植物的生长发育需要而定,本着"草本少施,木本多施,观叶少施,观花多施"的原则。

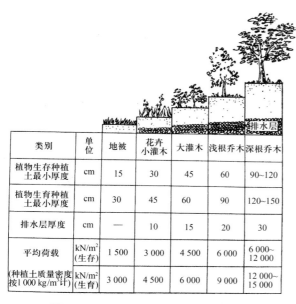

图 11-2-1　植物对土层厚度的最低限度

类别	单位	地被	花卉小灌木	大灌木	浅根乔木	深根乔木
植物生存种植土最小厚度	cm	15	30	45	60	90~120
植物生育种植土最小厚度	cm	30	45	60	90	120~150
排水层厚度	cm	—	10	15	20	30
平均荷载（种植土质量密度按1 000 kg/m³计）	kN/m²（生存）	1 500	3 000	4 500	6 000	6 000~12 000
	kN/m²（生育）	3 000	4 500	6 000	9 000	12 000~15 000

（三）过滤层

设置此层的目的是防止种植土随浇灌和雨水而流失，不仅影响土壤的成分和养料，还会堵塞建筑屋顶的排水系统，因此在种植土层的下方设置防止小颗粒流失的过滤层是十分必要的。

常见的过滤层使用的材料有：稻草、玻璃纤维布、粗沙、细炉渣等。

（四）排水层

屋顶花园种植土积水和渗水可通过排水层排出屋顶。通常的做法是在过滤层下做 100～200 mm 厚的轻质骨料材料铺成排水层，骨料可用砾石、焦渣和陶粒等。屋顶种植土的下渗水和雨水，通过排水层排入暗沟或管网，此排水系统可与屋顶雨水管道统一考虑。它应有较大的管径，以利于清除堵塞。

（五）防水层

防水层在不同的建筑中有不同的做法。基本分为柔性卷材防水材料和刚性防水材料两种。

1．柔性卷材防水

柔性卷材防水是用防水卷材与黏结剂结合在一起，形成连续致密的结构层，从而达到防水的目的。常用的有沥青类卷材防水、高聚物改性沥青类卷材防水、高分子类卷材防水。具体做法如图11-2-2所示。柔性卷材防水能够适应温度剧变、

振动、不均匀沉陷等因素的变化，能够承受一定的水压，整体性好，不易渗漏，但抗拉强度和耐久性差，操作较为复杂，但因其材料易得、价格便宜而得到广泛的应用。

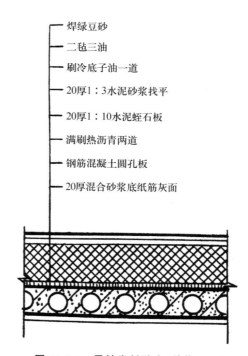

- 焊绿豆砂
- 二毡三油
- 刷冷底子油一道
- 20厚1：3水泥砂浆找平
- 20厚1：10水泥蛭石板
- 满刷热沥青两道
- 钢筋混凝土圆孔板
- 20厚混合砂浆底纸筋灰面

图 11-2-2　柔性卷材防水（单位：mm）

2．刚性防水

刚性防水是用细石混凝土做防水的，其优点是造价低、施工简单、维修方便。缺点是易受热胀冷缩和楼板受力变形影响，易出现裂缝。具体做法如图 11-2-3 所示。

3．屋顶漏水原因及防止措施

屋顶漏水的原因主要有原防水层存在缺陷、防水层在建园时遭到破坏、排水不畅、屋顶的植物对防水层造成了一定的损伤。

防止屋顶漏水的措施是选择良好的防水材料，在建园之前检查漏水情况，施工的时候注意保护好防水层，对于水池等设施应该采用单独的防水系统，在浇灌的过程中尽可能不产生积水，及时清理枯枝落叶，防止排水口被堵。

（六）隔热层

隔热层对建筑具有良好稳定的保温隔热作用，是有效缓解城市热岛效应的重要途径，常用保温砖、保温板、泡沫与混凝土混浇制作而成的保温板。

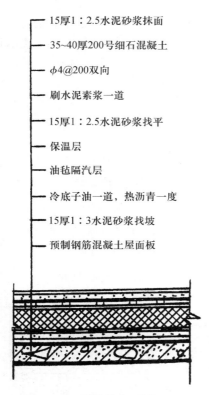

15厚1：2.5水泥砂浆抹面

35～40厚200号细石混凝土

φ4@200双向

刷水泥素浆一道

15厚1：2.5水泥砂浆找平

保温层

油毡隔汽层

冷底子油一道，热沥青一度

15厚1：3水泥砂浆找坡

预制钢筋混凝土屋面板

图 11-2-3　刚性防水（单位：mm）

二、屋顶花园的园林工程与小品设计

（一）水景工程

水景在中国传统园林中是必不可少的一项内容，而在屋顶花园上这些水景由于受楼体承重的影响和花园面积的限制，在内容上发生了一些变化。

1. 水池

屋顶花园的水池一般多为几何形状，水体的深度在 30～50 cm，建造水池的材料一般为钢筋混凝土结构，在水池的外壁可用各种饰面砖装饰，在水池的底部与内壁可以用蓝色的饰面砖镶嵌，利用视觉效果来增加水池的深度，见图 11-2-4。

在我国北方，冬季应该清除池内的积水，有时也可以用一些保温材料覆盖在池中。南方冬季气候温暖，终年可以不断水。

自然形状的水池可以用一些小型毛石置于池壁处，在池中可以用盆栽的方式种植一些水生植物，如荷花、睡莲、水葱等，增加其自然山水特色，更具有观赏价值。

2. 喷泉

屋顶花园中的喷泉一般可安排在规则的水池

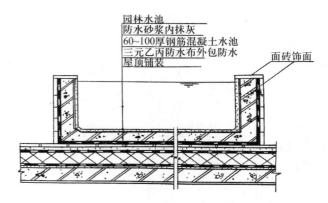

园林水池
防水砂浆内抹灰
60～100厚钢筋混凝土水池
三元乙丙防水布外包防水
屋顶铺装
面砖饰面

图 11-2-4　水池的做法（单位：mm）

之内，可以布置成时控喷泉、音乐喷泉等，管网布置成独立的系统，便于维修，对水的深度要求较低。

（二）假山置石

屋顶花园上的假山一般只能观赏，不能游览。所以，花园内的置石必须注重其形态上的观赏性及位置上的选择。可将其布置于楼体承重柱、梁之上，还可以利用人工塑石的方法来建造。

（三）园路铺装

园路在屋顶花园中占较大的比例。园路在铺装时，要求不能破坏屋顶的隔热保温层与防水层。园路应该有较好的装饰性，并且与周围的建筑、植物、小品等协调。路面所选用的材料应该具有柔和的光线色彩，具有良好的防滑性。常用的材料有水泥砖、彩色水泥砖、大理石、花岗岩等，有的地方还可以用卵石拼成一定的图案。

园路在屋顶花园中常被作为屋顶排水的通道，所以要特别注意其坡度的变化。路面宽度可以根据实际情况而定，但不能过宽，以减小楼体的负荷。

（四）园亭

为了丰富屋顶花园的景观效果，在园内常常建造少量小型的亭廊建筑。亭的设计要与周围环境相协调，在造型上能够形成独立的构图中心。在结构上应简单，可以采用中国传统建筑的风格，突出其观赏价值，比如北京长城饭店的屋顶花园上的四方攒顶琉璃瓦亭就别具一格。建亭所选用的材料可以是竹木结构、钢筋混凝土结构等。

（五）花架

架屋顶花园上建造的花架可为独立型，也可为连续型，所用的建筑材料应以质轻、牢固、安全为原则,可以用钢材焊接,也可以用竹木结构,还可以用钢筋混凝土结构。植物种类宜适应性强、观赏价值高,能与花架相协调为主,常用的植物有五叶地锦、常春藤、紫藤、葛藤等。

(六)其他小品

除了以上建筑小品之外,还可以在适宜的地方放置少量人物、动物或其他物体形象的雕塑,在尺寸、色彩及背景方面要注意其空间环境,不可形成孤立之感。屋顶花园还要考虑夜晚的使用功能,在园内常常设置照明设施,在满足照明前提条件下,照明设施一定要注意其装饰性、安全性,尺寸以小巧为宜。

三、屋顶花园的荷载

营造屋顶花园,一切造园要素受建筑物顶层的负荷的有限性制约。

(一)活荷载的确定

按照现行荷载规范规定,不上人屋顶的活荷载为 50 kg/m²,雪荷载较大的地区选 70～80 kg/m²,上人屋顶的活荷载为 150 kg/m²,在屋顶上建造花园的活荷载为 200～250 kg/m²,供集体活动的大型公共建筑可采用 250～350 kg/m² 的活荷载标准,见图 11-2-5。

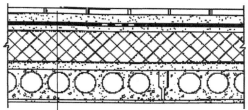

水泥方砖屋面 —————— 60 kg/m²
30～50 mm 砂垫层 —————— 60 kg/m²
二毡三油防水层 —————— 35 kg/m²
20 mm 水泥砂浆找平层 —————— 50 kg/m²
120～180 mm 水泥焦砖保温隔热层找坡层 —————— 180 kg/m²
冷底油一道 —————— 2 kg/m²
20 mm 水泥砂浆找平层 —————— 50 kg/m²
180 mm 厚钢筋混凝土预制板 —————— 258 kg/m²
屋顶抹灰 —————— 40 kg/m²

静荷载:735 kg/m²
上人屋顶活荷载:150 kg/m²
上人屋顶静荷载加活荷载总计为:885 kg/m²

图 11-2-5　活荷载

(二)静荷载的确定

屋顶花园的静荷载包括植物、种植土、排水层、防水层、保温隔热层、构件等自重及屋顶花园中常设置的山石、水体、廊架等的自重,其中以种植土的自重最大,其值随植物种植方式不同和采用何种种植土而异。

1. 各种植物的荷载(表 11-2-1)

表 11-2-1　各种植物的荷载

植物名称	最大高度/m	荷载/(kg/m²)
草坪	—	5.1
矮灌木	1	10.2
1～1.5 m 灌木	1.5	20.4
高灌木	3	30.6
大灌木	6	40.8
小乔木	10	61.2
大乔木	15	153.0

2. 种植土(表 11-2-2)

表 11-2-2　种植土

分层	材料	1 cm 基质层/(kg/m²)
种植土	土 2/3,泥炭 1/3	15.3
	土 1/2,泡沫物 1/2	12.24
	纯泥炭	7.14
	重园艺土	18.36
	混合肥效土	12.24

3. 排水层的荷载(表 11-2-3)

表 11-2-3　排水层的荷载

分层	材料	1 cm 基质层/(kg/m²)
排水层	沙砾	19.38
	浮石砾	12.24
	泡沫熔岩砾	12.24
	石英砂	20.4
	泡沫材料排水板	5.1～6.12
	膨胀土	4.08

4. 水体

屋顶花园的水体有小型水池、壁泉、瀑布及喷泉等。其荷载主要以水深、面积和池壁材料来确定。水深30 cm,其荷载为300 kg/m²。水深每增加或减少10 cm,荷载也增加或减少100 kg/m²。池壁的重量可以根据使用材料的容重来推算,池的主高度应换算成每平方米荷载。

5. 假山、置石及雕塑

假山石的荷载可按实际山体的体积乘以0.8～0.9的孔隙系数,再按不同的石质推算每平方米的荷载(2 000～2 500 kg/m²)。若为置石,要按集中荷载考虑。雕塑重量由其材料和体量大小而定,重量较轻的雕塑可以不计,重量较大的雕塑小品,按其体重及台座的面积折算出其平均荷载。

6. 建筑

一般置于屋顶支撑柱、梁的位置,其荷载应按照支撑柱的面积推算。

(三)减轻荷载的方法

(1)种植层重量的减轻 用轻质材料如人造土、蛭石、珍珠岩、陶粒、泥炭土、草炭、腐殖土等,还可以使用屋顶绿化专用无土草坪。

(2)过滤层、排水层、防水层重量的减轻 用玻璃纤维布代替粗沙做过滤层,用火山渣、膨胀黏土、空心砖等代替卵石和砾石等作排水层,用较轻的三元乙丙防水布做防水层等。

(3)构筑物、构件重量的减轻 少设计园林小品或选用轻质材料,如空心管、塑料管、竹片、轻型混凝土、竹、木、铝材、玻璃钢等制作小品。用塑料材料制作排泄灌溉及种植池。合理布置承重,把较重物件,如亭台、假山、水池安排在建筑物主梁、柱、承重墙等主要承重构件上或附近。进行大面积的硬质铺装时,为了达到设计标高,可以采用架空的结构设计,以减轻重量。

【自我检测】

一、判断题

1. 常见的过滤层使用的材料有稻草、玻璃纤维布、粗沙、细炉渣等。 ( )

2. 屋顶花园宜选择耐荫性植物。 ( )

二、填空题

1. 屋顶花园的植物常见种植方法有_____、_____、_____、丛植、花坛。

2. 常见屋顶花园防水层基本可分为_____防水材料和_____防水材料两种做法。

项目十二　公园规划设计

公园中具有优美的环境:郁郁葱葱的树丛,令人赏心悦目的花果,如茵如毡的草地,还有形形色色的小品设施。不仅在式样色彩上富有变化,而且环境宜人,空气清新,到处莺歌燕舞,鸟语花香,风景如画。它使游人平添耳目之娱,尽情享受大自然的诱人魅力,从而振奋精神,消除疲劳,忘却烦恼,促进身心健康。

任务一　综合性公园规划设计

【学习导言】

公园是供人民群众游览、休息、观赏、开展文体娱乐和社交活动的优美场所,也是反映城市园林绿化水平的重要窗口,在城市公共绿地中常居首要地位。

【学习目标】

知识目标:掌握综合性公园绿地的设计要点、综合性公园绿地的设计相关规范、综合性公园绿地设计图绘制方法。

能力目标:能完成综合性公园绿地现场测绘和方案设计;能完成对公园景观小品、植物、道路、地形等要素进行详细设计;能完成综合性公园绿地设计图的绘制。

素质目标:公园是社会主义精神文明建设的重要课堂,公园中的科普、文化教育设施和各类动植物、文化古迹等,可使游人在游乐、观赏中增长知识,了解历史,热爱社会,热爱伟大中国。

【学习内容】

综合性公园由市政府统一管理,为全市居民服务,是全市公共绿地中面积较大、活动内容和设施较完善的绿地。

一、综合公园概述

(一)综合性公园含义

综合性公园是城市园林绿地系统中重要的组成部分,是在市、区范围内为城市居民提供良好的游憩休息、文化娱乐活动的综合性、多功能、自然化的大型绿地,其用地规模较大,园内设施活动丰富完备,是城市居民文化生活不可缺少的重要因素。如美国纽约中央公园、上海的长风公园、广州的越秀公园等都属于综合性公园。

(二)综合公园可设置的内容

(1)观赏内容　游人在城市公园中,观赏山水风景、奇花异草,浏览名胜古迹,欣赏建筑雕刻、鱼虫鸟兽以及盆景假山等内容。

（2）文化娱乐 露天剧场、展览厅、游艺室、音乐厅、画廊、棋艺室、阅览室、演说（讲座）厅等。

（3）儿童活动 学龄前儿童和学龄儿童的游戏娱乐，少年宫、迷宫、障碍游戏区、小型趣味动物角、植物观赏角、少年体育运动场、少年阅览室、科普园地等。

（4）老年人活动 随着社会发展，中国老人的比例不断增加，大多数退休老人身体健康、精力仍然充沛，空余时间喜欢在室外活动，在公园中规划老年人活动区是十分必要的。

（5）安静休息 垂钓、品茗、博弈、书法绘画、划船、散步、锻炼、读书等。

（6）体育活动 不同季节，开展溜冰、游泳、旱冰活动，条件好的体育活动区设有体育馆、游泳馆、足球场、篮／排球场、乒乓球室、羽毛球场、网球场、武术（如太极拳）场等。

（7）科普文化 通过展览、陈列、阅览、科技活动、演说、座谈等活动及相关设施的布置，达到寓教于乐、寓教于游。

（8）服务设施 餐厅、茶室、休息亭、小卖店、摄影、灯具、公用电话亭、厕所、垃圾箱等。

（9）园务管理 办公、花圃、苗圃、温室、荫棚、仓库、车库、变电站、水泵房以及食堂、宿舍、浴室等。

（三）影响公园设施内容的因素

（1）居民的习惯爱好 公园内可考虑按当地居民所喜爱的活动、风俗、生活习惯等地方特点来设置项目内容。

（2）公园在城市中的地位 位置处于城市中心地区的公园，一般游人较多、人流量大，要考虑他们多样活动要求。在城市边缘地区的公园则可以更多考虑安静观赏的要求。

（3）公园附近的城市文化娱乐设置情况 公园附近已有的大型文娱设施，公园内不一定重复设置。

（4）公园面积的大小 大面积的公园可以设置的项目多；反之，小面积公园应考虑设置内容简化。

（5）公园的自然条件情况 例如，有风山石、水体、岩洞、古树、树林、较好的大片花草，起伏的地形等，可因地制宜地设置活动项目。

（四）综合性公园功能分区

公园规划工作中，分区规划的目的一是为了满足不同年龄、不同爱好游人的游憩和娱乐要求，合理、有序的组织游人在公园内开展各项游乐活动。二是为了保留建筑物或历史古迹、文物，尽可能地"因地、因时、因物而制宜"，进行分区规划。

综合性公园的功能分区一般有：文化娱乐区、体育活动区、儿童活动区、游览休息区、老人活动区、公园管理区等。

（1）文化娱乐区 文化娱乐区供进行较热闹、有喧哗声响、人流集中的文化娱乐活动，一些设施如俱乐部、电影院、音乐厅、展览室、跳舞池、溜冰场等都相对集中在该区。该区常位于公园的中部，各建筑物、活动设施之间通过树木、建筑、土山等保持一定的距离，尽可能接近公园的出入口，或单独设专用出入口。

（2）游览休息区 游览休息区主要是作为游览、观赏、休息、陈列的地方，需大片的绿化用地。一般选择山地、谷地、溪旁、河边、湖泊、河流、深潭、瀑布等地方。

建筑设置宜散落不宜聚集，宜素雅不宜华丽。结合自然风景，设立亭、榭、花架、曲廊，或茶室、阅览室等园林建筑。

（3）儿童活动区 据测算，公园中儿童占游人量的 15%～30%。在儿童活动区规划的过程中，不同年龄的少年儿童要分开考虑。活动内容主要有：游戏场、戏水池、运动场、障碍游戏区、少年宫、少年阅览室等，近年来又增加了一些电动设备如森林小火车、单轨高空电车、电瓶车等。

儿童活动区一般靠近公园出入口，便于儿童进园后能尽快到达园地，开展自己喜欢的活动；儿童区的建筑设施宜选择造型新颖、色彩鲜艳的作品；植物种植应选择无毒、无刺、无异味的树木、花草，以保证活动区内儿童的安全；应考虑成人休息场所，一般在儿童活动区内需设小卖部、盥洗、厕所等服务设施；还要为家长、成年人提供休息、等候的休息性建筑。

（4）老人活动区 老人们需要到公园做晨操、练太极拳、打门球、跳老年人迪斯科等活动。

老人活动区设置在安静休息区内，要求环境幽雅、风景宜人。

（5）体育活动区 体育活动区要做好广大群

众在公园开展体育活动的安排,如夏日游泳,冬天滑冰;设置篮球、排球、羽毛球等场地。

(6)公园管理区　公园管理工作主要包括管理办公、生活服务、生产组织等内容。一般设置在既便于公园管理,又便于与城市联系的地方。不宜过于突出,影响风景游览。

公园内还应设治安保卫等机构;解决饮食、短暂休息、电话问询、摄影、导游、购物、租借、寄存等服务项目;安排餐厅、茶室、冷饮、小卖部、公用电话亭、摄影部等对外服务性建筑。上述建筑物力求造型美观,整洁卫生,方便管理。

(五)公园规划设计的原则

(1)为各种不同年龄的人们创造适当的娱乐条件和优美的休息环境。

(2)继承和革新我国造园传统艺术,吸收国外先进经验,创造社会主义新园林。

(3)充分调查了解当地人民的生活习惯、爱好及地方特点,努力体现地方特点和时代风格。

(4)在城市总体规划或城市绿地系统规划的指导下,使公园在全市分布均衡,并与各区域建筑、市政设施融为一体,既显出各自的特色、富有变化,又不相互重复。

(5)因地制宜,充分利用现状及自然地形,有机组合成统一体,便于分期建设和日常管理。

(6)正确处理近期规划与远期规划的关系,以

及社会效益、环境效益、经济效益的关系。

(六)公园规划设计的基本形式与内容

公园的布局形式多种多样,但总的来说有3种:

1. 自然式

自然式的公园又称为风景式、山水式、不规则式。这种形式的公园无明显的对称轴线,各种要素自然布置,创造手法是效法自然、服从自然,但是高于自然,具有灵活、幽雅的自然美。其缺点是不易与严整对称的建筑、广场相配合。例如我国古代的苏州园林、颐和园、承德避暑山庄、杭州西湖等。

2. 规则式

规则式的公园又称为整形式、几何式、建筑式、图案式,以建筑或建筑式空间布局作为主要风景题材。它有明显的对称轴线,各种园林要素都是对称布置,具有庄严、肃静、自豪、雄伟、整齐、人工美的特点。但是,它也有过于严整、呆板的缺点。例如,18世纪以前的埃及、罗马、希腊等西方古典园林,文艺复兴时期的意大利台地建筑式园林,17世纪法国勒诺特平面图案式花园,我国北京天安门广场等都是采用这种形式。自然式和规则式二者在内容方面的不同之处(表12-1-1)。

表 12-1-1　公园规划设计的基本形式

基本要素	规则式	自然式
地形地貌	平原地区,以标高不同的水平或平缓的倾斜平面表示。在山地丘陵上,以阶梯式水平台地倾斜平面或石级表示,剖面线均为直线。	平原地,以自然起伏的和缓地形与人工起伏的土丘相结合。山丘用自然地形地貌,一般不做人工阶梯地形改造,对原破碎切割的地形地貌人工整理后,使其自然,一般剖面均为和缓曲线。
水体	外形轮廓为几何形整齐式驳岸。水景的类型:整形水池、壁泉或整形瀑布,常用喷泉作为水景主题。	外形轮廓为自然曲线,水岸为各种自然曲线的倾斜坡度,驳岸多为自然山石。水景有溪涧、河流、自然瀑布、池沼。常以湖泊为主题,瀑布为水景主题。
建筑	个体建筑群、组群以中轴对称的手法布置。主轴和副轴系统控制全园。	个体建筑常用对称或不对称均衡布局。建筑群、组群多用不对称均衡布局。以连续序列布局的主要导游线控制全园。
道路广场	道路为直线、折线、几何曲线、方格形、环状、放射形、中轴对称布局。广场外形为几何形,四周用建筑、林带、树墙包围,形成封闭空间。	道路平面和剖面为自然起伏曲折的平面线和竖曲线组成,外形为自然形。

续表12-1-1

基本要素	规则式	自然式
植物	园内花卉布置以花坛为主。树木配植行列式、对称式。用绿篱、绿墙区划组织空间。单株树木整形修剪、模拟建筑、动物等。	花卉、孤立树、树丛、树群、树林等自然布置或分隔空间。树木整形以模拟自然苍老,反映树木的自然美。
其他景物	以盆树、盆花、饰瓶、雕像作为主要景物、布置在轴线交点上。	多以盆景、假山、动物、雕像等来创造主要景物,布置在透景线交点上。

3. 混合式

混合式是把自然式和规则式的特点融为一体,而且这两种形式与内容在比例上相近。

总之,由于地形、水体、土壤、气候的变化以及环境的不一,公园规划实施中很难做到绝对规则式或绝对自然式的。往往对建筑群附近及要求较高的园林种植类型采用规则式进行布置,而在远离建筑群的地区则以自然式布置较为经济和美观,如北京中山公园和广东新会城镇文化公园。在规划中,如果原有地形较为平坦,自然树少,面积小,周围环境规则,则以规则式为主。如果原有地形起伏不平或丘陵、水面和自然树木较多处,面积较大,周围环境自然,则以自然式为主。林荫道、建筑广场、街心公园等多以规则式为主;大型居住区、工厂、体育馆、大型建筑物四周绿地则以混合式为宜;森林公园、自然保护区、植物园等多以自然式为主。

通过综合性公园规划设计,掌握城市公园设计的方法、基本原则和步骤。通过分析城市公园设计的立意构思、规划布局,确定各功能分区的划分和联系,合理选择与配置植物。

二、综合性公园规划设计

(一)综合性公园出入口确定

1. 综合性公园出入口

公园出入口一般分主要出入口、次要出入口和专门出入口3种。

(1)主要出入口的确定,取决于公园和城市规划的关系,园内分区的要求,以及地形的特点。

(2)《公园设计规范》条文说明第2.1.4条指出:"市、区级公园各个方向出入口的游人流量与附近公交车设站点位置、附近人口密度及城市道路的客流量密切相关。

(3)主要出入口满足大量游人短时间内集散的功能要求。

(4)次要出入口主要是为附近居民或城市次要干道的人流服务,可以方便附近居民进出,同时也为主要出入口分担人流量。

(5)专用入口是为了完善服务,方便管理和生产,多选择较偏僻不易为人所发现地方。

2. 出入口设计内容

(1)主要出入口前设置公园内、外集散广场,园门,停车场,售票处,围墙等。

(2)在内、外广场可以设立一些纯装饰性的花坛、水池、喷泉、雕塑、宣传牌、广告牌、公园导游图等。

(3)入口前广场应退后于街道建筑红线以内,形式多种多样,广场大小取决于游人量,见图12-1-1。

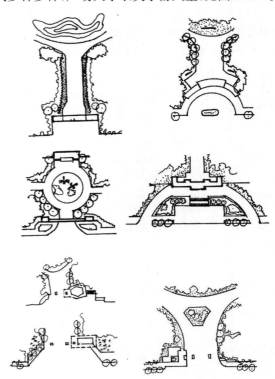

图 12-1-1 公园出入口广场布置

（二）综合性公园园路分布

园林道路本身是园林风景的组成部分，蜿蜒起伏的曲线、丰富的寓意、精美的图案，都给人以美的享受。

1. 园路分类

园路的主要功能主要是作为导游观赏之用，其次是供管理运输和人流集散。因此绝大多数的园路都是联系公园各景区或景点的导游线、观赏线、动观线。园林道路本身又是园林风景的组成部分。

园路布局要从园林的使用功能出发，根据地形、地貌、风景点的分布和园务活动的需要综合考虑，统一规划。园路需因地制宜，主次分明，有明确的方向性。

（1）主干道 全园主道，通往公园各大区、主要活动建筑设施、风景点，要求方便游人集散，成双、通畅、蜿蜒、起伏、曲折并组织大区景观。路宽4～6 m，纵坡8%以下，横坡1%～4%。

（2）次干道 设在各个景区内的路，它联系各个景点，对主路起辅助作用。考虑到游人的不同需要，在园路布局中，还应为游人由一个景区到另一个景区开辟捷径。

（3）专用道 多为园务管理使用，在园内与游览路分开，应减少交叉，以免干扰游览。

（4）游步道 为游人散步使用，宽1.2～2 m。

2. 园路布局形式

西方园林多采用规则式布局，园路笔直宽大，轴线对称，成几何形。中国园林多以山水为中心，园林也多为自然式布局，园路讲究含蓄；但在庭院、寺庙园林或在纪念性园林中，多采用规则式布局。园路的布置应考虑以下事项：

（1）回环性 游人从任何一点出发都能游遍全园，不走回头路。

（2）疏密适度 园路的疏密度同园林的规模、性质有关，在公园内道路大体占总面积的10%～12%，不宜超过25%。

（3）因景筑路 园路与景相通，所以在园景中是因景得路。

（4）曲折性 园路随地形和景物而曲折起伏，若隐若现，"路因景曲，景因曲深"，造成"山重水复疑无路，柳暗花明又一村"的情趣，以丰富景观、延长游览路线、增加层次景深、活跃空间气氛。

（5）多样性 在人流聚集的地方或在庭院中，路可以转化为场地；在林间或草坪中，路可以转化为步石或休息岛；遇到建筑，路可以转化为"廊"；遇山地，路可以转化为盘山道、蹬道、石级、岩洞；遇水，路可以转化为桥、堤、汀步等。

3. 园路弯道的处理

路的转折应衔接通顺，符合游人的行为规律。园路遇到建筑、山、水、树、陡坡等障碍，必然产生弯道。弯道有组织景观的作用，弯曲弧度要大，外侧高，内侧低，外侧应设栏杆，以免发生事故，见图12-1-2。

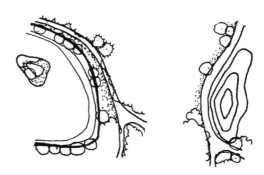

图 12-1-2 弯道处理示意图

4. 园路交叉口处理

两条园路交叉或从一干道分出两条小路时必然产生交叉口。两条主干道相交时，交叉口应作扩大处理，作正交方式，形成小广场，以方便行车、行人。小路应斜交，但不应交叉过多，两个交叉口不宜太近，而要主次分明，相交角度不宜太小。"丁"字形交叉，是视线的交点，可点缀风景。上山路与主干道交叉要自然，藏而不显，又要吸引游人入山。纪念性园林路可正交，见图12-1-3。

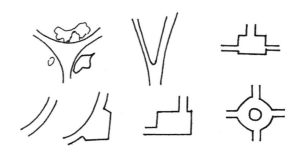

图 12-1-3 交叉口处理示意图

5. 园路与建筑的关系

园路通往大建筑时,为了避免路上游人干扰建筑内部活动,可在建筑面前设集散广场,使园路由广场过渡再和建筑联系;园路通往一般建筑时,可在建筑面前适当加宽,或形成分支,以利游人分流。园路一般不穿过建筑物,而从四周通过,见图12-1-4。

图 12-1-4　园路与建筑关系示意图

6. 园路与园桥

园桥是园路跨过水面的建筑形式,园桥的作用是联络交通、创造景观、组织导游、分隔水面、保证游人通行和水上游船通航的安全,有利于造景、观景。

(1)园桥要注明承载和游人流量的最高限额。

(2)桥应设在水面较窄处,桥身应与岸垂直,创造游人视线交叉,以利于观景。

(3)主干道上的桥以平桥为宜,拱度要小,桥头应设广场,以利于游人集散。

(4)小路上的桥多用曲桥或拱桥,以创造桥景;汀步石步距以60~70 cm为宜。

(5)小水面上的桥,可偏居于一隅,贴近水面;大水面上的桥,讲究造型、风格,丰富层次,避免水面单调,桥下要方便通航。

7. 雨水口、井盖及其他

路面上雨水口及井盖应与路面平齐,井盖孔

洞小于20 mm×20 mm,路边不宜设明沟排水。可供轮椅通过的园路应设国际通用的标志。视力残疾者可使用的园路,路口及交会点、转弯处两侧可设宽度不小于0.6 m的导向块材。

(三)综合性公园广场布局

公园中广场主要功能为游人集散、活动、演出、休息等使用。其形式有自然式、规则式两种。由于功能的不同又可分为集散广场、休息广场、生产广场,见图12-1-5。

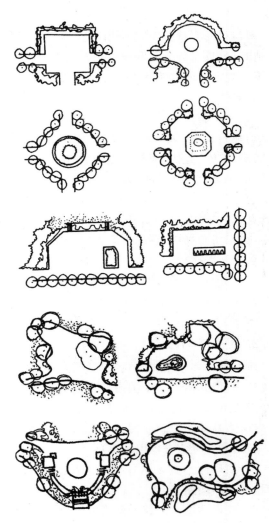

图 12-1-5　公园中广场布局示意图

(1)集散广场　以集中、分散人流为主。可分布在出入口前、后,大型建筑前、主干道交叉口处。

(2)休息广场　以供游人休息为主。多布局在公园的僻静之处,与道路结合,方便游人到达;与地形结合,如在山间、林间、临水,借以形成幽静的环境;与休息设施结合,如廊、架、花台、座凳、铺装地面、草坪、树丛等,以利于游人坐息赏景。

(3)生产广场　为园务的晒场、堆场等。公园中广场排水的坡度应大于 1%。在树池四周的广场应采用透气性铺装,范围为树冠投影区。

(4)停车场和自行车存车处　应设于各游人出入口附近,不得占用出入口内外广场,其用地面积应根据公园性质和游人使用的交通工具确定。

(四)综合性公园建筑布局

公园中建筑形式要与其性质、功能相协调,全园的建筑风格应保持统一。

1. 建筑功能

(1)开展文化娱乐活动。

(2)创造景观。

(3)防风避雨。

(4)形成公园的中心或重心。

2. 建筑布局

(1)要相对集中,组成群体。

(2)一房多用,有利于管理。

(3)要有聚有散,形成中心,相互呼应。

(4)建筑本身要讲究造型艺术,要有统一风格,但不要千篇一律。

(5)个体之间要有一定的变化对比。

(6)公园建筑要与自然景色高度统一。

(7)以植物陪衬的色、香、味、意来衬托建筑。

(8)要色彩明快,起到画龙点睛的作用,具有审美价值。

(9)管理和附属服务建筑设施在体量上应尽量小,位置要隐蔽,保证环境卫生,利于创造景观。

(10)管理建筑,如变电室、泵房、厕所等既要隐蔽,又要有明显的标志,以方便游人辨识或使用。

(11)公园的其他工程设施,也要满足游览、赏景、管理的需要。

(12)游览、休憩、服务性建筑物设计应与地形、地貌、山石、水体、植物等其他造园要素统一协调。层数以一层为宜,起主题和点景作用的建筑,高度和层数要服从景观需要。

(五)综合性公园地形处理

地形设计牵涉到公园的艺术形象、山水骨架、种植设计的合理性、土方工程等问题。

1. 规则式园林的地形设计

主要是应用直线和折线,创造不同高程平面的布局。

2. 自然式园林的地形设计

首先要根据公园用地的地形特点,因地制宜地进行设计,即《园冶》中所的"高方欲就亭台,低凹可开池沼"的"挖湖堆山"法。即使一片平地,也可"平地挖湖",将挖出的土方堆出人造山。

3. 公园中地形设计注意事项

(1)与全园的植物种植规划紧密结合。公园中的块状绿地:密林和草坪应在地形设计中结合山地、缓坡;水面应考虑水生、湿生、沼生等不同植物的生物学特性创造地形。山林坡度应小于 33%;草坪坡度不应大于 25%。

(2)地形设计还应结合各分区规划的要求。安静休息区、老人活动区等要求一定山林地、溪流蜿蜒的小水面,或利用山水组合空间造成局部幽静环境。而文娱活动区域,地形不宜过于强烈变化,以便开展大量游人短期集散的活动。儿童活动区不宜选择过于陡峭、险峻地形,以保证儿童活动的安全。

(3)公园地形设计中,竖向控制应包括下列内容:山顶标高;最高水位、常水位、最低水位标高;水底标高;驳岸顶部标高等。园路主要转折点、交叉点、变坡点;主要建筑的底层、室外地坪;各出入口内、外地面;地下工程管线及地下构筑物的埋深。

(4)为保证公园内游园安全,水体深度,一般控制在 1.5～1.8 m。硬底人工水体的近岸 2.0 m 范围内的水深不得大于 0.7 m,超过者应设护栏。无护栏的园桥、汀步附近 2.0 m 范围以内,水深不得大于 0.5 m。

(六)综合性公园给排水

1. 给水

(1)根据植物灌溉、喷泉水景、人畜饮用、卫生和消防等需要进行供水管网布置和配套工程设计。

（2）给水以节约用水为原则，设计人工水池、喷泉、瀑布。

（3）喷泉应采用循环水，并防止水池渗漏。喷泉设计参照《建筑给水排水设计标准》(GB 50015—2019)规定。

（4）取用地下水或其他废水，以不妨碍植物生长和污染环境为准。

（5）给水灌溉设计应与种植设计配合，分段控制。喷灌设计应该符合《喷灌工程技术规范》(GB/T 50085—2007)。

（6）浇水龙头和喷嘴在不使用时应与地面持平。

（7）饮水站的饮用水和天然游泳池的水质必须保证清洁，符合国家规定的卫生标准。

（8）我国北方冬季室外灌溉设备、水池，必须考虑防冻措施。

（9）木结构的古建筑和古老树的附近应设专用消防栓。

2．排水

（1）污水应接入城市活水系统。

（2）不得在地表排泄或排入湖中。

（3）雨水排泄应有明确的引导去向。

（4）地表排水应有防止径流冲刷的措施。

（七）综合性公园植物设计

公园的绿化种植设计，是公园总体规划的组成部分。

1．公园绿化树种选择

（1）以乡土树种为主，以外地珍贵的驯化后生长稳定的树种为辅。

（2）充分利用原有树木和苗木，适当密植。

（3）以速生树种为主，速生树种和长寿树种相结合。

（4）要选择具有观赏价值，又较强抗逆性、病虫害少的树种，不得选用有浆果和招引害虫的树种，以便于管理。

2．公园绿化种植布局

（1）用2～3种树，形成统一基调　北方常绿30%～50%，落叶50%～70%；南方常绿70%～90%。在树木搭配方面，混交林可占70%，单纯林可占30%。在出入口、建筑四周、儿童活动区、园中园的绿化应善于变化。

（2）在娱乐区、儿童活动区，为创造热烈的气氛，可选用红、橙、黄暖色调植物花卉；在休息间或纪念区，为了保证自然、肃穆的气氛，可选用绿、紫、蓝等冷色调植物花卉。在公园游览休息区，要形成一年四季季相动态构图，以利于游览观赏。春季观花；夏季形成浓荫；秋季有果实累累和红叶；冬季有绿色丛林，以利于游览观赏。

（3）公园近景环境可选用强烈对比色，以求醒目；远景的绿化可选用简洁的色彩，以求概括。

3．公园设施环境的绿化种植设计

（1）出入口　绿化时应注意丰富街景并与大门建筑相协调，同时还要突出公园特色。如果大门是规则式建筑，那就应该用对称式布置绿化；如果大门是不对称式建筑，则应采用自然式布置绿化。大门前的停车场，四周可用乔、灌木绿化，以便夏季遮阳及隔离四周环境；在大门内部可用花池、花坛、灌木与雕塑或导游图相配合，也可铺设草坪、种植花、灌木，但不应有碍视线，且须便利交通和游人集散。

（2）园路

①主要干道绿化可选用高大、浓荫的乔木和耐阳的花卉植物在两旁布置花境，但在配植上要有利于交通。

②小路深入到公园的各个角落，其绿化更要丰富多彩，达到步移景异的目的。

③山水园的园路多依山面水，绿化应点缀风景而不碍视线。

④平地处的园路可用乔、灌木树丛或绿篱、绿带来分隔空间，使园路高低起伏，时隐时现。

⑤山地则要根据其地形的起伏、环路等绿化需要有疏有密。

⑥在有风景可观的山路外侧，宜种植矮小的花灌木及草花，不至于影响景观。

⑦在无景可观的道路两旁，可以密植、丛植乔灌木，使山路隐在丛林间，形成林间小道。

⑧园路交叉口是游人视线的焦点，可用花灌木点缀。

（3）广场绿化

①休息广场，四周可植乔木、灌木；中间布置草坪、花坛，形成宁静的气氛。

②停车铺装广场，应留有树穴，种植落叶大乔木，利于夏季遮阳，但冠下分枝高应为4 m，以便停车。

③如果与地形相结合种植花草、灌木、草坪，还可设计成山地、林间、临水之类的活动草坪广场。

（4）公园建筑小品附近　可设置花坛、花台、花境。展览室、游戏室内可设置庇荫花木，门前可种植浓荫大冠的落叶大乔木或布置花台等。沿墙可利用各种花境，成丛布置花灌木。

4. 公园各功能分区的绿化种植设计

（1）文化娱乐区　地形要求平坦开阔，绿化以花坛、花境、草坪为主，适当点缀几株常绿大乔木，不宜多种灌木。在室外铺装场地上应留出树穴，供栽种大乔木。各种参观游览的室内，可布置一些耐荫或盆栽花卉。

（2）儿童活动区　可选用生长健壮、冠大荫浓的乔木来绿化，忌用有刺、有毒、或有刺激性反应的植物。在其四周应栽植浓密的乔、灌木与其他区域相隔离。如有不同年龄的少年儿童分区，也应用绿篱、栏杆相隔，以免相互干扰。活动场地中要适当疏植大乔木，供夏季遮阴。

在出入口可设立塑像、花坛、山石或小喷泉等，配以体形优美、色彩鲜艳的灌木和花卉，以增加儿童的活动兴趣。

（3）游览休息区　选好骨干树种，植物配置高低起伏。在林间空地中可设置草坪、亭、廊、花架、座凳等，在路边或转弯处可设月季园、牡丹园等专类园，并设置适当的私密空间。

（4）体育活动区　绿化宜选择生长速度快、高大挺拔、冠大而整齐的树木，不宜用那些落花、落果、有絮状物等种毛散落的树种。球类场地四周

的绿化要离场地 5～6 m，树种的色调要求单纯，不要选用树叶反光发亮的树种，在游泳池附近可设置花廊、花架。

（5）公园管理区　要根据各项活动的功能不同而因地制宜地进行绿化，要与全园景观相协调。

【自我检测】

一、判断题

在娱乐区、儿童活动区，为创造热烈的气氛，可选用红、橙、黄暖色调植物花卉。　　（　　）

二、多选题

1. 公园常规设施主要有（　　）。

A. 游憩设施

B. 服务设施

C. 公用设施

D. 管理设施

2. 公园设计依据有（　　）。

A. 国家、省、市有关园林绿化方针政策

B. 国土规划

C. 城市规划

D. 绿地系统规划

三、填空题

公园设施包括 ＿＿＿＿＿＿、＿＿＿＿＿、＿＿＿＿＿、社教设施、服务设施、管理设施等项目。

任务二　滨水公园规划设计

【学习导言】

滨水公园是一个特殊的水陆交界地区，生态学家称之为"生态交错区"。滨水公园具有物质与能量交换频繁、生物多样性丰富、环境生产力高等特点。因而，滨水公园的绿化受到了越来越多人的关注，许多园林工作者开始研究如何在滨水公园建造一个植物丰富、结构复杂的生态群落，如何利用生态学原理指导滨水公园植物景观设计等问题，滨水公园植物景观生态设计成为了必然的发展趋势。

【学习目标】

知识目标:掌握滨水公园设计的原则、空间处理与竖向设计;熟悉滨水公园水系、道路、驳岸、景观建筑及小品、植物生态群落设计的要点。

能力目标:能够结合城市文化、历史进行滨水公园景观规划设计。

素质目标:进行滨水公园景观的设计时应注重生态元素的保护与利用。

【学习内容】

滨水景观是城市中最具有生命力与变化的景观形态,是城市中理想的生境走廊,也是最高质量的城市绿线。

滨水公园大多为带状绿地,以水岸绿化为特征。完整的滨水绿地景观是由水面、水滩、水岸林带等组成。

一、滨水公园规划设计的原则

(一)系统与区域原则

江河湖泊的形成是一个自然力综合作用的过程,在进行滨水景观规划设计时应该把滨水绿地作为一个系统来考虑,不能把河道与大地区域空间分隔开来,尊重自然河流等对公园空间形成的既定划分,使得各个功能空间之间既具有一定的联系性,又有其独特的魅力。

(二)生态设计原则

水岸和湿地是原生植物保护地,保护滨水绿带生物多样性,形成水陆结合的生态网络,构架城市生境走廊,促进自然循环,实现景观的可持续发展。在设置滨水公园景观的规划方案时,应当尽量选择不破坏原有生态环境的建设方式,促进人文景观与自然生态之间的相互融合,使其和谐相处。

(三)多功能兼顾原则

滨水公园不仅仅是营造景观,它还具有解决水运、防洪,改善水域生态环境,改进江河、湖泊的水质,提升滨水地区周边土地的经济价值等方面的作用。滨水公园景观建造的最终目的在于为城市居民营造一个宜人的公共休闲空间,因此,其设计必须以人的感官体验作为最终标准。为了充分了解当地居民对于公园景观空间的实际需求,应当充分加强他们的参与度,运用收集广大群众的意见、集思广益的方式,将更符合大众需求理念的元素加入公园景观的设计中,提高其后期开放的体验度。

(四)景观与文化相结合原则

保持城市历史文脉的延续,是滨水绿地生态规划设计的重要原则,对增强滨水绿的地方特色、文化性、趣味性均有十分重要的意义。在漫长的历史长河中,我国许多地区留下了珍贵的历史遗迹,这些都是传统文化的体现,是我国民族精神传承的瑰宝。因此,在建设公园景观的过程中,应当注重当地传统文化特色的体现,将现有的文化景观与自然景观相结合,使人们在领略自然之美的同时,又能够充分体会到中华文化的博大精深。

二、滨水空间的处理与竖向设计

(一)滨水空间的处理

作为"水陆边际"的滨水绿地,多为开放性空间。其空间主要有外围空间(街道)观赏;绿地内部空间(道路、广场)观赏、游览、停憩;邻水观赏;水面观赏、游乐;水域对岸观赏等。

(二)竖向设计

要考虑带状景观序列的高低起伏变化,可以利用地形的堆叠和植被配置的变化,在景观上构成优美多变的林冠线和天际线,形成节奏与韵律美。横向上,在不同的高程上安排临水、亲水空间,断面处理考虑水位、水流、潮汛、交通、景观和生态等方面的要求。

三、滨水公园水系的设计

(一)保持水系的自然形态

水草丛生、游鱼戏水的自然水系,水床起伏多变,基质(或泥、或沙、或石)丰富多样,水流或缓或急,形成了多种多样的生境组合,从而为多种水生植物和其他生物提供了适宜的环境,是生物多样性的景观基础,还可以减低河水流速,蓄洪涵土,削弱洪水的破坏力,尽显自然形态之美。此外,水、土、植物、动物、微生物之间形成的物质和能量循环系统,可使水体具有很好的自净能力。

(二)保持水系的连续性

当水流穿过城市的时候,应尽量保持水系的连续性,这样的做法优点是:用于休闲和美化的水不在其多,而在于其动、在于其自然,同时流水的水质较好,能够防止生境被破坏,使鱼类及其他生物的迁徙和繁衍过程不受阻,有利于下游河道的景观。

四、滨水公园驳岸的处理

滨水绿地陆域空间和水域空间通常存在较大高差,由于景观和生态的需要,要避免传统的块石驳岸平直生硬的感觉,临水空间可以采用以下几种形式进行处理。

(一)自然缓坡型

通常适用于较宽阔的滨水空间,水陆之间通过自然缓坡地形弱化水陆的高差感,形成自然的空间过渡,地形坡度一般小于基址土壤自然安息角,邻水可以设置游览步道,结合植物的栽植构成自然弯曲的水岸,形成自然生态、开阔舒展的滨水空间。对于坡度较缓和陆域面积较广的滨水空间,也可以在维持自然原貌的基础上,合理配置湿地植物,以达到固堤护岸的目的。可以选择一些根系发达的植物来固堤,如芦苇、菖蒲、水杉、水松、落羽杉等,其具有良好的水土保持功能。

(二)台地型

对于水陆高差较大、绿地空间又不是很开阔的区域,可以采用台地式弱化空间的高差感,避免生硬的过渡。即将总的高差通过多层台地化解,每层台地可根据需要设计成平台、铺地或栽植空间,台地之间通过台阶沟通上、下层交通,结合种植设计遮挡硬质挡土墙砌体,形成内向型临水空间。对于较陡的坡岸或容易发生水土流失的地段,也可以采用天然石材、木材等护

底,以增强堤岸抗冲刷及防洪的能力。例如在坡脚处用木桩、石块、石笼等护底,土堤斜坡上种植湿地植物,按照乔-灌-草的形式配置,最终达到固堤护岸的效果。

(三)挑出型

开阔的水面可采用该种处理形式,通过设计临水或水上平台、栈道满足人们亲水、远眺观赏的要求。临水平台、栈道地表标高一般参照水体的常水位设计,通常根据水体的状况,高出常水位 0.5～1.0 m,若风浪较大的区域可适当抬高,在安全的前提下,尽量贴近水面为宜。挑出的平台、栈道在水深较深区域应该设置栏杆,当水深较浅时可以不设置栏杆或使用座凳栏杆围合。

(四)引入型

该种类型是将水体引入绿地内部,结合地势高差关系组织动态水景,构成景观节点,其原理是:利用水体的流动个性,以水泵为动力将下层河、湖中的水泵到上层绿地,通过瀑布、溪流、跌水等水景形式再流回下层水体,形成水的自我循环。这种利用地势高差关系完成动态水景的构建比单纯的防护性驳岸或挡土墙的做法要科学美观得多,但由于造价和维护等原因,只适用于局部景观节点,不宜大面积使用。

五、道路系统的布局

滨水绿地内部道路系统是构成滨水绿地空间构架的重要手段,是联系绿地与水域、绿地与周边城市公共空间的主要方式,现代滨水绿地道路的设计就是要创造人性化的道路系统,除了可以为市民提供方便快捷的交通功能和观赏点外,还能够提供合乎人性空间尺度生动多样的时空变换和空间序列。

(1)提供人车分流和谐共存的道路系统,串联各出入口、活动广场、景观节点等内部开放空间和绿地周边街道空间。

人车分流,是指游人的步行道路系统和车辆使用的道路系统分别组织、规划,一般步行道路系统主要是满足游人散步、动态观赏等功能,串联各出入口、活动广场、景观节点等内部开放空间,主要有游览步道、台阶、蹬道、步石、汀步、

栈道等几种类型组成。车辆道路系统主要包括机动车和非机动车道路，主要连接与绿地相邻的周边街道空间，其中非机动车道主要满足游客利用自行车、游览人力车游乐、游览和锻炼的需求。规划时要根据环境特征和使用要求分别组织，避免相互干扰。如很多滨水绿地由于湖面开阔，沿湖游览路线，除了要考虑步行、散步观光以外，还要考虑无污染的电瓶游览车道满足游客长距离的游览需要，做到各行其道、互不干扰。

（2）提供舒适、方便、吸引人的游览路径，创造多样化的活动场所。

绿地内部道路、场所的设计应遵循舒适、方便、美观的原则。其中，"舒适"要求路面局部相对平整，符合游人的使用尺度；"方便"要求道路线形设计尽量做到方便快捷，增加各活动场所的可达性，现代滨水绿地内部道路考虑观景、游览趣味与空间的营造，平面上多采用弯曲的自然的线性组织环形道路系统，或采用直线和弧线、曲线结合，道路与广场结合等形式串联入口和各节点以及沟通周边街道空间，立面上随地形起伏，构成多种形式、不同风格的道路系统；而"美观"是绿地道路设计的基本要求，与其他道路相比，园林绿地内部道路更注重路面材料的选择和图案的装饰，以达到美观的要求，一般这种装饰是通过路面形式和图案的变化获得，通过这种装饰设计，创造多样化的活动场所和道路景观。

（3）提供安全、舒适的亲水设施和多样的亲水步道，增进人际交往与地域感。

滨水绿地是自然地貌特征最为丰富的景观绿地类型，其本质的特征就是拥有开阔的水面和多变的临水空间。对其内部道路系统的规划可以充分利用这些基础地貌特征创造多样化的活动场所，诸如临水游览步道、深入水面的平台、码头、栈道，以及贯穿绿地内部各节点的各种形式的游览道路，休息广场等，结合栏杆、座凳、台阶等小品，提供安全、舒适的亲水设施和多样的亲水步道，以增进人际交流和创造个性化活动空间。具体设计时应结合环境特征，在材料选择、道路线性、道路形式与结构等方面分别对待，选择材料以当地乡土材料为主，也可渗

透材料为主，增进道路空间的生态性，增进人际交往与地域感。

六、景观建筑及小品的设置

滨水绿带需要设置一定的景观建筑小品，一般常用的景观建筑有亭、廊、花架、水榭、茶室、码头、牌坊（楼）、塔等，常用的小品有雕塑、假山、置石、座凳、栏杆、指示牌等。

滨水绿地中建筑、小品的类型与风格的选择主要根据绿地的景观、风格的定位来决定。反过来，滨水绿地的景观风格，也正是通过景观建筑、小品加以体现的，滨水绿地的景观风格主要包括古典景观风格和现代景观风格两大类。

（一）古典景观风格

古典景观风格的滨水绿地往往与仿古、复古的形式，体现城市历史文化特征，通过对历史古迹的恢复和城市代表性文化的再现来表达城市的历史文化内涵，这种风格通常适用于一些历史文化底蕴比较深厚的历史文化名城或历史保护区域。

（二）现代景观风格

对于一些新兴的城市或区域，滨水绿地景观风格的定位往往根据城市建设的总体要求，会选择现代风格的景观，通过雕塑、花架、喷泉等景观建筑、小品加以体现。

七、植物生态群落的种植设计

模拟水系形成过程及形成的典型特征（河口、滩涂、湿地），创造滨水植物适生的地形环境，构建复合植被群落，建立完整的滨水绿色生态廊道。

（一）植物选择

选择水生植物或者湿生植物，才能形成比较稳定的植物景观。将湿生植物和水生植物相互配置在一个群落中，有层次、厚度、色彩，使喜阳、喜湿、耐荫植物各得其所，构成一个和谐、有序、稳定而能长期共存的复层混交植物群落。在植物群内引入各种昆虫、鸟类，还有土壤中的微生物，形成新的食物链，这是生态系统中能量转换和物质循环的连锁环节。

在滨水区进行植物景观设计时，为了形成

一个稳定的生态群落,需要遵循生物多样性原理,以本地物种为主,适当引种,尽量增加滨水植物的种数,丰富群落的物种数量,做到四季有景可观。

在进行滨水绿化时,可以选用的植物种类非常丰富,但是需要对选用植物之间的竞争关系有所了解,避免由于竞争而导致景观退化或者破坏。尤其在群落中同层的植物,搭配时更加需要考虑竞争因素,因为往往同层植物对同种资源存在激烈的竞争。所以在滨水进行植物群落的建造时,乔、灌、草每层植物的选用都应考虑竞争关系,速生与慢生植物、常绿与落叶植物相结合,进行合理搭配。在选用水生植物时,避免选择生长过快、会遏制其他植物生长、有可能成为入侵物种的植物,如水葫芦。

(二)植物群落的构建

滨水植物景观设计注重植物群落的构建,并不是植物种类越多越好。通过参照自然的植物群落,合理搭配乔、灌、藤、草来构建人工植物群落,重视植物景观的稳定性和整体效果。在滨水区营造一个稳定的人工植物群落,建设初期就必须有长远眼光,预知这个群落的发展方向,合理安排各种植物的数量和种群密度,以免随着滨水生态系统的发展,由于种群数量和种群密度过大,造成恶性竞争,不利植物个体的生长,损害景观质量。

【自我检测】

一、判断题

1. 滨水植物景观设计时,在进行植物选择的过程中需要注意植物之间的竞争关系。
（   ）

2. 滨水绿地的景观风格主要包括传统景观风格和现代景观风格两大类。（   ）

二、填空题

1. 滨水景观临水空间可以采用_____、_____、_____、_____4种形式进行处理。

2. 完整的滨水绿地景观是由_____、_____、_____林带等组成。

任务三　动物园规划设计

【学习导言】

动物是自然界不可缺少的成员,保护动物是人类尊重自然的必然。动物园不仅是野生动物的物种展示专类园和保护基地,更是引导人们亲近自然和爱护自然、增强物种多样性和生态保护意识的最直接场所。

【学习目标】

知识目标:了解动物园的性质与任务,熟悉动物园的分类与功能分区,掌握动物园规划设计的要点。

能力目标:能够结合实地进行动物园的规划设计。

素质目标:引导人们热爱大自然、保护动物。

【学习内容】

一、动物园的性质与任务

动物园是集中饲养、展览和研究野生动物及少量优良品种家禽、家畜的可供人游览的公园。动物园是以野生动物展出为主要内容的城市绿地,是宣传普及有关野生动物的科学知识,对游人进行科普教育,对野生动物的习性、珍稀物种的繁育进行科学研究,同时为游人提供休息、活动场所专类公园。根据《公园设计规范》,动物园应有适合动物生活的环境,供游人参观、休息、了解科普知识的设施,安全、卫生隔离的设施和绿带。

二、动物园的分类

由于动物收集、交流不易,饲养成本和饲养技术要求较高,同时对猛兽的饲养还涉及安全问题,因此动物园的建立还不够普及,各地应该根据经济力量和可能条件量力而行,目前国内动物园一期规模可分为以下5类。

(一)全国性动物园

如北京、上海、广州三市的动物园,展出动物品种逐步达到 700 多种,用地面积一般在 60 hm² 以上。

(二)地区性动物园

如天津、哈尔滨、西安、成都、武汉 5 个城市的动物园,展出动物品种约 400 多种,用地面积一般为 20~60 hm²。

(三)特色性动物园

指一般省会城市的动物园,如长沙、杭州等地动物园,主要展出本地野生特产动物,展出品种控制在 200 多种,面积已占 15~60 hm²。

(四)大型野生动物园

指位于城郊风景区的动物园,动物园展示由笼养发展为自然环境中的散养,展出的动物种类和数量都是其他动物园所无法相比的,游人参观路线可以分为步行系统和车行系统,用地面积大于 100 hm²。

(五)小型动物展区(动物角)

指中、小城市动物园和铺设在综合性公园中的动物展区,如南京玄武湖菱洲动物园、上海杨浦公园动物展区等,展出动物品种在 200 种以下,用地面积小于 15 hm²。在《公园设计规范》中规定,在已有动物园的城市综合性公园中,不得设大型动物、猛禽类动物展区,鸟类、金鱼类、兔类、猴类展区可在综合性公园内选择一个角落布置。

三、动物园的功能分区

(一)动物展览区

由各种动物笼舍组成,占地面积最大。以动物为顺序,即由低等动物到高等动物进行布局,包括无脊椎动物、鱼类、两栖类、爬行类、鸟类、哺乳类。有各种动物展馆,包括其内、外环境规划配套设施等,主要供游人参观、游赏,该部分是动物园的主要组成部分。动物园的自然生境展馆更加能体现动物的特性,展馆中生境因素的加入,对动物园的展区非常必要,也是从根本上提高观赏效果的最好方式。建立自然生境展馆是首选的办法,但没有条件的展馆也可以尽量扩大动物活动面积,增加行为设施,增设植物景观元素,或辅以生境图片和讲解,以更好地进行动物和生境保护教育。

(二)宣传教育、科学研究区

该区是科普、科研活动中心,由动物科普馆组成,设在动物出入口附近,交通方便,有足够的游人活动场地,馆内可设标本室、解剖室、化验室、宣传室、阅览室、录像放映厅等。如南京红山森林动物园两栖爬行馆以普及科普知识为主,展厅内既有仿实景展示的动物,又有大型的解说式展板。

(三)服务休息区

根据园区面积的大小,游览路线的长短和人们在园中停留的时间长短,尽量为游人设置休息亭廊、接待室、服务点、小卖部等,便于游人使用,各种服务设施的服务半径设置要合理。例如,大连森林公园规划设计中除了为各种车辆提供的园外、园内面积充足的停车场,为游人游览观光设置的高架小火车,为残疾人、婴幼儿、老年人设置的环游游览车外,还有为方便游人而设置的餐饮、交流广场、公共电话、旅游商品服务、厕所以及为儿童提供的儿童娱乐,为开发儿童智力而设置的具有高品位、参与性、趣味性、知识性的手工艺创作室和涂鸦绘画墙等,这些服务设施的设置,减少了游人后顾之忧,使游客尽情享受大自然,享受动物朋友给人们带来的欢乐。

(四)经营管理区

行政办公室、饲料站、检疫站应设在隐蔽处,与绿化与展区、科普区相隔离,但又要联系方便。

(五)职工生活区

为避免干扰和保持环境卫生,一般设在园外。

四、动物园绿化设计要点

(1)为游人创造良好的休息条件,创造动物、建筑、自然环境相协调的景致,形成山林、河湖、鸟语花香的美妙境地。

(2)维护动物生活,结合动物生态习性和生活环境,创造自然的生态模式。在动物园内创造动物原生地的地理景观,最大限度地模拟动物原生环境,是在动物园植物环境建设中需要重点考虑的因素。日本知名学者沈悦教授参加设计的横滨动物园,在不同的分区根据野生动物原产地的植被类型,模拟自然植被群落进行艺术组合,植物绿化方面的整体感观效果很好。

(3)在园的外围应设置宽30 m的防风、防尘、杀菌林带。

(4)在陈列区,特别是兽舍旁,应结合动物的生态习性,表现动物原产地的景观,但不能阻挡游人的视线,并考虑游人夏季遮阳的需求。

【自我检测】

一、判断题

1. 动物园里的动物越多越好,不需要限定。
( )

2. 动物园的自然生境展馆更加能体现动物的特性。
( )

二、填空题

1. 动物园主要分为_____、_____、_____、_____、_____ 5个区。

2. 根据《公园设计规范》,动物园应有适合动物生活的_____。

任务四 植物园规划设计

【学习导言】

植物园具有园林绿地的通用特征。一个城市园林发展的水平是由生产性绿地的水平决定的,生产性绿地的水平则又是由植物园的水平决定的。没有了植物园,园林绿化就成为无源之水、无本之木。植物园收集的植物种类是园林持续发展的基因库,植物配置是城市绿化种类结构的前瞻示范,专类园的意韵是地域文化展示的名片。

【学习目标】

知识目标:了解植物园的性质与任务,熟悉植物园的功能分区,掌握植物园设计的要点。

能力目标:能够因地制宜地进行植物园的规划设计。

素质目标:牢记"谁掌握了植物资源,谁就掌握着世界的未来"是植物园界亘古不变的话题。

【学习内容】

一、植物园的性质与任务

植物园是植物科学研究机构,是可供人们游览的公园,其主要任务是:发掘野生植物资源,引进国内外重要的经济植物,调查收集珍稀和濒危植物种类,以丰富栽培植物的种类或品种,为生产实践服务;研究植物的生长发育规律,植物引种后的适应性和经济性状及遗传变异的现象,总结和提高植物引种驯化的理论和方法;担负着向人民普及植物科学的责任。同时,植物园还为广大人民群众提供游览休息的场所。

二、植物园位置选择的要求

1. 园址

为了满足植物对不同生态环境、生活因子的要求,园址应该具有较为复杂的地貌和不同的小气候条件。

2．水源

要有充足的水源,最好具有高低不同的地下水位,既方便灌溉,又能解决引种驯化栽培的需要。

3．土壤

要有不同的土壤条件、不同的酸碱度和不同的土壤结构。

4．交通

要有方便的交通。

5．植被

园址内最好具有丰富的天然植被,供建园时利用,这对加速实现植物园的建设是个有利条件。

三、植物园的功能分区

一般植物园由三个部分组成:展览区、科研区和生活管理区。展览区一般分为植物分类、专类园区、专属搜集区、主题花园和植物生态区等。

1．植物分类区

按照植物的进化系统和植物的科、属分类结合起来布置。

2．专类园区

按分类学内容丰富的属或种专门扩大收集,辟成专园展出;或按经济用途如药用、油料、纤维、淀粉等,收集在一起标明用途集中展出。这两大类均因内容丰富、具有特色才有必要收集到一起,给予游人集中学习的方便。如松柏园、竹园、月季园、百草园等。

3．专属搜集区

对某一属或属中的某一种,如果观赏性强,品种特别丰富,受到社会上大量爱好者的欢迎,在植物园内相应地设立专属收集区。常见的专属收集区有芍药属、丁香属、八仙花属、杜鹃花属、苹果属、鸢尾属、菊属、玉簪属、萱草属等。

4．主题花园

多以植物的某一固有特征,如芳香的气味、丰硕的果实、华丽的叶色或植物本身的性状特点,突出某一主题的花园。

5．植物生态区

按植物的生态习性、植物与外界环境的关系

以及植物相互作用而布置的展览区,如岩生植物区、水生植物区、沼泽植物区、荫生植物区、高山植物区等。

6．科研区

科研区是专供科学研究和结合生产的用地。为了避免干扰、减少人为破坏,一般不对公众开放,仅供专业人员参观学习。科研区主要由温室区与苗圃区组成。温室区主要用作引种驯化、杂交育种、植物繁育、贮藏不能越冬的植物以及进行其他科学实验。苗圃区主要有实验苗圃地、移植苗圃地、原始材料苗圃地等,用途广泛,内容较多。苗圃地一般要求地势平坦、土壤深厚、水源充足、排灌方便,地点靠近实验室、研究室、温室等。用地要集中,还要有一些附属的设施如荫棚、种子和种球贮藏室、土壤肥料制作室、工具房等。

7．生活管理区

主要包括职工宿舍、托儿所、理发室、浴室、餐厅、商店、卫生院、车库、仓库、锅炉房等。方便职工上下班,便于园务管理,布置同一般生活区。

四、植物园的设计要点

1．功能分区及用地平衡

展览区用地最大,可占全园总面积的40%～60%,苗圃及试验区占25%～35%,其他占25%～35%。

2．绿化设计

讲究园林艺术构图,使全园具有绿色覆盖,形成较稳定的植物群落。在形式上,以自然式为主,创造各种密林、疏林、树群、树丛、孤植树、草地、花境、花丛等。

3．展览区

展览区是对公众开放使用的,用地应选择地形富于变化、交通联系方便、游人易到达的地区。

4．苗圃

苗圃应与展览区隔离,要与城市交通有方便的联系,并设有专用出入口。

5．确定建筑数量及位置

植物园建筑有展览建筑、科学研究用建筑及服务性建筑三类。展览建筑包括展览温室、植物博物馆、科普宣传廊、展览荫棚等。展览温室和植物博物馆是植物园的主要建筑,游人比较集中,应位于重要的展览区内,靠近主要入口或次要入口,常常构成全园的中心。科学研究建筑,包括实验室、标本室、资料室、工作间、气象站等。服务性建筑包括办公室、小卖部、食堂、厕所、停车场、休息亭廊、花架等。

6．道路系统

主干道对坡度应有一定的控制,而其他两级道路都应充分利用原有地形,形成"路随势转又一景"的错综多变格局。

7．排灌工程

植物园的植物品种丰富,养护条件要求较高,因此在做总体规划时必须做出排灌系统的规划。一般利用地形起伏的自然坡度或暗沟,将雨水排入附近的水体中,但在距离水体较远或排水不顺的地段,必须铺设雨水管,辅助排出。

【自我检测】

一、判断题

1．植物园是植物科学研究机构,是可供人们观赏的公园。　　　　　　　　　　(　　)

2．植物园的展览区用地最大,可占全园总面积的 $30\%\sim60\%$ 。　　　　　　　　(　　)

二、填空题

1．植物园建筑有_____建筑、_____建筑及_____建筑三类。

2．一般植物园由三个部分组成,_____区、_____区和_____区。

任务五　森林公园规划设计

【学习导言】

森林公园是人们享受公共文化娱乐、假日休闲和社会活动的场所。近年来,随着社会的不断发展和进步,越来越多的森林公园对公众免费开放,森林公园已成为人们休闲娱乐的精神圣地。

【学习目标】

知识目标:了解森林公园的性质、任务与分类,熟悉森林公园规划设计的原则,掌握森林公园规划设计的方法。

能力目标:能够运用森林公园规划设计的原则,合理地进行森林公园的规划设计。

素质目标:成为保护森林资源、弘扬传播生态文化、提升人民群众生活品质的园林使者。

【学习内容】

一、森林公园的性质与任务

森林公园是以森林景观为主体,融自然、人文景观于一体,具有良好的生态环境及地形地貌特征,具有较大的面积、规模和较高的观赏、文化、科学价值,经科学的保护和适度建设,可供人们进行一系列森林游憩活动及科学文化活动的特定场所。

森林公园的主要任务是合理、科学地利用森林风景资源,开展森林游憩活动,使森林游憩与森林资源的保护利用达到和谐统一,为游人观赏森林风景提供最佳的条件和方式,满足游人的各种旅游服务需求,成为供人们休憩、娱乐的场所。

二、森林公园规划设计基本原则

(1)森林公园的建设以生态经济理论为指导,以保护为前提,遵循开发与保护相结合的原则。在开发森林旅游的同时,重点保护好森林生态环境。

（2）森林公园的建设规模必须与游客规模相适应。

（3）森林公园应以维护森林生态环境为主体，突出自然野趣和保健等多种功能，因地制宜，发挥自身优势，形成独特的地方风格特点。

（4）统一布局，统筹安排建设项目，做到近期建设与远景规划相结合。

三、森林公园的分类

1. 日游式森林公园

指位于近郊或建成区中的森林公园，如上海共青森林公园、太原市森林公园。这类公园多以半日游和短时游览为主。

2. 周末式森林公园

指位于城市郊区，主要为城市居民在周末、节假日休憩、娱乐服务，如宁波天童国家森林公园、陕西楼观台国家森林公园，游人一般以1～2 d游为主。

3. 度假式森林公园

指距离城市居民点较远，具有较完善的旅游服务设施，大型独立的森林公园，如湖南张家界国家森林公园、浙江千岛湖国家森林公园等。这类公园为游人提供较长时间的游览、休闲度假服务。

四、森林公园的功能分区

根据《森林公园总体设计规范》及森林公园的地域特点、发展需要，将森林公园分为三类大区十类小区。

1. 森林旅游区

（1）游览区　是游客参与游览观光、森林游憩的区域，是森林公园的核心区域。

（2）游乐区　进行大型游乐及体育体能活动项目的区域。

（3）森林狩猎区　森林狩猎场建设用地。

（4）野营区　供游人开展野营、露宿及野炊等活动用地。

（5）休、疗养区　主要供游客较长时间地休憩疗养，增进身体身心健康的用地。

（6）接待服务区　用于建设宾馆、饭店、购物、娱乐、医疗等接待服务项目及配套设施。

2. 生产经营区

从事木材生产、林副产品等非森林旅游业的各种林业生产区域。

3. 管理及职工生活区

包括行政管理区、职工生活区。

五、森林公园的规划设计

1. 森林公园景观系统规划

（1）森林的密度不宜过大，应具有不同林分密度的变化。

（2）森林的景观应有变化，应具有不同的树种林型，不同的叶形、叶色、质感和不同的地被植物，要有明显的季相变化。

（3）高大、直径粗壮的树木组成的森林景观价值较高，最好是高大树木、幼树、灌木、地被共同构成的混合体。

（4）森林景观要很好地与地形、湖泊、河流溪涧等结合。

（5）原始、古朴、自然的森林景观比人工景观更让游人喜欢。

2. 森林公园游览系统规划

在游览系统的规划中，要注意游览空间的开朗和闭锁，要做到空间开闭的相互交替、收放的得体自如。林中的林缘线、林冠线等都要有曲折变化，给人以节奏和韵律感，同时还要开辟出眺望点、透景线等。

3. 森林公园道路系统规划

（1）道路系统的选线尽可能做到步移景异，有最佳观赏角度。

（2）道路线型要顺其自然，不进行大的填挖，不破坏地表植被和自然景观，不穿越有滑坡、塌方、泥石流等危险的不良地段。

（3）园内道路仍采用主干道、次干道、专用道三级设计，要明显、通畅，便于交通，具有引导游览的作用。

4. 森林公园旅游服务系统规划

森林公园的旅游服务系统主要包括餐饮、住宿、购物、医疗、导游标志等。其服务基地的选址不能破坏自然环境与自然景观，一般在游览观赏区的外围地带，其位置、朝向、高度及体量应与自然环境景观协调。建筑用地不能超过本园陆地面积的 2%。

5. 森林公园保护工程规划

森林火灾是森林公园的最大威胁。在规划时,对于野营、野餐区要相对集中,并在周边设置防火林带。

【自我检测】

一、判断题

1. 森林公园是以森林景观为主体的场所。
（ ）

2. 森林公园是科学文化活动的特定场所。
（ ）

二、填空题

1. 森林_____是森林公园的最大威胁。

2. 森林公园分为_____、_____、_____三类大区。

任务六　儿童公园规划设计

【学习导言】

儿童公园是城市文化的重要组成部分,儿童是居民中最重要、最需要呵护的人群,儿童公园在为儿童创造以户外活动为主的良好环境,让儿童通过文化、娱乐、体育、科普教育等活动达到锻炼身体、增长知识、热爱自然、热爱科学、培养良好品德等方面的重要作用。

【学习目标】

知识目标:掌握儿童公园功能分区及设计要点。

能力目标:能够结合儿童的身心发展进行儿童公园的规划设计。

素质目标:保持一颗童真的心灵与世界对话,让快乐充满人生。

【学习内容】

儿童公园是城市中儿童娱乐、游戏、开展体育活动,并从中得到科学普及知识的专类公园,其主要任务是使儿童在活动中增长知识、锻炼身体、热爱自然、热爱科学、热爱祖国等。

一、儿童公园的功能分区

1. 自然景观区

让天真烂漫的儿童回到水边、山坡,躺到草地上聆听鸟语、细闻花香是一件多么有意义的事情。儿童公园自然景观区一般包括草地、花卉、池塘、溪流、山坡、丛林、石矶、浅沼、镜池、小湾等,儿童公园中应注重规划设计,让儿童多接触自然、了解自然、热爱自然,以利于儿童感知能力发展。

2. 文化、娱乐、科学活动区

儿童时期认知能力发展快速,求知欲非常旺盛,儿童希望认识自然、了解社会,儿童期也是树立正确人生观、价值观,培养儿童集体主义的情感,扩大知识领域,增强求知欲和对书籍的爱好,培养良好文化素养和艺术修养的极为重要时期。儿童公园的文化、娱乐、科学活动区,一般设有科学馆、艺术馆、图书馆、放映厅、表演舞台、游艺厅等,使儿童在轻松愉快、寓教于乐的环境中接受科学文化教育。

3. 幼儿游戏场

幼儿是指 1.5～5 岁的儿童,这个年龄阶段普遍都需要家长一直跟随,他们普遍没有自身管理能力。可以适当设置一些低风险的、较为安全的运动娱乐设施。所有设施都需要注意不能有棱有角,避免对幼儿造成伤害。幼儿活动区可以设置一些比较安全的游戏设施,比如围圈圈塑胶安全场地、塑料木马、1.5~3 m的滑梯、场景迷宫、小型旋转转盘、积木游戏区、沙子堆积区、弹跳床、推车玩具等。总之,所有游戏设施都需要家长一直跟随游玩,可以适当增设一些应急安全场所等。此外,还需要设休息亭廊、凉亭等供家长休息使用。幼儿游戏场周围常用绿篱或彩色矮墙围合,出入口尽量少。

4. 学龄儿童活动区

该区的服务对象主要为小学一、二年级的儿童。这时开始出现性别差异,各有所求,一般的设施包括螺旋滑梯、秋千、攀登架、电动飞机、开展集体活动的场地及水上活动的涉水池。有条件的地方还可以设室内活动的少年之家、图书阅览室、少年儿童书画室、科普展览室,以及动物角、植物角等。

小学生有活泼好动的特点,其规划区域周围应该避免有不安全的因素,比如汽车站旁、出入口、嘈杂广场等人流量较大、车流量较多的空间。虽然这个年龄的孩子比幼儿懂事,但是也需要家长一直陪伴,可以适当给家长设置一些安全座椅,使家长能够及时照看自己的小孩。产品设计应该比较丰富,包括登高、跳远、攀爬、飞旋转动等游戏设施。

5. 青少年活动区

小学四、五年级及初中低年级学生,在体力和知识方面都要求在设施的布置上更有思想性,活动的难度更大些。设施的主要内容包括爬网、高架滑梯、独木桥、越水、索桥、越障、爬峭壁和攀登高地等。在设计儿童游戏设施的时候应该考虑增加一些安全区与不安全区的分区与隔离。可以适当增加一些家长与少年同玩的相对刺激的电子游戏产品,也可以增加一些利于智力开发的游戏,还可以增添一些趣味绘图,增设音乐区,有利于开发少年的右脑感性思维。不同区域需要分区明确,确保各年龄阶段的区域不会相互干扰。

6. 体育活动区

这是进行体育运动的场所,可增设一些障碍活动设施。儿童游戏场与安静休息区、游人密集

区及城市干道之间,应用园林植物或自然地形等构成隔离地带。幼儿和学龄儿童使用的器械,应分别设置。游戏内容应保证安全、卫生和适合儿童特点,有利于开发智力,增强体质,不宜选用强刺激性、高能耗的器械。儿童游戏场内的建筑物、构筑物及室内外的各种使用设施、游戏器械和设备应结构坚固、耐用,要避免构造上的硬棱角;尺度应与儿童的人体尺度相适应;造型、色彩应符合儿童的心理特点;根据条件和需要设置游戏的管理监护设施。游乐设施应符合《大型游乐设施安全规范》(GB 8408—2018)的规定;戏水池最深处的水深不得超过 0.35 m,池壁装饰材料应平整、光滑且不易脱落,池底应有防滑措施;儿童游戏场内应设置座凳以及避雨、庇荫时用的休憩设施;宜设置饮水器、洗手池。场内园路应平整,路边沿不得采用锐利的边角;地表高差变化应采用缓坡过渡,不宜采用山石和挡土墙;游戏器械的地面宜采用耐磨、有柔性、不易引起扬尘的材料进行铺装。

7. 办公管理区

该区域是儿童公园的安全、救护、防范、卫生、管理等设施、设备管理区域。我们在进行日常活动的同时要对公园随时进行安全管理,它所处的位置应该是能够最快、最便捷到达公园任何地方。公园管理区周围要设计明显的导向标识,人们碰到危险的时候能够及时找到管理人员解决问题。

二、儿童公园的设计要点

1. 主要活动区设计与设施配套

儿童公园应该增设一些观赏游览的区域,美景是人美好的向往,观赏游览区能够给儿童公园设计美感增值。观赏游览应该种植各种四季植物,这样一年都可以欣赏不同季节的花卉。儿童公园也应该增设一些安静休息区,有些人不喜欢受干扰,可以适当给这些家庭设计不受干扰的区域。安静休息区也应该增加相应的设计,来满足不同人群在安静休息区的需求。儿童公园还要增设文化娱乐区,娱乐区是儿童公园主要的活动区域,对儿童身心健康影响最大,设计的重点应该放在文化娱乐区。有必要增设老年人活动区,老年人有更多的时间陪护小孩,所以可以适当增加这

类活动场所,来吸引一些老年人前往。

2. 出入口位置安排

公园出入口一般可以设计 1 个主要出入口、1 个或者多个次要出入口、1 个或者 2 个专用出入口(根据具体需求设计)。主干道附近可以考虑设置主要出入口,因为公园是城市非常重要的品牌形象,在重要位置上设置主要出入口,可以提升城市的品牌形象。同时,它也方便了市中心的居民带小孩进入。主要出入口的设计要实行人车分流,这样可以避免危险隐患,起到安全的保护作用。主要出入口的设计要与车行道距离 10 m 以上,以保证行人的安全。同时要使出入口有足够的集散人流的用地,特别是主要出入口前面最好设置大广场,方便行人驻留、散步、休息等。次要出入口可以设置在城市次干道上,次要出入口周围应该是住宅区,主要可以方便住宅区的人进入公园参观与游览。次要出入口主要起分流人群的作用,在路线导向方面需要做足功夫,避免游客迷路。专用出入口可以设置公园的消防通道。专用出入口也可以为公园后勤人员专门设计,方便管理。

3. 儿童公园游人容量

儿童公园的游人容量需要按照公园大小、规模、城市人群密度等进行统计。需要统计公园整体游人容量,更重要的是统计局部活动、游戏设施的游人容量。特别是一些小型游戏设备,不能同时提供太多儿童使用,如果人太多会比较危险。在公园的入口处应该设置游人容量提示牌,在不同的游戏设施上也应该贴上容量提示牌。只有这样,才不会因为儿童太多而出现拥挤。游人容量和公园的局部广场要结合起来,局部广场可以吸收更多的人群驻留,避免游戏设施因太多人游玩出现的风险。

4. 儿童公园道路设计

公园的道路应该有主干道、次干道、消防道、林荫小道、人行步道等。

(1)主干道的设计 要靠近主要设施与主要区域,要近于人口密集地带,应该处于人行与车行最便捷的位置,主干道应该贯穿整个公园。如果是对称式布局的公园,主干道应该处于公园中心位置。如果是自然式布局的公园,主干道应该沿着优美的自然风景区域设计,让观光者在主干道上拥有非常好的视觉感。

(2)次干道的设计 应该紧密连接主干道,次干道是衔接主干道与林荫小道的主要道路。如果是对称式布局的公园,次干道应该依附于主干道上并呈对称式布局设计。如果是自然式布局,次干道的设计应该与主干道很好地衔接,让居民能够沿着道路体验公园最优美的景观设计。

(3)消防道 是公园景观设计必要的安全道路,消防安全关系到居民的人身安全,消防道应该与主干道结合设计,这样就不会占据公园太多的道路面积。一些次干道要兼顾消防道的消防车行面积。

(4)林荫小道 是公园中最诗情画意的道路,可以适当设置一些美丽的植物与花卉。它对游人节省行走时间起到关键作用。它也是公园道路趣味增值的必要设计。林荫小道的设计要注意保证居民行走安全,在路面行走过程中不能有过多的视线阻挡。

(5)人行步道 是公园中最安全的道路,不能有任何车辆行驶。人与车分离是公园道路设计中的关键,只有做到人车分离,才能保证儿童在公园中畅玩时的安全。

5. 儿童公园地形的利用与处理

公园的地形,在不同城市、不同区域、不同环境、不同气候下会有不同的地形特征。最高处,可以考虑设置公园的主要文化形象雕塑。斜坡处,可以考虑种植草皮,增加一些四季植物,既可以供游人野外踏青就地驻留,也可以增添审美情趣,还可以沐浴阳光。在低处,可以考虑设计一些湖、池等,这样不仅可以节省土方,还可以将低处土方用来处理平地,十分节省资源。在平地,需要景观设计师进行各种各样丰富的设计。公园的地形利用与处理需要统筹规划。在规划设计中,有自然式景观设计、规则式景观设计、自由式景观设计、混合式景观设计等。自然式景观追求曲径通幽、步移景异的特点。规则式景观追求对称式布局,可以在对称式布局基础上适当设计一些诸如勒诺特尔式的欧洲造园风格,也可以增设一些雕塑文化等。自由式景观可以增加一些现代元素,如现代新生游戏产物的设计,让游人视线转移到新生游戏产物上。混合式景观可以融合规则式布局与自然式布局,让两者情景交融,交相辉映。

6. 儿童公园的建筑

儿童公园的建筑设计非常重要,应该结合当地的气候、历史、人文、材料、周边环境等进行建筑设计。建筑设计创意很重要,可以结合当地独特的特产、文化,甚至是当地房屋特点、当地历史人物等进行创意联想。儿童公园的建筑形式应该多种多样,这样可以体现公园的建筑多样性,活跃公园气氛,增添游人审美情趣。公园的建筑不宜太高,尽量做低矮些,太高会阻挡游人视线、阻挡阳光、阻挡通风等。公园的建筑应该统一,不能太凌乱,否则会使游人产生审美疲劳。总之,公园的建筑应该在统一的分析与规划设计下进行,要让它们在统一中富有变化。儿童公园的建筑适当可以增加一些建筑乐趣,比如迪士尼乐园,拥有属于迪士尼的建筑文化,包括古堡、动物造型建筑等。

总之,建筑是公园中非常重要的景观文化,是儿童公园设计的重点。

【自我检测】

一、判断题

1. 儿童公园不需要设休息亭廊、凉亭等供家长休息使用。 （ ）

2. 儿童公园的建筑不需要统一,只要富有变化、吸引儿童就可以。 （ ）

二、填空题

1. 儿童公园的一些次干道要兼顾消防道的消防车行_____。

2. 儿童公园是城市中儿童娱乐、游戏、开展体育活动,并从中得到科学普及知识的_____公园。

任务七 体育公园规划设计

【学习导言】

体育公园作为展现城市经济、文化、生态、科教、卫生等功能,以体育健身运动为特色的多功能复合型场所,在文明城市发展中发挥着重要作用。

【学习目标】

知识目标:了解体育公园的性质与任务,熟悉体育公园的功能分区,掌握体育公园设计的方法。

能力目标:能够运用体育公园的设计原则,结合实际情况进行体育公园的绿化设计。

素质目标:兴建集良好的自然生态环境与多功能运动锻炼空间于一体的体育公园是提高身体素质,促进全民健身事业迅速发展起来的重要途径之一。

【学习内容】

体育公园作为供人们运动锻炼、承办各大体育赛事的重要场所,已成为我国今后城市发展中不可或缺的部分。它的存在不仅能够帮助居民更好地提高身心健康水平,传播运动文化,还能够提升城市景观水平。同时,体育公园本身具备的配套服务设施使得公园成为一个多种设施聚集的综合体,可使餐饮、游乐等相关产业与之整合。

一、体育公园的性质与任务

体育公园按照规模及设施的完备性,可以分为两类:一种具有完善体育场馆等设施,占地面积较大,可以开运动会。另一种是在城市中开辟一块绿地,安置一些体育活动设施,如各种球类运动场地及一些供群众锻炼身体的设施,比如北京方庄小区开展体育公园。体育公园的中心任务是为群众开展体育活动创造必要的条件。

二、体育公园的功能分区

1. 室内体育活动场馆区

此区占地面积较大,主要建筑如体育馆、室内游泳馆及附属建筑均在此区内,一般在建筑前方或大门附近安排比较大的停车场,停车场用草坪砖铺地,布置一些花坛、喷泉等设施。

2. 室外体育活动区

此区一般是以运动场的形式出现,在场内可以开展一些球类等体育活动。大面积标准化的运动场应在四周或某一边缘设置一观看台,以方便群众观看体育比赛。

3. 儿童活动区

此区一般位于公园的出入口附近或比较醒目的地方,其用途主要是为儿童的体育活动创造条件,满足不同年龄阶段儿童活动的需要。

4. 园林区

园林区的面积,在不影响体育活动的前提下,尽可能地增加绿地面积。一般在此区域内安排一些小型体育锻炼的设施,如单杠、双杠等。考虑到老年人活动的需要,安排一些小场地,布置一些桌椅,满足老年人在此进行安静活动如打牌、下棋的需求。

三、体育公园的规划设计原则

(1)整体协调,相互促进 体育公园作为城市的重要功能单元,结合城市定位和城市格局,突出体育景观环境重要节点和大区域规划重要标志,其规划设计应强调与其他城市环境单元的共生,综合考虑城市公共空间职能和体育场馆的功能延伸,充分体现出城市空间环境的有机、韧性和活力。

(2)尊重自然,彰显特色 作为城市重要的地标,应凸显空间环境艺术性,打造体育艺术创意高度,自然和人文交相辉映,反映出城市新亮点和新风貌。充分考虑地理区位和自然资源禀赋,以及周边景观的引借和利用,形成变化丰富的景观空间环境。

(3)低碳理念,生态永续 彰显公园的城市低碳功能,引领低碳生活新方式,打造健康生活空间载体,融入海绵城市、新能源、新技术的利用,突显城市生态韧性,将本区域置于大规划背景中思考。

(4)强化交通,便利通达 针对场馆在城市重大赛事活动和平时使用期间的交通特点,处理好内部交通与对外交通、平时交通与赛事活动期间的交通关系。

(5)平赛结合,高效利用 从经济、社会发展和空间景观等多角度出发,着重考虑赛后综合利用,以运营指导建设为原则,处理好赛后利用与赛时使用之间的关系,达到高效、高质、资源合理配置的目的。体育公园作为城市重大的公益性公共服务设施,从节约城市资源、集约化使用的角度出发,应充分强调赛时和赛后功能空间的相互转化。同时充分考虑各景观功能区的平时使用功能,注重景观空间内部功能的灵活可变性。

(6)智慧公园,绿色发展 贯彻智慧运动、服务智慧城市,基于智能化技术和支撑平台,构建智慧公园,打造体育旅游目的地,延伸绿色产业,实现绿色可持续发展。

四、体育公园的绿化设计

1. 出入口附近

入口附近的绿化应简洁、明快,可以结合具体场地的情况设置一些花坛和平坦的草坪。如果与停车场结合,可以用草坪砖铺设。在花坛花卉的色彩配置上,应以具有强烈运动感的色彩配置为主,特别是采用互补色的搭配,这样可以创造一种欢快、活泼、轻松的气氛,多选用橙色系与大红、大绿色调搭配。

2. 体育馆周围绿化

在出口留有足够的空间,方便游人的出入。在出入口前,布置一个空旷的草坪广场可以疏散人流,但是要注意草种应选择耐践踏的品种,结合出入口的道路布置,可以采用道路—草坪砖草坪—草坪的形式布置。在体育馆周围,应该种植一些乔木树种和花灌木来衬托建筑本身的雄伟,道路两侧可以用绿篱来布置,以达到组织导游路线的目的。

3. 体育场

体育场的面积较大,一般在场地内布置耐践

踏的草坪,如结缕草、狗牙根和早熟禾类中的耐践踏品种,在体育场的周围可以适当种植一些落叶乔木和常绿树种,夏季可以为游人提供乘凉的场所,但是要注意不宜选择带刺的或者易引起游人过敏反应的树种。

4. 园林区

园林区绿化设计的重点,要求在功能上既要有助于一些体育锻炼的特殊需要,又能对整个公园的环境起到美化和改善小气候的作用,因此在树种上应选择具有良好观赏价值和较强适应性的树种,一般以落叶乔木为主,北方地区常绿树种应少些,南方地区常绿树种可以适当多些,为了提高整个区的美化效果,还应该增加一些花灌木。

5. 儿童活动区

儿童活动区的位置可以结合园林区来选址,一般在公园出入口附近,此区在绿化上应该以美化为主,小面积的草坪可供儿童活动使用,少量的落叶乔木可为儿童在夏季活动时遮阳庇荫,冬季又不影响儿童活动时对阳光的需要,另外还可以结合树木整形修剪,安排一些动物、建筑等造型,以提高儿童的兴趣。

【自我检测】

一、判断题

1. 体育馆出入口应留有足够的空间,周围应以乔木和花冠木衬托主体建筑的雄伟。 ( )

2. 体育公园总体布局应以体育活动场所和设施为中心,在布局上应有相对的集中性。
( )

二、填空题

体育公园的功能分区有____体育活动场馆区、____体育活动区、儿童活动区、园林区。

任务八 纪念性公园规划设计

【学习导言】

纪念性公园承载了一定历史文化价值,是以纪念历史事件、人物为主题而建的公园。它具有双重属性,既是休闲游憩场所,也是纪念场所,具有唤醒大众记忆、延续城市历史、传播地域文化等功能。

【学习目标】

知识目标:了解纪念性公园的性质与任务、功能分区;掌握纪念性公园的设计要点。

能力目标:能够结合实际进行纪念性公园的规划设计。

素质目标:铭记历史、不忘初心,砥砺前行,方得始终。

【学习内容】

一、纪念性公园的性质与任务

纪念性公园是为当地的历史人物、革命活动发生地、革命伟人及有重大历史意义的事件而设置的公园,其任务就是供后人瞻仰、学习、怀念等,还可以供游人游览、休息和观赏。如南京雨花台烈士陵园、日本广岛和平纪念公园、上海虹口公园等。

二、纪念性公园的功能分区

(一)纪念区

该区由纪念馆、碑、塑像等组成。不论是主题建筑组群,还是纪念碑、雕塑等在平面构图上均用对称的布置手法,其本身也多采用对称均衡的构图手法来表现主体形象,创造严肃的纪念性意境,为纪念活动的开展服务。

(二)园林区

该区主要为游人创造良好的游览、观赏条件，供游人休息和开展游乐活动之用。全区地形处理、平面布置都要因地制宜，自然布置。以绿化为主，树木花卉种类的选择应丰富多彩，在色彩的搭配上要注意对比和季相变化，在层次上要富于变化。

四、纪念性公园的设计要点

(一)总体规划应采用规则式布局手法

不论地形高低起伏或平坦，都要形成明显的主轴线干道，主体建筑、雕塑等应布置在主轴线的制高点上或视线的交点上，以突出主体。其他附属性建筑物，一般也受主轴线控制，对称布置在主轴两旁。

纪念性公园一定要将叙事性的景观序列融入其中，忌单一轴线性布局。轴线是指由被摄对象的视线方向、运动方向和相互之间的关系形成一条假定的直线，它可以是方向轴线也可以是时间轴线，可以是对称轴线也可以是不对称轴线。而在纪念性公园中轴线设计手法被最多应用，纪念主题通过景观手法根据轴线布置按时间或主次层次依次展现开来。对称轴线一般利用轴线创造空间狭窄与线性无尽延伸，来烘托主体景观的宏伟庄严，而在到达重要严肃性纪念建筑主体之前，常以若干小点利用轴线顺序作为先导安排铺垫，以延阻人的视线和流动时间，当到达重要主题节点时则瞬时放开空间，以中心主题性景观冲击人们视线，达到震撼心灵的作用。

(二)出入口

出入口要集散大量游人，因此需要视野开阔，多用水泥、草坪广场来配合。而出入口、广场中心的雕塑或纪念形象周围可以花坛来衬托。主干道两旁多用排列整齐的常绿乔、灌木配置，创造庄严肃穆的气氛。

(三)景观设计

1. 地形景观

(1)高地形 山体作为高地形的典型代表，本身所呈现出来的稳定性和巍峨的永恒感与庄严感都使其具有浓厚的纪念性。还有就是以凸出的地形配合向上的阶梯或踏步，带来一种无形的韵律与动感，当人们登高望远时，凭借周围纪念性建筑及景观的衬托，产生尊崇与敬仰之情。

(2)低地形 特有的封闭性和向心性，易让人产生幽静与沉思的静谧感，美国华盛顿越战纪念碑的设计就是在逐渐下沉的地形中完成的，仿佛大地深深的伤口，让观者产生对阵亡者的无限缅怀之情。

(3)平坦地形 容易与垂直的线性元素形成视觉焦点，如上海龙华烈士陵园中，将所有雕塑作为其中的垂直线性元素安置于平坦的地形中，形成了整个空间的视觉中心。

2. 植物景观

植物在空间的围合与划分、生态保护、烘托气氛、营造意境方面有着不容忽略的作用。而气氛和意境恰恰是纪念性公园最为关键的因素。植物的寓意、色差、季相以及枝、叶、花、果，都可作为景观中的设计元素。植物象征意义也经常被运用于纪念性公园中，如在中国，竹象征高风亮节，青松代表了坚韧不屈、傲然正气的品质等。

3. 水体景观

水是万物生生不息的象征，可以为园区带来生机与活力，运用的好坏会影响整个纪念空间品质的好坏。纪念性公园中水体分为静水和动水两类：静水安宁温和，有时也象征生命的终结，其运用主要表现在利用周围景观在水中的倒影，增添景观虚实的对比，并衬托出静穆气氛。动水则奔流跳跃，且水声能对观者的感受产生影响。

4. 园路景观

园路景观起着引导游客、组织空间与序列、营造意境的重要作用。其不同的形式和材料，结合地形的起伏，能带给人不同的感觉。

5. 构筑物

除了纪念性建筑物和服务设施外，入口大门、纪念碑和雕塑等则是主要构景要素，散布于纪念性公园路网格局中，并与建筑物相结合，共同构成了空间的主要景观节点。大门作为公园入口空间不仅能带来最直观的印象，决定了整体公园的空间风格，大门的设计应充分考虑纪念主题的特征，不同的纪念主题对应不同的设计风格。如缅怀英烈的纪念性公园，就要体现出公园的庄重肃穆感，设计时就不能过于活泼，此时大门应处于轴线上，采用对称手法来烘托这一氛围。纪念碑是作为纪念性公园表达情感中最为普遍和直接的纪念形式。雕塑通常结合公园纪念主题来突出纪念对象并表达精神情感,其本身就是一种艺术,也是纪念性公园里不可缺少的元素之一,主要途径是通过具体形象再现纪念事件场景,且需要作为纪念性建筑的补充,或作为主体辅以建筑手段进行衬托。与此同时要考虑雕塑的材料、大小、色彩与建筑和环境格调的统一,其比例要按人体的尺度来缩放,避免出现失真效果。常有浮雕和圆雕两种类型。

6. 材料应用

随着科技水平的迅速发展,纪念性公园运用的材料也渐渐趋向多样化。除了经常应用的石材、木材外,新型材料中的玻璃、金属也开始逐渐被应用到各个公园中。

7. 灯光景观

从人的需求出发,灯光照明也是纪念性公园不可缺少的一部分,灯光在缓解沉重感的同时,还会增添一种神秘的气氛,宜多用反射、散射或漫射,并考虑季节变化。

8. 光线和阴影

光线和阴影产生的效果能为纪念性景观带来别样的魅力,不管是自然光线还是人工照明,光线侧重的是光的直射;而阴影更侧重的是阴影和影像。

10. 声音

声音也是纪念性公园里的重要因素,声音的处理可分为自然声的处理和引进人工发音器。在中国古典园林中对自然的声音非常重视,有流水与石头的摩擦声,雨水落在植物上产生的敲打声等。引进人工发音器主要是人们以特定载体获得的互动声音,通过扬声器播放出来以模拟当时历史现场事件中的各种声音,来营造出符合当时历史背景的环境氛围,或安谧沉静,或肃穆紧张。

11. 色彩景观

不同的色彩直接影响人的心理与生理感受,其明度、色相、色调的不同,所表达的情感也不同。

【自我检测】

一、判断题

1. 纪念性公园的种植设计应与性质和内容相协调,在公园入口(大门)处,一般用规则式的种植方式种植一些常绿树种,提高纪念性公园的特殊性。 (　　)

2. 纪念性公园布局应采用规则式,纪念区应有明显的轴线和干道。 (　　)

二、填空题

1. 纪念性公园是为当地的_____、_____伟人、_____的事件而设置的纪念性公园。

2. 纪念性公园的功能分区有_____区、_____区。

任务九　观光农业园规划设计

【学习导言】

观光农业是一种以农业和农村为载体的新型生态旅游业,是农业与旅游业边缘交叉的新型产业。不仅具有生产性功能,还具有改善生态环境质量,为人们提供观光、休闲、度假的生活性功能。

【学习目标】

知识目标:了解观光农业园的定义与在城市园林绿地中的地位、观光农业园的环境特点,掌握观光农业园的规划设计方法。

能力目标:能根据实地条件合理地进行观光农业园的规划设计。

素质目标:进行社会主义新农村建设应维护历史文脉的延续性,挖掘和利用宝贵的人文景观资源。

【学习内容】

观光农业旅游是在充分利用现有农业资源的基础上,通过以旅游内涵为主题的规划、设计与施工,将农业建设、科学管理、农艺展示、农产品加工及旅游者的广泛参与融为一体,使旅游者充分领略农业艺术及生态农业的大自然情趣的一种新型旅游形式。

一、观光农业概述

(一)观光农业的产生背景和发展前景

观光农业的产生是农业发展、城市化推进、环境保护、人们生活水平提高和生活方式改变的结果,传统农业正式成为备受旅游业关注的一个新型领域,于是地域农业文化与旅游边缘交叉的新型旅游项目——观光农业应运而生。

农业景观在城市园林中的应用由来已久。在欧洲关于伊甸园的神话描述中,便记录下了人们对梦想与神秘的极乐世界的向往,而这个极乐世界是与外界分离的、安全性很好的空间,里面种植了奇花异果。在古埃及和中世纪欧洲的古典主义花园里不仅种植着各式各样的花卉和蔬菜,而且还有枝头挂满果实的果树,以供贵族们观赏食用。在这一时期,园林中也相继出现了葡萄园、橘园、蔬菜园、稻田、药圃等或规则或不规则的园中园。在 16 世纪以后的二三百年里"农业景观是漂亮的"这一思想逐渐盛行。到最近 100 年里,伴随教育和休闲活动的普及,对农业生产景观的欣赏逐渐为各阶层所接受。在这样的理念中,景观可以同时具有观赏性和生产性,启迪了西方的许多景观设计。如今天的英国东茂林生态园利用各类果树为植物造景材料,大大丰富了园区景观,并为旅游者提供了果品观光、采摘等其他城市公园所不能开展的活动,取得了很好的效益。

19 世纪 30 年代欧洲已开始农业旅游,但当时仅是从属于旅游业的一个观光项目,并未形成独立的观光农业概念。20 世纪中后期,旅游不再是对于农田景观的欣赏观看,而是相继出现了具有观光职能的观光农园,农业观光游逐渐成为休闲生活的趋势之一。20 世纪 80 年代以来,随着人们旅游度假需求的日益增加,观光农业园由单纯观光的性质向度假操作等功能扩展,目前一些国家又出现了观光农园经营的高级形式,即农场主将农园分片租给个人家庭或小团体,假日里让他们享用。如德国城市郊区设有"市民农园",规模不大(一般 2 hm²,分成 40~50 个单元),出租给城市居民,具有多功能性,可供从事家庭农艺活动(种菜、花卉、果树),让人们体会生产乐趣,回归自然,满足休闲体验的需求。

1982 年欧洲 15 个国家共同在芬兰举行了以农场观光为主题的会议,探讨并交流了各国观光农业的发展问题,各个国家观光农业也在此基础上有了很大的、不同程度的发展。

观光农业在以色列、荷兰等国是传统产业,观光农业有其生存、发展空间。以色列的滴灌农业确保了本国的果蔬自给,荷兰的郁金香花业成就了世界上首屈一指的鲜切花市场,而大量农业观光客的纷至沓来,更使两国农场主们名利双收。美国、日本、韩国等经济发达国家的观光农业也有了较好的发展。美国每年约有 1 800 万人前往观光农场度假,参与新鲜瓜果蔬菜采摘、绿色食品展览、乡村音乐会、破冰垂钓比赛等项目。近年来,我国的北京、上海、东部沿海等经济较发达的地区也相继建设起了新的具有地方特色的观光农业园。

在亚洲,日本观光农业开展得较早,早在 1930 年宫前义嗣在《大阪府农会报》杂志上就对城市农业有了初步描述,1935 年日本学者青鹿四郎在《农业经济地理》中将"都市农业"作为学术名词而提出。日本观光农业在发展过程中主要出现了采摘观光自然修养村、农舍投宿和市民农艺园等形式,为工业化日本社会中人们在紧张的工作之余提供接近自然、返璞归真的场所。它的规划很注重自然环境和生活环境结合,在保持生态环境完美的同时,挖掘农村文化,以新的乡村文化来吸引外来游客。在韩国和马来西亚,近几年来观光农业发展迅速,他们主要采取观光农园的形式,将观光农业与花卉产业、旅游业紧密结合在一起。

在美洲,观光农业内容和形式也很丰富多彩。20 世纪 90 年代初,美国生态学家 Haber. W 提出了观光农业的规划和设计在很大程度上是景观生态学原理的实际应用问题,可以直接运用近几年来迅速发展的景观生态和设计的一系列原理和方法。美国风景园林学会主席西蒙兹在他的《大地景观——环境规划指南》中,就景观生态在农业景观规划中的应用有所涉及。

我国的观光农业项目开发以台湾地区为早,在1978年台湾农业和旅游业开始实现产业结合。我国大陆,20世纪80年代后期在北京昌平十三陵旅游区首次出现了观光桃园,之后许多发达地区,如广东、上海、苏南的观光农业在90年代初也纷纷兴起,至今已遍及全国中小城市。近年来,我国分别启动了国家生态旅游示范区、旅游扶贫开发区和国家旅游度假区建设工程,三区联动、滚动发展的旅游产品新格局已形成。

总之,观光农业的兴起依赖于社会进步和发展的经济背景,并将有着很好的前景。

(二)建设农业观光园的意义

(1)提高农业附加利益　农业是天然的弱质产业,我国农业风险大而利益比较低。观光农业可以把农业的生态效益、社会效益转化为合理的经济收入,通过扩大农业的经营范围,打破产业界限,使第一、二、三产业融合发展,从而提高农业的经济效益,这将成为农村发展新的经济增长点。

(2)开拓新的旅游空间和领域　观光农业作为一种新兴的旅游产业以其独特的魅力弥补了传统旅游的不足,越来越受到旅游者的青睐。它能满足都市人们日益高涨的旅游需求,假期释放城市人口压力,为游客提供新的活动空间,增添新鲜、丰富、生动的内容,有利于旅游资源与生态环境协调发展。

(3)优化农业产业结构　与传统农业相比,观光农业更强调旅游观光功能,所以其结构和内容受市场的导向影响较为明显,致使观光农业具有生产多样性、经营灵活性等特点,必然会冲破传统农业的束缚,促进农业生产格局转变和优化,从而推动整个产业结构的调整和优化。

(4)吸纳农村剩余劳动力　当前,过多的农村剩余劳动力严重制约着我国农业和农村经济的发展,而发展观光农业能提供更多的就业机会,观光农业属于劳动密集型产业,发展它需要一整套的服务设施,导游、服务、交通等行业都能够安置大量农村劳动力,解决农村剩余劳动力出路问题。

(5)消除城乡差别、促进城乡交流　观光农业增加了城市旅游者和农民的接触机会,增进了交流,都市人到乡间休闲,不仅带来了各种各样的信息,还带来了现代城市的思维模式和生活方式,农民在交往中受到城市文化的熏陶和感染,推进了农村社会的城市化和现代化进程,消除城乡差别。

(6)提高劳动者素质　观光农业对农业生产和管理提出了更高的要求,它需要具有现代农业知识结构和实践技能的技术人员、高层次的管理人才。通过这些高素质人才的传播、带动作用以及与都市旅游者之间的交流和学习,可以提高劳动者的综合素质,造就新一代的高素质农民。

(7)改善生态环境　旅游业的发展要求保护资源和生态环境,农业的可持续发展也要以此为前提。因此,处在两者结合点的观光农业也必然遵循持续农业和生态旅游的发展原则,注意对环境资源的保护,最大限度地保护现有植被和维护生态平衡。

农业生态园作为农业生态旅游的主要载体,不仅受到了众多旅游者的喜爱,也具备了巨大的研究价值。在我国,观光农业旅游起源于20世纪80年代,最初的形式为观光农场,后来又逐渐衍生出"农家乐""度假村"等多种形式。通过多年来不断地发展与演变,最终形成了复合式观光农业生态园,并成了我国乡村旅游的主要形式。观光农业旅游的发展,不仅可以丰富城乡人民的精神生活,优化投资环境,而且能够实现农业生态、经济和社会效益的有机统一。农业生态园作为生态农业与生态旅游结合的产物,是以生态农业生产为基础,集旅游功能、农业增效功能、绿化、美化和改善环境功能于一体的新型产业园。

二、观光农业的类型

观光农业是把观光旅游与农业结合在一起的一种旅游活动,它的形式和类型很多。根据德、法、美、日、荷兰等国和中国台湾地区的实践,其中规模较大的主要有5种。

(1)观光农园　在城市近郊或风景区附近开辟特色果园、菜园、茶园、花圃等,让游客入内摘果、拔菜、赏花、采茶,享受田园乐趣。这是国外观光农业最普遍的一种形式。

(2)农业公园　按照公园的经营思路,把农业生产场所、农产品消费场所和休闲旅游场所结合为一体,如北戴河集发生态农业示范观光园。

(3)科普教育农园　这是兼顾农业生产与科普教育功能的农业经营形态。代表性的有法国的教育农场、日本的学童农园、中国台湾的自然生态教室和上海浦东孙桥现代农业开发区等。

(4)休闲度假村 具有农林景观和乡村风情特色，以休闲度假和民俗观光为主要功能。如广东东莞的"绿色世界"、北京顺义的"家庭农场"和河南栾川重渡沟风景区的农家乐休闲度假村等。

(5)多元综合农园 集观光农园、农业公园、科普教育农园和休闲度假村为一体。如浙江丽水市石牛观光农业园、江苏苏州吴县西山现代农业开发区。

三、观光农业园规划设计的相关理论和原则

(一)观光农业园规划设计的相关理论

1.景观生态学原理

景观生态学(landscape ecology)是研究在一个相当大的区域内，由许多不同生态系统所组成的整体(即景观)的空间结构、相互作用、协调功能及动态变化的一门生态学新分支。如今景观生态学的研究焦点放在了较大的空间和时间尺度上生态系统的空间格局和生态过程。景观生态学的生命力也在于它直接涉足于城市景观、农业景观等人类景观课题。观光休闲农业园区作为农业景观发展的高级形态，随着人类活动的频繁，其自然植被斑块正逐渐减少，人地矛盾突出。观光休闲农业园区景观规划设计需按照景观生态学的原理，从功能、结构、景观三个方面确定园区规划发展目标，保护集中的农田斑块，因地制宜的增加绿色廊道的数量和质量，补偿景观的生态恢复功能。

2.景观美学原理

在西方文史中，景观(landscape)一词最早可追溯到成书于公元前的旧约圣经，西伯文为"noff"，从词源上与"yafe"即美(beautiful)有关，它是用来描写所罗门皇城耶路撒冷壮丽景色的。因此，这一最早的景观含义实际上是城市景象，人们最早注意到的景观是城市本身。但随着景观含义的不断延伸和发展，"景观的视野随后从城市扩展到乡村，使乡村也成为景观"。

人类向往自然，农业拥有最多的自然资源，所以农业是提供体验最适当的来源。观光休闲农业园区其本质上是一种人们对生活的美的享受和体验，是实施自然教育最理想的场地。人们在园区内的观花观果，感叹大地对于万物的抚育，向往着生态的、和谐的大自然环境，从而融入多层次的美学体验。

3.景观安全格局原理

景观中存在着一些关键性的局部、点及位置关系，构成某种潜在空间格局。这种格局被称为景观生态安全格局，它们对维护和控制某种生态过程有着关键性的作用。农业景观安全格局，由农田保护地的面积、保护地的数目以及与保护地之间的关系等构成，并与人口和社会安全水平相对应，使农业生产过程得以维持在相应的安全水平上。在景观过程中，格局决定功能，要实现土地持续利用这一景观功能的稳定性，要求相应景观空间格局的维持与优化。景观稳定性越高，景观受外界干扰的抵抗能力越强，受干扰后的恢复能力也越强，越有利于维持景观格局，保障景观功能的稳定发挥。观光休闲农业园区规划建设中观光旅游者的介入、园林绿化树种及名特优新品种等异质性的引入有助于景观稳定性的维持。景观稳定性以景观格局的空间异质性来维系景观功能的稳定性，在一定程度上反映了土地持续利用的保护性与安全性目标，可采用反映景观异质性的景观多样性、景观破碎度、景观聚集度和景观分维数等指标来衡量。

(二)观光休闲农业园区景观规划设计理念

观光休闲农业园区的景观规划建设用破与立的方式而非传统的农业生产建设，以"城市-农田"作为一个城市整体为出发点，强调了与城市生活的对话，形成了"可览、可游、可居"的环境景观，构筑出了"城市—郊区—乡间—田野"的空间休闲系统。景观规划设计以原有绿化树种、农作物为植物材料进行园林景观的营造，园林小品风格自然淳朴，田园气息浓厚；各景观功能区突出以人为本，同时又要和生产相结合。根据不同地块、不同树种、品种的观赏价值进行安排，使人们在休闲体验中领略到农耕文化及乡土民风的神奇魅力。

(三)观光休闲农业园区景观规划设计原则

园林景观绿化设计的一般原则应从一些体现环境可持续性思想的本质属性进行衡量，有功能原则、经济与高效原则、循环与再生原则、乡土与生物多样性原则、地方与地方精神原则、整体与连

续性原则等5个方面。我们认为,观光农业园区的绿化作为一种特殊的景观复合体,它的规划牵涉到诸多方面的问题,要使其景观取得较为理想的成效,应该遵循以下几条基本原则,作为规划时的指南。

1. 空间格局系统化原则

观光农业园区景观的形成是一个自然循环和人工创造等多种因素综合作用的过程,这种过程构成了一个复杂的系统,系统中某一因素的改变都将影响到景观面貌的变化。因此,我们进行观光农业园区景观绿化设计时,首先应该以系统的观点进行全方位考虑,通过对景观空间格局和景观元素形状的设计,维护各种生态过程的健康和安全,使园区内的景观能得以持续,并能最大限度地满足人类生活、休闲和娱乐的需要。例如,园内温室大棚、农田作物、道路水系、环境绿化等景观要素并不是单个存在的个体,而是一个相互作用的系统,是多层次的活动空间,在安排空间格局时要综合兼顾考虑。

2. 功能目标多样化原则

随着人类从以简单劳动为主的农业时代走向以复杂劳动为主的后工业时代,基于生态过程的生产功能和基于生态关系的审美与休闲功能相融合,是观光农业园区景观规划的重要原则。例如,在观光农业园区内的一些建筑产业设施,既具有生产性的实用功能,在造型上又具有象形意义,给人带来视觉上的美感。

3. 生态化设计原则

生态化设计原则是指用生态和可持续的观点对待观光农业园区景观设计,一个健康的观光农业园区应是一个具有完善生态功能、适应生态过程的景观格局,是一个满足人类生活、工作和娱乐需要的适宜的生态系统。因此,在规划开发时应依据景观生态学原理,结合地形地貌的特点,保护生物多样性,增加景观异质性,强调景观个性,实现景观的可持续发展。

4. 朴素美或科学美原则

朴素美原则是指在观光农业园区内的建筑产业设施景观规划上,应合理、科学地考虑其朝向、造型,材料选用上避免奢华,而应体现朴素自然之美。另外,园区在景观规划时遵循因山就势、随地成形的规划原则,结合因山就林、因草就木、因平就田、因水就禽等科学生产方式,适当地穿插一些花架木桥、竹亭茅棚等景点,体现自然和谐之美。

5. 文化保护和挖掘利用原则

保护建筑、历史地段及其环境是过去存在的表现,是农村历史的见证。因此,在进行观光农业园区规划时应维护历史文脉的延续性,挖掘和利用这些宝贵的人文景观资源,通过整治历史、人文和自然景观,将其建成观光农业园区的景点。

四、观光休闲农业园区景观规划设计的步骤与方法

1. 收集和分析资料

主要包括观光农业园园区所在区域的农业发展状况、所在地的自然条件(包括气候、日照、水文、降雨量、土壤条件、地形地貌、环境污染程度、不同地块的肥沃程度)、交通条件(园区周边环境状况及旅游资源)、社会人口现状、经济现状、已有的相关的规划成果、现场踏勘工作所获得的现状资料。图12-9-1为某观光农业园区的总平面图,呈现了该园区所在地的周边环境和交通条件。

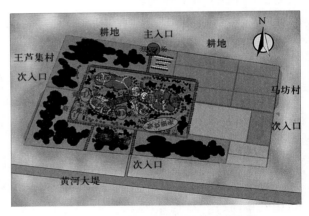

图12-9-1 某观光农业园区的总平面图

2. 确定规划目标

确定规划目标,以目标为导向进行规划;确定园区的性质与规模、主要功能与发展方向;并在景观规划过程中对目标做出讨论并进一步提炼。

3. 确定园区发展战略

在调查—分析—综合的基础上,对园区自身的特点做出正确的评估后,提出园区发展战略;确

定实现园区发展目标的途径;挖掘出农业观光休闲的市场潜力。

4. 确定园区产业布局

确定观光农业园中的产业地位,以农业产业为基础地位,规划在围绕农作物良种繁育、生物高新技术、蔬菜与花卉、畜禽水产养殖、农产品加工等产业的同时,提高观光旅游、休闲度假等第三产业在园区景观规划中的决定作用。观光园区产业布局必须符合农业生产和旅游服务的要求。图12-9-2为某观光农业园区的产业布局。

图 12-9-2　某观光农业园区的产业布局

5. 确定园区功能布局

园区功能布局要与产业布局结合,充分考虑游客观光休闲的要求,确定功能区,完成园区功能布局图。图 12-9-3 为某观光农业园区的功能布局。

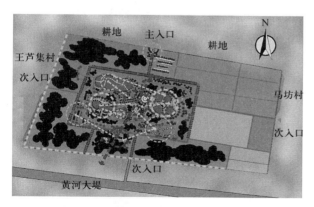

图 12-9-3　某观光农业园区的功能布局

6. 确定园区土地利用规划

合理确定园林绿地、建筑、道路、广场、农业生产用地等各项用地的布局,确定各项用地的大小与范围,

并绘制用地平衡表。对不同土地类型的各个地块做出适宜性评价,达到农业土地的最合理化利用,取得最大的经济效益。

7. 景观系统规划设计

景观系统规划设计更强调对园区土地利用的叠加和综合,通过对物质环境的布局,设想出园区景观空间结构的变化和重要节点的景观意象。包括基础服务设施规划,游憩空间规划,植物景观配置规划,道路系统规划,水电设施规划。图 12-9-4为某观光农业园区的景观绿化分析,图12-9-5为某观光农业园区的道路系统分析。

图 12-9-4　某观光农业园区的景观绿化分析

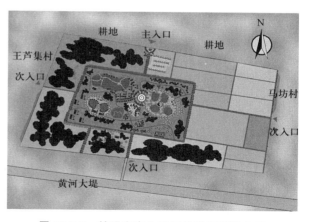

图 12-9-5　某观光农业园区的道路系统分析

8. 解说系统规划设计

解说系统规划设计内容包括软件部分(导游员、解说员、咨询服务等具有能动性的解说)和硬件部分(导游图、导游画册、牌示、录像带、幻灯片、语音解说、资料展示栏柜等多种表现形式)两部分,其中牌示是最主要的表达方式。完善解说系

统规划设计,向旅游者进行科普教育,增加游客对悠久的农耕文化和丰富的自然资源的知识,如生态系统、农作物品种、文化景观以及与其相关的人类活动的了解。

9. 景观规划与设计的实施

景观规划与设计的实施是景观系统规划设计的进一步细化,是对总体方案做的进一步修改和补充,并对重要景观节点进行详细设计。完成园路、广场、水池、树林、灌木丛、花卉、山石、园林小品等景观要素的平面布局图。在完成重要景观节点详细设计的基础上,着手进行施工设计(图12-9-6至图12-9-19)。

图 12-9-9　某观光农业园区的农家乐建筑图 1

图 12-9-6　某观光农业园区的主入口示意图

图 12-9-10　某观光农业园区的农家乐建筑图 2

图 12-9-7　某观光农业园区的主入口效果图

图 12-9-11　某观光农业园区农家乐景观图 1

图 12-9-8　某观光农业园区的农家乐建筑示意图

图 12-9-12　某观光农业园区农家乐景观图 2

图 12-9-13　某观光农业园农家乐景观图 3

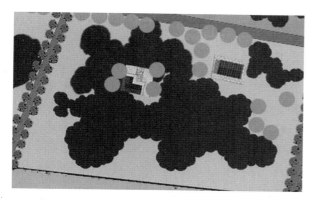

图 12-9-14　某观光农业园森林体验区示意图

图 12-9-15　某观光农业园森林体验区

图 12-9-16　某观光农业园垂钓园荷花池

图 12-9-17　某观光农业园垂钓园

图 12-9-18　某观光农业园观光采摘园

图 12-9-19　某观光农业园观光餐饮服务区

10. 评价

结合园区原有现状分析,对景观规划设计的过程和实施做出评价。主要包括:规划设计方案的适用性评价、客源市场分析与预测、投资与风险评价、环境影响分析与评价、经济效益分析与评价、社会效益分析与评价。

11. 管理

建立职能完善、灵活高效的管理机制,以保证各项工作的顺利进行。建立符合现代企业制度要求的开发运营体制,可采取"公司＋农户＋经济合作组织"的经营管理模式。

12. 规划成果

规划成果在形式上包括:可行性研究报告;文本(含汇报演示文本)、图集;基础资料汇编;从内容上讲,涵盖园区社会及自然条件现状分析;园区发展战略与目标定位;项目建设指导思想及原则;园区空间布局;园区土地利用;园区功能分区及景观意向;园区环境保障机制;园区游憩系统布置;景观规划与设计的实施方案;经济效益、社会效益、生态效益评价以及组织与经营管理。

【自我检测】

一、判断题

1. 观光农业的产生是农业发展、城市化推进、环境保护、人们生活水平提高和生活方式改变的趋势。　　　　　　　　　　　（　　）

2. 观光农业园规划设计要讲究朴素美原则。　　　　　　　　　　　　　　　（　　）

二、填空题

1. 观光农业可以把农业的生态效益、社会效益转化为合理的_____收入。

2. _____具有农林景观和乡村风情特色,以休闲度假和民俗观光为主要功能。

任务十　风景名胜区规划设计

【学习导言】

　　风景名胜区是指具有观赏、文化或者科学价值,自然景观、人文景观比较集中,环境优美,可供人们游览或者进行科学、文化活动的区域。风景名胜包括具有观赏、文化或科学价值的山河、湖海、地貌、森林、动植物、化石、特殊地质、天文气象等自然景物和文物古迹、革命纪念地、历史遗址、园林、建筑、工程设施等人文景物和它们所处的环境以及风土人情等。

【学习目标】

　　知识目标:了解风景名胜区的特点和设计过程;掌握风景名胜区设计的方法和技巧。

　　能力目标:能参与风景名胜区景观的总体规划。

　　素质目标:中国风景名胜区源于古代的名山大川和邑郊游憩地,历经数千年的不断发展,荟萃了自然之美和人文之胜,成为壮丽山河的精华,为当代留下了宝贵的自然与文化遗产,热爱祖国山河是不变的初心。

【学习内容】

一、风景名胜区的概述

(一)风景名胜区的概念及确定标准

风景名胜区也称风景区,指经过国家或地方政府批准的,具有一定范围和规模及游览条件的,自然景观或历史人文景观富集,可供人们游览、娱乐、休息的区域。经相应的人民政府审查批准后的风景区规划,具有法律权威,必须严格执行。

我国确定风景名胜区的标准是:具有观赏、文化或科学价值,自然景物、人文景物比较集中,环境优美,可供人们游览、休息,或进行科学文化教育活动,具有一定的规模和范围。因此,风景名胜区事业是国家社会公益事业,与国际上建立国家公园一样,我国建立风景名胜区,是要为国家保留一批珍贵的风景名胜资源(包括生物资源),同时科学地建设管理、合理地开发利用。

(二)风景名胜资源分类

我国的风景名胜资源众多,自然景物和人文景物异彩纷呈,景观类型极为丰富。

1. 自然资源

包括山川、湖泊、河流、海滨、森林、岛屿、动植物、特殊地质、地貌、化石、溶洞、天文气象等。

(1)山景 山岳、峡谷、峰峦、冰川、溶洞、火山等特殊地貌、典型地质现象、地质剖面等景观。如著名的五岳、名山、长江三峡、本溪水洞、马岭河峡谷、织金洞、五大连池火山地貌等。

(2)水景 江、河、湖、海、溪、泉、潭、瀑及岛屿等景观。如黄河壶口、漓江山水、北戴河海滨、杭州西湖、大连海滨、黄果树瀑布、无锡太湖、嵊泗列岛等。

(3)植物景观 森林、花卉、花草、古树名木等。如西双版纳的热带雨林、百里杜鹃,孑遗植物中的桫椤树,呼伦贝尔草原等。

(4)动物景观 各种鸟、虫、鱼、兽,特别是其珍贵种类。如金丝猴、大熊猫、锦雉,以及鸳鸯溪的鸳鸯群、峨眉山的猴群等。

(5)天象景观 云、雾、雪、雨、日月、星辰等形成的景观。如庐山云海、泰山日出、黄山、平湖秋月、海市蜃楼、峨眉佛光等。

(6)其他景观 如新疆的沙漠、甘肃的鸣沙山等。

2. 人文资源

包括文物古迹、革命纪念地、历史遗址、园林、建筑、工程设施、宗教寺庙、民俗风情等。

(1)古代文物遗迹 古建筑、石窟、寺庙、古墓、古战场、摩崖石刻、古代工程等历史遗迹或遗址。如明十三陵、西夏王陵、长城、承德避暑山庄、少林寺、龙门石窟、都江堰、泰山碑刻等。

(2)近现代重要遗迹 革命活动遗址、战场遗址、有重要纪念意义的近现代工程、造型艺术作品等。如中山陵、井冈山、韶山、娄山关等。

(3)民俗风情 有地方和民族特色的村寨、民居、集市和节日活动等。如苗族的吊脚楼、徽州的民居、白族的三月节、傣族的泼水节、彝族的火把节等。

(三)风景名胜区的类型及特征

1. 风景名胜区的类型

按照景观类型来分,风景名胜区可以分为以下几类:

(1)以山景取胜的风景区 如泰山、华山、衡山、嵩山、黄山、庐山、峨眉山、武当山、雁荡山、崂山等。

(2)以水景取胜的风景区 如浙江杭州西湖、江苏无锡太湖、云南昆明滇池、新疆天山天池、贵州黄果树瀑布等。

(3)山水结合、交相辉映的风景区 如广西漓江、四川九寨沟、台湾日月潭、黑龙江的五大连池及黄龙沟、广东肇庆星湖等。

(4)以历史古迹为主的风景区 河北承德避暑山庄与外八庙、浙江舟山普陀山、安徽九华山、湖北襄阳隆中、河北遵化清东陵、山西五台山等。

(5)休疗养避暑胜地 如河北秦皇岛市北戴河、广州白云山、山东青岛海滨、浙江莫干山等。

(6)近代革命圣地 如江西井冈山、陕西延安、贵州遵义、河北西柏坡、江西瑞金等。

(7)自然保护区中的游览区 如湖北神农架自然保护区、云南西双版纳热带雨林自然保护区等。

(8)因现代工程建设而形成的风景区 如浙江新安江水库、北京密云水库、湖北宜昌西陵峡(葛洲坝)、河南三门峡等。

按照风景区的级别来划分,风景名胜区可以分为国家级重点风景名胜区、省级风景名胜区、市级风景名胜区和县级风景名胜区等四个等级类型。

2. 风景名胜区的特征

(1)风景名胜区类型众多 有山岳、瀑布、海滨、湖泊和岛屿等众多自然景观类型,还有文物、古迹等人文景观为主的风景名胜区。

(2)自然景观奇特 在我国的许多风景名胜区中,自然景观多姿多彩,千奇百怪,各具特色。如九寨沟风景名胜区有成百个阶梯彩色湖泊、无数飞瀑流泉,黄山奇峰怪石林立等。

（3）自然景观与人文景观融为一体　历来名山僧侣居多,我国的自然山川大都伴有不少文物古迹,神话传说,从不同的侧面体现了中华民族的悠久历史和灿烂文化。如黄山和泰山两个风景名胜区,均以"世界自然与文化遗产"列入了《世界遗产名录》。

二、风景名胜区容量

游人容量应随规划期限的不同而有变化。对一定规划范围的游人容量,应综合分析并满足该地区的生态允许标准、游览心里标准和功能技术标准等因素而确定。

1. 生态允许标准

应符合表12-10-1的规定。

表12-10-1　游憩用地生态容量

用地类型	允许容人量和用地指标	
	容人量/（人/hm²）	用地指标/（m²/人）
针叶林地	2～3	5 000～3 300
阔叶林地	4～8	2 500～1 250
森林公园	<20	600～500
疏林草地	20～25	500～400
草地公园	<70	>140
城镇公园	30～200	330～500
专用浴场	<500	>20
浴场水域	1 000～2 000	20～10
浴场沙滩	1 000～2 000	10～5

资料来源:《风景名胜区规划规范》（GB 50298—1999）。

2. 游人容量及计算方法

应由一次性游人容量、日游人容量和年游人容量三个层次表示。一次性游人容量（亦称瞬时容量）,单位以"人/次"表示;日游人容量,单位以"人次/日"表示;年游人容量,单位以"人次/年"表示。游人容量的计算可分别采用线路法、卡口法、面积法和综合平衡法。

（1）线路法　以每个游人所占平均道路面积计,5～10 m²/人。

（2）面积法　以每个游人所占平均游览面积计。其中:主景景点50～100 m²/人（景点面积）;一般景点100～400 m²/人（景点面积）;浴场海域10～20 m²/人（海拔0～2 m以内水面）。

（3）卡口法　实测卡口处单位时间内通过的合理游人量,单位以"人次/单位时间"表示。

3. 风景区总人口容量测算

应包括外来游人、服务职工和当地居民三类人口容量。当规划地区的居住人口密度超过50人/km²时,宜测定用地的居民容量;当规划地区的居住人口密度超过100人/km²时,必须测定用地的居民容量;居民容量应依据最重要的要素容量分析来确定,其常规要素应是淡水、用地和相关设施等。

三、风景区人口规模

风景区人口规模的预测应符合下列规定:人口发展规模应包括外来游人、服务职工和当地居民三类人口;一定用地范围内的人口发展规模不应大于其总人口容量;职工人口应包括直接服务人口和维护管理人口;居民人口应包括当地常住居民人口。

风景区内部的人口分布应符合下列原则:根据游赏需求、生境条件和设施配置等因素对各类人口进行相应的分区分期控制;应有合理的疏密聚散变化,使其各得其所;防止因人口过多或不适当集聚而不利于生态与环境;防止因人口过少或不适当分散而不利于管理与效益。

四、风景区的生态分区

风景区的生态原则应符合下列规定:制止对自然环境的人为消极作用,控制和降低人为负荷,分析游览时间、空间范围、游人容量、项目内容和开发强度等因素,并提出限制性规定或控制性指标;保持和维护原有生物种群、结构及其功能特征,保护典型而有示范性的自然综合体;提高自然环境的复苏能力,提高氧、水和生物量的再生能力与速度,提高其生态系统或自然环境对人为负荷的稳定性或承载力。

风景区的生态分区应符合下列原则:将规划用地的生态状况按危机区、不利区、稳定区和有利区四个等级分别加以标明;按其他生态因素划分的专项生态危机区应包括热污染、噪声污染、电磁污染、放射性污染、卫生防疫条件、自然气候因素、振动影响和视觉干扰等内容;生态分区应对土地使用方式、功能分区、保护分区和各项规划设计措施的配套起重要作用。

五、风景区的环境质量

风景区规划应控制和降低各项污染程度，其环境质量标准应符合下列规定：

环境空气质量标准应符合 GB 3095—2012 中规定的一级标准。

地表水环境质量标准一般应按 GB 3838—2002 中规定的第一级标准执行，游泳用水应执行 GB 37489.3—2019 中规定的标准，海水浴场水质标准不应低于 GB 3097—1997 中规定的二类海水水质标准，生活饮用水标准应符合 GB 5749—2006 中的规定。

风景区室外允许噪声级应优于 GB 3096—2008 中规定的 0 类声环境功能区标准。

六、风景名胜区规划设计

(一)风景名胜区的总体规划

编制风景名胜区的总体规划，必须确定风景名胜区的范围、性质与发展目标，分区、结构与布局，容量、人口与生态原则等基本内容。

1. 范围、性质与发展目标

为便于总体布局、管理和保护，每个风景名胜区必须有确定的范围和外围特定的保护地带。确定风景名胜区规划范围及其外围保护地带，主要依据以下原则：景源特征及其生态环境的完整性；历史文化与社会连续性；地域单元的相对独立性；利用、管理和保护的必要性与可行性。规定风景名胜区的范围界限必须明确、易于标记和计量。

风景名胜区的性质，必须依据风景区的典型景观特征、游览欣赏特点、资源类型和区位因素、发展对策与功能选择来确定。

风景名胜区的发展目标，应根据风景名胜区的性质和社会需求，提出适合本景区的自我健全目标和社会作用目标两方面的内容。

2. 分区、结构与布局

(1)规划分区　风景名胜区应依据规划对象的属性、特征及其存在环境进行合理区别，并应遵循以下原则：同一区内的规划对象的特性及其存在环境应基本一致；同一区内的规划原则、措施及其成效特点应基本一致；规划分区应尽量保持原

有的自然、人文和现状等单元界限的完整性。

根据不同需要而划分的规划分区应符合下列规定：当需要调节控制功能特征时，应进行功能分区；当需要组织景观和游赏特征时，应进行景区划分；当需要确定保护培育特征时，应进行保护区划分；在大型或复杂的风景区中，可以几种方法协调并用。

(2)规划结构　风景名胜区应依据规划目标和规划对象的性能、作用及其构成规律来组织整体规划结构或模型，并应遵循下列原则：规划内容和项目配置应符合当地的环境承载能力、社会道德规范和经济发展状况，并能促进风景名胜区的自我生存和有序发展；有效调节控制点、线、面等结构要素的配置关系；解决各枢纽或生长点、走廊或通道、片区或网格之间的本质联系和约束条件。

凡含有一个乡或镇以上的风景区，或人口密度超过 100 人/hm² 时，应进行景区的职能结果分析与规划，并应遵循以下原则：兼顾服务职工、当地居民和外来游人三者的需求与利益；风景游览欣赏职能应有相应的效能和发展动力；旅游接待服务职能应有相应的效能和发展动力；居民社会管理职能应有可靠的约束力和时代活力；各职能结构应自成系统并有机组成风景区的综合职能结构网络。

(3)规划布局　风景名胜区应依据规划对象的地域分布、内在联系和空间关系进行综合部署，形成合理、完善而又有自身特点的整体布局，并应遵循以下原则：正确处理局部、整体和外围三个层次的关系；解决规划对象的特征、作用和空间关系的有机结合问题；调控布局形态对风景名胜区有序发展的影响，为各组成要素、各组成部分能共同发挥作用创造满意条件；构思新颖，体现自身和地方特色。

(二)风景名胜区专项规划

1. 保护培育规划

保护培育规划包括查清保育资源，明确保育的具体对象，划定保育范围，确定保育原则和措施等基本内容。

(1)风景保护分类

①生态保护区　对风景区内有科学研究价值或其他保存价值的生物种群及环境，应划出一定

的范围与空间作为生态保护区。在生态保护区内，可以配置必要的安全防护性设施，应禁止游人进入，不得搞任何建筑设施，严禁机动交通及其设施进入。

②自然景观保护区 对需要严格限制开发行为的特殊天然景观河和景源，应划出一定的范围与空间作为自然景观保护区。在自然景观保护区内，可以配置必要的步行游览和安全防护设施，宜控制游人进入，不得安排与其无关的人为设施，严禁机动交通及其设施进入。

③风景游览区 对风景区的景物、景点、景群和景区等各级风景结构单元和风景游赏对象集中地，可以划出一定的范围与空间作为风景游览区。在风景游览区内，可以进行适度的资源利用行为，适宜安排各种游览欣赏项目，应分级限制机动交通及旅游设施的配置，并分级限制居民活动进入。

④史迹保护区 在风景区（森林公园）内各级文物和有价值的历代史迹遗址的周围，应划出一定的范围与空间作为史迹保护区。在史迹保护区内，可以安置必要的步行游览和安全防护设施，宜控制游人进入，不得安排旅宿床位，严禁增设与其无关的人为设施，严禁机动交通及其设施进入，严禁任何不利于保护的因素进入。

⑤风景恢复区 对风景区内需要重点恢复、培育、涵养和保持的对象与地区，例如森林与植被、水源与水土、浅海及水域生物、珍稀濒危生物和岩溶发育条件等，宜划出一定的范围与空间作为风景恢复区。在风景恢复区内，可以采用必要技术与设施，应分别限制游人和居民活动，不得安排与其无关的项目与设施，严禁对其不利的活动。

⑥发展控制区 在风景区范围内，对上述五类保育区以外的用地与水面及其他各项用地，均应划为发展控制区。在发展控制区内，可以准许原有土地利用方式与形态，可以安排同风景区性质与容量相一致的各项旅游设施及基地，可以安排有序的生产、经营管理等设施，应分别控制各项设施的规模与内容。

（2）风景保护分级 风景保护的分级可以分为特级保护区、一级保护区、二级保护区和三级保护区。

①特级保护区 风景区内的自然核心区以及其他禁止游人进入的区域应划为特级保护区。特级保护区应以自然地形地物为分界线，其外围应有较好的缓冲条件，在区内不得搞任何建筑设施。

②一级保护区 在一级景点和景物周围应划出一定范围与空间作为一级保护区，宜以一级景点的视域范围作为划分依据。一级保护区内可以安置必需的游步道和相关设施，严禁建设与风景无关的设施，不得安排旅宿床位，机动交通工具不得进入此区。

③二级保护区 在风景区范围内，以及风景区范围之外的非一级景点和景物周围应划为二级保护区。二级保护区内可以安排少量旅宿设施，但必须限制与风景游赏无关的建设，应限制机动交通工具进入本区。

④三级保护区 在风景区范围内，对以上各级保护区之外的地区应划为三级保护区。在三级保护区内，应有序控制各项建设与设施，并应与风景环境相协调。保护培育规划应依据本风景区的具体情况和保护对象的级别而择优实行分类保护或分级保护，或两种方法并用，应协调处理保护培育、开发利用和经营管理的有机关系，加强引导性规划措施。

2. 典型景观规划

风景区典型景观规划应包括典型景观的特征与作用分析，规划原则与目标，规划内容、项目、设施与组织，典型景观与风景区整体的关系等内容。

典型景观规划必须保护景观本体及其环境，保持典型景观的长久利用，应充分挖掘与合理利用典型景观的特征及价值，突出特点，组织适宜的游赏项目与活动，应妥善处理典型景观与其他景观的关系。

3. 风景游赏规划

风景游赏规划包括景观特征分析与景象展示构思、游赏项目组织、风景单元组织、游线组织与游程安排、游人容量调控和风景游赏系统结构分析等基本内容。景观特征分析和景象展示构思，应遵循景观多样化和突出自然美的原则，对景物和景观的种类、数量、特点、空间关系、意趣展示及其观览欣赏方式等进行具体分析和安排；并对欣赏点选择及其视点、视角、视距、视线、视域和层次进行分析和安排。

游赏项目组织应包括项目筛选，游赏方式、时间和空间安排、场地和游人活动等内容。

风景单元组织应把游览对象组织成景物、景点、景群、园苑和景区等不同类型的结构单元。景点组织应包括景点的构成内容、特征、范围和容量，景点的主、次、配景和游赏序列组织，景点的设施配备，景点规划一览表四部分。

景区组织应包括景区的构成内容、特征、范围和容量，景区的结构布局、主景和景观多样化组织，景区的游赏活动和游线组织，景区的设施和交通组织要点四部分。

游线组织应依据景观特征、游赏方式、游人结构、游人体力与游线规律等因素，精心组织主要游线和多种专项游线，包括以下内容：游线的级别、类型、长度、容量和序列结构，不同游线的特点差异和多种游线间的关系，游线与游路及交通的关系。

游程安排由游赏内容、游览时间和游览距离限定。游程的确定宜符合下列规定：一日游不需住宿，当天往返；两日游住宿一夜；多日游住宿两夜以上。

4. 游览设施规划

旅行游览接待服务设施规划，包括游人与游览设施现状分析，客源分析预测与游人发展规模的选择，游览设施配备与直接服务人口估算，旅游基地组织与相关基础工程，游览设施系统及其环境分析五部分。

游人现状分析，包括游人的规模、结构、递增率、时间和空间分布及其消费状况。游览设施现状分析，应表明供需状况，设施与景观及其环境的相互关系。客源分析与游人发展规模的选择，应分析客源地的游人数量与结构、时空分布、出游规律和消费状况等，分析客源市场发展方向和发展目标，预测本地区游人、国内游人、海外游人递增率和旅游收入，游人发展规模、结构的选择与确定应符合表 12-10-2 的内容要求，合理的年、日游人发展规模不得大于相应的游人容量。

表 12-10-2　风景区总体规划图纸规定

序号	图纸资料名称	比例尺				制图选择			图纸特征	有些图可与下图合并
		风景区面积/km²				综合型	复合型	单一型		
		20 以下	20～100	100～500	500 以上					
1	现状（综合现状图）	1/5 000	1/10 000	1/25 000	1/50 000	▲	▲	▲	标准地形图上制图	
2	资源评价与现状分析	1/5 000	1/10 000	1/25 000	1/50 000	▲	△	△	标准地形图上制图	1
3	规划设计总图	1/5 000	1/10 000	1/25 000	1/50 000	▲	▲	▲	标准地形图上制图	
4	地理位置区域分析	1/25 000	1/50 000	1/100 000	1/200 000	▲	△	△	标准地形图上制图	
5	风景游览规划	1/5 000	1/10 000	1/25 000	1/50 000	▲	▲	▲	标准地形图上制图	
6	旅游设施配套	1/5 000	1/10 000	1/25 000	1/50 000	▲	▲	△	标准地形图上制图	3
7	居民社会调查	1/5 000	1/25 000	1/25 000	1/50 000	▲	△	△	标准地形图上制图	3
8	风景保护培育规划	1/10 000	1/25000	1/50 000	1/10 000	▲	△	△	可以简化制图	3 或 5
9	道路交通规划	1/10 000	1/25 000	1/50 000	1/10 000	▲	△	△	可以简化制图	3 或 6

续表12-10-2

序号	图纸资料名称	比例尺				制图选择			图纸特征	有些图可与下图合并
		风景区面积/km²				综合型	复合型	单一型		
		20以下	20~100	100~500	500以上					
10	基础工程规划	1/10 000	1/25 000	1/50 000	1/10 000	▲	△	△	可以简化制图	3或6
11	土地利用规划	1/10 000	1/25 000	1/50 000	1/10 000	▲	▲	▲	可以简化制图	3或7
12	近期发展规划	1/10 000	1/25 000	1/50 000	1/10 000	▲	△	△	可以简化制图	3

注：▲应单独出图，△可做图纸。

资料来源：《风景名胜区规划规范》(GB 50298—1999)。

5. 基础工程规划

风景区基础工程规划包括交通道路、邮电通信、给水排水和供电能源等内容，根据实际需要，还可进行防洪、防火、抗灾、环保和环卫等工程规划。

(1) 风景区道路规划　合理利用地形，因地制宜地选线，同当地景观环境相配合；对景观敏感地段，应用直观透视演示法进行检验，提出相应的景观控制要求；不得因追求某种道路等级标准而损伤景源与地貌，不得损坏景物和景观；应避免深挖高填，道路通过而形成的竖向创伤面的高度或竖向砌筑面的高度，均不得大于道路宽度。并应对创伤面提出恢复性补救措施。

(2) 风景区交通规划　分为对外交通和内部交通两方面内容。应进行各类交通流量和设施的调查、分析和预测，提出各类交通存在的问题及其解决措施等内容。

(3) 风景区(森林公园)给水、排水规划　包括现状分析，给水、排水量预测，水源地选择与配套设施，给水、排水系统组织；污染源预测及污水处理措施，工程投资匡算。给、排水设施布局还应符合以下规定：在景点和景区范围内，不得布置暴露于地表的大体量给水和污水处理设施；在旅游村镇和居民村镇采用集中给水、排水系统，主要给水设施和污水设施可安排在居民村镇及其附近。

(4) 风景区供电规划　提供供电及能源现状分析、负荷预测、供电电源点和电网规划三项基本内容。在景点和景区内不得安排高压电缆和架空电线穿过，在景点和景区内不得布置大型供电设施。

(5) 通信规划　提供风景区内外通信设施的容量、线路及布局。

6. 居民社会调控规划

凡含有居民点的风景区，应编制居民点调控规划，居民社会调控规划应包括现状、特征与趋势分析，人口发展规模与分布，经营管理与社会组织，居民点性质、职能、动因特征和分布，用地方向与规划布局，产业和劳力发展规划等内容。

7. 经济发展引导规划

经济发展引导规划包括经济现状调查与分析、经济发展的引导方向、经济结构及其调整、空间布局及其控制和促进经济合理发展的措施等内容。

8. 分期发展规划

风景区总体规划分期应符合以下规定：第一期或近期规划为5年以内，第二期或远期规划为5~20年，第三期或远景规划为大于20年。近期发展规划应提出发展目标、重点和主要内容，并应提出具体建设项目、规模、布局、投资估算和实施措施等。远期发展规划的目标应使风景区内各项规划内容初具规模，并应提出发展期内的发展重点、主要内容、发展水平、投资匡算和健全发展的步骤与措施。远景规划的目标应提出风景区规划所能达到的最佳状态和目标。

9. 土地利用协调规划

土地利用协调规划应包括土地资源分析评估，土地利用现状分析及其平衡表。土地利用规划及其平衡表等内容见表12-10-3。

表 12-10-3　风景区用地平衡表

序号	用地代号	用地名称	面积/km²	占总用地/%		人均现状/（m²/人）	备注
				现状	规划		
00	合计	风景区规划用地		100	100		合计
01	甲	风景区游览用地					甲
02	乙	旅游区设施用地					乙
03	丙	居民社会用地					丙
04	丁	交通与工程用地					丁
05	戊	林地					戊
06	己	园地					己
07	庚	耕地					庚
08	辛	草地					辛
09	壬	水域					壬
10	癸	滞留用地					癸
备注	年,现状总人口　　万人。其中:游人　,职工　,居民　。						
	年,规划总人口　　万人。其中:游人　,职工　,居民　。						

资料来源:《风景名胜区规划规范》(GB 50298—1999)。

土地资源分析评估,包括对土地资源的特点、数量、质量与潜力进行综合评估或专项评估。土地利用现状分析应表明土地利用现状特征,风景用地与生产生活用地之间关系,土地资源演变、保护、利用和管理存在的问题。土地利用规划应在土地利用需求预测与协调平衡的基础上,表明土地利用规划分区及其用地范围。土地利用规划应遵循下列基本原则:突出风景区土地利用的重点与特点,扩大风景用地,保护风景游赏地、林地、水源地和优良耕地,因地制宜地合理调整土地利用,发展符合风景区特征的土地利用方式与结构。

10. 投资匡算与效益分析

(1)投资匡算　投资匡算主要对服务设施工程、道路工程、供电工程、通信工程、给排水工程、营造园林工程、景点建设、文物保护和管理机构建设等项目进行投资匡算。

(2)效益分析　对风景区的营业收入、营业成本和税收等进行估算,计算出税后利润额,对投资收益进行分析。

(三)规划成果

风景区规划的成果应包括风景区规划文本、规划图纸、规划说明书和基础资料汇编四个部分。规划文本应以法规条文方式,直接叙述规划主要内容的规定性要求。规划图纸应清晰准确、图文相符和图例一致,并应在图纸的明显处标明图名、图例、风玫瑰图、规划期限、规划日期、规划单位及其资质图鉴编号等内容。规划说明书应分析现状,论证规划意图和目标,解释和说明规划内容。

【自我检测】

一、填空题

1. 景区组织应包括景区的　　　　内容、特征、范围和容量,景区的　　　　布局、主景和景观多样化组织,景区的　　　　活动和游线组织,景区的_____和交通组织要点四部分。

2.风景区总人口容量测算,应包括_____游人、_____职工和_____居民三类人口容量。

二、判断题

1.风景区总体规划要有近期规划、中期规划与长期规划。　　　　　　　　　（　　）

2.风景区道路规划应避免深挖高填。（　　）

第三篇

学之终选—道技合——实践训练

实训一　园林绿地调查

一、实训目的

园林绿地是规划设计的对象,在设计之前必须对园林绿地有充分的认识,而调查与分析是认识园林绿地的重要手段。通过对某一绿地的调查与分析,培养学生认识园林绿地的方法与能力,让学生掌握调查的主要内容,分析园林绿地呈现出来的景观要素的优、缺点以及在此后的规划设计中要解决的主要问题。

二、实训材料及工具

照相机、电脑、电子经纬仪、标杆、皮尺、测绳、木桩、pH 试纸、记录本、绘图板、绘图纸、丁字尺、三棱比例尺、三角板、圆模板、量角器、铅笔、绘图墨水笔、鸭嘴笔、彩色铅笔或马克笔、铅笔刀、橡皮、擦图片、曲线板、圆规、透明胶带、毛刷、图面材料等、现有的图纸及文字资料等。

三、实训调研的内容

(1)区位关系。
(2)自然情况(温度、光照、降雨、风、土壤等)。

(3)设施分布(所有相关设施)。
(4)景观状况(硬质景观、软质景观)。
(5)使用者的使用情况(行为心理、人流分布、使用者构成)。
(6)场地文化背景(历史文化、区域文化、人文特点)。

四、方法与步骤

(1)教师讲解实训内容,举例并分析绿地调查案例。
(2)学生对熟悉的某园林绿地进行调查与分析。

五、实训要求

(1)学生分组进行,带好、用好、保管好仪器工具,学习时注意安全,遵守纪律,在规定时间内完成调查内容。
(2)撰写调查报告:包括某绿地项目介绍、调查内容、成果分析整理(一般使用定性定量相结合,多采用叠加法,将影响因子逐项调查,加以综合进行评判),调查报告要图文并茂,版面设计精美。
(3)制作汇报的幻灯片,说明调查报告。

六、实训考核

园林绿地调查考核评分表

序号	课程名称		课程总学时		
	项目(任务)名称		学时		
	考核项目及分值比例(100分)	评价指标	考核方式及单项权重		
			自评(30%)	互评(30%)	教评(40%)
1	考勤(10分)	旷课;病假;事假;迟到;早退;纪律			
2	团队表现(20分)	分工合理、计划周密、安排到位;合团队协作、互帮互助,团队成员吃苦耐劳、任劳任怨等			
3	调研学习过程(20分)	调研学习方法得当、内容全面;工具使用保管精心			
4	调研报告(30分)	格式规范;论述清楚、论据充分;观点独到;结构清晰;表述明了;排版工整、美观等			
5	成果汇报与表达(20分)	PPT 制作精美、汇报条理清晰、展示成果丰富、手法多样、问题得到圆满解决等			
6	小计				
7	合计				

实训二　园林历史调研分析与手绘

一、实训目的

园林历史内容丰富、知识庞杂,通过对园林历史的调查分析与手绘,帮助学生掌握中国古典园林知识和西方造园的历史内容,进而引导学生了解中外园林艺术的基本风格、主要分类、主题思想和构成手法,提升学生的艺术鉴赏水平,最终培养学生科学的设计理念。

二、实训材料及工具

照相机、电脑、电子经纬仪、标杆、皮尺、测绳、木桩、pH 试纸、记录本、绘图板、绘图纸、丁字尺、三棱比例尺、三角板、圆模板、量角器、铅笔、绘图墨水笔、鸭嘴笔、彩色铅笔或马克笔、铅笔刀、橡皮、擦图片、曲线板、圆规、透明胶带、毛刷、图面材料、现有的图纸及文字资料等。

三、实训的内容

(1)中国园林史　详见课程内容。
(2)外国园林史　详见课程内容。

四、方法与步骤

(1)教师向学生讲解实训内容　教师讲解中国园林不同时期的园林特征及特点,以欧洲园林和日本园林为例,介绍国外园林风景的特色。

(2)教师进行园林史典型案例的讲解　做好园林要素、空间组合等内容的分析,设计典型性、有针对性的手绘和分析案例,要求学生进行实地或资料调研分析,熟悉中外古典园林设计的手法和原理,使学生对园林特色内容越来越了解,进而深入掌握园林的设计风格和设计手法。

(3)学生对中外园林史进行实地调研或查找资料:学生可以根据喜好选择一处古典园林,例如北京、上海、苏州、无锡等地区,随后以小组为单位进行风景园林内容的调研,调研的内容包含多个角度,常见的为三大类:第一是活动路线的调研;第二是功能布局的调研;第三是景点营造方法的调研。

五、实训要求

(1)学生分组进行,带好、用好、保管好仪器工具,学习时注意安全,遵守纪律,在规定时间内完成调查内容。

(2)详细地收集整理实训资料,包括图片、文字、音频、视频等。

(3)实地调研　拍摄的照片、测量的数据,调查的人群等。

(4)绘制图纸　将某园林的空间结构绘制在 A2 或 A3 幅图纸上,要有平面图、剖立面图、景观透视图等;比例自定,表现形式自定(可素描、钢笔、水粉、水彩),注意图的美观;整个图面布局合理。

(5)制作幻灯片　将调研结果做成 PPT,详细介绍某园林位置、建造历史、建造目的、景观特点、造景手法、空间处理等,特别需要对景观的空间结构进行分析,例如景观的要素分析、景观的尺度研究、景观的视线分析等,突出对历史园林艺术的保护,激发现代园林规划设计。

(6)总结研究成果　加深学生对园林艺术的认识,以实地案例进行园林艺术的解析,形成调研报告。

六、实训考核

园林历史调研分析与手绘考核评分表

课程名称			课程总学时		
项目(任务)名称			学时		
序号	考核项目及分值比例(100分)	评价指标	考核方式及单项权重		
			自评(30%)	互评(30%)	教评(40%)
1	考勤(10分)	旷课;病假;事假;迟到;早退;纪律			
2	团队表现(10分)	分工合理、计划周密、安排到位;合团队协作、互帮互助,团队成员吃苦耐劳、任劳任怨等			
3	调研学习过程(10分)	调研学习方法得当、内容全面;工具使用保管精心			
4	调研报告(20分)	格式规范;论述清楚、论据充分;分析到位、观点独到;结构清晰;表述明了;排版工整、美观等			
5	手绘表现(40)	版面布局合理、整体效果好、表现有特色、效果好、文字精美、制图规范等			
6	成果汇报与表达(10分)	PPT制作精美、汇报条理清晰、展示成果丰富、手法多样、问题得到圆满解决等			
7	小计				
8	合计				

实训三　园林空间布局分析

一、实训目的

园林空间丰富多彩、形式多样,通过本实训主要是让学生了解园林美、园林空间的类型,明确园林的各种形式及其特点,掌握园林构图原则、园林空间布局的方法与技能,学会空间布局分析的方法,创造出优美的园林景观。

二、实训材料及工具

照相机、电脑、电子经纬仪、标杆、皮尺、测绳、木桩、pH试纸、记录本、绘图板、绘图纸、丁字尺、三棱比例尺、三角板、圆模板、量角器、铅笔、绘图墨水笔、鸭嘴笔、彩色铅笔或马克笔、铅笔刀、橡皮、擦图片、曲线板、圆规、透明胶带、毛刷、图面材

料、现有的图纸及文字资料等。

三、实训的内容

(1)空间的划分与组合　把单一空间划分为复合空间,或把一个大空间划分为若干个不同的空间,其目的是在总体结构上为园景展开功能布局、艺术布局打下基础。空间一般可划分为主景区、次景区。每一景区内都应有各自的主题景物,空间布局上要研究每一空间的形式,大小、开合、高低、明暗的变化,还要注意空间之间的对比。利用空间的变化可以达到丰富园景,扩大空间感的效果。

(2)空间的序列与景深　人们沿着观赏路线和园路行进时(动态),或接触园内某一体型环境空间时(静态),客观上它是存在空间程序的。若

想获得某种功能或园林艺术效果,必须使人的视觉、心理和行进速度、停留的空间按节奏、功能、艺术的规律性去排列程序。将园内空间一环扣一环连续展开,如小径迂回曲折,既延长其长度,又增加景深。景深要依靠空间展开的层次,如一组组景要由近、中、远和左、中、右三个层次构成,只有一个层次的对景是不会产生层次感和景深的。

空间依随序列的展开,必然带来景深的伸延。展开或伸延不能平铺直叙地进行,而要结合具体园内环境和景物布局的设想,自然地安排"起景""高潮""尾景",并按艺术规律和节奏,确定每条观赏线路上的序列节奏和景深延续程度。如二段式的景物安排,即序景—起景—发展—转折—高潮—尾景;三段式,即序景—起景—发展—转折—高潮—转折—收缩—尾景。

(3)观赏点和观赏路线 观赏点一般包括入口广场、园内的各种功能建筑、场地。观赏路线依园景类型,分为一般园路、湖岸环路、山上游路、连续进深的庭院线路、林间小径等。总之,是以人的动、静和相对停留空间为条件来有效地展开视野和布置各种主题景物的。小的庭园可有 1~2 个点和线;大、中园林交错复杂,网点线路常常构成全园结构的骨架,甚至从网点线路的形式特征可以区分自然式、几何式、混合式园。观赏路线同园内景区、景点除了保持功能上方便和组织景物外,对全园用地又起着划分作用。一般应注意下列四点。

第一,路网与园内面积在密度和形式上应保持分布均衡,防止奇疏奇密。

第二,线路网点的宽度和面积、出入口数目应符合园内的容量,以及疏散方便、安全的要求。

第三,园入口的设置,对外应考虑位置明显、顺合人流流向,对内要结合导游路线。

第四,每条线路总长和导游时间应适应游人的体力和心理要求。

(4)运用轴线布局和组景的方法 一是依环境、功能做自由式分区和环状布局。二是依环境、功能做轴线式分区和点线状布局。轴线式布局或依轴线方法布局,它有三个特点:以轴线明确功能联系,两点空间距离最短,并可用主次轴线明确不同功能的联系和分布;依轴线施工定位,简单、准确、方便;沿轴线伸延方向,利用轴线两侧、轴线结点、轴线端点、轴线转点等组织街道、广场、尽端等主题景物,地位明显、效果突出。

四、方法与步骤

(1)教师讲解实训内容,举例分析景观布局的案例。

(2)学生认真识读教师给定的平面图,按照景观布局的方法、原则分析某景观总平面图和空间布局图。

五、实训要求

(1)在图纸的中部画出总平面图的简图,景点的位置正确。

(2)根据景观空间的布局,在总平面简图上用分析图线表示出各空间位置,并用不同颜色进行标示,图线应用恰当。

(3)用分析线条,分析各景观空间之间的关系,景观空间的序列关系,空间之间的联系正确。

(4)绘制空间布局分析图,分析图样符合标准要求。

(5)标示图例,科学美观。

六、实训考核

园林空间布局分析考核评分表

课程名称			课程总学时		
项目(任务)名称			学时		
序号	考核项目及分值比例 (100分)	评价指标	考核方式及单项权重		
			自评(30%)	互评(30%)	教评(40%)
1	考勤(10分)	旷课;病假;事假;迟到;早退;纪律			
2	学习态度(10分)	学习态度是否端正			
3	景点的位置(20分)	位置正确			
4	空间之间的联系(20分)	空间联系正确			
5	图线应用(20分)	图线应用恰当			
6	分析图样(20分)	分析图样符合标准要求			
7		小计			
8		合计			

实训四　中国古典园林造景手法的应用

一、实训目的

通过对中国古典园林造景手法基本知识的学习和到古典园林的参观、考察、测量等方式的学习,深刻理解园林的藏与露、疏与密、虚与实等方法,和运用借景、对景、框景、漏景等手法使园林各个空间彼此渗透、对比、衬托并形成优美的景观,以期使中国的传统造园文化在现代设计意识中得以传承。

二、实训材料及工具

照相机、电脑、电子经纬仪、标杆、皮尺、测绳、木桩、pH试纸、记录本、绘图板、绘图纸、丁字尺、三棱比例尺、三角板、圆模板、量角器、铅笔、绘图墨水笔、鸭嘴笔、彩色铅笔或马克笔、铅笔刀、橡皮、擦图片、曲线板、圆规、透明胶带、毛刷、图面材料、现有的图纸及文字资料等。

三、实训内容

(1)主景与配景,突出主景的方法。

(2)景的层次。

(3)借景及借景的方法。

(4)对景及对景的种类。

(5)分景与隔景。

(6)框景、夹景、漏景、添景、点景等。

四、方法与步骤

(1)教师结合典型案例讲解中国古典园林造景的方法,带领学生参观、测量所选择的古典园林。

(2)学生收集所选择的中国古典园林的历史知识及相关资料。

(3)学生实地或虚拟考察测量,通过考察与测量,绘制景点的平面图、剖立面图、效果图。

五、实训要求

(1)学生分组进行,带好、用好、保管好仪器工具,学习时注意安全,遵守纪律,在规定时间内完成调查内容。

(2)详细地收集整理实训资料,包括图片、文字、音频、视频等。

（3）实地测量或虚拟考察测量　拍摄的照片、测量的数据等。

（4）绘制图纸　将所选择的中国古典园林绘制在 A2 幅图纸上，要有平面图、剖立面图、景观透视图等；比例自定，表现形式自定（可素描、钢笔、水粉、水彩等），注意图的美观；整个图面布局合理。

六、实训考核

园林古典园林造景手法的应用评分表

课程名称				课程总学时		
项目（任务）名称				学时		
序号	考核项目及分值比例（100分）	评价指标		考核方式及单项权重		
				自评（30%）	互评（30%）	教评（40%）
1	考勤（5分）	旷课；病假；事假；迟到；早退；纪律				
2	整体效果与方案构思（10分）	布局合理，空间形式丰富，内容充实、完整，立意新颖				
3	总平面设计和表现（35分）	图名、图号、图幅与详图对应规范；空间尺度和比例合理；出入口位置和形式合理；道路系统畅通连贯，建筑小品体量适当；形式布局合理、形式丰富、有艺术性；植物配置科学；线型、图例、剖切符号符合制图规范；指北针、比例尺、文字、尺寸标注正确；索引符号正确				
4	效果图（20分）	效果图节点具有代表性；内容丰富，视觉效果好，反映设计意图；透视表达美观				
5	文字说明（15分）	文字说明精炼、有条理、重点突出，与内容协调统一				
6	图板设计（10分）	布局合理，美观协调				
7	团队合作（5分）	分工协作、配合默契，风格统一				
8	小计					
9	合计					

实训五　园林地形分析

一、实训目的

地形地貌是园林景观呈现的骨架，对景观类型的形成起决定性作用。因此在现状调查中，对地形的分析尤为重要，通过实训，让学生学会地形分析的方法以及地形分析图纸的绘制。学会区分不同地形地貌的特征和性质，熟悉园林地形地貌与园路广场、园林建筑小品、园林植物等其他园林组成要素的相互联系。

二、实训材料及工具

绘图纸、绘图板、HB 或 2B 绘图笔、针管笔、彩铅或马克笔或电脑及绘图软件、现有的图纸及文字资料等。

三、实训内容

1. 地形的类别

园林的地形分为陆地和水体两部分,而陆地又分为平地、坡地和山地。

2. 不同地形的表示

(1)平地 用透明法表示,在平面图中,照原样画出投影图形覆盖的下层图形。用省略法表示,对投影图形覆盖的下层图形只绘出轮廓,而省略细部的线条。

(2)坡地 主要用等高线来表示。

四、实训方法与步骤

(1)教师讲解实训知识点,并举例进行分析。

(2)学生认真分析某庭院的地形地貌。

五、实训要求

(1)绘制地形分析平面图(坡级线法或分布法),坡度分级合理,图样符合标准要求,图线应用恰当。

(2)绘制地形分析剖断面图,选择剖断面位置合理,所绘制的地形分析剖断面图能充分说明地形地貌的主要特征,图样符合标准要求,图线应用恰当。

(3)地形地貌分析说明,条理清晰,分析入微,观点正确。能区分不同地形地貌及其使用特征和性质,能联系园路广场、园林建筑小品、园林植物等其他园林组成要素进行分析。

六、实训考核

见园林古典园林造景手法的应用评分表。

实训六 园林水体景观设计

一、实训目的

水是人类心灵的向往,具有灵活、巧于因借等特点,能起到组织空间、协调水景变化的作用,更能明确游览路线、给人明确的方向感。分析水景的特性,明确水景的作用,了解水景的设计形式,利用水景和各种景观元素的关系以表达设计的意图,是具有重要意义的课题。通过实训,让学生了解水景的作用,掌握水景的类型以及应用方法,学会分析环境,设计优美的水体景观。

二、实训材料及工具

绘图纸、绘图板、HB或2B绘图笔、针管笔、彩铅或马克笔或电脑及绘图软件、现有的图纸及文字资料等。

三、实训内容

1. 水景的类别

水景概括来说可以分为两大类:一是利用地势或土建结构,仿照天然水景观而成。如溪流、瀑布、人工湖、养鱼池、泉涌、跌水等。二是完全依靠喷泉设备造景,各种各样的喷泉如音乐喷泉、程序控制喷泉、旱地喷泉、雾化喷泉等。

2. 水景设计的原则

(1)宜"活"不宜"死"的原则。

(2)宜"弯"不宜"直"的原则。

(3)虚实结合的原则。

3. 水景的设计手法

(1)水体形态 园林中的静态湖面,多设置堤、岛、桥、洲等,目的是划分水面,增加水面的层次与景深,扩大空间感;或是为了增添园林的景致与趣味。

(2)光影因借 第一是倒影成双,四周景物反映水中形成倒影,使景物变一为二,上下交映,增加了景深,扩大了空间感。第二是借景虚幻,岸边景物设计要与水面的方位、大小及其周围的环境同时考虑,才能取得理想的效果,这种借虚景的方法,可以增加人们的寻幽乐趣。

(3)动静相随 风平浪静时,微风送拂,送来细细的涟漪,为湖光倒影增添动感,产生一种朦胧美。若遇大风,水面掀起激波,倒影顿时消失。

四、方法与步骤

（1）教师讲解实训知识点，并举例分析水体设计案例。

（2）学生针对某校园入口的环境条件选择适宜的水体形式和地点，依据水体景观设计的原则和设计手法进行景观设计，绘制总平面图、立面、剖面图和景观效果图。具体做法如下：

（1）识读、分析环境地形图。

（2）图纸固定。

（3）用 HB 或 H 铅笔画出水体景观平面图。

第一步：先画图幅线、图框线和标题栏。

第二步：选择得宜的水体形式、大小、位置进行平面、立面的草图绘制。

第三步：修改草图。

第四步：用针管笔绘制正式平面图。

第五步：用针管笔绘制立剖面图，并在平面图上标示出具体位置。

第六步：绘制水体景观效果图。

第七步：进行标注，整理图面并署名。

五、实训要求

（1）教师讲解实训知识点、并举例分析水体设计案例，给予学生一定的启示。

（2）学生针对某校园入口的环境条件选择适宜的水体形式和地点依据水体景观设计的原则和设计手法进行景观设计，图纸比例为 1：200 或 1：400。

六、实训考核

见园林古典园林造景手法的应用评分表。

实训七　园林植物景观设计

一、实训目的

掌握园林植物景观设计图的绘制方法，学习植物配置的设计技巧，区分乔木、灌木、花卉、草坪、水生植物等植物种类的使用特性和设计要点。结合地方气候、土壤特点进行植物种类选择和搭配。学会将植物配置融入园林景观整体，表达特定的设计风格。

二、实训材料及工具

二号绘图纸、HB 或 2B 绘图笔、针管笔、彩铅或马克笔或电脑及绘图软件、现有的图纸及文字资料等。

三、实训内容

（一）园林植物景观设计的基本原则

1. 以总体规划为依据

各细部景点的设计都要服从总体规划，植物景观的设计也要服从某种立意或体现某种功能。

2. 以植物造景为主

植物材料既具有生态经济效益，同时又具有各种景观艺术特性，植物造景应是园林景观营造的重点。

3. 经济、美观、适用

（1）因地制宜、因材制宜。不同的环境条件需要选择不同植物种类，使用不同的造景方法。

（2）以乡土植物为主，引种培育植物为辅，使植物景观具有稳定性、经济性、地方特色和植物景观的多样性与生物入侵。

（3）植物造景首先要满足使用者最基本的需要（人的功能需求、审美心理、行为习惯等），只有以人为本，景观才有存在的必要性。

4. 表现诗情画意的意境美

（1）意境美是中国古典园林艺术的精华，在现代园林中要继承发扬。

（2）利用植物创造意境美是对优秀文化的继承，现代园林中植物意境美的创造应赋予时代新意。

（二）园林植物景观设计的手法

1. 顺应地势，划分空间

（1）空间是由地平面、垂直面、顶平面单独或共同组合成的实在的或暗示性的范围。植物可在地平面、垂直面、顶平面上通过不同的方式影响人的空间感。

（2）植物空间划分应顺应地形起伏、水面的曲直变化及空间的大小等各种立地自然条件和欣赏要求而定。

（3）对原地形的处理，不可一律保留，也不可过分雕琢，既要做到匠心独具，又要不留斧凿痕迹。

（4）植物造景要有一定的景深感。空间应大小相济，似分还连，变化多样，有封闭、有开朗，不能一览无余。

（5）植物种类应多而不乱。同一空间骨干树种要单一或相似，不同空间要有差别，多种植物混栽切不可乱，要根据自然群落关系进行合理搭配。

2. 立体轮廓，均衡韵律

（1）立体轮廓指植物由于高低、前后错落形成的曲折的林冠线和林缘线。植物的空间轮廓要有平有直、有弯有曲。

（2）自然式园林轮廓线要曲折但忌烦琐，空旷平地更应参差不齐，前后错落。

（3）植物立体轮廓线可以重复，但要有韵律，尤其是整齐性要求较高的行道树景观。

3. 主次分明，疏落有致

（1）植物配置时充分考虑各物种生态习性、生物特性及观赏特性，突出主体。

（2）植物个体间关系模仿自然界，做到高低、疏密错落有致。

（3）远处的景观如果较好，则前景稀疏以露远景，远景如果不佳，则近景宜密，以挡远景。

（4）常绿树与落叶树合理搭配，混植时要求以常绿树作背景，尽显落叶树秋叶景观，同时落叶后不至于萧条感过重。

4. 一季突出，季季有景

（1）园林植物配置要充分考虑到植物的季相

景观，使四季都有景可赏。园中春梅翠竹，配以笋石，寓意春景；夏种槐树、广玉兰，配以太湖石，构成夏景；秋栽枫树、梧桐，配以黄石，构成秋景；冬植蜡梅、南天竹，配以宣石和冰纹铺地，构成冬景。

（2）有些地点由于环境限制无法做到季季有景，应把某季景色特别突出的植物配置在一起，形成一季或两季为主的景观。

四、方法步骤

（1）识读某园总平面图。

（2）根据某园总平面图所表达的设计意图，结合已设计的园林景观整体进行园林植物配置。

（3）绘制植物种植设计图，编写苗木统计表。

（4）选择能表达园林植物配置效果的位置，绘制局部园林植物配置的立面图或透视效果图。

五、实训要求

（1）绘制植物种植设计图，图样符合标准要求，图线应用恰当。

（2）编写苗木统计表，表中列出植物的编号、树种名称、规格、数量等。

（3）选择能表达园林植物配置效果的位置，绘制局部园林植物配置的立面图或透视效果图。

（4）结合园林整体景观作园林植物配置的设计说明，着重说明所配置的植物景观效果，与气候、土壤等条件的适应情况，条理清晰，观点正确。

（5）结合园林整体景观和设计地点的气候、土壤等特点作园林植物配置的设计说明，字数200字左右。

六、实训考核

见园林古典园林造景手法的应用评分表。

实训八　园林小品景观设计

一、实训目的

园林小品，是园林中供休息、装饰、照明、展示

和为园林管理及方便游人设计的小型建筑设施和景点。按性质和功能可以分为园林景观小品、功能性园林小品和景观雕塑三大类。通过实际设

计，了解园林小品设计的方法和步骤，基本掌握园林小品设计。

二、实训材料及工具

二号绘图纸、HB 或 2B 绘图笔、针管笔、彩铅或马克笔或电脑及绘图软件、现有的图纸及文字资料等。

三、实训内容

(一)园林小品的构思立意

(1)立其意趣　根据自然景观和人文风情，做出景点中小品的设计构思。

(2)合其体宜　选择合理的位置和布局，做到巧而得体，精而合宜。

(3)取其特色　充分反映和突出园林小品的特色，把它巧妙地熔铸在园林造型之中。

(4)顺其自然　不破坏原有风貌，做到涉门成趣，得景随形。

(5)求其因借　通过对自然景物形象的取舍，使造型简练的小品获得景象丰满充实的效应。

(6)饰其空间　充分利用建筑小品的灵活性、多样性以丰富园林空间。

(7)巧其点缀　把需要突出的景物强化起来，把影响景物的角落巧妙地转化成游赏的对象。

(8)寻其对比　把两种明显差异的素材巧妙地结合起来，相互烘托，显出双方的特点。

(二)园林小品设计的构思方法

(1)原型思维法　创作性的构思，常常来自于瞬间的灵感。而灵感的产生，又是因为某种现象或事物的刺激。这些激发构思灵感的现象或事物，在心理学上称为"原型"。

(2)环境启迪法　环境启迪就是将基地环境的特征加以归纳总结及形象思维处理，形成创作启发，从而通过创造性思维发散，而创造出与环境相协调共生的园林景观小品。

(三)园林小品设计手法

(1)雕塑化处理　这种手法是借鉴雕塑专业的设计手法，其设计出发点是将小品视为一件雕塑品来处理，具有合适的尺度和部分使用上的要求，力争做到小品雕塑一体化。这是原型思维的一种表现。

(2)植物化生态处理　手法的目的是为达到与自然相融合，使小品建筑有"融入自然的体态和表情"。具体做法是在造型处理中，引入植物种植，如攀缘植物、覆土植物等。通过构架和构造上的处理，在园林小品上覆盖或点缀上绿色植物，从而达到构筑物藏而不露，适用于要求与自然相协调的环境中。

(3)虚实倒置法　通过对常用形式的研究和观察(原型思维)，进而在环境的启发下运用之，以收到出人意料的强烈对比效果。

(4)仿生学手法运用　仿生，即是在设计中模仿自然界的生物造型(原型)，包括动物、植物的形态，使小品设计栩栩如生，自然成趣。

(5)延伸寓意法　此手法是在一般想象上升到创造想象后，对一些有深刻意义的事物或词句(原型思维)加以创造、想象和升华，将其意义融入景观小品创作中。这样，往往能产生回味无穷的魅力，使人对小品产生无限的遐想。

(四)园林小品设计时应注意的问题

(1)巧于立意　园林小品作为园林中局部主体景物，具有相对独立的意境，应具有一定的思想内涵，表达出一定的意境和情趣，这就要求巧于构思，情景交融，富有美感和艺术感染力。

(2)突出特色　园林小品，应突出浓厚的地方特色、园林环境特色及个体的工艺特色，使其具有独特的格调，切忌生搬硬套。

(3)宛自天开　作为装饰园林小品，人工雕琢之处是难以避免的，而将人工与自然美浑然一体，"虽由人作，宛自天开"则是设计者们匠心独运之处。

(4)精于体宜　景观小品，作为园林之陪衬，一般在体量上力求精巧，故更应精于体宜，不可喧宾夺主，失去分寸，应力求得体。

(5)注重创新　利用先进的科技、新的思维方式，设计创作出不同类型新型的小品形式。

(6)因需设计　园林装饰小品应符合实用功能及技术上的要求。

四、方法与步骤

1. 讲解

教师讲解实训知识点，举例分析小品设计

案例。

2. 设计

学生以某个主题完成一套完整的园林小品设计,包括设计说明书。具体做法如下:

(1)分析主题,拟定环境。

(2)选择体现主题的小品类型,进行构思,绘制草图。

(3)搭配配景、周围的环境要素,注意尺度关系。

(4)绘制正图,编写设计说明。

(5)标注,检查并署名。

五、实训要求

总体构思完美,环境配合及功能合理,具有一

定的艺术造型能力,图面表现能力强。图例、文字标注及图幅符合制图规范,说明书语言流畅,言简意赅,能准确地对图纸进行说明,体现设计意图。

(1)主题突出,景观有特色。

(2)小品与环境的尺度对比恰当。

(3)小品配景搭配得宜。

(4)图纸绘制规范、完整。

六、实训考核

见园林古典园林造景手法的应用评分表。

实训九　城市道路景观规划设计

一、实训目的

熟练掌握道路绿地的设计原则与方法,将道路绿地的设计方法用于现实的道路绿地规划设计当中。

二、实训材料及工具

照相机、电脑、电子经纬仪、标杆、皮尺、测绳、木桩、pH 试纸、记录本、绘图板、绘图纸、丁字尺、三棱比例尺、三角板、圆模板、量角器、铅笔、绘图墨水笔、鸭嘴笔、彩色铅笔或马克笔、铅笔刀、橡皮、擦图片、曲线板、圆规、透明胶带、毛刷、图面材料、现有的图纸及文字资料等。

三、实训内容

(一)城市道路绿化的设计原则

(1)适应城市道路的性质和功能。

(2)符合《城市道路绿化规划与设计规范》与《城市绿化管理条例》。

(3)符合使用者的特点。

(4)结合环境形成优美的景观。

(5)选择适地适生的植物,形成有地方特色的植物景观,具备应有的生态功能。

(6)设计要结合社会现有的养护能力。

(二)城市道路绿地规划设计

道路绿化的内容包括人行道绿地、分车绿带、广场和停车场绿地、交通岛绿地、街头休息绿地等。在我国城市的道路中一般要占到总宽度的 $20\%\sim30\%$,是城市绿地的重要组成部分。

(1)人行道绿化带的设计:从车行道边缘至建筑红线之间的绿地称为人行道绿化带。它包括行道树、防护绿带及基础绿带等。

①选择合适的种植形式　树池式或树带式。

②选择合适的行道树树种。

③确定行道树间距。

④确定行道树与道牙距离。

(2)分车绿带的设计　车行道之间可以绿化的分隔带,称为分车绿带。位于上下机动车道之间的为中间分车绿带;位于机动车与非机动车道之间或同方向机动车道之间的为两侧分车绿带。

①确定宽度(建议边缘分车绿带不小于 1.5 m,中央分车绿地不小于 3 m,不设上限)。

②选择绿地景观的形式(开敞或封闭)。

③确定分车带的图案和韵律变化。

④确定植物种类。

(3)交通岛绿地设计　主要起组织环形交通、

约束车道、限制车速和装饰道路的作用,以其功能可分为中心岛、方向岛、安全岛。

(4)街道小游园的规划设计　街道小游园又称为街头休息绿地、街道花园。

①游步道:8 m 以下可设计一条游步道,8 m 以上可以设置两条游步道。

②与机动车要用高大乔木进行遮挡。

③每隔 75～100 m 设置出入口连接。

④各段应设计成不同的形式。

⑤较宽时可用自然式,否则用规则式。

(5)花园林荫路的设计　林荫路利用植物与车行道隔开,在其内部不同地段辟出各种不同休息场地,并有简单的园林设施,供行人和附近居民短时间休息之用。

四、方法与步骤

(1)选择所在城市具有代表性的 2～3 个城市道路绿地并组织参观。

(2)以小组为单位(每组 2～3 人),进行调查、记载。

(3)对所调查的城市道路绿地设计进行整理、汇总,分析城市道路绿地设计应注意的问题。

(4)给定一块空地及其周围的环境,作为城市道路绿地,对其进行设计。

(5)实地考察测量、绘制现状图。

(6)根据现状完成道路绿地设计,并绘制设计图,包括平面图、立面图、剖面图和效果图。

(7)写出设计说明书。主要说明设计依据、设计原则、设计理念和成果等。

五、实训要求

(1)将道路设计成四板五带式。

(2)外带小游园,小游园位于道路红线内。

(3)用墨线绘制出平面图和断面图、局部透视效果图。

(4)人行道、分车带、中央隔离带划分合理。

(5)道路景观体现一定特色,有层次,有季相变化。

(6)图纸绘制规范、完整。

六、实训考核

见园林古典园林造景手法的应用评分表。

实训十　街道小游园的规划设计

一、实训目的

小游园是供休息、交谈、锻炼、纳凉用的小型文化娱乐活动场所,分布于居住区、商业区、行政区等居民集中地,服务半径步行 3～6 min(按 45 m/min,在 135～270 m),面积不大,设备简单,投资少,见效快,设计精巧,管理方便。通过实训,掌握街道小游园的规划布局形式,各分区的植物配置、内容设置。

二、实训材料及工具

照相机、电脑、电子经纬仪、标杆、皮尺、测绳、木桩、pH 试纸、记录本、绘图板、绘图纸、丁字尺、三棱比例尺、三角板、圆模板、量角器、铅笔、绘图墨水笔、鸭嘴笔、彩色铅笔或马克笔、铅笔刀、橡皮、擦图片、曲线板、圆规、透明胶带、毛刷、图面材料、现有的图纸及文字资料等。

三、实训内容

1. 规划布局形式

规则对称式、规则不对称式、自由式、混合式。

2. 不同使用功能对环境的要求

(1)进行户外休息纳凉　有安静、可以观花赏景的良好环境。

(2)进行户外娱乐活动　如打牌下棋说唱,宜有桌椅,场地平台。

(3)健身活动　大面积铺装,结合花坛花钵泉池雕塑小品。

(4)儿童游戏　适于跑跳的场所,设施宜色彩鲜艳,生动活泼。

3. 规划设计要点

(1)考虑小品,如亭廊花架、宣传廊、园灯、水景、座椅、假山及儿童设施。

（2）特点鲜明突出，布局简洁明快，明确的几何图形等。

（3）因地制宜，力求变化。

（4）小中见大，充分发挥绿地的作用。

（5）布局紧凑，尽量提高利用率。如可用围墙建半壁廊，作宣传栏，边界建 50～60 cm 高的长花台等。空间层次丰富，涉园成趣：利用地形道路、植物小品分隔，小品应以小巧取胜，如座凳、栏杆、园灯等。

（6）植物配置考虑与环境结合；体现地方风格；选好基调树种；注意时相、季相、景相统一（春花、夏荫、秋叶、冬松）；乔灌花结合（乔木可点植边缘，树丛可加入宿根花卉）；组织交通吸引游人；考虑穿行人流不影响活动，采用角穿方式从一侧通过。

（7）硬质与软质景观兼顾。

（8）动静分区。动静分区影考虑公共性与秘密性；动观与静观；群游与独处相兼顾。

四、方法与步骤

（1）选择所在城市具有代表性的 2～3 个街道小游园绿地并组织参观。

（2）以小组为单位（每组 2～3 人），进行调查、记载。

（3）对所调查的城市街道小游园绿地设计进行整理、汇总，分析城市街道小游园绿地设计应注意的问题。

（4）给定一块空地及其周围的环境，作为城市街道小游园绿地，对其进行设计。

（5）实地考察测量、绘制现状图。

（6）根据现状完成街道小游园绿地设计，并绘制设计图，包括平面图、立面图、剖面图和效果图。

（7）写出设计说明书。主要说明设计依据、设计原则、设计理念和成果等。

五、实训要求

（1）确定街道小游园设计园林形式。

（2）小游园位于道路红线内。

（3）总体规划意图明显，符合园林绿地性质、功能要求，布局合理，自成系统。

（4）种植设计树种选择正确，能因地制宜地运用种植类型，符合构图要求，造景手法丰富，能与道路、地形地貌、山石水、建筑小品结合。空间效果较好，层次、色彩丰富。

（5）图面表现能力强，设计图种类齐全，设计深度能满足施工的需要，线条流畅，构图合理，清洁美观，图例、文字标注，图幅符合制图规范。

（6）说明书语言流畅，言简意赅，能准确地对图纸补充说明，体现设计意图。

（7）方案绿化材料统计基本准确，有一定的可行性。

六、实训考核

见园林古典园林造景手法的应用评分表。

实训十一　城市广场景观规划设计

一、实训目的

熟练掌握城市广场的设计原则与方法，合理运用城市广场的设计方法完成现实广场规划设计。

二、实训材料及工具

绘图纸、HB 或 2B 绘图笔、针管笔、彩铅或马克笔或电脑及绘图软件、现有的图纸及文字资料等。

三、实训内容

（一）城市广场的类型

按广场的功能性质不同分为市政广场、纪念广场、交通广场、休闲广场、文化广场、古迹广场、宗教广场、商业广场。

（二）城市广场的基本特点

多功能复合，空间多层次，对地方特色、历史文脉的把握，注重广场文化内涵的重要性。

(三)城市广场的设计原则

(1)以人为本。

(2)系统性。

(3)继承与创新的文化原则。

(4)可持续发展的生态原则。

(5)突出个性特色创造的原则。

(6)重视公众参与原则。

四、方法与步骤

(1)教师讲解实训内容,举例分析优秀的广场设计案例。

(2)教师给出某休闲广场场地环境条件。

(3)学生任务:学生认真分析后,绘制出广场设计的相关图纸(平面、分析图、立剖面图、植物景观设计图、效果图)。

①分析给定广场的地形地貌与现有景观情况。

②根据分析拟定广场的性质,进行功能划分、交通布局。

③将 A2 图纸进行布局,绘制平面草图。

④绘制平面正图、分析图、立面、剖面图及景观效果图。

⑤图纸标注,署名。

五、实训要求

(1)充分考虑周围交通情况,合理组织广场内交通。

(2)考虑人们的行为习惯,满足人们休闲需求。

(3)考虑周围的环境对场地的影响。

(4)体现广场的文化。

六、实训考核

见园林古典园林造景手法的应用评分表。

实训十二　城市居住区环境景观规划设计

一、实训目的

熟练识别居住区的各类绿地,掌握各类绿地的设计要点,学会对具体的居住区进行分析,合理地规划居住区的景观。

二、实训材料及工具

绘图纸、绘图板、HB 或 2B 绘图笔、针管笔、彩铅或马克笔或电脑及绘图软件、现有的图纸及文字资料等。

三、实训内容

(一)居住区组成

居住区、居住小区、住宅组团。

(二)居住区道路系统布局

(1)宅前小路(小路)。

(2)生活单元级道路(次干道)。

(3)居住小区道路(主干道)。

(4)居住区级道路(城市道路)。

(三)居住区绿地的组成

(1)公共绿地:居住区公园、居住小区公园、组团绿地。

(2)公共服务设施所属绿地。

(3)道路绿地。

(4)宅旁绿地和居住庭院绿地。

(四)居住区绿地规划原则

(1)总体布局,统一规划。

(2)以人为本,设计为人。

(3)以绿地为主,小品点缀。

(4)利用为主,适当改造。

(5)突出特色,强调风格。

(6)功能实用,经济合理,大处着眼,细处着手。

(五)细节处理

(1)入口处理　为方便附近居民,常结合园内功能分区和地形条件,在不同方向设置出、入口,但要避开交通频繁的地方。

(2)功能分区　分区的目的主要是让不同年龄、不同爱好的居民能各得其所,乐在其中,互不干扰,组织有序,主题突出,便于管理。小游园因用地面积较小,主要表现在动、静上的分区。

(3)园路布局　园路是小游园的脉络,既可联系各休息活动场地和景点,又可分隔平面的空间,是小游园空间组织极其重要的要素和手段。

(4)广场场地　小游园的小广场一般以游憩、观赏、集散为主,中心部位多设有花坛、雕塑、喷水池等装饰小品,四周多设座椅、花架、柱廊等,供人休息、欣赏之用。

(5)建筑小品　小游园以植物造景为主,在绿色植物衬映下,适当布置园林建筑小品,能丰富绿地内容,增加游玩趣味,起到点景作用,也能为居民提供停留、休息、观赏的地方。

四、方法步骤

(1)教师讲解实训内容,介绍优秀案例

(2)教师拟定居住区进行规划设计。

(3)学生的任务

①分析给定居住区的地形地貌与现有景观情况。

②根据分析居住区的周围环境和居民的使用情况,进行功能划分、交通布局。

③将 A2 图纸进行布局,绘制平面草图。

④绘制平面正图、分析图、立面、剖面图及景观效果图。

⑤图纸标注,署名。

五、实训要求

(1)要求学生设计出给定的楼间区域绿地方案,并绘制出平面图和小型效果图。

(2)符合规定的景观风格,硬质景观和软质景观的比例合适。

(3)要求有基本的景观设施,要求设立合适的出入口。

(4)要求将景观设施图例表、植物配置表列出,其中植物配置需符合原有的风格。

(5)要求用 A2 图纸,比例自定,标注比例和图例。

(6)用 A2 图纸进行绘图,自己进行图纸布局,上墨线条,彩色渲染。

(7)字体选用仿宋字。

六、实训考核

见园林古典园林造景手法的应用评分表。

实训十三　庭院景观规划设计

一、实训目的

私家庭院是目前接触较多的小型设计项目类型,学习庭院景观规划设计就是要掌握私家庭院的基本风格特点、私家庭院景观的基本设计原则,掌握如何将私家庭院景观设计与居住者需求相结合创造出优美的庭院景观。

二、实训材料及工具

照相机、电脑、电子经纬仪、标杆、皮尺、测绳、木桩、pH 试纸、记录本、绘图板、绘图纸、丁字尺、三棱比例尺、三角板、圆模板、量角器、铅笔、绘图墨水笔、鸭嘴笔、彩色铅笔或马克笔、铅笔刀、橡皮、擦图片、曲线板、圆规、透明胶带、毛刷、图面材料、现有的图纸及文字资料等。

三、实训内容

(一)庭院的风格特点

(1)中式庭院　其中的必备元素有假山、流水、翠竹。

(2)美式庭院　其中的必备元素有草地、灌木、参天大树、鲜花。

(3)德式庭院　景观简约,反映出清晰的观念和简洁的几何线形,讲究体块的对比。

(4)意式庭院　继承了古代罗马人的园林特点,采用了规则式布局,必备元素有雕塑、喷泉、台阶、水瀑。

(5)法式花园　必备元素有水池、喷泉、台阶、雕像。

(6)英式花园　必备元素有藤架、座椅。

(7)日式庭院　石灯、小树作为庭院中不可缺少的小品。

（二）庭院景观考虑的因素

（1）景观风格。

（2）家庭人员结构。

（3）考虑庭院的面积。

（4）庭院的私密性。

（5）庭院的朝向。

四、方法步骤

1. 讲解

教师讲解实训内容，举例分析庭院设计注意事项。

2. 教师布置设计内容

为一家六口（外祖父母退休在家，父母为教师，两个孩子，儿子12岁，女儿6岁）的别墅庭院进行规划设计。

3. 学生任务

（1）认真分析现状图纸，现场踏勘，对建筑功能位置以及现状高差进行分析。

（2）区分庭院前庭和后庭的功能。

（3）认真分析服务对象的特点。

（4）考虑业主的要求。

（5）确定景观风格。

（6）确定概念设计趋向。

（7）确定停车位置和道路走向。

（8）绘制平面草图。

（9）绘制各类分析图。

（10）确定植物配置（种类）。

五、实训要求

1. 设计要求

（1）安静休闲，风格不限，简洁明快。

（2）要求景观丰富，有活动空间。

（3）有儿童活动空间。

（4）植物景观丰富。

（5）造价20万元左右。

2. 成果要求

（1）设计说明。

（2）现状分析图。

（3）设计分析图。

（4）设计平面图（景点名称）。

（5）功能分析图。

（6）视线分析图。

（7）竖向分析图。

（8）植物配置图。

（9）室外家具分布图（照明）。

（10）两个景点的平面图、剖面图、效果图。

六、实训考核

见园林古典园林造景手法的应用评分表。

实训十四 工厂绿化设计

一、实训目的

掌握工厂的绿地规划设计的原则、植物选择要求和功能分区特点，能够对不同性质的工程进行绿化设计。

二、实训材料及工具

照相机、电脑、电子经纬仪、标杆、皮尺、测绳、木桩、pH试纸、记录本、绘图板、绘图纸、丁字尺、三棱比例尺、三角板、圆模板、量角器、铅笔、绘图墨水笔、鸭嘴笔、彩色铅笔或马克笔、铅笔刀、橡皮、擦图片、曲线板、圆规、透明胶带、毛刷、图面材料、现有的图纸及文字资料等。

三、实训内容

（一）工矿企业绿地的特殊性

工矿企业绿地与其他绿地形式相比，有一定的特殊性。认识其特殊性，有助于进行更为合理的绿地规划设计。

（二）工矿企业绿地绿化树种选择的原则

（1）因地制宜，选择合适树种。

（2）要满足生产的要求。

(3)选择易于管理的树种。

(4)创造优美的环境。

(三)工矿企业绿地的设计要点

1. 工矿企业绿化设计的面积指标

绿地在工矿企业中要充分发挥作用,必须达到一定的面积。

2. 工矿企业绿地的类型

(1)厂前区绿地 是工矿企业绿化的重点地段,景观要求较高。

(2)生产区绿地 生产区绿地环境的好坏直接影响到工人身心健康和产品的产量与质量。

(3)仓库、露天堆场区绿地 绿化要求与生产区基本相同,绿化条件较差。

(4)道路绿地 考虑企业的自身特点和需求,要满足企业内车辆、零部件运输的方便性。

(5)绿化美化地段 工矿企业用地周围的防护林、全厂性的游园、企业内部水源地的绿化,以及苗圃、果园等。

(四)工矿企业绿地各组成部分的设计

(1)厂前区 景观要求较高、要满足交通使用功能、掌握绿地组成、明确绿地布局形式、注意企业大门与围墙的绿化、重视厂前区道路绿化、熟悉建筑周围的绿化、注重小游园的设计、合理选择树种。

(2)生产区 了解车间生产劳动的特点,要满足生产、安全、检修、运输等方面的要求。了解本车间职工对绿化布局和植物的喜好,满足职工的要求。不影响车间的采光、通风等要求,处理好植物与建筑及管线的关系。车间出入口可作为重点美化地段。根据车间生产特点,合理选择植物,或抗污染,或具某种景观特质。

(3)仓库、露天堆场区绿地 宜选择树干通直、分枝点高(4 m 以上)的树种,以保证各种运输车辆行驶畅通。

四、方法步骤

(1)教师讲解实训内容,举例分析工厂绿地设

计要注意的问题。

(2)教师布置某工厂绿地规划设计任务,环境基本情况交代清楚。

(3)学生任务:为该企业绿地设计图纸一套、设计说明书一份。

①以小组为单位,进行调查、记载。包括布局形式、绿化树种的选择、植物种植的形式、周围的环境条件、主要景点的特点及表现手法等,并对其现状及设计进行评价。

②确定工厂绿化的布局形式,采用规则式、自然式、混合式或自由式。

③确定工厂出入口的位置,考虑出入口内外的设置。

④组织工厂空间、设置游览路线、划分功能区、布置景点。

⑤设计平面图。

⑥对工厂绿地进行植物种植设计。

⑦最后完成整个工厂(或局部)效果图的绘制。

⑧写出设计说明书。

五、实训要求

(1)要求考虑周围环境,布局合理。

(2)要求体现工厂的文化内涵。

(3)恰当选择树种,合理种植。

(4)有满足工人休息、锻炼、休闲的场所。

(5)设计图种类齐全,图例、文字标注符合制图规范。

(6)说明书语言流畅,能准确地对图纸补充说明,体现设计意图。

六、实训考核

见园林古典园林造景手法的应用评分表。

实训十五　校园绿化设计

一、实训目的

掌握校园的绿化特点和设计要求,并能结合具体环境条件进行各类校园绿化设计。

二、实训材料及工具

照相机、电脑、电子经纬仪、标杆、皮尺、测绳、木桩、pH试纸、记录本、绘图板、绘图纸、丁字尺、三棱比例尺、三角板、圆模板、量角器、铅笔、绘图墨水笔、鸭嘴笔、彩色铅笔或马克笔、铅笔刀、橡皮、擦图片、曲线板、圆规、透明胶带、毛刷、图面材料、现有的图纸及文字资料等。

三、实训内容

(一)校园绿化特点

学校一般分为幼儿园、中小学和大专院校。同类学校的建筑和绿化布局有共性,不同学校又各有特点。

(二)校园绿化设计要求

(1)校园绿地规划应与校园总体规划同步进行,使校园绿地与建筑及各项设施用地比例分配恰当,营造最佳的校园环境。

(2)校园绿地规划必须贯彻执行国家及地方有关城市园林绿化的方针政策,各项指标应符合有关指标定额要求。

(3)因地制宜,合理地利用地形地貌、河湖水系、植物资源及历史人文景观,使校园环境与社会融为一体,体现地方特色和时代精神。

(4)在保护自然植被资源和自然生态环境的基础上,创造丰富多彩的环境景观,在充分发挥生态功能的前提下,考虑校园环境空间的多功能要求,处理好生态造景与使用功能的关系。

(5)编制校园绿地规划应贯彻经济、实用、美观的总方针,合理规划,分步实施。还要注重实施的可操作性和易管理性。以生态造景为主,兼顾形式美。

(6)布局形式:校园绿地规划布局的形式与总体规划基本一致,分为规则式、自然式和混合式三种布局形式。

(三)校园局部环境绿地设计

(1)大门和行政区绿地设计　校园的门面,具有"窗口"作用。

(2)教学区绿地设计　教学区环境以教学楼为主体建筑,环境绿地布局和种植设计的形式与大楼建筑艺术相协调。

(3)生活居住区绿地设计　生活区,通常设置小游园、花台、假山、水池、花架、凉亭、座凳等园林小品,并具有一定面积的硬质或软质铺装场地。

(4)体育活动区绿地设计　体育活动区外围常用隔离绿带,运动场外侧栽植高大乔木。篮球场、排球场周围主要栽植分枝点高的落叶大乔木,树下铺耐踏草坪或植草砖,设置座凳。各种运动场之间可用绿篱进行空间分隔。

四、方法与步骤

(1)教师讲授有关校园绿化的设计要点以及对典型案例进行分析。

(2)教师布置任务,学生对给定的校园环境进行景观规划设计。

①以小组为单位进行调查、记载。包括布局形式、绿化树种的选择、植物种植的形式、周围的环境条件、主要景点的特点及表现手法等,并对其现状及设计进行评价。

②确定校园的布局形式,采用规则式、自然式、混合式。

③确定学校出入口的位置,考虑出入口内外的设置。

④组织校园空间,设置游览路线,划分功能区,布置景点。

⑤设计平面图。

⑥对校园绿地进行植物种植设计。

⑦最后完成整个校园(局部)效果图的绘制。

⑧写出设计说明书。

五、实训要求

（1）要注意充分利用现有的水景,为师生创造学习、生活、工作的场所,注意周围的环境、交通情况。

（2）绘制总平剖面图、分析图、立面图、效果图等。

六、实训考核

见园林古典园林造景手法的应用评分表。

实训十六　托、幼机构绿化设计

一、实训目的

通过实训,掌握托儿所、幼儿园绿地规划设计的植物选择要求,绿化布局的要点,能够结合具体的环境进行托、幼机构绿化设计,为幼儿创造丰富多彩的世界。

二、实训材料及工具

照相机、电脑、电子经纬仪、标杆、皮尺、测绳、木桩、pH试纸、记录本、绘图板、绘图纸、丁字尺、三棱比例尺、三角板、圆模板、量角器、铅笔、绘图墨水笔、鸭嘴笔、彩色铅笔或马克笔、铅笔刀、橡皮、擦图片、曲线板、圆规、透明胶带、毛刷、图面材料、现有的图纸及文字资料等。

三、实训内容

（1）服务对象　接纳3周岁以下幼儿的托儿所,接纳3～6岁幼儿的为幼儿园。

（2）位置及布局　在居住区的规划中多布置在独立地段,也有设置在住宅底层;建筑布局有分散式、集中式两类;总平面设计一般可分为主体建筑区、辅助建筑区和户外活动区三部分。

（3）绿化要点

①必须设各班专用的室外专用场地。

②应有全园共用的室外活动场地。场地应设游戏设施、沙坑、洗手池和戏水池（水深＜0.3 m）,并可适当布置小亭、花架、动物房、苗圃及供儿童骑自行车的小区。

③浪船、吊箱等摆动类设施周围应有安全围护设施。

④户外要避免尘土飞扬并注意保护儿童安全。

⑤场地上宜有绿化面积,严禁种植有毒有刺等植物。

⑥架物与活动隔开并设专用出入口。

⑦游戏设施:滑梯,高2.3～3.0 m,滑道3 m长,宽0.4 m;攀登架,高3.0 m,宽0.3 m;跷跷板,长3.0 m,宽0.25 m,离地高0.8 m。

四、方法与步骤

（1）教师讲授有关托儿所、幼儿园绿地规划设计的要点以及对典型案例进行分析。

（2）教师布置任务,学生对给定的托儿所、幼儿园环境进行景观规划设计。

①以小组为单位进行调查、记载。包括布局形式、绿化树种的选择、植物种植的形式、周围的环境条件、主要景点的特点及表现手法等,并对其现状及设计进行评价。

②确定托儿所、幼儿园的布局形式,采用规则式、自然式、混合式。

③确定托儿所、幼儿园的出入口的位置,考虑出入口内外的设置。

④组织托儿所、幼儿园的空间,设置游览路线,划分功能区,布置景点。

⑤设计平面图。

⑥对托儿所、幼儿园的绿地进行植物种植设计。

⑦最后完成整个托儿所、幼儿园的(局部)效果图的绘制。

⑧写出设计说明书。

五、实训要求

（1）总体规划意图明显,符合园林绿地性质、功能要求,布局合理,自成系统。

（2）种植设计树种选择正确,能因地制宜地运用种植类型,符合构图要求,造景手法丰富,能与道路、地形、水体、建筑小品结合。空间效果较好，层次、色彩丰富。

（3）图面表现能力强，设计图种类齐全，线条流畅，构图合理，清洁美观，图例、文字标注，图幅符合制图规范。

（4）说明书语言流畅，言简意赅，能准确地对图纸补充说明，体现设计意图。

（5）方案、绿化材料统计基本准确，有一定的可行性。

六、实训考核

见园林古典园林造景手法的应用评分表。

实训十七　医疗机构绿化设计

一、实训目的

通过实训，使学生了解医疗机构绿化设计方法和特征、医疗机构建筑在医疗修养中的作用、医疗机构建筑尺寸和材料种类及其位置安排、医疗机构建造的原则、条件，掌握医疗机构园林植物的选择和配置方法，能够进行医疗机构的规划设计。

二、实训材料及工具

照相机、电脑、电子经纬仪、标杆、皮尺、测绳、木桩、pH 试纸、记录本、绘图板、绘图纸、丁字尺、三棱比例尺、三角板、圆模板、量角器、铅笔、绘图墨水笔、鸭嘴笔、彩色铅笔或马克笔、铅笔刀、橡皮、擦图片、曲线板、圆规、透明胶带、毛刷、图面材料、现有的图纸及文字资料等。

三、实训内容

（1）医疗机构绿化的功能。
（2）医疗机构园林植物布局方法和种植类型。
（3）医疗机构采用的造景方法。
（4）不同性质的医院的一些特殊要求。
（5）医疗机构的绿地组成。
（6）医疗机构的绿地设计。

四、方法与步骤

（1）教师讲解实训内容，举例分析医疗机构绿地设计要注意的问题。
（2）教师布置某医疗机构绿地规划设计任务，环境基本情况交代清楚。
（3）学生任务　为该医疗机构绿地设计图纸一套、设计说明书一份。

①以小组为单位，进行调查、记载。包括布局形式、绿化树种的选择、植物种植的形式、周围的环境条件、主要景点的特点及表现手法等，并对其现状及设计进行评价。
②确定医疗机构绿化的布局形式，采用规则式、自然式、混合式或自由式。
③确定医疗机构出入口的位置，考虑出入口内外的设置。
④组织医疗机构空间、设置游览路线、划分功能区、布置景点。
⑤设计平面图。
⑥对医疗机构绿地进行植物种植设计。
⑦最后完成整个医疗机构（或局部）效果图的绘制。
⑧写出设计说明书。

五、实训要求

（1）要求考虑周围环境，布局合理、注意隔离。
（2）要求体现医疗机构的文化内涵、服务意识及医疗机构性质的特点。
（3）恰当选择树种，合理种植。
（4）有满足医护人员、患者休息、锻炼、休闲的场所。
（5）设计图种类齐全，图例、文字标注符合制图规范。
（6）说明书语言流畅，能准确地对图纸补充说明，体现设计意图。

六、实训考核

见园林古典园林造景手法的应用评分表。

实训十八 屋顶花园景观规划设计

一、实训目的

通过屋顶花园景观规划设计，使学生了解屋顶花园不同于其他绿地的环境特点，掌握屋顶花园规划设计的原则，掌握屋顶花园各景观要素布置的要点。

二、实训材料及工具

照相机、电脑、电子经纬仪、标杆、皮尺、测绳、木桩、pH试纸、记录本、绘图板、绘图纸、丁字尺、三棱比例尺、三角板、圆模板、量角器、铅笔、绘图墨水笔、鸭嘴笔、彩色铅笔或马克笔、铅笔刀、橡皮、擦图片、曲线板、圆规、透明胶带、毛刷、图面材料、现有的图纸及文字资料等。

三、实训内容

(一)屋顶花园的环境特点

(1)园内空气通畅，污染较少，屋顶空气湿度比地面低，风力通常比地面大得多，园内种植土较薄。

(2)屋顶花园的位置高，接受日照时间长。

(二)屋顶花园规划设计的原则

(1)安全原则。

(2)生态原则。

(3)美观原则。

(4)经济原则。

(三)屋顶景观要素设计

1. 水景设计

一般作主景用；宜在中心点或转角处；水深30～50 cm；应循环供水；宜多种水景结合。

(1)浅水池　平面自然式或规则式，按防水水池做法。

(2)水生植物池　种鱼草、菖蒲、马蹄莲、睡莲等。

(3)观鱼池　养金鱼、锦鲤及普通鱼类供观赏。

(4)石涧、旱涧　带状水体，宽窄变化，蜿蜒曲折。

(5)碧泉、管泉　小潜水循环供水，兼作水池

水源。

(6)小型喷泉　牵牛花泉、半球泉、喷雾泉、鱼尾泉等。

2. 山石景设计

(1)特置石景　居中或转角处，置于内空的台基上，与游览视线相对，陈列作主景观赏。

(2)散点石景　散置或群置，草坪上、旱涧内、水池边布置成组的石景，采取聚散结合的方式布置。

(3)瀑布山石壁　用山石作瀑布壁，转角处或楼梯间转处。

(4)塑假石山　用于较大的假山，用作工具房、储藏室等。

(5)山石盆景　陈列作景物，以大中型盆景为主。

3. 小品建筑布置

(1)亭　不宜居中。布置在女儿墙转角处、小路端头，体量应较小，可为半亭或1/4亭，亭底用板式基础，稳定性好。

(2)廊与花架　靠女儿墙边布置，也可在局部作空间分隔，分隔时忌居中，宜用轻质材料建造。

(3)景墙　矮墙，作造景或空间分隔。最好设计为镂空的花格墙、博古隔断墙，墙上可陈列小型盆景、盆栽。

(4)景门　用于屋顶小路路口，造型优美、新颖。

4. 其他景物及设施设计

(1)雕塑　用不锈钢雕塑。小型，可设置为主景。

(2)灯具　草坪灯、石灯，渲染情调，丰富景观。

(3)树桩盆景　基座或女儿墙顶，作点缀景物。

(4)桌凳　石桌凳，陶瓷桌凳，成套配置于边角。

(5)园椅　在主道边分散布置，应不影响他人游览。

四、方法与步骤

(1)对某城市未设计的屋顶空地或者已经设

计的屋顶空地进行园林景观设计,教师给出一定的参考资料和指导。

(2)学生根据屋顶花园的设计要点将使用者的行为习惯、使用者的需求考虑到设计中。

①以小组为单位,进行调查、记载。包括布局形式、绿化树种的选择、植物种植的形式、周围的环境条件、主要景点的特点及表现手法等,并对其现状及设计进行评价。

②确定屋顶花园绿化的布局形式,采用规则式、自然式、混合式或自由式。

③确定屋顶花园出入口的位置,考虑出入口内外的设置。

④组织屋顶花园空间、设置游览路线、划分功能区、布置景点。

⑤设计平面图。

⑥对屋顶花园绿地进行植物种植设计。

⑦最后完成整屋顶花园(或局部)效果图的绘制。

⑧写出设计说明书。

五、实训要求

(1)要求考虑周围环境,布局合理、注意安全、荷载、防漏、防渗。

(2)要求屋顶花园的文化内涵、功能特点。

(3)恰当选择植物,合理种植。

(4)有满足屋顶花园使用者的休息、锻炼、休闲的场所。

(5)设计图种类齐全,图例、文字标注符合制图规范。

(6)说明书语言流畅,能准确地对图纸补充说明,体现设计意图。

六、实训考核

见园林古典园林造景手法的应用评分表。

实训十九　城市综合性公园规划设计

一、实训目的

了解公园规划设计的基本程序和过程,学会对基址状况作全面分析,绘制现状分析图、景观构成分析图。熟练进行多方案的设计思路探讨,进一步熟悉园林各组成要素的运用特点和彼此联系,掌握基本设计语言——常用设计图的绘制。

二、实训材料及工具

照相机、电脑、电子经纬仪、标杆、皮尺、测绳、木桩、pH试纸、记录本、绘图板、绘图纸、丁字尺、三棱比例尺、三角板、圆模板、量角器、铅笔、绘图墨水笔、鸭嘴笔、彩色铅笔或马克笔、铅笔刀、橡皮、擦图片、曲线板、圆规、透明胶带、毛刷、图面材料、现有的图纸及文字资料等。

三、实训内容

(一)综合性公园出入口的确定

1.公园出入口的类型

(1)主要出入口。

(2)次要出入口。

(3)专用出入口。

2.公园出入口设置原则

(1)满足城市规划和公园功能分区的具体要求。

(2)方便游人出入公园。

(3)利于城市交通的组织与街景的形成。

(4)便于公园的管理。

3.公园出入口的设施

(1)大门建筑(售票房、小卖店、休息廊)。

(2)入口前广场　前广场的大小要考虑游人集散量的大小,并和公园的规模、设施及附近建筑情况相适应。目前,建成的公园入口前广场长宽在(12～50)m×(60～300)m,但以(30～40)m×(100～200)m的居多。

(3)入口后广场　位于大门入口之内,是从园外到园内集散的过渡地段,往往与主路直接联系,这里布置公园导游图和游园须知等。

4.公园出入口设计方法

欲扬先抑;开门见山;外场内院;"T"字形障景。

(二)分区规划

1. 大门入口区

2. 文化娱乐区

可设置展览馆、展览画廊、露天剧场、文娱室、音乐厅、茶座等。布置时注意区内各项活动之间的相互干扰,希望用地达到 30 m²/人。布局要求如下:

(1)在公园适中位置　虽在适中之处,但不占据风景地段。

(2)因地制宜布置设施　按功能进行布置,使其适得其所。

(3)项目间距适当分离　保持一定距离,避免相互干扰。

(4)要方便疏散　人流量大的项目尽量靠近出入口。

(5)道路及设施要够用。

(6)要注意利用地形。

(7)可布置动植物展区。

(8)水、电设施要齐备。

3. 儿童活动区

面积小,各种设施复杂。规划要求如下:

(1)靠近公园主入口(要避免影响大门景观)。

(2)符合儿童尺度,造型生动。

(3)所用植物与设施必须无害。

(4)外围可布置树林或草坪。

(5)活动区旁应安排成人休息、服务设施。

4. 体育活动区

游人多、集散时间短、对其他各项干扰大。布置要求如下:

(1)距主要入口较远或公园侧边,有专用出入口,场地平坦,可靠近水面。

(2)周边应有隔离性绿化。

(3)体育建筑要讲究造型。

(4)要注意与整个公园景观协调。

(5)设施不必全按专业场地布置,可变通处理。

5. 老年人活动区

游人活动密度小,环境较安静,面积不太大,必有安静锻炼场地,一般在游览区、休息区旁。规划要点如下:

(1)注意动静之分。

(2)配备齐全的活动与服务设施。

(3)注重景观的文化内涵表现:诗词、楹联、碑刻、景名点题要有深刻的文化内涵,寓意性的植物栽植,具有典故来历的景点,历史文物,文化名人古迹等,尽量丰富些。

(4)注意满足安全防护要求:散步路宜宽些,地面应防滑,不用汀步,栏杆、扶手应牢固可靠。

6. 安静休息区

以安静的活动为主;游人密度小,环境宁静,人均 100 m²/人;点缀布置有游憩性风景建筑。布局要求如下:

(1)在地形起伏,植物景观优美处,如山林、河湖边。

(2)安静活动分几处布置,不强求集中,多些变化。

(3)环境既要优美又要生态良好。

(4)建筑分散、格调素雅,适宜休息。

(5)远离出入口,与喧哗区隔离(可与老人活动区靠近)。

7. 园务管理区

具有专用性质,与游人分开;有专用出入口联系园内园外;由管理、生产型建筑场院构成。

(三)综合性公园中园路的布置

1. 园路的类型

(1)主干道　路宽 4~6 m,纵坡 8%以下,横坡 1%~4%。

(2)次干道　公园各区内的主道。

(3)专用道　多为园务管理使用,与游览路分开,应减少交叉,以免干扰游览。

(4)游步道　宽 1.2~2 m。

2. 园路的布局形式

(1)园路的回环性。

(2)疏密适度。

(3)因景筑路。

(4)曲折性。

(5)多样性和装饰性。

(四)公园中的建筑

公园中建筑总的要求有以下几点:

(1)保持风格一致。

（2）管理附属类建筑应掩蔽。

（3）集中与分散布局结合。

（4）形式要有变化、有特色。

（5）以植物衬托建筑。

四、方法与步骤

（1）教师讲解综合性公园规划设计的要点及注意事项,分析优秀案例。

（2）教师布置设计任务,学生需要做以下工作:

①踏勘设计对象基址,并对基址状况作全面分析,绘制现状分析图、景观构成分析图。

②按照绿地的功能要求进行功能分区,对地形、道路系统、场地分布、建筑小品类型及位置等主要设计内容进行确定,绘制设计草图。

③绘制园林设计总平面图、种植设计图、竖向设计图,绘制主要建筑小品的平面图、立面图和剖面图,图上作简要的设计说明,图样符合标准要求,图线应用恰当。

④绘制局部景观透视图,视点选择恰当,成图效果好。

⑤选绘公园的鸟瞰图,视点选择恰当,成图效果好。

⑥撰写设计说明书,完整表达设计思路、设计对象特点、设计手法运用、景观效果、各园林组成

要素设计等内容,以及设计者认为应当作说明的其他内容。编制必要的表格,如用地平衡表、分区关系表、苗木统计表等。字数不少于1 000字。

五、实训要求

（1）公园出入口设置合理,着重考虑主入口的位置、面积、形象。

（2）公园的功能分区能满足居民的使用,各功能区的位置得当,必须有老人休闲活动区和儿童娱乐区。

（3）公园考虑通行园务车和消防车,不进小车。合理设计公园的交通布局与交通分级。

（4）公园的景观应有主次,有序列感,主要景观应契合公园的主题。

（5）公园的绿地率应高于60%,建筑(包括管理建筑和观赏建筑以及测试)控制在全园面积的2%。

（6）绿地应布置园林小品和适当的休息设施。要求能体现城市空间的舒适、休闲、美观的环境气氛。

（7）方案要求能够利用周围环境条件,创造出相对活泼、富有吸引力的城市环境。

六、实训考核

见园林古典园林造景手法的应用评分表。

实训二十　城市滨水公园景观规划设计

一、实训目的

熟悉公园设计规范和滨水植物的种植种类,掌握滨水绿地的设计原则,能够结合公园设计规范,将水体景观设计融入公园的整体规范中,使陆地与水域结合设计得更加合理,贴近人的行为习惯。

二、实训材料及工具

照相机、电脑、电子经纬仪、标杆、皮尺、测绳、木桩、pH试纸、记录本、绘图板、绘图纸、丁字尺、三棱比例尺、三角板、圆模板、量角器、铅笔、绘图墨水笔、鸭嘴笔、彩色铅笔或马克笔、铅笔刀、橡

皮、擦图片、曲线板、圆规、透明胶带、毛刷、图面材料、现有的图纸及文字资料等。

三、实训内容

(一)滨水绿地景观设计的原则

（1）保持基址的整体性与连续性。

（2）遵从基址的生态环境特征,减少人为干扰与破坏。

（3）生态、景观、防洪等多功能兼顾。

（4）以绿为主,生态优先。

（5）景观结合文化,突出地方性特色。

(二)分区空间的处理

(1)滨水空间 外围空间、绿地内部空间、临水空间、水面空间、水面对岸空间。

(2)滨水空间设计 竖向上考虑高低起伏变化,利用地形堆叠和植被配置的变化,在景观上构成优美多变的林冠线和天际线,形成纵向的节奏与韵律。横向上在不同的高程安排临水、亲水空间,采取一种多层复式的断面结构,分成外低内高型、外高内低型、中间高两侧低型等几种。

(三)临水空间的处理

(1)自然缓坡型。

(2)台地型。

(3)挑出型。

(4)引入型。

(5)垂直型。

(四)滨水绿地道路系统的处理

(1)提供人车分流、和谐共存的道路系统,串联各出入口、活动广场、景观节点等内部开放空间和绿地周边街道空间。

(2)提供舒适、方便、吸引人的游览路径,创造多样化的活动场所。

(3)提供安全、舒适的亲水设施和多样的亲水步道,增进人际交往与地域感。

(4)配置美观的道路装饰小品和灯光照明。

(五)生态护岸技术措施

(1)网石笼结构生态护岸。

(2)土工材料复合种植技术。

(3)植被型生态混凝土护坡。

(4)水泥生态种植基。

(5)多孔质结构护岸。

(6)自然型护岸。

(六)植物景观设计

(1)注重植物观赏性方面的要求同时,结合地形的竖向设计,模拟水系形成的自然过程所构成的典型地貌特征创造滨水植物适生的地形环境。

(2)在滨水生态敏感区引入天然植被要素。

(3)在适地适树的基础上,注重增加植物群落的多样性。

四、方法步骤

(1)教师给出某滨水公园现状地形图,学生根据拟定的参考地形资料分析后,完成以下图纸:

①总平面图1:1000比例(要求有经济技术指标)。

②各类分析图(道路分析图、功能分析图、概念分析图、空间分析图等)。

③植物规划图。

④局部平面图放大1:300,立面和效果图。

(2)学生进行滨水绿地规划设计:

①现状的调查与分析。

②整体构思与立意。

③系统的分区与联系。

④分区空间的处理。

⑤临水空间处理。

⑥道路系统的处理。

⑦滨江护岸的设计处理。

⑧植物的景观设计。

五、实训要求

(1)核心区用地性质是公园用地,将其建设成为生态健全、景观优美、充满活力的户外公共活动空间,为满足该市居民日常休闲活动服务,该区域为开放式管理。

(2)区内休憩、服务、管理建筑和设施参考《公园设计规范》的要求设置,区域内绿地面积应大于陆地面积的70%,园路及铺装场地的面积控制在陆地面积的8%~18%,管理建筑应小于总用地面积的1.5%,游览、休息、服务、公共建筑应小于总用地面积的5.5%。除其他休息、服务建筑外。

(3)设计风格、形式不限,设计应考虑该区域在空间尺度、形态特征上与开阔湖面的关联,并具有一定特色。地形和水体均可根据需要决定是否改造,道路是否改线,无硬性要求。

(4)为形成良好的植被景观,需要选择适应栽植地段立地条件的适生植物,要求完成整个区域的种植规划,并以文字在分析图上进行总概括说明,不需列植物名录,规划总图只需反映植被类型(指乔木、灌木、草本、常绿或阔叶等)和种植类型。

六、实训考核

见园林古典园林造景手法的应用评分表。

实验实训二十一　纪念性公园设计

一、实训目的

通过实训,使学生了解纪念性公园的布局设计方法、内容及其特征,了解纪念性公园的各种园林建筑(纪念及休息性)的布局方法和在造景中的作用;了解园林建筑的类型及其位置安排;掌握纪念性公园园林植物的配置方法、作用,能够结合地方实际进行纪念性公园的规划设计。

二、实训材料及工具

照相机、电脑、电子经纬仪、标杆、皮尺、测绳、木桩、pH 试纸、记录本、绘图板、绘图纸、丁字尺、三棱比例尺、三角板、圆模板、量角器、铅笔、绘图墨水笔、鸭嘴笔、彩色铅笔或马克笔、铅笔刀、橡皮、擦图片、曲线板、圆规、透明胶带、毛刷、图面材料、现有的图纸及文字资料等。

三、实训内容

(1)纪念性公园的主题。
(2)纪念性公园主要景观及作用。
(3)纪念性公园植物配置方法来与主题的呼应。
(4)纪念性公园公园布局和分区。
(5)主要建筑(纪念碑、纪念馆、雕塑等)在公园中的位置安排。

四、方法与步骤

(1)教师给出某纪念性公园现状地形图,学生根据拟定的参考地形资料分析后,完成以下图纸:
①总平面图 1:500 比例(要求有经济技术指标)。
②各类分析图(道路分析图、功能分析图、概念分析图、空间分析图等)。
③植物规划图。
④局部平面图放大 1:300,立面和效果图。
(2)学生进行纪念性公园绿地规划设计:
①现状的调查与分析。
②整体构思与立意。
③系统的分区与联系。
④分区空间的处理。
⑤道路系统的处理。
⑥植物的景观设计。
⑦主要建筑设计。
⑧写出设计说明书。

五、实训要求

(1)要求考虑周围环境,布局合理、注意分区。
(2)要求有纪念性公园的历史意义、特点明显。
(3)恰当选择植物,合理种植。
(4)有满足参观者的瞻仰、缅怀先烈、纪念历史事件等心理要求,产生共鸣。
(5)设计图种类齐全,图例、文字标注符合制图规范。
(6)说明书语言流畅,能准确地对图纸补充说明,体现设计意图。

六、实训考核

见园林古典园林造景手法的应用评分表。

实验实训二十二　体育公园设计

一、实训目的

通过实训,使学生了解体育公园的绿地设计方法,体育公园的主要建筑布局及其位置安排,能够结合具体的环境进行体育公园的规划设计。

二、实训材料及工具

照相机、电脑、电子经纬仪、标杆、皮尺、测绳、木桩、pH 试纸、记录本、绘图板、绘图纸、丁字尺、三棱比例尺、三角板、圆模板、量角器、铅笔、绘图墨水笔、鸭嘴笔、彩色铅笔或马克笔、铅笔刀、橡皮、擦图片、曲线板、圆规、透明胶带、毛刷、图面材料、现有的图纸及文字资料等。

三、实训内容

(1)主要的景观及造景方法。
(2)植物种植方法及植物种类。
(3)各区分化及绿化方法。
(4)园路布局方式。
(5)体育锻炼场所。

四、方法步骤

(1)教师讲解体育公园规划设计的要点,对优秀案例进行分析。
(2)学生按照布置的任务,完成以下工作:
①相关资料收集与调查收集基础的图纸资料,包括地形图、现状图等;调查土壤条件、环境条件、社会经济条件、人口及其密度、现有植物状况等。
②现场踏勘,包括实地测量、绘制现状图,熟悉及掌握设计环境及周边环境情况。
③设计任务书的编写,通过调查收集资料的分析,确定设计指导思想、设计原则,编写设计任务书。

④总体规划设计,构思设计总体方案及种植形式。
⑤详细规划设计,详细规划各景点、景区、建筑单体、建筑小品、体育设施、场馆及植物配置情况。
⑥编制设计说明书。

五、实训要求

(1)立意新颖,格调高雅,具有时代气息,与周边环境协调统一。
(2)能够根据体育公园绿地的性质、功能,场地形状和大小,因地制宜地确定绿地的形式和内容,设置设施,体现体育公园绿地的特色及特点。
(3)合理地进行功能分区,确定出口的位置。布置适当的园林景点及园林建筑。
(4)植物景观设计遵循因地制宜、适地适树的原则,在统一基调的基础上考虑植物景观季相和色相变化。
(5)设计图种类齐全,图例、文字标注符合制图规范。
(6)说明书语言流畅,能准确地对图纸补充说明,体现设计意图。

六、实训考核

见园林古典园林造景手法的应用评分表。

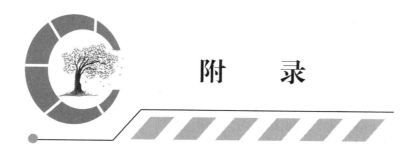

附　录

附录一　设计说明案例
——某居住区园林景观设计说明

一、项目概况

本项目位于××公路北侧。距××市区行车距离 25 min。紧邻××。项目占地×× m²，三面环水，××m 宽的××河环绕地块西面和南面缓缓流过。具有较好的先天景观资源。楼盘开发思路定位为"水岸度假休闲住宅"。

二、设计总体思路

结合项目的先天资源条件及楼盘的开发思路，本项目园林设计主题为"×××"。结合楼盘的"水岸休闲度假住宅"理念，秉承"自然的、生态的、健康的、休闲的"思路，将小区 6 万多 m² 的园林面积设计成为丰富多彩的亲水休闲水景园林。在此基础上挖掘"富有地域风情与民族民俗风味"的元素，营造出"世外桃源"的意境。

园林设计遵循以下原则：

（1）注重景观的均好性，作为以水景为主要特色的园林，重点是扩大水系的延伸范围，达到每一个组团、每一个景点都有水景，每个住户楼下即有水可看、有水可玩。

（2）控制水面面积，缩小湖面及大型水景的体量，景观以小巧、别致为主要特色。

（3）注重水景的多样化，使不同风格的水景遍布整个小区，以营造小区丰富的水景园林特色。

（4）增强水景的可参与性，使住户可以直接亲

水，而不是只"可远观不可亵玩焉"，同时注重亲水的安全性。

（5）加强景点之间的有机联系，以道路和主要水系为主线，形成明显的景观序列，贯穿整个小区。其中的每个景点相互呼应、相互衬托，同时又各具特色，相辅相成、相得益彰，使整个小区的景观形成一个有机的整体。

以水景为主，同时充分利用声音、色彩、质感等景观要素，营造丰富多彩的小区景观特色。

力求景观在统一、和谐的基础上有丰富的对比与变化，营造小区景观的可识别性。

三、设计总体布局

本方案在一条主要水系的基础上展开，以组团为单位，设计不同风格的水景园林，以主要水系和道路为主线，景观贯穿其中。

具体布局如下：

小区以一条主要水系贯穿，这条主要水系在小区中曲折、蜿蜒，穿流而过，形成一个完整的景观系列。

水系在小区中有时小、有时大；有时宽、有时窄；有时收；有时是宽阔大气的湖面，有时是曲折蜿蜒的小溪。水系流过的每个组团、每个景区形成不同风格、各具特色的水景园林景观，整体构成小区既统一、和谐，又有丰富变化的水景特色园林景观，极大地提高小区的格调与品质，同时为业主

提供高品位的休闲居住环境。

主要水系的起点设在小区的东北组团,以"流年古井"作为水系的起源,通过折线形的戏水沟渠,穿过大门处的七彩人生广场,然后分两路流过中部组团,蜿蜒绕过公共景区的生态戏水泳池,继而通过儿童游乐场旁的邻住宅水面,从地下暗道汇入售楼部组团的湖面,在此形成小区的中心景观,然后在临街住宅的北侧蜿蜒流向东南角组团,回抽至东北组团,整个水系形成一个环流,循环不止,生生不息。

小区的北部、西北、西南三个组团因地势较高,另设独立水系并分别汇入售楼部组团水景。

东部团结渠抬高水面,整理林相,设置栏杆,修建"水木清华"休闲步道。

滨河地带设计以帆影、航船、舵轮、灯塔为标志的景观,既与江安河的现有景观资源相吻合,同时又象征人生好比一艘航船,小区就是停泊的港湾,为小区的居住生活理念平添几分诗意的色彩。

1. 五彩迎宾

此处是小区的对外窗口,也是看楼者进入小区的第一印象,本应着大笔墨,但考虑到将来公路入口要封闭,这一景点的实际意义只能维持几个月,故采用低成本,但视觉冲击力很强的方案。

如采用钢制花架,结合现有景墙,形成叠级式花台,用五彩缤纷的花卉装点花台,左边用小起伏的土坡布置花境,与花台互相呼应,再结合巨型广告宣传牌,形成极强的视觉冲击力,让看楼者在刚进楼盘即能受到强烈的感染和震撼,为接受楼盘、喜欢楼盘,直至下定金买楼埋下伏笔。

从公路进来后,道路两旁是两排吊兰花卉,色彩斑斓,气势壮阔,形成喜庆气氛浓厚的五彩迎宾大道,这里的吊兰花卉利用原有广玉兰的树池竖立木桩,节约成本而且工程量很小,同时保留原有花架、建筑和植物景观,加以整理、修饰,如花架采用藤蔓植物和吊篮花卉等,即能在低成本的前提下取得相对较好的视觉效果。

2. 东北部组团

这一组团是小区主要水系的起源。

景点有"流年古井""岁月舞台""思源桥"等。

"流年古井",青石板砌就的古老井台、木质的沧桑轳辘、循环不息的清清泉水、寓意对悠悠历

史、似水流年的绵绵追忆。

富有动感的表演台宛如人生的舞台,清泉在为你伴奏,花草在为你喝彩。

3. 七彩人生广场北部入口

环形的广场入口,对进入小区的人流形成欢迎之势,让住户回家有归宿之感。将戏水沟渠的水源引入广场地下并以透明的玻璃砖装饰地面,结合灯光、流水,闪烁出五彩缤纷的迷人效果,配以花坛、座椅、入口标志,形成一个入口聚会广场,营造小区良好的入口形象。

4. 中部组团(入口西南角)

此一组团有"香林曲径""涤翠台""植物迷宫"等。

涤翠台前优美曲折的浅水湖面,鹅卵石池底七彩斑斓,儿童嬉戏其中,童趣盎然。湖边有蜿蜒小径,临水而行,鸟语花香。

花丛中设植物迷宫供儿童游戏,使天性健康成长。

5. 北部组团

此一组团有"缤纷跌水""鱼跃喷泉""观鱼台"等。

稳坐钓鱼台,近观喷泉鱼跃,远看跌水缤纷,偷得浮生半日闲。

6. 中心公共景区

这一景区正对着小区南入口,以开阔、大气为主要景观特色。主要道路旁是大面积的疏林草坪,青青草坪上一个船形月亮雕塑,一个小孩在上面划船,此时开阔的大草坪就仿佛是一片蔚蓝的大海或是辽阔的天空。背景衬以假山、瀑布、湖水、石滩、溪流,让人仿佛梦游天姥、如在蓬莱。假山前的湖面设计充满野趣、自然风格的娱乐型生态戏水泳池。白石米铺就的珍珠沙滩,五彩缤纷的遮阳凉亭,洋溢着南国风情韵味,配以热带风情植物,令人仿佛置身于东南亚巴厘岛的海风椰影之中,令人陶醉。

7. 西北部组团

这一组团的景点有"石岸听涛""花间流水""悠悠水车""鸟语回廊""智慧泉"等。以幽静、深邃、野趣为主要特色,让人在居家休闲的生活中体会到回归自然的野趣。

8. 西南部组团

景点有"花港观鱼""月牙湾"等。

"塘中鱼可百许条,皆若空游无所依",虽说"子非鱼,安知鱼之乐",但鱼乐、人乐,人鱼共乐,人人同乐,实在是人生一大赏心乐事。

小区营造着这样一种轻松活泼的居家气氛,生活也因此在不经意之间变得诗意、浪漫起来。

9. 售楼部组团

这一组团是小区的主要重点景观。

设计以"碧水蓝天"为主题立意,汇聚小区各景观组团水源,修建一个人工湖。结合地势,形成迂回多变的湖边驳岸。

以"迷情水湾""风雨亭""悠悠水车""知鱼桥""老翁垂钓"等为主要景观素材,动静结合。

湖中采用大体量的木质圆形水车,旋转运水,速度可调,既富于动感、野趣,又与边城水恋的意境吻合,更比大型喷泉节约运行成本,不转动时也是非常好的景观。

再结合小型喷泉,使这一小区中心景观显得生动、活泼、自然、大气,且富于风情韵味,坐在售楼部的露台上观之,能感受到极强的视觉冲击力和艺术感染力。

售楼部滨湖而建,立面采用大面积玻璃墙面,以便内外视线的通透,使卖场形成里外互动的效果。

售楼大厅后部设大露台,并用圆弧形挑台的方式挑出湖面,让看楼者坐在挑台上与售楼员交谈时,能一览湖光山色,品味动人园景。

坐在临水售楼部大厅,透过落地玻璃窗,水景园林,无边景色,尽收眼底。更有小溪,自玻璃窗下蜿蜒流入售楼大厅中,在座椅间潺潺流过,叮咚作响,几尾金色鲤鱼漫游其中。

如此意境中,与售楼小姐娓娓而谈,只觉得看楼、买楼也是一种享受。

10. 主入口广场

入口广场以喷泉水景为主要特色,点缀带有湘西民族风情图腾符号的风格凝重的图腾石柱、

结合色彩鲜艳的草本花卉,再配以造型俊朗的乔木(如大王椰子的风格,但选用适合成都气候的树种),营造动感、明快,充满欢快、活泼气氛的入口环境。

主入口大门古朴、粗犷、雄伟,上部是玻璃底面的水槽,人从下面可仰视槽中的水流,夜晚配以灯光,晶莹剔透,五彩斑斓,美不胜收。水自售楼部一侧的出口流出,倾泻而下,流入一个圆形石缸中,溢出至湖面。大门的创意源自湘西山区的山民用剖开的竹筒作槽从山中汲取泉水的生活方式,唤起对原始、古朴的乡野生活的温馨回忆。售楼部广场采用大小结合、点线交错的音乐喷泉,圆形湖面环绕售楼部,人流穿过湖面的水晶玻璃桥进入售楼大厅,水自玻璃墙下流入室内,以玻璃砖的水槽和小溪的形式在座椅间穿行,在售楼部后面形成跌水,汇入组团湖面。

11. 东南部组团

景点有"碧波荷影""荷塘月色""残荷听雨"等。

一池荷花,白天"接天莲叶无穷碧,映日荷花别样红";夜晚"荷塘月色"又是另外一番风景;更有池边"残荷听雨亭",秋来"留得残荷听雨声"。

12. 滨河景观

滨河地带设计以帆影、航船、舵轮、灯塔为标志的景观,既与温江河的现有景观资源相吻合,同时又象征人生好比一艘航船,小区就是停泊的港湾,为小区的居住生活理念平添几分诗意的色彩。

桥侧设 $10 \sim 15$ m 宽的青石板码头和杵衣台,拾级而下,直接亲水,石级旁种植水生植物,水中停泊装饰性小木船,营造边城渡口意境,恍惚可闻浣女杵衣声,并可让看楼者娱乐、参与。其中小区入口处的"沧海云帆"取义"乘风破浪会有时,直挂云帆济沧海"。"沧海云帆"地面采用黑色大理石边和白色鹅卵石面做成漩涡形喷泉,水自鹅卵石中涌出。铁锚雕塑取名"归航",寓意无论航行多远,无论成就有多大,每个人都希望拥有一个避风的港湾,那就是温暖的家!

附录二　设计任务书案例
——××河沿线景观规划任务书

一、项目概况

（1）项目名称　××市城区××河沿线景观规划

（2）项目概况　××市位于××省中部的平原地带，辖区面积××km²，地跨东经××，北纬××，属亚热带季风气候区，四季分明，雨量充沛，阳光充足，气候温和，具有南北兼优的气候特点。

本项目位于××市中心城区，是城区的中心地段，坐落于新老城区结合部，是贯穿城区南北的重要水体河重要的公共绿地，位置极为重要。

二、设计总体要求

（一）规划范围及内容

规划设计范围是×，南至×路，东至×路，西至经×河沿线区域，长约 3 400 m，宽约 200 m，总用地面积约 78.42 hm²。本设计方案要求对滨水区域及沿线进行景观规划设计，内容应包括但不局限于以下内容：

（1）沿汪洲河岸线的景观方案设计。通过景观处理，营造良好的亲水岸线。

（2）滨水区域（包括水系公园）景观方案设计。其中须结合现有水系桥布置及造型提出具体的景观方案。

（3）汪洲河沿线用地范围内的建筑体形及景观方案设计。

（4）要求对汪洲河两侧线沟路、经十二路沿街100 m 范围用地以及重要地段提出规划控制指导意见。

（5）设计同时应满足国家规范、行业标准和湖北省有关规定和要求。

（二）设计总体要求

（1）规划方案应结合仙桃市城市特点，改造仙桃市城市面貌，打造宜人滨水生态环境，将该区域建设成具有仙桃地域文化特色，融合仙桃地方传统文化，集休闲、娱乐、游憩、观赏为一体的开放式城市景观带。

（2）规划设计应有独特创意，突出标志性地域景观的整体空间形象，在对滨水地区分析的基础上，深入探讨本区块与周边城市主要功能区块的关系，重点研究滨水空间景观和公共开敞空间的布局及设计，滨水建筑的布局、容量、高度和体量，交通组织及与周边功能组团的交通联系；城市公共艺术（小品、广告、雕塑、路灯等）的设计意向及方案；绿化植被的配置与建筑色彩的意向；经济可行性分析及分期实施的建议方案等内容。

（三）规划设计原则

（1）生态性原则——充分尊重、合理利用汪洲河沿岸的原有自然条件，减少未来发展可能导致的生态破坏，营造绿色生态的河道空间。

（2）人本性原则——保证汪洲河景观带的公益性、参与性，使每个人拥有自由享受景观空间的权利，同时在设计中保证使用者的舒适、方便和愉悦。

（3）人文性原则——充分展现仙桃的历史、文化底蕴，建设赋有历史特性、文化性质、时代特征及生活特色的沿河景观。

（4）关联性原则——各功能分区、活动单元能够有机布局，生态与人造、场所与场所、活动与活动之间存在有机联系。

（5）景观性原则——塑造优美的原生态的整体景观。

（6）连续性原则——考虑合理的分期实施方案，确保近期与远期的衔接和各阶段的景观效果。

（7）操作性原则——应具有较强的可操作性，设计的理念与方向符合功能定位。

（8）服务性原则——考虑设置水上服务生活、休闲、服务设施。

（四）主要功能

1. 确定沿线地块功能

深入探讨汪洲河沿线地块与周边城市主要功能区块的关系，与邻近地区的城市功能互相结合、互相支持,促进产业、空间的共生,达到城、河共融的目标。形成以休闲旅游、文化娱乐、商业服务、商务办公、居住相结合,自然环境与人工景观和谐共生的城市滨水空间。

2. 合理组织道路交通

做好滨水地区机动车、非机动车及人行交通组织设计,充分考虑与周边各功能组团的交通联系,并引导水上交通线路的组织。

3. 塑造特色城市景观

加强城市开敞空间与滨水开敞空间之间的空间渗透,建立联系轴线;加强水体空间与街区之间的空间链接,营造从城市空间延续至水岸的绿色视觉走廊。

4. 编制设计导则,为规划管理部门提供管理依据

以图则的形式对运河沿线地块进行详细控制,划分强制性和引导性控制内容,最终为规划管理部门提供管理依据。

三、规划设计成果

规划设计成果应包括说明书、图纸等。

(1)说明书包括:

①现状条件分析;

②规划原则和总体构思;

③总体布局;

④空间组织和景观特色要求;

⑤道路和绿地系统规划;

⑥各项专业工程规划及管网综合;

⑦竖向规划;

⑧主要技术经济指标。

(2)图纸包括:

①现状各类资源要素评价图;

②区域空间协调策略示意图;

③总平面图;

④功能结构分析图;

⑤土地利用规划图;

⑥绿地景观系统规划图;

⑦各项专业规划图;

⑧竖向规划图;

⑨城市开放空间体系规划图;

⑩主要景观建筑平立面图;

⑪滨水公共空间等重要地段与景观节点平面图与效果图;

⑫滨水界面及夜景亮化规划图;

⑬城市意象要素体系分析图;

⑭视觉走廊与眺望系统规划图;

⑮历史文化资源保护与更新图;

⑯总体鸟瞰效果图;

⑰重点地段表现图;

⑱重点地段建筑及景观、环境设计意向图;

⑲规划设计导则;

⑳项目建设投资总估算表;

㉑其他必要的说明材料、分析图件、表现图件、汇报材料等。

(3)成果数量及形式

①文本图册 10 套,统一按 A3 规格装订成册;

②汇报 PPT 或全景动画;

③A0 展板 5 张;

④所有成果电子光盘两套(文字格式为 DOC 格式,总平面和建筑单体平、立、剖面图等为 DWG 格式,表现图为 JPG 格式,设计汇报 PPT 格式);

⑤其他可表达设计意图和理念的表现方式。

(4)投标报价不得超过城市规划协会 2004 年规定《规划设计收费标准》的收费标准,且必须按照方案设计、初步设计、施工图设计三个阶段分别报价。

(5)方案成果的知识产权归属方案征集人所有。

××规划管理局

××年××月××日

附录三 国家园林城市标准

一、组织管理(10分)

(1)认真执行国务院《城市绿化条例》;

(2)市政府领导重视城市绿化美化工作,创建活动动员有力,组织保障,政策资金落实;

(3)创建指导思想明确,实施措施有力;

(4)结合城市园林绿化工作实际,创造出丰富经验,对全国有示范、推动作用;

(5)城市园林绿化行政主管部门的机构完善,职能明确,行业管理到位;

(6)管理法规和制度健全、配套;

(7)执法管理落实、有效,无非法侵占绿地、破坏绿化成果的严重事件;

(8)园林绿化科研队伍和资金落实、科研成果显著。

二、规划设计(10分)

(1)城市绿地系统规划编制完成,获批准并纳入城市总体规划,严格实施规划,取得良好的生态、环境效益;

(2)城市公共绿地、居住区绿地、单位附属绿地、防护绿地、生产绿地、风景林地及道路绿化布局合理、功能健全,形成有机的完善系统;

(3)编制完成城市规划区范围内植物物种多样性保护规划;

(4)认真执行《公园设计规范》,城市园林的规划、建设、养护管理达到先进水平,景观效果好。

三、景观保护(8分)

(1)突出城市文化和民族特色,保护历史文化措施有力,效果明显,文物古迹及其所处环境得到保护;

(2)城市布局合理,建筑和谐,容貌美观;

(3)市古树名木保护管理法规健全,古树名木保护建档立卡,责任落实,措施有力;

(4)户外广告管理规范,制度健全完善,效果明显。

四、绿化建设(30分)

(一)指标管理

(1)城市园林绿化工作成果达到全国先进水平,各项园林绿化指标最近5年逐渐增长;

(2)经遥感技术鉴定核实,城市绿化覆盖率、建成区覆盖率、人均公共绿地面积指标达到基本指标;

(3)各城区之间的绿化指标差距逐年缩小,城市绿化覆盖率、绿地率相差在5个百分点,人均公共绿地面积相差在2 m²以内。

(二)道路绿化

(1)城市街道绿化按道路长度普及率、达标率分别在95%和80%以上;

(2)市区干道绿化面积不少于道路用地面积的25%;

(3)全市形成林荫路系统,道路绿化、美化具有本地区特点,江、河、湖、海等水体延安绿化良好,具有特色,形成城市特有的风光带。

(三)居住区绿化

(1)新建居住区小区绿化面积占总用地面积的30%以上,辟有休息活动园地,改造旧居住区绿化面积也不少于改造前总用地面积的25%;

(2)全市园林式居住区占60%以上;

(3)居住区园林绿化养护管理资金落实,措施得当,绿化种植维护落实,设施保护完整,标准科学管理。

(四)绿化单位

(1)市内各单位重视庭院绿化美化,开展"园林式单位"评选活动,制度严格,成效显著;

(2)达标单位占70%以上,先进单位占20%以上;

(3)各单位和居民个人积极开展庭院、阳台、屋顶、墙面、市内绿化及认养绿化美化活动,获得良好的效果。

(五)苗圃建设

(1)全市生产绿地总面积占城市建成区面积

的 2%以上;

（2）城市各项绿化美化工程所用苗木自给率达 80%以上,并且合格,质量符合城市绿化栽植工程需要;

（3）园林植物引种、育种工作成绩显著,培育出一批适应当地条件的具有特性、抗性优良品种。

（六）城市全民义务植树

成活率和保存率不低于 85%,尽责率在 80%以上。

（七）立体绿化

垂直绿化普遍展开,积极推广屋顶绿化,景观效果好。

五、园林建设(12分)

（1）城市建设精品多,标志性设施有特色,水平高;

（2）城市公园绿地布局合理,分布均匀,设施齐全,维护良好,特色鲜明;

（3）公园设计突出植物景观,绿化面积应占陆地总面积的 70%以上,绿化种植植物群落富有特色,维护管理良好;

（4）推行按绿地生物量考核绿地质量,园林绿化水平不断提高,绿地维护管理良好;

（5）城市广场建设要突出以植物造景为主,植物配置要乔、灌、草相配合,建筑小品、城市雕塑要突出城市特色,与周围环境协调美观,充分展示城市历史文化风貌。

六、生态建设(15分)

（1）城市大环境绿化扎实开展,效果明显,形成城乡一体的优良环境,形成城市独有的独特自然、文化风貌;

（2）按照城市卫生、安全、防火、环保等要求建设防护绿地,维护管理措施落实,城市热岛效应缓解,环境效益良好;

（3）环境综合治理工作扎实开展,效果明显;

（4）生活垃圾无害化处理率达 60%以上;

（5）污水处理率达 35%以上;

（6）城市大气污染指数达到二级标准,地表水环境质量标准达到三类以上;

（7）城市规划区内的河、湖、渠全面整治改造,形成城市园林景观,效果显著。

七、市政建设(15分)

（1）燃气普及率 80%以上;

（2）万人拥有公交运营车辆达 10 辆(标台)以上;

（3）实施城市亮化工程,效果显著,城市主次干道灯光亮灯率 97%以上;

（4）人均拥有道路面积 9 m² 以上;

（5）用水普及率 98%以上;

（6）水质综合合格率 100%。

八、特别条款

（1）经遥感技术鉴定核实,达不到基本指标,不予验收;

（2）城市绿地系统规划未编制,或未按规定获批准纳入城市总体规划的,暂缓验收;

（3）连续发生重大破坏绿化成果的行为,暂缓验收;

（4）城市园林绿化单项工作在全国处于领先水平的,加 1 分;

（5）城市园林覆盖率、建成区绿地率每高出 2 个百分点或人均公共绿地面积每高于 1 m²,加 1 分,最高加 5 分;

（6）城市园林基本指标最近 5 年逐年增加低于 0.5%或 0.5 m²,倒扣 1 分;

（7）城市生产绿地总面积低于城市建成区面积的 1.5%的,倒扣 1 分;

（8）城市园林绿化行政主管部门的机构不完善,行业管理职能不到位以及管理体制未理顺的,倒扣 2 分;

（9）有严重破坏绿化成果的行为,视情况倒扣分。

园林城市基本指标表

项目	地区	大城市	中等城市	小城市
人均公共绿地/m²	秦岭—淮河以南	6.5	7	8
	秦岭—淮河以北	6	6.5	7.5
绿地率/%	秦岭—淮河以南	30	32	34
	秦岭—淮河以北	28	30	32
绿化覆盖率/%	秦岭—淮河以南	35	37	39
	秦岭—淮河以北	33	35	37

直辖市园林城区验收基本指标按中等城市执行。以下项目不列入验收范围：

(1)城市绿地系统规划编制完成,获批准并纳入城市总体规划,规则得到实施和严格管理,取得良好的生态、环境效益；

(2)城市公共绿地、居住区绿地、单位附属绿地、防护绿地、生产绿地、风景林地及道路绿化布局合理、功能健全,形成有机的、完善的系统；

(3)编制完成城市规划区范围内植物种植多样性规划；

(4)城市大环境绿化扎实开展,效果明显,形成城乡一体的优良环境,形成城市独有的独特自然、文化风貌；

(5)按照城市卫生、安全、防灾、环保等要求建设防护绿地,维护管理措施落实,城市热岛效应缓解,环境效益良好。

参 考 文 献

[1]徐云和．园林景观设计．沈阳：沈阳出版社，2011．

[2]胡长龙．园林规划设计．北京：中国农业出版社，2002．

[3]赵彦杰．园林规划设计．北京：中国农业大学出版社，2007．

[4]曹仁勇，张广明．园林规划设计．北京：中国农业出版社，2010．

[5]房世宝．园林规划设计．北京：化学工业出版社，2007．

[6]宁妍妍，刘军．园林规划设计．郑州：黄河水利出版社，2002．

[7]刘新燕．园林规划设计．北京：中国社会劳动保障出版社，2008．

[8]丁绍刚．风景园林．景观设计师手册．上海：上海科学出版社，2009．

[9]刘丽和．校园园林绿地设计．北京：中国林业出版社，2001．

[10]刘滨谊．现代景观规划设计．南京：东南大学出版社，2005．

[11]刘滨谊．城市滨水区景观规划设计．南京：东南大学出版社，2006．

[12]周初梅．园林规划设计．重庆：重庆大学出版社，2006．

[13]赵建民．园林规划设计．北京：中国农业出版社，2001．

[14]卫红，张建涛．城市景观设计．北京：中国水利水电出版社，2008．

[15]潘召南．生态水景观设计．重庆：西南师范大学出版社，2008．

[16]王郁新．园林景观构成设计．北京：中国林业出版社，2007．

[17]王浩，谷康，孙新旺，等．城市道路绿地景观规划．南京：东南大学出版社，2005．

[18]黄晓鸾．园林绿地与建筑小品．北京：中国建筑工业出版社，1996．

[19]赵世伟，张佐双．园林植物景观设计与营造．北京：中国城市出版社，2001．

[20]胡长龙．城市园林绿化设计．上海：上海科学技术出版社，2003．

[21]孟兆祯，毛培琳．园林工程．北京：中国林业出版社，1995．

[22]过元炯．园林艺术．北京：中国农业出版社，1996．

[23]周维权．中国古典园林史．北京：清华大学出版社，1999．

[24]王先杰．园林艺术及设计原理．哈尔滨：东北农业大学出版社，2002．

[25]俞孔坚，庞伟．理解设计：中山岐江公园工业旧址再利用[J]．建筑学报，2002(8)：47-53．

[26]俞孔坚，凌世红，李向华，等．从区域到场所：景观设计实践的几个案例[J]．建筑创作，2003(7)：70-80．

[27]诺曼，K．布思．风景园林设计要素．曹礼昆，曹德鲲译．北京：中国林业出版社，1989．

[28]艾伦·泰特．城市公园设计．周玉鹏，肖季川，朱青模译．北京：中国建筑工业出版社，2005．

[29]亚历山大·加文．城市公园与开放空间规划设计．李明，胡迅译．北京：中国建筑工业出版社，2007．

[30]汤姆·特纳．景观规划与环境影响设计

（第 2 版）．王珏译．北京：中国建筑工业出版社，2006.

[31]唐学山．园林设计．北京：中国林业出版社，1996.

[32]胡长龙．园林规划设计．北京：中国农业出版社，2006.

[33]钟喜林．园林技术专业综合实训指导书．北京：中国林业出版社，2010.

[34]黄学兵．园林规划设计．北京：中国科学技术出版社，2003.

[35]胡先祥．景观规划设计．北京：机械工业出版社，2008.

[36]王晓俊．风景园林设计．南京：江苏科学技术出版社，2009.

[37]苏雪痕．植物造景．北京：中国林业出版社，1994.

[38]杨辛，甘霖．美学原理新编．北京：北京大学出版社，2016.

[39]曹林娣．中国园林艺术论．太原：山西人民出版社，2012.

[40]刘滨谊．现代景观规划设计．3 版．南京：东南大学出版社，2010.

[41]陶联侦，安旭．风景园林规划与设计从入门到高阶实训．武汉：武汉大学出版社，2012.

[42]杨鑫，彭历，刘媛．风景园林快题设计．2 版．北京：化学工业出版社，2014.

[43]韦爽真．园林景观快题设计．北京：中国建筑工业出版社，2008.

[44]刘晓明，薛晓飞．中国古代园林史．北京：中国林业出版社，2016.

[45]赵建民．园林规划设计．3 版．北京：中国农业出版社，2015.

[46]黄丽霞，马静，李琴．园林规划设计实训指导．上海：上海交通大学出版社，2017.